あたらしい測量学
― 基礎から最新技術まで ―

博士(農学) 岡澤　　宏
博士(工学) 久保寺貴彦
博士(農学) 笹田　勝寛
Ph.D. 多炭　雅博
農学博士, 博士(工学) 細川　吉晴
博士(工学) 松尾　栄治
博士(農学) 三原真智人

共　著
（五十音順）

コロナ社

まえがき

　測量技術は日進月歩であり，その進捗内容もすみやかに新しい測量技術として理解していく必要がある。測量作業機関が模範とする国と地方公共団体の公共測量作業規程の準則が，2008年（平成20年）3月に57年ぶりに全面改正された。その改正のポイントは，新技術（ネットワーク型RTK-GPS，デジタル航空カメラ，航空レーザ測量）の作業方法の規定であり，地理情報標準への対応や基盤地図情報の整備などである。またこれが，2011年（平成23年）3月に一部改正された。すなわち，アメリカのGPSに加えロシアのGLONASSに対応した測量用受信機の普及に合わせ，衛星測位システムの総称をGNSSとしたのである。その他に，ネットワーク型RTK法の利用の拡大やセミ・ダイナミック補正なども追加された。このように，デジタル化や衛星を利用した新技術の拡大を図っている。さらに，2011年（平成23年）3月，東北地方太平洋沖地震によって地殻変動が生じ，測量の基準である経緯度原点や水準原点を含めた多くの基準点が移動した。これに伴い，移動した基準点の数値が改定され，今後の測量成果は測地成果2011と表記されるようになった。

　本書は，測量の基礎を初めて学ぶ学生と社会人向けに，平易に解説し，同時に，衛星を利用した測量新技術や2011年の惨事に対応した内容（準則一部改正と測地成果2011）としている点が特徴的である。

　また，執筆に際し，わかりやすくするために，以下の点に配慮している。
(1)　若い執筆陣らを加えた最新の内容。
(2)　B5判と大きくし，また右側に側注スペースをつくり，メモ書きができるようにした。また，ここには，英訳（JABEE教育対応）と参照箇所などを注意書きするとともに，必要に応じて，その他の側注を入れて，学習の助けとした。
(3)　簡潔を心がけ，読みにくい漢字には，常用，非常用にかかわらずルビを振った。
(4)　章末問題を設け，上級の資格取得に対応させた。また，解答は，各章末問題のすぐ後に掲載し，見やすさを図った。

　その他，コロナ社ホームページ（http://www.coronasha.co.jp）の本書のページで，必要に応じてカラー写真や，参考資料，補足事項などを掲載していく予定である。本書の企画から出版に到るまで，臨機応変に対応していただいたコロナ社に感謝の意を示す。

　本書を活用することで，あたらしい測量学の基礎づくりに少しでも役立てていただければ幸いである。

2014年2月

著者一同

目　　　　次

1. 測量の基準

- 1.1 地球楕円体 …………………………… 1
- 1.2 準拠楕円体 …………………………… 1
- 1.3 地心直交座標系 ……………………… 2
- 1.4 日本における測地系 ………………… 3
  - 1.4.1 日本測地系 ……………………… 3
  - 1.4.2 日本測地系2000 ………………… 3
  - 1.4.3 日本測地系2011 ………………… 3
- 1.5 緯度・経度・楕円体高 ……………… 4
- 1.6 球面から平面への投影 ……………… 5
  - 1.6.1 平面直角座標系 ………………… 5
  - 1.6.2 UTM座標系 …………………… 7
- 1.7 球面距離と平面距離の比 …………… 7
  - 1.7.1 縮尺係数 ………………………… 7
  - 1.7.2 s/S …………………………… 8
- 1.8 北 ……………………………………… 8
- 1.9 ジオイド ……………………………… 9
- 1.10 高さ ………………………………… 10
- 章末問題 …………………………………… 10
- 章末問題略解 ……………………………… 11

2. 距離測量

- 2.1 距離の種類 …………………………… 12
  - 2.1.1 平面距離と球面距離 …………… 12
  - 2.1.2 斜距離，水平距離，および鉛直距離の関係 …………………………… 12
- 2.2 局地測量における測距 ……………… 13
  - 2.2.1 歩測 ……………………………… 13
  - 2.2.2 巻尺による測距 ………………… 14
  - 2.2.3 光波測距儀による測距 ………… 14
- 2.3 測地測量における測距 ……………… 18
  - 2.3.1 準拠楕円体面上の球面距離の求め方 ……………………………… 18
  - 2.3.2 世界と日本の位置を決定するVLBI ………………………………… 18
- 章末問題 …………………………………… 19
- 章末問題略解 ……………………………… 20

3. 角測量

- 3.1 角度に関する基本事項 ……………… 21
  - 3.1.1 水平角と鉛直角 ………………… 21
  - 3.1.2 角度の単位 ……………………… 22
- 3.2 角度の測定 …………………………… 22
  - 3.2.1 角度の測定機器の種類 ………… 22
  - 3.2.2 角度測定の原理 ………………… 23
- 3.3 セオドライト ………………………… 23
  - 3.3.1 構造 ……………………………… 23
  - 3.3.2 各部の名称とはたらき ………… 24
- 3.4 TSの操作方法 ……………………… 25
  - 3.4.1 機器の据付け …………………… 25
  - 3.4.2 視準と測角 ……………………… 27
  - 3.4.3 対回観測 ………………………… 28
- 3.5 角観測と手簿の記載例 ……………… 28
  - 3.5.1 水平角観測と手簿の記載例 …… 28
  - 3.5.2 鉛直角観測と手簿の記載例 …… 31
- 3.6 器械誤差と消去法 …………………… 32
- 3.7 コンパス測量 ………………………… 33
  - 3.7.1 コンパス測量の概要 …………… 33
  - 3.7.2 コンパス測量の器具と方法 …… 33
  - 3.7.3 選点と木杭の打ち方 …………… 35
  - 3.7.4 分度円の特徴，方位角の測定，および内角計算 …………………… 36
  - 3.7.5 コンパス測量の精度と測量で生じた誤差の修正 …………………… 37
- 章末問題 …………………………………… 37
- 章末問題略解 ……………………………… 39

4. 多角測量

- 4.1 トラバースの種類 …………………… 40
- 4.2 多角測量の流れ ……………………… 41
- 4.3 方向角の取付け ……………………… 41

4.4	測点の標高（高低）計算	
	―TSによる三角水準測量 …………	42
4.5	簡易網平均計算 ……………………………	42
4.6	単路線方式の簡易網平均計算 ……………	43
	4.6.1 観測方向角の計算 ………………	43
	4.6.2 到着点の方向角の閉合差 ………	45
	4.6.3 新点の方向角の最確値 …………	45
	4.6.4 斜距離を平面距離へ投影 ………	45
	4.6.5 座標計算 ………………………	46
	4.6.6 到着点の水平位置の閉合差 ……	46
	4.6.7 新点の座標の最確値 ……………	46
	4.6.8 到着点の標高の閉合差 …………	47
	4.6.9 新点の標高の最確値 ……………	47
4.7	結合多角方式の簡易網平均計算 …………	47
	4.7.1 交点の統一する方向角 …………	48
	4.7.2 交点の統一する方向角の閉合差 …	49
	4.7.3 新点の方向角の最確値 …………	49
	4.7.4 交点の座標の最確値 ……………	49
	4.7.5 交点の水平位置の閉合差 ………	49
	4.7.6 新点の座標の最確値 ……………	50
	4.7.7 交点の標高の最確値 ……………	50
	4.7.8 交点の標高の閉合差 ……………	51
	4.7.9 新点の標高の最確値 ……………	51
4.8	偏　　　　　心 ……………………………	51
	4.8.1 偏心観測 ………………………	51
	4.8.2 偏心補正計算 …………………	51
	章末問題 ………………………………………	53
	章末問題略解 …………………………………	54

5. 細部測量

5.1	数値地形図データと地図情報レベル ……	55
5.2	平板測量 ……………………………………	56
	5.2.1 使用機器 ………………………	56
	5.2.2 平板の据付け方 ………………	57
	5.2.3 平板測量における観測と作図（放射法）	
	………………………………………	58
5.3	TSを用いた放射法による細部測量 ……	60
5.4	GNSS測量機を用いた細部測量 …………	61
5.5	各種観測の許容範囲 ………………………	62
5.6	用地測量 ……………………………………	63
	章末問題 ………………………………………	69
	章末問題略解 …………………………………	69

6. 水準測量

6.1	水準測量の等級 ……………………………	70
6.2	水準測量に用いる器械 ……………………	71
	6.2.1 レ　ベ　ル ……………………	71
	6.2.2 標　　　　　尺 ………………	72
	6.2.3 標　　尺　　台 ………………	73
6.3	水準測量の種類 ……………………………	73
	6.3.1 直接水準測量 …………………	73
	6.3.2 間接水準測量 …………………	74
6.4	直接水準測量の原理 ………………………	74
6.5	レベルと標尺を利用したスタジア測量 …	75
6.6	広義の基準点測量で用いられる昇降式	
	直接水準測量 ………………………………	76
	6.6.1 観　測　方　法 ………………	76
	6.6.2 誤差と消去法 …………………	78
	6.6.3 往復の較差 ……………………	78
	6.6.4 既知点における閉合差 ………	79
6.7	土木工事などで用いられる器高式	
	直接水準測量 ………………………………	80
	6.7.1 観　測　方　法 ………………	80
	6.7.2 地盤高の求め方 ………………	80
6.8	B.M.決定のための往復水準測量 ………	82
6.9	交互水準測量 ………………………………	83
	章末問題 ………………………………………	84
	章末問題略解 …………………………………	88

7. 基準点測量

7.1	基準点測量 …………………………………	89
7.2	路　　　　　線 ……………………………	91
	7.2.1 結合多角方式 …………………	91
	7.2.2 単路線方式 ……………………	93
7.3	計画と図面 …………………………………	93
7.4	TSの観測 …………………………………	95
7.5	TSの点検路線と点検計算 ………………	95
7.6	TSの平均計算 ……………………………	96
7.7	GNSS測量 …………………………………	97
7.8	GNSS測量機 ………………………………	97
7.9	単独測位と相対測位 ………………………	98
7.10	GNSS測量の干渉測位方式 ………………	98
	7.10.1 受信機が観測する搬送波位相 ……	98

7.10.2 衛星と受信機の時計誤差を消去する
　　　　二重位相差 ………………… 99
7.10.3 双曲面群と多重解 …………… 100
7.10.4 整数値バイアスの決定 ……… 101
7.11 干渉測位方式の種類 …………………… 102
7.11.1 GNSS測量機を複数台（固定して）
　　　　同時に用いるスタティック法 …… 102
7.11.2 GNSS測量機を2台以上（固定局と移動局）同時に用いるキネマティック法
　　　　…………………………………… 103
7.11.3 GNSS測量機を2台以上（固定局と移動局）同時に用いるRTK法 …… 103
7.11.4 GNSS測量機を1台以上（移動局）同時に用いるネットワーク型RTK法
　　　　…………………………………… 104
7.12 セッション ……………………………… 105
7.13 GNSSの点検路線と点検計算 ………… 106
7.14 GNSSの平均計算 ……………………… 107
7.15 セミ・ダイナミック補正 ……………… 108
　章末問題 ……………………………………… 108
　章末問題略解 ………………………………… 110

8. 面積と体積（土量）

8.1 面積の計算 ……………………………… 111
8.1.1 三角区分法 …………………… 111
8.1.2 座標法 ………………………… 113
8.1.3 倍横距法 ……………………… 114
8.1.4 支距（オフセット）法 ……… 115
8.1.5 プラニメーターによる面積の計算 116
8.1.6 その他の面積の計算方法 …… 117
8.2 体積（土量）の計算 …………………… 118
8.2.1 両端断面平均法による土量の計算 118
8.2.2 等高線を利用した土量・貯水量の
　　　計算 ………………………………… 119
8.2.3 点高法による土量の計算 …… 120
　章末問題 ……………………………………… 122
　章末問題略解 ………………………………… 123

9. 地形測量

9.1 地形測量の概要 ………………………… 124
9.2 地形図の種類 …………………………… 125
9.3 地形図の縮尺 …………………………… 126
9.4 地形測量の順序 ………………………… 127
9.4.1 地形測量の方法 ……………… 127
9.4.2 細部測量 ……………………… 128
9.5 等高線の特徴 …………………………… 129
9.5.1 等高線の種類とその間隔 …… 129
9.5.2 等高線の性質 ………………… 130
9.6 等高線の測定とその描き方 …………… 131
9.6.1 等高線の直接測定法 ………… 131
9.6.2 等高線の間接測定法 ………… 133
9.6.3 等高線の描き方 ……………… 135
9.7 等高線の利用 …………………………… 136
9.7.1 断面図の作成 ………………… 136
9.7.2 等勾配線 ……………………… 137
9.7.3 体積（土量や貯水量）の計算 … 137
9.8 図式 ……………………………………… 140
9.9 国土地理院発行の地形図の特徴 ……… 142
9.10 地域メッシュ …………………………… 146
　章末問題 ……………………………………… 148
　章末問題略解 ………………………………… 149

10. 路線測量

10.1 路線測量の順序 ………………………… 150
10.1.1 路線選定と計画調査 ………… 150
10.1.2 実施測量（実測） …………… 152
10.1.3 曲線設置に関する法令など … 153
10.2 曲線の種類 ……………………………… 153
10.3 単心曲線 ………………………………… 154
10.4 単心曲線の設置方法 …………………… 155
10.4.1 偏角測設法 …………………… 155
10.4.2 中央縦距（M）による測設法 … 158
10.4.3 接線からのオフセットによる
　　　　曲線測設法 …………………… 158
10.4.4 その他の測設法 ……………… 159
10.5 緩和曲線 ………………………………… 160
10.5.1 緩和区間 ……………………… 160
10.5.2 クロソイド曲線の形 ………… 162
10.5.3 クロソイド曲線の基本式 …… 162
10.5.4 クロソイド曲線のクロソイド要素と
　　　　測設法 ………………………… 163
10.6 縦断曲線 ………………………………… 166
10.7 道路測量 ………………………………… 168

10.7.1　平面図・縦断面図・横断面図 …… 169
　　　10.7.2　用地幅杭設置測量 …………… 171
　　　10.7.3　工　事　測　量 ………………… 171
　章　末　問　題 ……………………………… 174
　章末問題略解 ………………………………… 175

11.　河　川　測　量

11.1　距離標設置測量 ……………………………… 177
11.2　水　準　基　標　測　量 ……………………… 178
11.3　定　期　縦　断　測　量 ……………………… 179
11.4　定　期　横　断　測　量 ……………………… 179
11.5　深　浅　測　量 ……………………………… 180
11.6　流　量　測　定 ……………………………… 181
　　　11.6.1　概　　　　要 ………………… 181
　　　11.6.2　浮子による流量の測定 ………… 182
　　　11.6.3　流速計による流量の測定 ……… 183
11.7　河川水位と流量の表し方 …………… 185
　章　末　問　題 ……………………………… 186
　章末問題略解 ………………………………… 186

12.　写　真　測　量

12.1　共線条件と立体計測 ………………… 187
12.2　デジタル航空カメラ ………………… 187
　　　12.2.1　フレームセンサー型 …………… 188
　　　12.2.2　ラインセンサー型 ……………… 188
12.3　地上画素寸法と地図情報レベル …… 188
12.4　デジタルステレオ図化機 …………… 189
12.5　対空標識と刺針 ……………………… 189
12.6　写　真　地　図 ……………………………… 189
12.7　空中写真における高低の測定 ……… 190
　　　12.7.1　空中写真の縮尺とひずみ ……… 191
　　　12.7.2　反射式実体鏡を用いた視差測定棹に
　　　　　　　よる視差差の測定 ……………… 193
　　　12.7.3　視差差と高低差の関係 ………… 196
12.8　空中写真の判読とその利用 ………… 198
　　　12.8.1　空中写真の判読 ………………… 198
　　　12.8.2　空中写真における各種地物の特徴
　　　　　　　………………………………… 198
　　　12.8.3　空中写真の利用 ………………… 200
　章　末　問　題 ……………………………… 201
　章末問題略解 ………………………………… 202

13.　リモートセンシング

13.1　リモートセンシングの特徴 ………… 203
13.2　リモートセンシングの原理 ………… 204
13.3　衛星画像を利用した環境解析 ……… 205
　　　13.3.1　植物の量や活性度とその時系列
　　　　　　　変化 ……………………………… 206
　　　13.3.2　土地の被覆状況と利用状況 …… 207
　　　13.3.3　地表面や海面の温度分布 ……… 208
13.4　衛星画像に位置を付与する幾何補正 … 208
13.5　グランドトルースと土地被覆分類 … 209
13.6　衛星画像の利用環境 ………………… 210
　　　13.6.1　衛星画像の種類と特徴 ………… 210
　　　13.6.2　衛星画像の解析環境 …………… 211
　章　末　問　題 ……………………………… 212
　章末問題略解 ………………………………… 212

14.　GIS

14.1　レ　イ　ヤ　構　造 ……………………… 213
14.2　GIS の利点—基準点測量，細部測量，空中写真
　　　測量の成果の重ね合せなど …………… 214
14.3　GIS　の　歴　史 ……………………… 215
14.4　JPGIS（地理情報標準プロファイル） …… 215
14.5　データ品質要素 ……………………… 217
14.6　地図の骨格を形成する基盤地図情報 … 217
14.7　現実空間を GIS へ取り込むため単純化した
　　　データモデル …………………………… 220
　　　14.7.1　ベクタデータ …………………… 220
　　　14.7.2　ラスタデータ …………………… 223
14.8　幾　何　補　正 ……………………………… 224
14.9　　　DEM　　　…………………………… 225
　章　末　問　題 ……………………………… 227
　章末問題略解 ………………………………… 228

15.　最　新　測　量

15.1　　LIDAR　…………………………… 229
　　　15.1.1　航空レーザ測量— LIDAR 技術を
　　　　　　　応用した航空測量 ……………… 229
　　　15.1.2　3D レーザスキャナー— LIDAR を
　　　　　　　使った地上測量 ………………… 231

15.2 干渉合成開口レーダー（InSAR） ………… 231
15.3 衛星画像を用いた写真測量 ……………… 232
15.4 3D モデル ……………………………… 233
15.5 情報化施工 ……………………………… 234
15.6 新しい TS ……………………………… 234
15.7 移動計測車両による測量 ……………… 234
　　章末問題 ………………………………… 235
　　章末問題略解 …………………………… 236

付録　測量の基礎数学と測定値の処理方法 …… 237

A.1 数値の丸め方 …………………………… 237
A.2 精度，有効数字，および桁 …………… 237
　A.2.1 加減算 …………………………… 238
　A.2.2 乗除算 …………………………… 238
A.3 三角関数 ………………………………… 239
　A.3.1 代表的な三角関数 ……………… 239
　A.3.2 三平方の定理 …………………… 239
　A.3.3 逆三角関数 ……………………… 240
　A.3.4 測量でよく使用する正弦定理と余弦定理 ……………………………… 240
A.4 弧度法 …………………………………… 241
A.5 測定値の処理方法 ……………………… 242
　A.5.1 誤差の種類とその扱い ………… 242
　A.5.2 誤差曲線（正規分布曲線） …… 242
　A.5.3 測定条件が同じ場合の最確値と標準偏差の計算方法 ……………… 244
　A.5.4 測定条件が異なる場合の最確値の計算方法 ……………………………… 244
　A.5.5 1測線を数区間に分けて測量した場合の標準偏差の計算方法 ……… 246

付表　接頭語とギリシャ文字 ……………… 247
引用・参考文献 ……………………………… 248
索　引 ………………………………………… 249

執　筆　分　担

岡澤　　宏	5.1～5.3節，11章，15.7節
久保寺貴彦	1章，4.6～4.8節，5.4～5.5節，7章，9.10節，12.1～12.6節，14章，15.3～15.6節
笹田　勝寛	2章，3.1～3.6節，
多炭　雅博	13章，15.1～15.2節
細川　吉晴	3.7節，5.6節，6.9節，8章，9.1～9.9節，10章，12.7～12.8節，付録・付表
松尾　栄治	6.1～6.8節
三原真智人	4.1～4.5節

1章 測量の基準

測量成果は座標系の数値で表されている。平面の水平位置は平面直角座標系を用いることが多く，標高は東京湾平均海面を基準とすることが多い。利便性や地域性から基準は異なっており，概念も異なる。これらは地球のとらえ方から始まっている。

1.1 地球楕円体

地球の形状は，球形でなく起伏が存在し複雑な形状をしているため，地球表面の諸点を経緯度で表し相対位置の整合を図るには，幾何学的に単純な回転楕円体に置き換える必要がある。地球の形状（ジオイド）に近似する回転楕円体を**地球楕円体**[†1]と呼ぶ。地球楕円体は，図1.1に示す長半径と扁平率で決定され，その主なものを表1.1に示す[†2]。GPS は WGS 84，GLONASS は PE 90，QZSS は GRS 80 をそれぞれ採用しているが，これらの短半径はわずかの差であるので大きな影響はないとされている。

[†1] earth ellipsoid
[†2] 地球の半径は，一般に 6 370 km としている。

表1.1 地球楕円体の諸元

決定年	地球楕円体名称	長半径 a [m]	短半径 b [m]	扁平率 f の逆数
1840	ベッセル	6 377 397.155	6 356 079	299.1528 13
1866	クラーク	6 378 206	6 356 584	294.98
1942	クラソフスキー	6 378 245	6 356 863	298.30
1980	**GRS 80**	6 378 137.0	6 356 752.314 140	298.257 222 101
1984	WGS 84	6 378 137.0	6 356 752.314 245	298.257 223 563
1990	PE 90	6 378 137.0	6 356 752.358 393	298.257 839 303

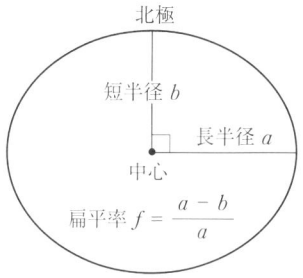

図1.1 長半径，短半径および扁平率

$$f = \frac{a-b}{a}$$

1.2 準拠楕円体

地球楕円体を測量の基準とするためには，地球楕円体の位置を定義する必要がある。国ごとに**測地測量**[†1]を行う際に，基準とする地球楕円体を**準拠楕円体**[†2]と呼ぶ。

2002 年までの日本では，図1.2(a)に示すように，ベッセル楕円体[†3]を以

[†1] 測地測量とは，広い地域を対象に高精度に行われる測量である。
[†2] reference ellipsoid
[†3] Bessel ellipsoid

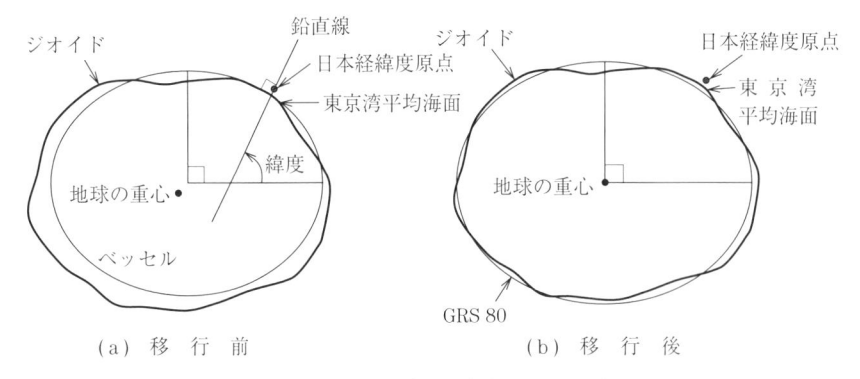

図1.2 世界測地系移行前後の準拠楕円体

下のように固定して準拠楕円体としていた。

1. 日本経緯度原点における直線を，ベッセル楕円体の同経緯度における垂線と一致させる。このときの日本経緯度原点の経緯度と鉛直線の方向は，天文測量による。
2. 日本経緯度原点から千葉県鹿野山の三角点を見た方位を原点方位角と定め，ベッセル楕円体の日本経緯度原点における方位角に一致させる。
3. ベッセル楕円体面が東京湾平均海面[4]に接するとする。

宇宙測地技術（VLBI[5]，GPS，SLR[6]など）が発達以前に定義された準拠楕円体は，自国内で諸点の位置関係の整合がとれていたが，他国との整合がとれていなかったため，海路や空路など多方面で不整合が多かった。地球規模のGPS，VLBIの登場を機に，各国とも世界測地系に移行する動きが加速した。**世界測地系**[7]とは，地球上の位置を国際間で共通に利用できる座標系のことである。

日本は2002年以降，世界測地系に移行し，図1.2(b)に示すように，**GRS80**[8]**楕円体**を以下のように固定して準拠楕円体としている。図1.2に世界測地系移行前後の準拠楕円体を示す。

1. その長半径および扁平率が，地理学的経緯度の測定に関する国際的な決定に基づき政令で定める値であるものであること。
2. その中心が，地球の重心と一致するものであること。
3. その短軸が，地球の自転軸と一致するものであること。

1.3 地心直交座標系

空間上の位置を X, Y, Z で表現するためには，座標系が必要である。地球の重心を原点とし，経度0度の子午線と赤道との交点を通る直線を X 軸，東経90度の子午線と赤道との交点を通る直線を Y 軸，楕円体の短軸を Z 軸とす

[4] 11.2節 参照
[5] 2.3.2項 参照
[6] satellite laser ranging 人工衛星レーザ測距
[7] Global Geodetic Reference System
[8] Geodetic Reference System 80
[1] Geocentric Orthogonal Coordinate System
[2] International Terrestrial Reference Frame 94

る3次元直交座標を**地心直交座標系**†1 と呼ぶ。

日本では 2002 年から地心直交座標系に ITRF 94†2（国際地球基準座標系）を採用していて，2011 年からは東北地方周辺に ITRF 2008 も併用している。**図 1.3** に ITRF を示す。ITRF の座標値は VLBI, SLR, GNSS†3 などの宇宙測地技術に基づいている。

1.4 日本における測地系

測量の基準となる測地系は，時代に応じて変化してきている。日本の測地系の変遷をつぎに述べる。

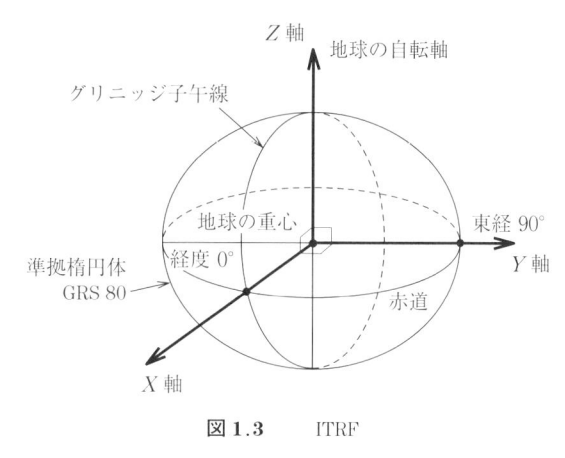

図 1.3 ITRF

†3 7.7 節 参照

1.4.1 日本測地系

日本測地系†1 は，準拠楕円体をベッセル楕円体，座標系を天文測量に基づく日本独自の座標系，標高の基準を東京湾平均海面（ベッセル楕円体が東京湾平均海面に接している）とした。1884 年から 2002 年まで用いられた。

†1 Tokyo Datum

1.4.2 日本測地系 2000

日本測地系 2000†2 は，準拠楕円体を GRS 80，座標系を ITRF 94 座標系，標高の基準を東京湾平均海面（ジオイド面が東京湾平均海面）とした。この測地系に基づいた測量成果を**測地成果 2000** と呼ぶ。この日本版の世界測地系は，2000 年に構築されたことから日本測地系 2000 と呼ばれる。2002 年から 2011 年まで用いられた。

†2 Japanese Geodetic Datum 2000
日本測地系 2000 は，日本測地系と区別して世界測地系 2000 とも呼ばれる。

†3 Japanese Geodetic Datum 2011
日本測地系 2011 は，日本測地系と区別して世界測地系 2011 とも呼ばれる。

1.4.3 日本測地系 2011

日本測地系 2011†3 は，準拠楕円体を GRS 80，座標系を ITRF 94 座標系と ITRF 2008 座標系（**表 1.2** と**図 1.4** の地域），

表 1.2 日本測地系 2011 の ITRF 座標系

地 域	ITRF 系	元 期
青森県，岩手県，宮城県，秋田県，山形県，福島県，茨城県，栃木県，群馬県，埼玉県，千葉県，東京都（島しょを除く），神奈川県，新潟県，富山県，石川県，福井県，山梨県，長野県および岐阜県（**図 1.4** の太枠で囲まれた1都19県）	ITRF 2008	2011 年 5 月 24 日
上記以外の地域（**図 1.4** の太枠で囲まれていない地域）	ITRF 94（従前どおり）	1997 年 1 月 1 日（従前どおり）

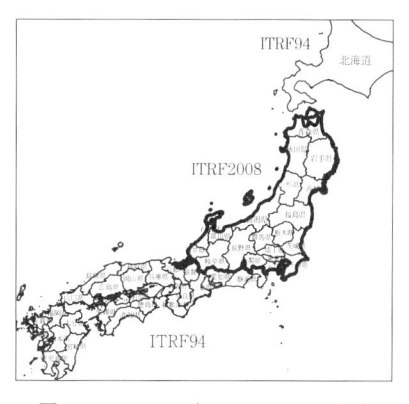

図 1.4 ITRF 94 と ITRF 2008 の地域

標高の基準を東京湾平均海面（ジオイド面が東京湾平均海面）とした。この測地系に基づいた測量成果を **測地成果 2011** と呼ぶ。2011 年 3 月 11 日，東北地方太平洋沖地震により地殻変動が生じたため，東北地方周辺に ITRF 2008 座標系を適用して，元期[†4]を改定した。このこと以外は日本測地系 2000 と同様である。2011 年から今日まで用いられている。

[†4] 7.15 節 参照

1.5　緯度・経度・楕円体高

諸点を 3 次元で表現する場合，地心直交座標系 (X, Y, Z) に対して，**緯度**[†1]・**経度**[†2]・**楕円体高**[†3] (ϕ, λ, h) を用いると直感的にわかりやすい。緯度 ϕ は楕円体面の法線[†4]と赤道面のなす角とし，経度 λ はグリニッジ子午線とある点を通る子午線のなす角である。しかし，これだけでは楕円体面上の点しか表現できないので，空間の任意の点を表すために楕円体高 h を加える。楕円体高 h は楕円体面からある点までの法線の長さとする。図 **1.5** に緯度・経度・楕円体高 (ϕ, λ, h) を示す。楕円体面は球面でないので，法線は楕円体の重心を通らない。式 (1.1) に緯度・経度・楕円体高 (ϕ, λ, h) から地心直交座標系 (X, Y, Z) への換算式を示す。

[†1] latitude
[†2] longitude
[†3] ellipsoidal height
[†4] 曲線上の点において，その点の接線に直交する直線。

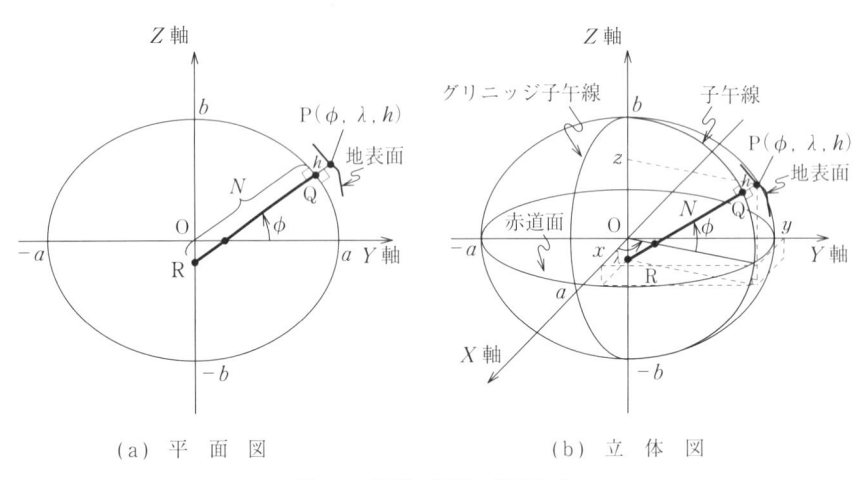

(a) 平面図　　(b) 立体図

図 **1.5**　緯度・経度・楕円体高

$$\begin{bmatrix} x \\ y \\ z \end{bmatrix} = \begin{bmatrix} (N+h)\cos\phi\cos\lambda \\ (N+h)\cos\phi\sin\lambda \\ \{N(1-e^2)+h\}\sin\phi \end{bmatrix} \qquad (1.1)$$

ここで，$N = a/\sqrt{1-e^2\sin^2\phi}$：卯酉線曲率半径，$e = \sqrt{(a^2-b^2)/a^2}$：第 1 離心率，$a$：長半径，$b$：短半径，である。

1.6 球面から平面への投影

　準拠楕円体を基準とした球面の測量計算は複雑であるが，球面を平面に投影することにより測量計算が大幅に簡便になる。ただし，3次元空間を2次元平面へ置き換える際，角，距離，面積，方向および高さすべてを等しく投影できず，いくつかを犠牲にしないことには投影できない。測量分野では，等角を優先としたガウス・クリューゲル等角投影法により準拠楕円体を平面直角座標またはUTM座標系に投影している。図1.6に平面直角座標系とUTM座標系を示す。

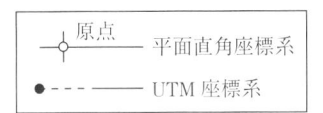

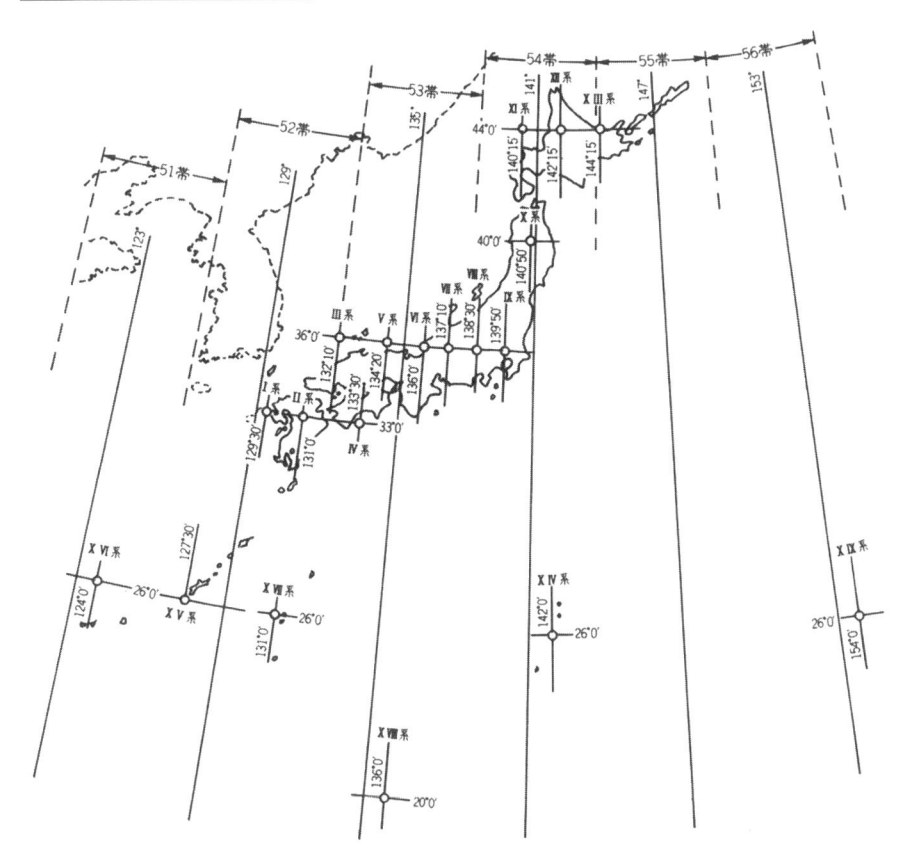

図1.6　平面直角座標系とUTM座標系

1.6.1　平面直角座標系

　平面直角座標系[†1]は，日本を平面とみなせる地域で19の座標系に区切った

[†1] Plane-rectangular Coordinate System

座標系である。大縮尺（**地図情報レベル250〜10 000**）で用いられ，基準点測量や細部測量など大多数の測量成果に用いられる。基本的に都道府県単位でいずれかの座標系に属している。

図**1.7**のように，各座標系原点における子午線上の縮尺係数[†2]が0.999 9   [†2] 1.7.1項 参照
となるような円筒を横向きに貫入させ，投影された円筒を切り開いて平面としている。原点における子午線をX軸に，直交する軸をY軸にとっている。一般に北を基準として角度を得ているため，縦軸にX軸をとると三角関数を用いた座標計算がスムーズとなる。座標系の単位はメートル〔m〕である。

平面直角座標系の適用区域を**表1.3**に示す。各座標系原点は，経緯度を基準に定められているので，海上や私有地に位置して測量標識がない場合もある。

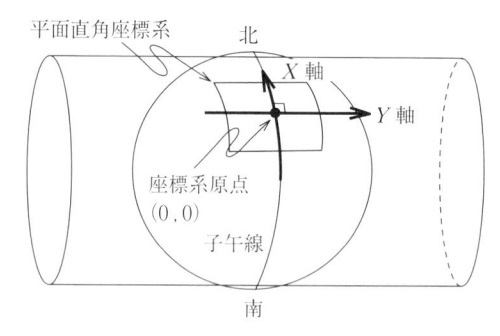

図1.7 平面直角座標系のガウス・クリューゲル等角投影法

表1.3 平面直角座標系の適用区域

系番号	座標系原点の経緯度 経度（東経）	緯度（北緯）	適 用 区 域
I	129度30分0秒	33度0分0秒	長崎県 鹿児島県のうち北方北緯32度南方北緯27度西方東経128度18分東方東経130度を境界線とする区域内（奄美群島は東経130度13分までを含む）にあるすべての島，小島，環礁および岩礁
II	131度0分0秒	33度0分0秒	福岡県 佐賀県 熊本県 大分県 宮崎県 鹿児島県（I系に規定する区域を除く）
III	132度10分0秒	36度0分0秒	山口県 島根県 広島県
IV	133度30分0秒	33度0分0秒	香川県 愛媛県 徳島県 高知県
V	134度20分0秒	36度0分0秒	兵庫県 鳥取県 岡山県
VI	136度0分0秒	36度0分0秒	京都府 大阪府 福井県 滋賀県 三重県 奈良県 和歌山県
VII	137度10分0秒	36度0分0秒	石川県 富山県 岐阜県 愛知県
VIII	138度30分0秒	36度0分0秒	新潟県 長野県 山梨県 静岡県
IX	139度50分0秒	36度0分0秒	東京都（XIV系，XVIII系およびXIX系に規定する区域を除く） 福島県 栃木県 茨城県 埼玉県 千葉県 群馬県 神奈川県
X	140度50分0秒	40度0分0秒	青森県 秋田県 山形県 岩手県 宮城県
XI	140度15分0秒	44度0分0秒	小樽市 函館市 伊達市 北斗市 北海道後志総合振興局の所管区域 北海道胆振総合振興局の所管区域のうち豊浦町，壮瞥町および洞爺湖町 北海道渡島総合振興局の所管区域 北海道檜山振興局の所管区域
XII	142度15分0秒	44度0分0秒	北海道（XI系およびXIII系に規定する区域を除く）
XIII	144度15分0秒	44度0分0秒	北見市 帯広市 釧路市 網走市 根室市 北海道オホーツク総合振興局の所管区域のうち美幌町，津別町，斜里町，清里町，小清水町，訓子府町，置戸町，佐呂間町および大空町 北海道十勝総合振興局の所管区域 北海道釧路総合振興局の所管区域 北海道根室振興局の所管区域
XIV	142度0分0秒	26度0分0秒	東京都のうち北緯28度から南であり，かつ東経140度30分から東であり東経143度から西である区域
XV	127度30分0秒	26度0分0秒	沖縄県のうち東経126度から東であり，かつ東経130度から西である区域
XVI	124度0分0秒	26度0分0秒	沖縄県のうち東経126度から西である区域
XVII	131度0分0秒	26度0分0秒	沖縄県のうち東経130度から東である区域
XVIII	136度0分0秒	20度0分0秒	東京都のうち北緯28度から南であり，かつ東経140度30分から西である区域
XIX	154度0分0秒	26度0分0秒	東京都のうち北緯28度から南であり，かつ東経143度から東である区域

1.6.2 UTM 座標系

UTM 座標系[†3] は，経度 6 度ごとに 60 のゾーン（帯）に分割した座標系である。中縮尺（**地図情報レベル 10 000 ～ 200 000**）で用いられ，リモートセンシング[†4] の成果などに用いられる。51 帯から 56 帯までの範囲に日本がカバーされている。

[†3] Universal Transverse Mercator Coordinate System
[†4] 13 章 参照

図 1.8 のように，各ゾーン（帯）の中央子午線上の縮尺係数が 0.999 6 となるような大きさの円筒を横向きに貫入させ，投影された円筒を切り開いて平面としている。中央子午線と赤道の交点を原点とし，座標値に負の値ができないよう東西方向に 500 km を加えているので，北半球における原点座標値は，(500 000, 0) となる。単位はメートル〔m〕である。

南半球では南北方向に 10 000 km を加えているので，南半球における原点座標値は，(500 000, 10 000 000) となる。

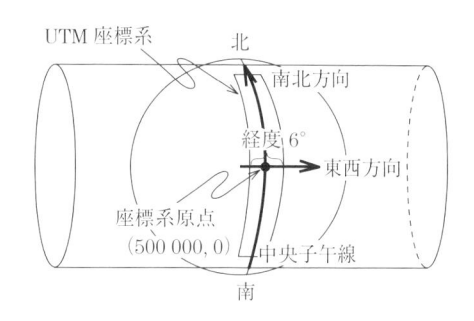

図 1.8　UTM 座標系のガウス・クリューゲル等角投影法

1.7　球面距離と平面距離の比

楕円体面上の球面距離と投影された平面の平面距離の比は，ある点における縮尺係数とある 2 点間における s/S[†1] で表される。つぎに縮尺係数と s/S について述べる

[†1] エスバイエスと読む。

1.7.1　縮 尺 係 数

ある 1 点における微小球面距離 dS，それに対応する微小平面距離 ds の比 ds/dS を**縮尺係数**[†2]（m）と呼ぶ。これは，図 1.9 に示すように，原点から Y 軸方向へ離れるに従って増加する。縮尺係数 m の計算式を式 (1.2) に示す。

[†2] point scale factor

$$縮尺係数 = \frac{平面距離}{球面距離}$$

$$m = m_0 \left(1 + \frac{y^2}{2 R_0^2 \, m_0^2} \right) \tag{1.2}$$

ここで，m_0：座標系原点の子午線の縮尺係数（平面直角座標系 = 0.999 9,

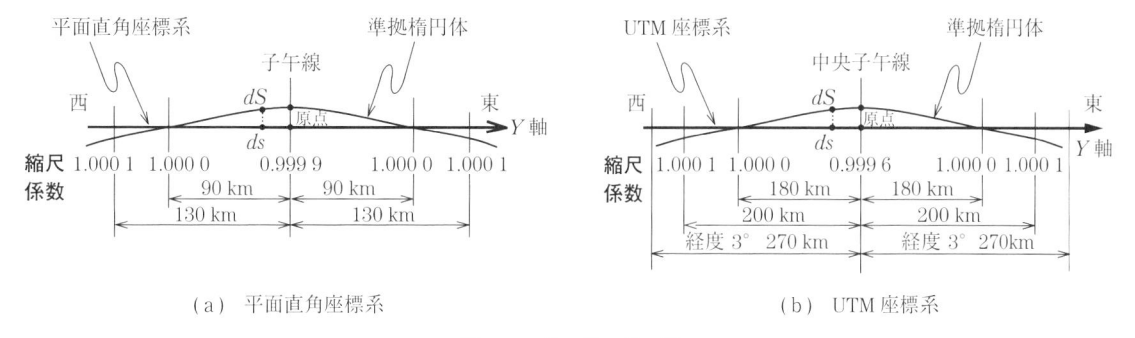

(a) 平面直角座標系

(b) UTM 座標系

図 1.9　縮 尺 係 数

UTM 座標系 = 0.999 6),R_0:座標系原点の平均曲率半径（≒ 6 370 000 m），である。

1.7.2　s/S

ある 2 点間における球面距離 S，それに対応する平面距離 s の比を s/S[†3] と呼ぶ。これは，2 点間の Y 座標の関数である。2 点が同一の場合，縮尺係数となる。s/S の計算式を式 (1.3) に示す。

[†3] line scale factor

$$s/S = m_0 \left(1 + \frac{y_1^2 + y_1 y_2 + y_2^2}{6R_0^2\, m_0^2}\right) \quad (1.3)$$

ここに，m_0：座標系原点の子午線の縮尺係数（平面直角座標系 = 0.999 9，UTM 座標系 = 0.999 6），R_0：座標系原点の平均曲率半径（≒ 6 370 000 m），である。

1.8　北

北[†1] には定義の異なる 3 方向の北（座北，真北および磁北）があり，それぞれの北から測った角の定義も異なる。図 1.10 に平面直角座標系における北と角を示す。

[†1] north

〔1〕座　北　座北[†2] は平面直角座標系の X 軸に平行な方向である。既知点 2 点の座標から逆正接により求められる。**方向角**は座北から右回りに測った角である。**真北方向角**は座北から真北まで測った角であって，右回りを + 符号，左回りを - 符号とし，平面直角座標系原点から東にある地点では -，西にある地点では + となる。

[†2] grid north

〔2〕真　北　真北[†3] は子午線の北極の方向である。**方位角**は真北から右回りに測った角である。太陽観測からでも求められる。観測点に据え付けたジャイロ搭載トータルステーションにより求められる。

[†3] true north

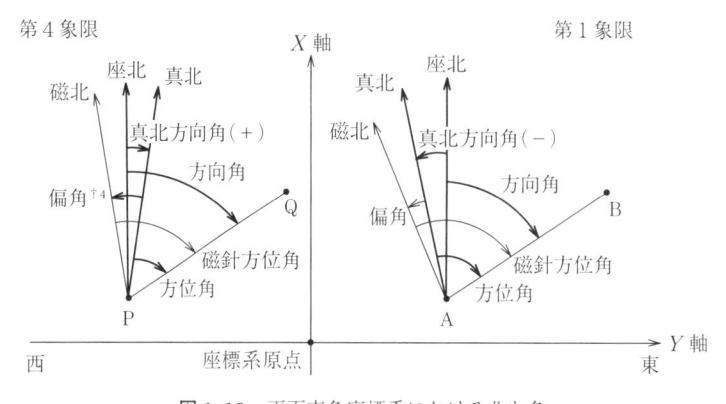

図 1.10　平面直角座標系における北と角

[†4] declination
偏角は真北から磁北まで測った角であって，日本では西へ 4〜9°傾いている。

〔**3**〕 **磁　　北**　磁北は磁針の示す方向である。観測点における方位磁針により求められる。磁針方位角は磁北から測った角である。

[5] magnetic north

1.9　ジ　オ　イ　ド

ジオイドは，地球をとり巻く曲面で，平均海面によく一致する重力の等ポテンシャル面である。

[1] geoid

水準面は，重力の等ポテンシャル面のことであり，鉛直線（重力の働く方向）に対して垂直である面であり，これは，水が重力のみの影響を受けて静止している状態であり，高さに応じて無数に存在する。水準面のうち，平均海面とその陸地内部まで延長したときにできる面をジオイドとしている。図**1.11**に水準面とジオイド面を示す。ジオイド面は，山脈や地球内部の高密度の箇所で盛り上がり，起伏が存在する。

[2] level surface

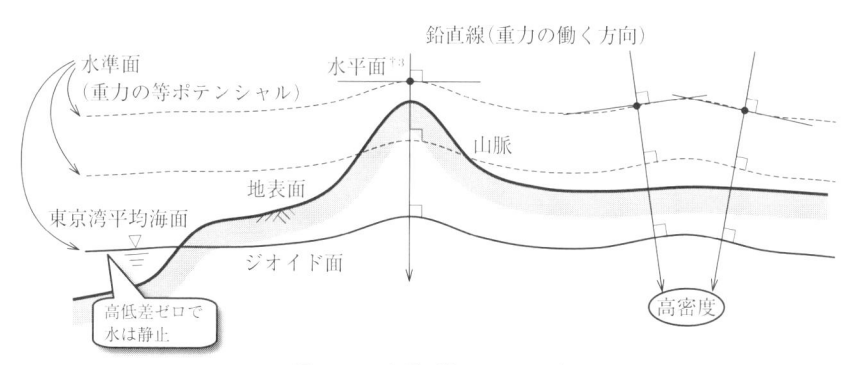

[3] horizontal plane
水準面のある1点で接する平面。レベルやTSにおいて，整準（気泡管の気泡が中央にある状態）すると水平面がつくれる。

図 1.11　水準面とジオイド面

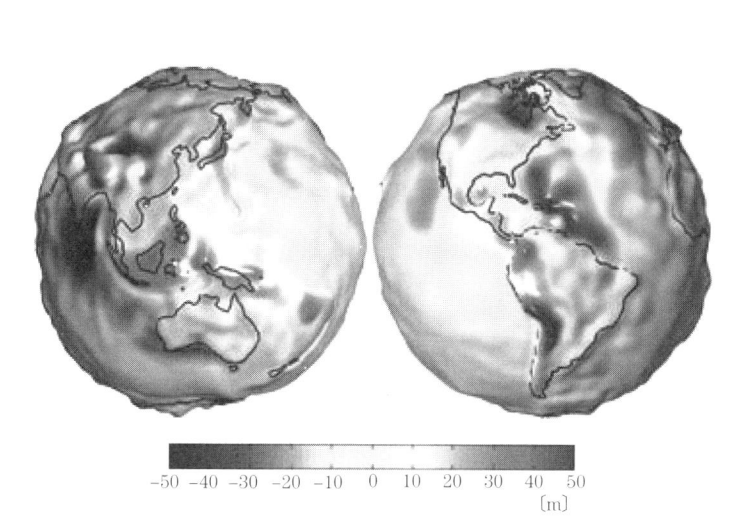

図 1.12　ジオイドの形状

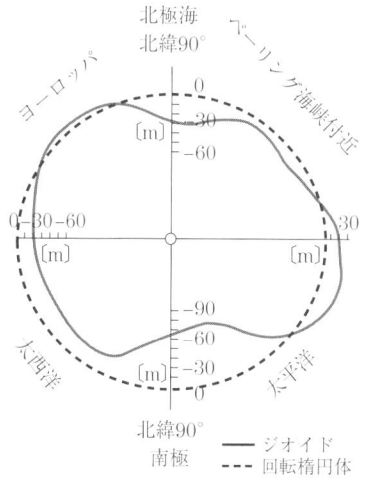

ジオイドの形状は地球の形状を代表している。ジオイドの複雑な形状を単純なモデルに近似させたのが地球楕円体であるが，最大で 100 m ほど離れていることがわかっている。図 **1.12** にジオイド面の形状を示す。

1.10　高　　　さ

高さには，**標高**[†1]，**ジオイド高**[†2] および **楕円体高** があり，これらの関係を図 **1.13** に示す。

[†1] elevation
[†2] geoidal height
[†3] 鉛直線偏差
　ある点において準拠楕円体の法線とジオイドの鉛直線のなす微小な角。

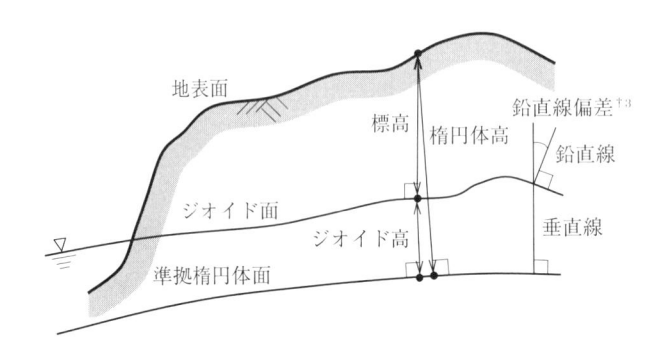

図 **1.13**　標高，ジオイド高と楕円体高の関係

① **標　高**　ある点から基準とする平均海面に鉛直[†4]に延ばした線分である。地理的状況から各国で，基準とする平均海面をそれぞれ定めており，日本では東京湾平均海面を採用している。直接水準測量から求められる高さのことである。

[†4] vertical
　垂球を糸で吊り下げたときの糸が示す方向，すなわち，重力の方向のこと。

② **ジオイド高**　ジオイドのある点から準拠楕円体に垂直[†5]に延ばした線分である。日本のジオイド高の範囲は，15〜45 m である。

[†5] perpendicular
　垂直とは，なす角が直角であること。

③ **楕円体高**　ある点から準拠楕円体に垂直に延ばした線分である。GNSS 測量から求められる高さのことである。

章　末　問　題

❶　つぎの文 a.〜e. は，平面直角座標系による三角点成果について述べたものである。正しいものはどれか。
　　a．方向角は，三角点を通る子午線の北から右回りに観測した角である。
　　b．座標原点から北東に位置する三角点成果の X，Y の符号は，正である。
　　c．真北方向角，方位角，方向角の間には，「真北方向角 = 方位角 − 方向角」の関係がある。
　　d．二つの三角点の平面距離は，球面距離よりもつねに短い。
　　e．座標系原点を通る子午線の東側にある三角点の真北方向角の符号は，正である。

❷　表 **1.4** は，インターネットを利用して国土地理院のホームページで閲覧できる三角点・多角点情報表示の抜粋である。　ア　および　イ　に入るべき符号と　ウ　の縮尺係数の組合せとして，最も適当なものはどれか。つぎの中から選べ。ただし，平面直角座標系 2 系の原点数値は，つぎのとおりである。

緯度（北緯） 33°0′0″.0000
経度（東経） 131°0′0″.0000

	ア	イ	ウ
a.	+	+	1.000 003
b.	+	+	0.999 903
c.	−	−	0.999 903
d.	−	+	0.999 903
e.	−	−	1.000 003

表 1.4

世界測地系（測地成果 2000）	
基準点コード	4930-36-4601
1/50 000 地形図名	菊池
種別	四等三角点
冠字番号	尺 14
点名	横平
緯度	32°57′35″.0932
経度	130°49′43″.4036
標高	128.02 m
座標系	2 系
X	ア 4 450.632 m
Y	イ 16 012.038 m
縮尺係数	ウ
ジオイド高	32.80 m

章末問題略解

❶ b.（平成 17 年　測量士補試験）　　❷ c.（平成 18 年　測量士補試験）

2章

距 離 測 量

　2011年3月11日の東北地方太平洋沖地震，およびこれに起因して発生した津波によって，特に沿岸部の地形や景観は大きく変わってしまった。一方で視覚的には認識できないが，5.3 mも移動した宮城県牡鹿をはじめ東日本は東に大きく動いたことが観測された。いまも毎年6 cmのペースで東に移動しているという。このように地球上のひずみや動きによって地点間の距離が刻一刻と変化するたびに，陸地や海洋を生活や生産の場とするわれわれは，よりスピーディにかつ精確にその距離を測ることが求められている。この章では，**距離測量**[†1]と題して，測量における距離の定義や2点間の距離測定の方法について述べる。

[†1] distance survey

2.1 距 離 の 種 類

　地球を半径6 370 kmの球体とみなす場合や，局地的には平面とみる場合があることから，地球上の距離にはいくつかの定義がある。

2.1.1 平面距離と球面距離

　測量を行う範囲が地球の大きさに比べて狭小の場合，対象地域を局地的な平面とみなすことができるため，**図2.1**のように2点間の距離は局地的な水平面上に投影した2点間の距離（$\overline{\text{A}'\text{B}'}$）で，これを**平面距離**[†1]といい，$s$で表す。これに対し，球面上の距離は図のように測量の範囲を広げると大きくなる。地球表面を半径6 370 kmの球面とみなすと，その球面上に投影した2点間の弧長（$\overparen{\text{A}_0\text{B}_0}$）を**球面距離**[†2]といい，$S$で表す。

　なお，地球の曲面形状を考慮することが必要となるような，対象範囲が広い測量を**測地測量**という。それに対し，対象地域を平面とみなすことができる局地的な測量を**小地測量**または**局地測量**という。

[†1] grid distance

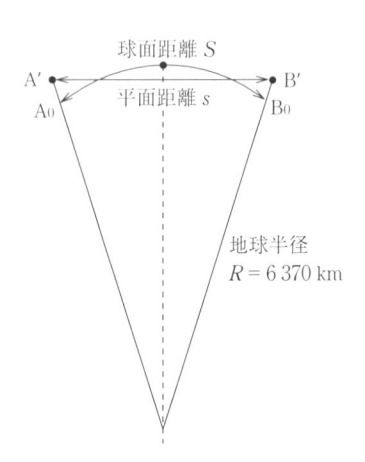

図2.1 平面距離と球面距離

[†2] spherical distance
図の球面距離には完全な球体の場合のものと楕円体のものとがある。

2.1.2 斜距離，水平距離，および鉛直距離の関係

　地球は楕円体であるが，局地的にはその地表面を平面とみなせる。この範囲

における距離は，図 2.2 のように斜距離[†3]，水平距離[†4] および鉛直距離[†5]（高低差または比高）に大別される．地上で通常行う局地測量では，水平距離を単に距離と呼ぶ．一般に斜距離を観測することになるが，高低角がわかればそこから水平距離を求めることもできる．これら三つの距離（水平距離を L，鉛直距離を H，斜距離を D とする）と高低角 α の間には，三平方の定理から式(2.1)が成り立つ．

[†3] spatial distance
[†4] horizontal distance
[†5] vertical distance

$$D^2 = L^2 + H^2, \quad D = \sqrt{L^2 + H^2},$$
$$L = D \cos \alpha, \quad L = \frac{H}{\tan \alpha} \quad (2.1)$$

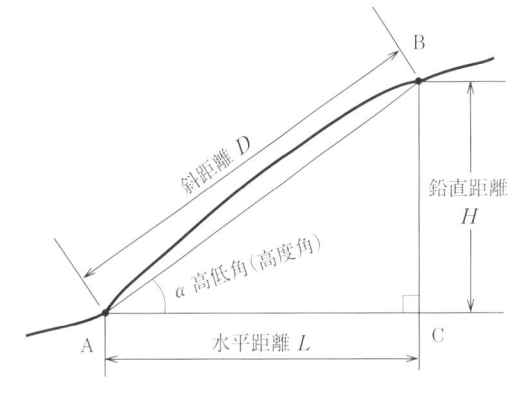

図 2.2 斜距離，水平距離および鉛直距離

2.2 局地測量における測距

実際に現地で距離を測ることを測距[†1]といい，歩測などの低精度のものから光波[†2]による測距など非常に高精度のものまである．表 2.1 は各測定方法を低精度のものから順に示したものである．また，測量領域の地形・土地利用によって許容される精度は，山地・森林では 1/500～1/1 000，平坦地・農耕地では 1/2 500～1/5 000，市街地では 1/10 000～1/50 000 がその目安となっている．

[†1] distance measurement
[†2] electro optic

表 2.1 距離測量の方法と精度

距離の測定・測量方法		使用器材	期待できる精度	利用目的
歩測		（なし）	1/100～1/200	踏査，水準測量
スタジア測量		レベル，セオドライト	1/300～1/1 000	水準測量，地形測量
巻尺	ガラス繊維巻尺	ガラス繊維巻尺	1/1 000～1/3 000	工事測量
	鋼巻尺	鋼巻尺，温度計，張力計	1/5 000～1/30 000	精密工事測量
	インバール尺，ワイヤー	インバール尺，ワイヤー，温度計，張力計	1/10 000～1/1 000 000	長大橋／長大トンネルの三角測量の基線測量
光波測距儀，TS		光波測距儀・TS，三脚，反射鏡	$(2 \sim 10 \text{ mm}) + (1 \sim 5) \times 10^{-6} \times S^*$	基準点測量，トラバース測量，細部測量

＊ 観測距離．

2.2.1 歩　　　測

歩測[†3] は，測量機器を用いずに大まかな距離を知るためには便利な方法で，人の歩幅に歩数を乗じて距離を求める．測量学では 2 歩を 1 複歩といい，日本人男性の平均値は 1.5 m であるが，もちろん個人差があるので，事前に各自の複歩幅を確認しておくことが必要である．水準測量で視準距離の見当をつける場合にもよく用いられる方法である．

[†3] pacing

2.2.2 巻尺による測距

繊維製巻尺[†4]は**エスロンテープ**ともいわれ，軽量で安価で，汎用性もあることなどから，実地測量に最もよく使われる測距用具である（**図2.3**左）。平板測量[†5]など高い精度を必要としない測量では繊維製巻尺が多用される。

[†4] fabric tape
[†5] plane table surveying

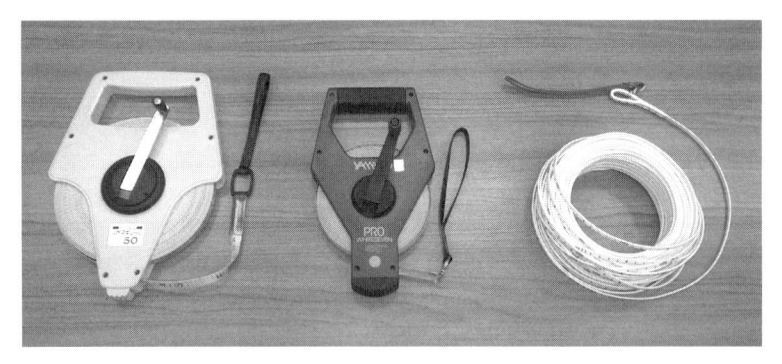

図2.3 繊維製巻尺（左），鋼巻尺（中），および測量用ロープ（右）

比較的高い精度を要求される測量では鋼巻尺[†6]が用いられる（図2.3中）。これは帯状の薄鋼板にナイロンコートをしてあるもので，金属製のため温度による膨張・収縮があるので，標準張力（98 N，20℃）で測定することや，巻尺の尺定数[†7]や温度などの補正が必要である。また，ねじれや踏圧により破損しやすいために，取扱いは慎重でなければならない。

[†6] steel tape
[†7] correction for scale

なお，尺定数とは正しい長さと使用した巻尺の長さとの差をいい，その巻尺固有の誤差である。尺定数 Δd が正の場合，その巻尺は目盛間隔が伸びており正しい長さよりも短い値を示す。そこで尺定数が正の巻尺で測定した場合，正の補正（加算）を行い，尺定数が負の巻尺で測定した場合，負の補正（減算）を行う。測定距離 L に対する尺定数補正量 C_L は尺定数を Δd，巻尺の長さを d とすると式(2.2)のように表す。

$$C_L = \frac{\Delta d}{d} \cdot L \tag{2.2}$$

特に精密な測定を要する場合にはインバール基線尺が用いられる。インバールはニッケルと鉄の合金で，その線膨張係数が鋼巻尺の1/10程度と非常に小さいため，常温ではほとんど膨張しない。

測量用ロープは，山林や水辺などにおける大まかな距離測定に便利で，最小目盛は5 cmである（図2.3右）。水よりも比重の小さいタイプのものは，流れのゆるやかな河川やため池などでも距離測定できる。

2.2.3 光波測距儀による測距

〔1〕 **測距の原理** 光波によって距離を観測する器械を**光波測距儀**[†8]と

[†8] electro-optical distance meter

いい，トータルステーション[†9]（**TS**）にその機能が備わっている．光波測距儀による測距の原理は，観測すべき2点間に光波を往復させて距離を測るというものである．**図2.4**のようにAB間の距離Lを測るために，点Aから光を発射し，点Bの反射鏡で反射して点Aに戻るまでの時間tを計測する．この間に光は2点間の2倍の距離を移動するので，光の速度をvとすれば，$2L = v \cdot t$の関係からLを求めることができる．しかし，光の速度は30万km/s[†10]と非常に高速であることから，mm単位で観測する場合，超瞬時の時間計測が必要となりTSの時計では計算できない．そこで，図2.4に示すように，光波測距儀は，光そのものの光の波長を用いるのではなく，光に明暗の変動を与えた光強度変調光[†11]を利用する．光波の波長λと位相差[†12]ϕおよび発射光が戻るまでの波の数Nから，光波測距儀内部で自動的に計算され，表示部に距離Lが表示される[†13]．器械内部では，位相差計を用いてSを円周上の角度とする位相角の差（＝位相差ϕ）を読み取り，$S = \lambda \times (\phi/2\pi)$の関係から，式(2.3)により距離$L$が求まる．なお，図2.4は$N = 6$の場合を例にしているが，固定された一定波長の変調光だけではNは求められないので，異なる波長の変調光におけるϕを測定したNを求めている．

$$L = \frac{\lambda}{2} \cdot \left(N + \frac{\phi}{2\pi}\right) \tag{2.3}$$

[†9] total station
一般的にTSと表記する．

[†10] 地球の全周はおよそ4万kmであることから，一般的に光の速度を「1秒間に地球を7回り半」と表現する．

[†11] light-intensity modulation system
光強度変調光の周波数の単位としてHz（ヘルツ）が用いられる．これは1秒間に光の波が何度繰り返されるかを表すもので，15MHz（メガヘルツ）とは1秒間に15×10^6回繰り返されることである．

[†12] phase difference

[†13] 光波の波長をλ，反射光が光波測距儀に戻るまでの波の数をN，波の端数の長さをSとすれば，$2L = \lambda N + S$となることから，$L = (\lambda N + S)/2$として距離を求めることができる．

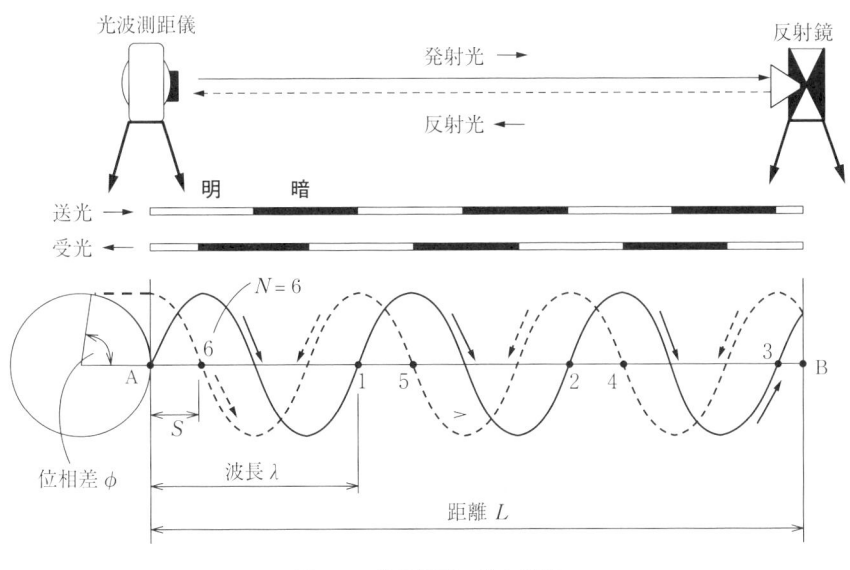

図2.4 光波測距の基本原理

〔2〕 **水平距離と鉛直距離の求め方**　　**図2.5**のようにTSで直接観測されるものは反射鏡までの斜距離Dと鉛直角[†14]Zであるから，TS内部でつぎの変換式(2.4)を介して水平距離Lと視準高低差H'も表示される．ただし，この

[†14] 天頂角ともいう．

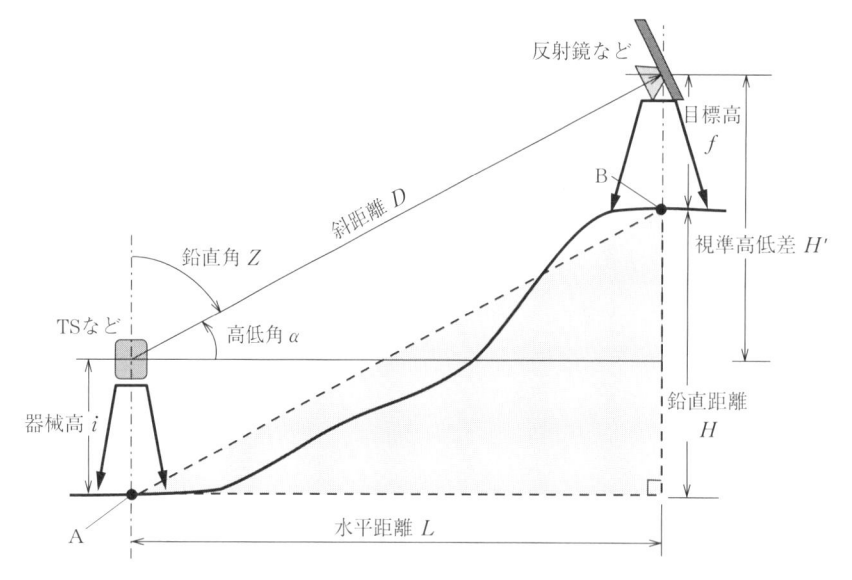

図 2.5 視準高低差と測点間の鉛直距離

ときの視準高低差からAB間の地盤の鉛直距離（標高差）Hを求める場合，器械高iと反射鏡などの目標高fを求め，後に補正するか，あらかじめ器械に入力しておくと自動的に計算され，鉛直距離Hが表示される。

　　高低角 $α = 90° - Z$，　水平距離 $L = D·\cos α$，

　　視準高低差 $H' = D·\sin α$，　AB間の鉛直距離 $H = H' - f + i$　　(2.4)

〔3〕 **反射鏡の構造とプリズム定数**　TSによって発せられた光波を往復させるために反射させるものを**反射鏡**[†15]または**反射プリズム**（あるいは，単に**プリズム**），あるいは**ミラー**という。反射鏡は，完全に正対（測距光に対して反射鏡の正面が垂直に交わる状態）していなくてもTSに測距光を戻せるという機能をもつ。この機能を生むのが反射鏡内部にあるガラスの構造で，立方体の一端を頂点として切り取った四面体で，3面が直交した形となっている。**図2.6**に示すように，切り取られた面に光が入ると反射して，入射方向と同方向に光が戻る仕組みで，数km隔たっていても距離計に正確に反射光を戻すことができる。反射鏡内での光路の長さが測定距離に影響するため，これを補正するための固有の補正量が設けられており，これを**反射鏡定数**[†16]という。通常この値は反射鏡本体に表示されており，TSに入力しておけば自動的に距離の補正が行われる。**図2.7**に反射鏡の例を示す。

〔4〕 **器械定数とその補正**　TSには，器械の中心に対して光波の発射位置と反射位置が一致しないことによる誤差や器械の電気回路による誤差などの固有の誤差があり，これを**器械定数誤差**[†17]という。この値は**比較基線場**[†18]の2点間で検出する。比較基線場によらない場合，**図2.8**に示す方法で，この値を検

[†15] prism reflector

[†16] prism correction

[†17] instrumental constant error

[†18] 全国各地にあり国土地理院が管理する精度を検定する施設。

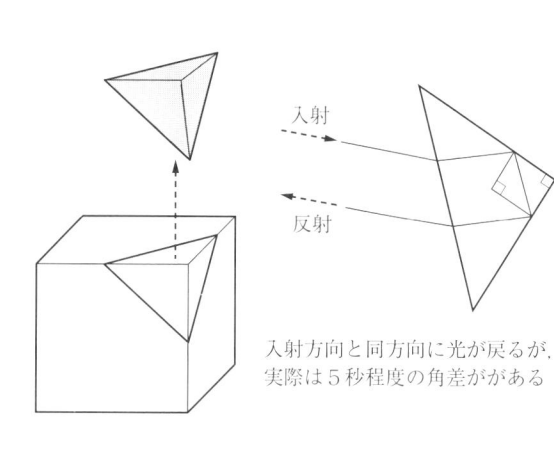

図 2.6　反射鏡の構造と仕組み[19]　　　図 2.7　反射プリズム[20]

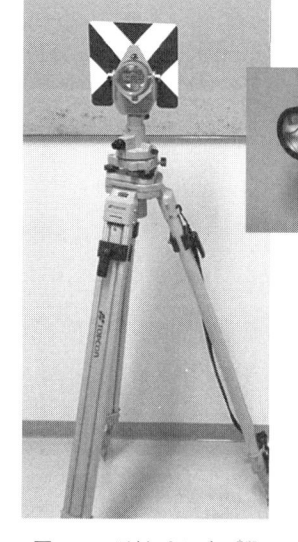

[19] 反射鏡にはつねに自分の目が見える。これは光が入射方向と同じ方向に戻るためである。

[20] 一素子プリズムは三脚に据えて基準点測量に用いられる（図2.7左）。ミニプリズムは移動が容易で、細部測量に用いられる（図2.7右）。

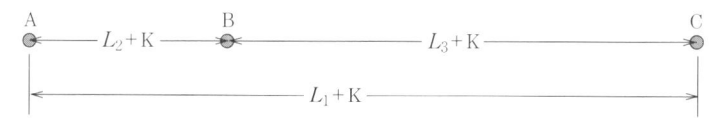

図 2.8　比較基線場によらない器械定数の求め方

出する。数百 m 離れた一直線上に点 A，B，C を設け，光波測距儀で各区間の距離 L_1, L_2, L_3 を測定する。器械定数を K とした場合，次式が成り立つ。

$$L_1 + K = (L_2 + K) + (L_3 + K) \tag{2.5}$$

これを変換して，器械定数は $K = L_1 - (L_2 + L_3)$ で求められる。

〔5〕**気象補正**　　大気中を通過する光波は，気温・気圧・湿度などで光の屈折率が変化し光速度に影響を受けるが，その大きさは気温が最も大きく，次いで気圧，湿度の順で影響する。気温が高くなると測定距離は実際よりも短く測定される。このうち湿度の影響はきわめて小さいことから，3，4 級基準点測量では無視され，多くの測量の現場では気圧と気温の測定値を機種ごとに定められた補正式[21]（例えば式 (2.6)）に代入して補正距離を求める。作業としては，測定した気圧と気温を器械に入力すれば自動的に計算されて，補正された距離が表示される。

$$X = 278.96 - \frac{0.387\,2P}{1 + 0.003\,661t} \ \text{〔ppm〕}, \quad D = d \cdot \left(1 + \frac{X}{10^6}\right) \tag{2.6}$$

ここに，X〔ppm〕：気象補正定数，P〔mmHg〕：測定時の気圧，t〔℃〕：測定時の気温，d〔m〕：光波測距儀に表示された距離，D〔m〕：気象補正後の距離，である。

[21] 気温1℃の変化で1ppm，気圧1 hPa（ヘクトパスカル）の変化で0.3 ppmの影響を受けるが，機種ごとに補正式が異なるのは，その器械が採用している標準大気の気温・気圧・水蒸気圧の値が異なるためである。式 (2.6) ソキア RED2 の例である。

2.3 測地測量における測距

2.3.1 準拠楕円体面上の球面距離の求め方

　光波測距儀で観測された斜距離を，基準点測量の成果である準拠楕円体上に投影した球面距離で示すのが原則である。特に光波測距儀で 10 km にも及ぶ長い距離を測定した場合には地球の形状が大きく影響する。斜距離から補正するためには，図 2.9 において標高にジオイド高を加えた楕円体高を用いて，式 (2.7) により準拠楕円体上の球面距離 S を求める。

$$S = D \cos\left(\frac{\alpha_1 - \alpha_2}{2}\right) \frac{R}{R + \left(\frac{H_1 + H_2}{2}\right) + \left(\frac{N_1 + N_2}{2}\right)} \quad (2.7)$$

ここで，D：測点 1 から測点 2 までの斜距離，H_1：測点 1 の標高（概算値）＋器械高，H_2：測点 2 の標高（概算値）＋器械高，α_1：測点 1 から測点 2 に対する高低角，α_2：測点 2 から測点 1 に対する高低角，R：地球の平均曲率半径（6 370 000 m），N_1：測点 1 のジオイド高，N_2：測点 2 のジオイド高である。

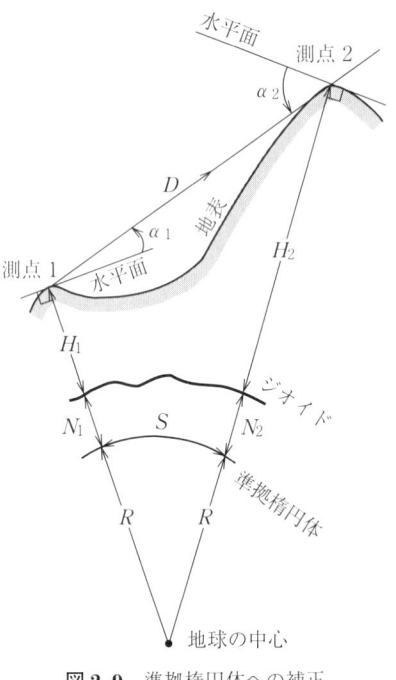

図 2.9　準拠楕円体への補正

2.3.2 世界と日本の位置を決定する VLBI

　宇宙の果て 10～140 億光年の彼方に存在し，強烈なエネルギーを出している天体を**準星**[†1]という。**VLBI** は**超長基線電波干渉法**[†2]といい，この天体が発する電波を利用し，地球上の数千 km も離れたアンテナ間の距離を，わずか数 mm の誤差で測る測量技術である。準星から発する特定の微弱な電波を地球上でいくつかのパラボラアンテナにより同時に受信し，この電波を受信する時刻の差（遅延時間）を，正確な原子時計で 100 億分の 1 秒の単位で測る。そして，この遅延時間に電波の速さを乗じることにより，天体の方向から見てそのときの二つのアンテナまでの距離の違いがわかるというものである。

　図 2.10 に示すように，このような観測を三つ以上の天体に対して行うことでアンテナの 3 次元的な位置関係を求めることが可能である。この観測により，世界と日本の位置関係から，地震を引き起こすプレート運動の監視や世界測地系の維持が，また地球の自転や姿勢から「うるう秒」の決定がなされている。アンテナが一つだけではなにもなさないので，世界各地にアンテナが設置されている。わが国ではつくば（茨城県），新十津川（北海道），姶良（鹿児島県）および父島（東京都特別区）の 4 基地局を設け，1986 年から実施した観測によって主要な三角点の位置が改測され，精密測地網高精度化が実現した。技術の要

[†1] quaser

[†2] very long baseline interferometry

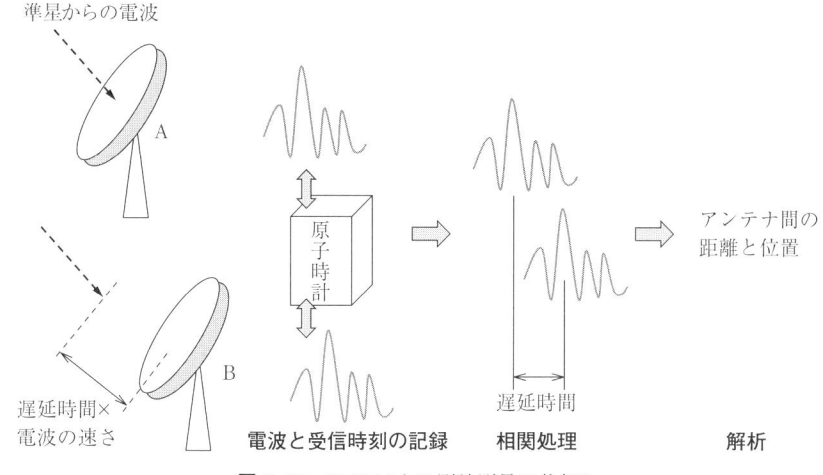

図 2.10 VLBI による測地測量の仕組み

になるのが，正確な時計の存在で水素メーザ原子時計という，1 億年に 1 秒しか狂わない時計を使用する．

章 末 問 題

❶ TS を用いた縮尺 1/1 000 の地形図作成において，傾斜が一定な直線道路上にある点 A の標高を測定したところ 51.8 m であった．一方，同じ直線道路上にある点 B の標高は 49.1 m であり，点 A から点 B の水平距離は 48.0 m であった．このとき，点 A から点 B を結ぶ直線道路とこれを横断する標高 50 m の等高線との交点は，地形図上で点 A から何 cm の地点を横断するか．

❷ 光波測距儀による距離測定の誤差について，明らかに間違っているものはどれか，つぎの文 a.～e. の中から選べ．
  a. 光波測距儀の致心誤差に起因する距離測定の誤差は，計算により消去できない．
  b. 変調周波数の変化に起因する距離測定の誤差は，測定距離に比例する．
  c. 器械定数の変化に起因する距離測定の誤差は，測定距離の長短にかかわらず一定である．
  d. 気圧測定における 1 hPa の誤差は，気温測定における 1℃ の誤差に比べると，より大きな距離測定の誤差を生じさせる．
  e. 気象要素の測定誤差に起因する距離測定の誤差は，測定距離に比例する．

❸ 比較基線場において，一直線上にある点 A，C，B において光波測距儀で距離を測定した．A に光波測距儀，B および C に反射鏡を設置して，AB 間 550.626 m，AC 間 350.071 m を，つぎに，C に光波測距儀を設置して，CB 間 200.556 m を測定した．この光波測距儀の器械定数はいくらか．ただし，各点における器械高および反射鏡高は同一で，C に設置した反射鏡定数は − 0.030 m，B に設置した反射鏡定数は − 0.035 m である．また，測定距離は気象補正ずみである．なお，測定誤差はないものとする．

❹ 尺定数が 50 m + 5.00 mm（20℃, 98 N）の鋼巻尺で 2 点間の距離を測定したところ，前端の読みが 36.168 m，後端の読みが 0.060 m であり，測定時の気温が 29℃，2 点間の高低角が 3°00′00″ の場合の水平距離を求めよ．ただし，鋼巻尺の線膨張係数は，0.000 011 5 m/℃ とする．

❺ 水平距離 50 m の測量において許容の精度を 1/3 000 とすると，高低差 H は何 m までにしなくてはいけないか．小数点以下 2 桁までで求めよ．

❻ 歩測による距離測定について正しいものはどれか，つぎの文 a.～e. の中から選べ．
　a．歩測は雨天でも雨具を着用すれば通常と変わらない精度で距離の測定を行える．
　b．歩測の測定精度は，1/500 程度まで高めることができる．
　c．歩測は水準測量の際に器械点を決めるためによく行われる．
　d．歩測では，あらかじめ計算された測定者の 1 歩の長さを基に，測定した距離を計算するのが普通である．
　e．傾斜のある場所での歩測は，往復の測定により距離を計算する．

❼ 標高 40.625 の点 A に据え付けた TS から点 B までの距離測定を行った．このとき，「水平距離 43.265 m，鉛直距離 + 2.354 m」という表示がディスプレイ上に表示された．器械高 $i = 1.350$ m，反射鏡高 $f = 1.500$ m であるとき，AB 間の水平距離と点 B の標高はいくらか．

❽ 周波数 150 kHz の変調光の波長 λ は何 m か．ただし，光の速度を 3×10^8 m とする．

章末問題略解

❶ 3.2 cm（平成 21 年　測量士補試験）　　❷ d.（平成 17 年　測量士補試験）
❸ 0.029（平成 17 年　測量士補試験）　　❹ 36.066 m　　❺ 1.29 m　　❻ c. と e.
❼ AB 間の水平距離：43.265 m（ディスプレイに表示されたとおり），点 B の標高：42.829 m　　❽ 2 000 m

3章

角　　測　　量

　海岸から船までの距離，あるいは遠くの山やピラミッドの高さを知りたいときなど，直接測ることのできないその距離の大きさを，先人たちは角度を測ることによって間接的に求める方法を見出し，現代に伝えてくれた。また，不定形な水田や宅地などの面積を求める際にも，現地で観測する角度は計算上不可欠な情報である。このように，現代の局所的な測量や比較的広範の測量に，精確な角度の観測はなくてはならない。

　ここでは，実際の角測量の現場に携わることができるように，角度に関わる基本事項や測角，器械と方法，設差問題などについて述べる。

3.1　角度に関する基本事項

3.1.1　水平角と鉛直角

　測量で扱う角度には，水平面上に投影した**水平角**[†1]と鉛直面上に投影した**鉛直角**[†2]がある。

[†1] horizontal angle
[†2] vertical angle
天頂角ともいう。

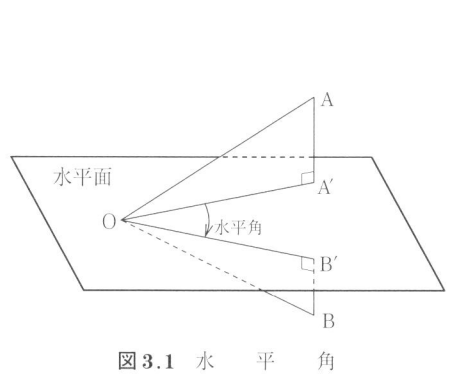

　図 3.1 のように地点 O において，地点 A，B を O を含む水平面に投影した点を A′，B′ とすると，∠A′OB′ を水平角という。水平角は右回りに数えるものを正（＋）とし，0°から360°まで数える。図 3.2 のように，地点 O を通る鉛直線上方 OV を基準にした∠VOA，∠VOB を鉛直角という。鉛直角は上方を0°として180°まで数える。また，地点 O を通る水平線 OH を基準にした∠HOA，

図 3.1　水　平　角　　　　　図 3.2　鉛　直　角

∠HOB を**高低角**または**高度角**という。高低角は水平を0°として上方を**仰角**といい，+90°まで，下方を**俯角**といい，-90°まで数える。鉛直角と高低角は余角の関係（$Z + \alpha = 90°$）となる。

3.1.2 角度の単位

角度の単位には**ラジアン**[†3]，**度**[†4]，**グラード**[†5]の3種類がある（図3.3）。

[†3] radian
[†4] degree
[†5] GRAD

〔1〕 **ラジアン角（弧度角）**　半径と同じ長さの円弧をはさむ角を1ラジアン（弧度）という。半径Rの円周長$= 2\pi R$であるから，全円周角$360° = 2\pi$ラジアンである。ラジアン角は数学や理論計算に用いられる。

〔2〕 **度**[†6]，**分**[†7]，**秒**[†8]（**DMS角**）　全円周角を360°として，$1° = 60'$，$1' = 60''$とした60進法による角度の表し方で，各種測量のほとんどがこの表記である。

[†6] degree
[†7] minute
[†8] second

〔3〕 **グラード角**　全円周角を400グラードとし，1象限を100グラードで表す。

　　　全円周角 = 400 g（グラード）， 1 g = 100 cg（センチグラード），
　　　1 cg = 100 cc（センチセンチグラード）　　　　　　　　　　　(3.1)

ヨーロッパで広く採用されており，日本でも写真測量の分野[†9]で用いられている。

[†9] 図12.15における水準器（円形気泡管）の気泡の角度がグラード表示。

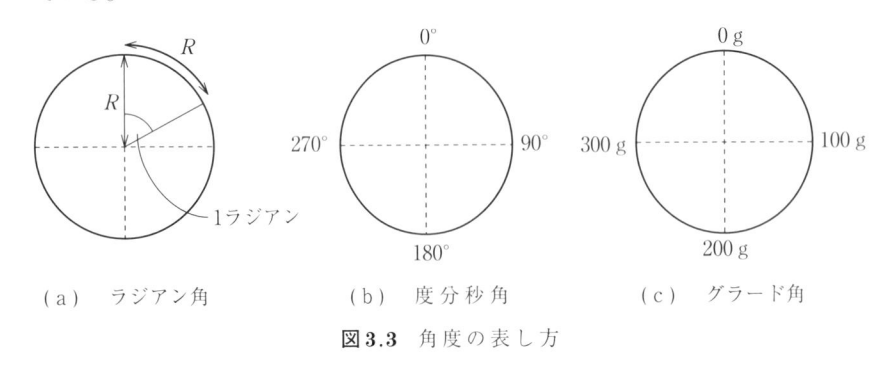

(a) ラジアン角　　(b) 度分秒角　　(c) グラード角

図3.3 角度の表し方

3.2 角度の測定

3.2.1 角度の測定機器の種類

角度の測定器械には，主に**セオドライト**[†1]（または**トランシット**[†2]）が用いられる。電子式セオドライトがもつ測角の機能に光波測距儀の機能を加えたものがトータルステーション（TS）で，高価であるが1980年代から普及して，現在広く用いられている。

[†1] theodolite
[†2] transit

その他として，コンパス（**羅針盤**）[†3]は，磁北が南北を指す性質を利用して水平角を測定するものであるが，30′程度の精度で，かつ電線や金属フェンス

[†3] 3.7節 参照

などの近くでは正しい測定ができないという欠点がある。セキスタント（六分儀）は，角度測定用に全円周の約 1/6 の円弧をもち，天体観測で地球上の位置を求めたり，陸上の目標を視準して海上の位置を定めるものである。

3.2.2 角度測定の原理

セオドライトとトランシットは開発段階での歴史は異なるが，外見上はほとんど変わらず，原理も構造も同じである。また，TS も測角に関する構造と原理は同じである。

セオドライトはヨーロッパで精密測地測量を目的に開発され発展したものであり，望遠鏡部分が長く水平回転はできなかった。トランシットは土木測量用などにアメリカで開発されたもので望遠鏡が短く，もともと水平回転が可能であった。現在の両者の違いは角度の読取りがセオドライトでマイクロメーターであるのに対し，トランシットがバーニアであること以外，外観上ではほとんど見分けがつかない。

セオドライトで器械を整準すると，水平目盛盤は水平に，垂直目盛盤は垂直になる。ここで，水平目盛盤⊥鉛直軸，鉛直目盛盤⊥水平軸となるように設計されており，鉛直軸，水平軸および視準軸（セオドライトの三軸という）は，図 3.4 の点 O で交わらなくてはいけない。角度は，望遠鏡と一体となって回転する水平および鉛直それぞれの目盛盤上で読み取られる。

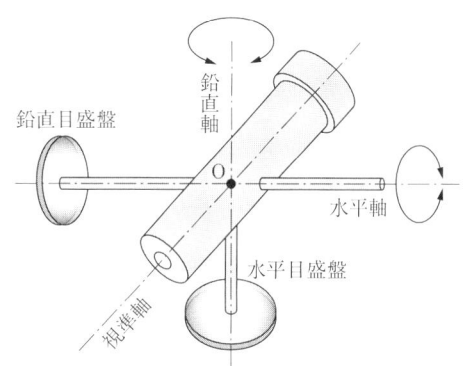

図 3.4 セオドライトの三軸

3.3 セオドライト

セオドライトとトランシットは，構造，角度読取装置，性能により大別される。両者は国土交通省公共測量作業規程で，2004 年 4 月以降，セオドライトに総称された。

3.3.1 構　　　造

セオドライトの構造を水平角の測定機構の違いで分類すると，図 3.5 に示す単軸型と複軸型の 2 タイプがある。単軸型は 1 本の鉛直軸が軸筒の中で回転するタイプで，可動部が少ないために精度の高い測角に用いられる。水平目盛盤は固定されており，望遠鏡の回転に応じて指標が目盛盤の上を動く。一方，複軸型は水平目盛盤も水平方向に回転できるようにしたもので，可動部が多い分だけ器械的誤差を生じやすいが，いくつかの観測法が可能である。

(a) 単軸型　　　　　　(b) 複軸型

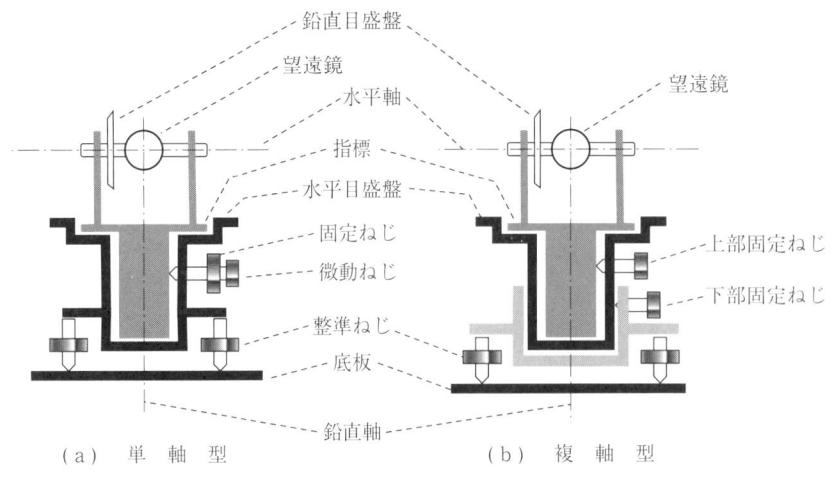

図3.5 セオドライトの基本構造

角度の読取装置の違いにより分類すると，バーニア式，マイクロメーター式，デジタル式（電子式）がある。バーニア式はトランシットに，マイクロメーター式はセオドライトに採用されていたが，現在ではデジタル式が主流となっている。

3.3.2 各部の名称とはたらき

セオドライトとトランシットは外観上見分けがつかないほど類似している。TSは光波測距の機能が付加されている分，望遠鏡部分が大きいのが特徴である。**図3.6**にセオドライトを，**図3.7**にTS[†1]の外観と各部の名称を示している。

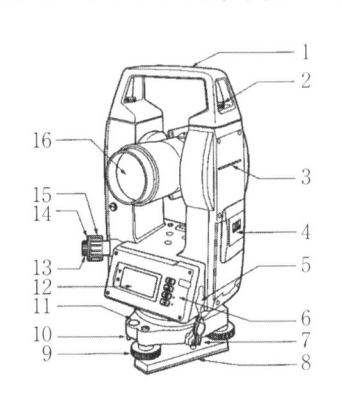

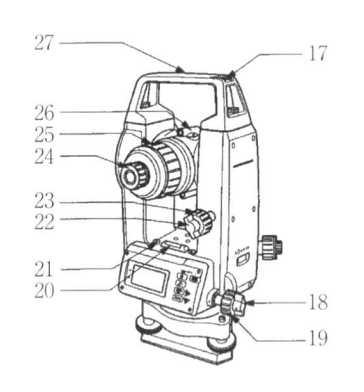

[†1] TSの写真

1. ハンドル
3. 器械高マーク
6. 操作パネル
7. シフティングクランプ
8. 底板
9. 整準ねじ
10. 円形気泡管調節ねじ
11. 円形気泡管
12. ディスプレイ
13. 求心望遠鏡接眼レンズつまみ
14. 求心望遠鏡焦点鏡カバー
15. 求心望遠鏡合焦つまみ
16. 対物レンズ
17. 棒磁石取付け金具
18. 水平固定つまみ
19. 水平微動つまみ
20. 棒状気泡管
21. 棒状気泡管調節ナット
22. 望遠鏡固定つまみ
23. 望遠鏡微動つまみ
24. 望遠鏡接眼レンズつまみ
25. 合焦つまみ
26. ビープサイト（照準器）
27. 器械中心マーク

図3.6 セオドライト外観と各部の名称（SOKKIA DTS10）

写真は，反射鏡の捕捉から観測までの時間を短縮し，自動視準・自動追尾の機能をもつ光波距離計である。このTSの特徴は，反射鏡側の観測者がもつリモートコントローラーから照射される幅広・扇状のサーチ光を感知し，反射鏡方向に素早く振り向き視準する自動追尾タイプである。気象条件がきわめて良好な条件では，3素子AP反射鏡で10 000 m，1素子AP反射鏡で6 000 m，6個の反射鏡で構成される360°反射鏡ATP1で1 000 m，ピンポールプリズムOR1PA，あるい

は反射鏡5型で500mまで，位相差測定方式により精度よく測定できる。また，反射鏡を使用しないノンプリズムモードでも1000mまで測定可能（測定距離 D：200mまでの測距精度は± $(2\,mm+2\,ppm\times D))$ であり，操作パネルモニター（下図）に示すように，3次元（3D）測量ができる。

（写真協力：国土開発コンサルタント，撮影：細川）

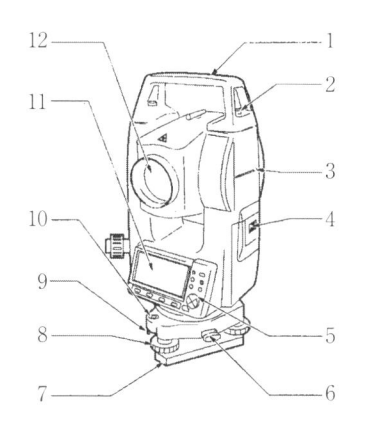

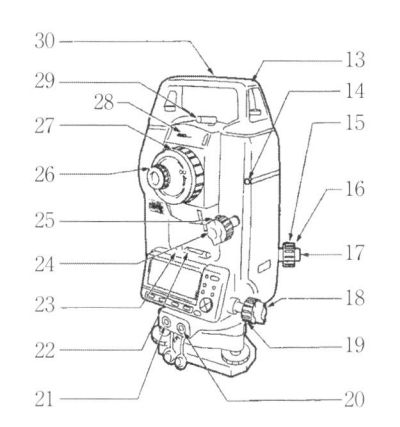

1. ハンドル
3. 器械高マーク
5. 操作パネル
6. シフティングクランプ
7. 底板
8. 整準ねじ
9. 円形気泡管調節ねじ
10. 円形気泡管
11. ディスプレイ
12. 対物レンズ
13. 棒磁石取付け金具
15. 求心望遠鏡合焦点つまみ
16. 求心望遠鏡接眼レンズつまみ
17. 求心望遠鏡接眼レンズ
18. 水平固定つまみ
19. 水平微動つまみ
22. 棒状気泡管
23. 棒状気泡管調節ナット
24. 望遠鏡固定つまみ
25. 望遠鏡微動つまみ
26. 望遠鏡接眼レンズつまみ
27. 合焦つまみ
28. レーザ放出警告ランプ
29. ビープサイト
30. 器械中心マーク

図3.7　TSの外観と各部の名称（SOKKIA SETS-30R）

3.4　TSの操作方法

TSが登場するまでは，角度と距離を別々に測定し，観測値も別々の手簿に記録していた。TSの開発とその使用は，1回の観測で水平角・鉛直角・斜距離を同時に観測することを可能にした。セオドライトの据付け方法はTSと同様であるので，ここでは，TSを例にその操作法を述べる。

3.4.1　機器の据付け

TSでの観測の前に，まず器械の**求心（致心）** と**整準**を同時に満足させる必要がある。求心とはTSの鉛直軸を測点の鉛直線上に一致させる作業である。整準とはTSの水平軸を水平面に一致させる作業である。

手　順

① **三脚の伸縮による器械高の調整**　　望遠鏡が観測者の首の高さ程度になるよう，伸ばす。つぎに，伸ばした三脚を正三角形がつくれるよう広げ，垂球（下げ振り）を用いて測点が三角形の中心にくるように配置し，三脚の石突を踏み込む。このとき，図3.8(a)のように三脚の脚頭（器械を載せる台）がほぼ平らになるように三脚の長さで調整する。TSを三脚に取り付ける。

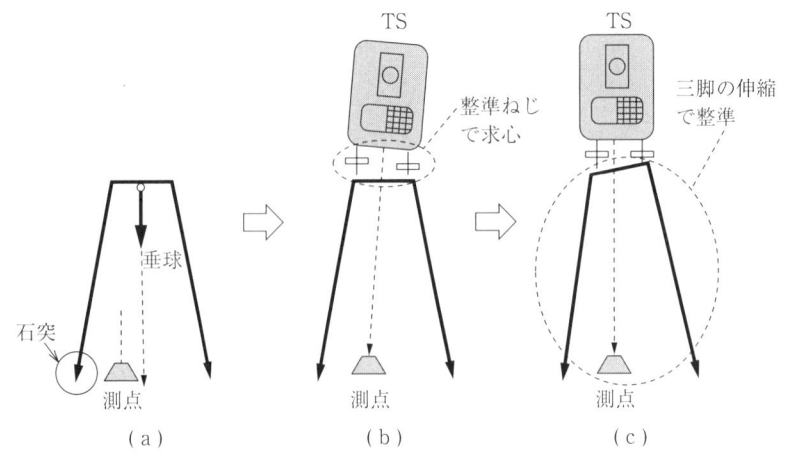

図3.8 整準ねじによる求心と三脚の伸縮による整準

② **整準ねじによる求心**　求心望遠鏡接眼レンズつまみを回すことによって，求心望遠鏡の視度（センターマークと測点のピント）を調整しておく。つぎに，図(b)に示すように整準ねじの操作によって，測点を求心望遠鏡のセンターマークの中央に入れる。このとき，円形気泡管の気泡は中央になくともかまわない。

③ **三脚の伸縮による円形気泡の調整**　図(c)に示すように，1本（多くても2本）の三脚を伸縮もしくは移動させ，円形気泡管の気泡をおおよその中央に導く。

④ **整準ねじによる棒状気泡の調整**　棒状気泡管の気泡を見ながら整準ねじにより精確に整準する。このとき，水平固定ねじを緩めた上で，**図3.9**に示すように縦横両方向の整準を複数回行う。

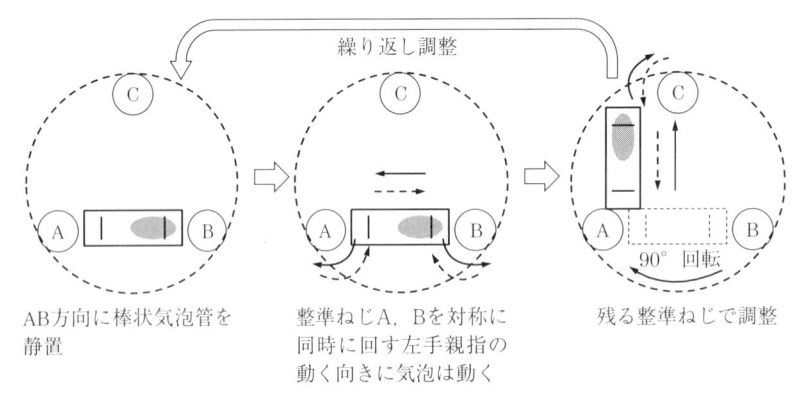

図3.9　棒状気泡管と整準ねじによる整準の方法

観測前に「チルトオーバーレンジ」という表示が出てくると，整準できていないことを表している。「チルト」は「傾き」，「オーバー」は「超過」，「レンジ」は「範囲」の意である。

⑤ **移心装置による求心**　移心装置により水平方向に求心を行う。このとき，移心装置を固定するつまみ（シフティングクランプ）を緩め，水平方向に精確に求心を行い，求心されたら再度クランプを締める。

この後，整準と求心の双方が満足されるまで，④および⑤の操作を繰り返し行う。

3.4.2　視準と測角

整準と求心の条件が満たされたうえで，目標（反射鏡など）を**視準**し角度のデータを得る（**測角**）。視準の順序は，つぎの手順で行う。

手順

① まず，水平固定つまみおよび望遠鏡固定つまみを緩めて，水平方向・垂直方向とも可動状態にしておく。

② 望遠鏡上部の照準器のマークを見ながら，望遠鏡を目標に大まかに合わせ，水平固定つまみと望遠鏡固定つまみを締めて固定する。ほとんどの場合，この状態で望遠鏡を覗くと目標が視界に入っているはずなので，目標にピントを合わせた後，水平微動ねじと望遠鏡微動ねじを回しながら，望遠鏡の十字線の中心を目標に一致させる。

③ 光波で距離を測定する場合の反射鏡の視準は，**図3.10**のように反射鏡本体の中心に十字線を合わせる。十字線の形状は測量機器メーカーにより多少異なる。また，反位の場合には二重線は逆位置（右と上）に見える。

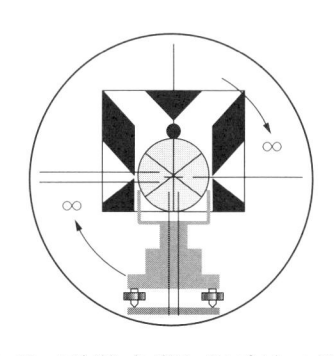

図3.10　反射鏡（1素子プリズム）の視準例

■ミニプリズムの視準例

〔1〕**水 平 角**　水平角の観測には**単測法**[†1]，**倍角法**[†2]，**方向観測法**[†3]がある。複軸型セオドライトには，水平方向に角度を振っただけ指示値が変化する上部運動と，指示値が固定されたままで水平回転する下部運動があり，観測法などに応じて切り換えながら作業を行う。今日におけるセオドライト，TSの角測量器械は，下部運動を行えない単軸型のものが主流である。これは，角度表示のデジタル化と測角の精確性が格段に進歩し，誤差調整のための観測

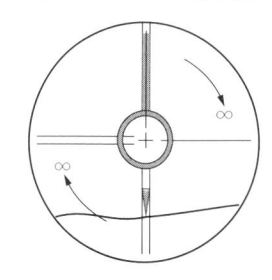

[†1] method of single measurement
[†2] repeating method
[†3] method of rounds

TS の表示部を SOKIA SET5-50 RX を例に，**図 3.11** に示す。「測距」（F4 キー）で光波による測距が行われ，「水平距離」と「高低差」に観測値が表示される。「∠ SHV」（F1 キー）で表示が変更され，高低角や斜距離なども表示される。今日における TS では，観測値を内部や外部のメモリーに記録することができるものが普及しており，その後の計算が効率よく行われている。

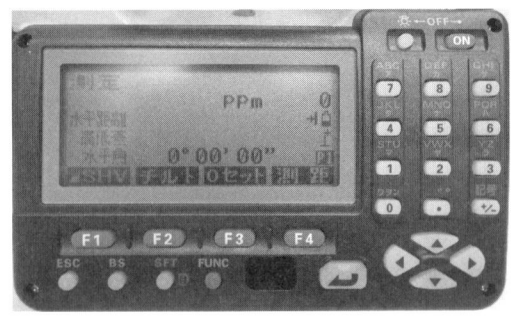

図 3.11 TS の表示例

〔2〕**鉛　直　角**　TS では斜距離の測距機能もあることから，鉛直角の測定結果と併せて，器械内部で水平距離も計算され表示される。通常，表示される鉛直角は鉛直上方を 0° とした鉛直角で表され（図 3.2 参照），水平が正位で 90°，反位で 270° である。

3.4.3　対　回　観　測

誤差を消去し，測角精度を上げるために，望遠鏡が鉛直目盛盤の右側にある状態（正位：r）での観測と，望遠鏡が鉛直目盛盤の左側にある状態（反位：l）での観測を行い，両者の平均をもってその角度とする。これを**対回観測**[†4] といい，正反 1 回の観測を **1 対回**という。理論的には対回の回数が増すごとに精度は上がる。

[†4] pair of observation

3.5　角観測と手簿の記載例

今日では，観測データはメモリーに保存され，PC の測量計算ソフトでとりまとめるが，学校での学習を想定して手書きについて解説する。水平角と鉛直角それぞれについて述べる。

3.5.1　水平角観測と手簿の記載例

水平角観測の方法ごとの観測手順について，セオドライトを例に述べる。

〔1〕**単　測　法**　単測法とは，水平角を一つずつ単独に測定する方法で，単軸型，複軸型いずれの器械でも行うことができる。**図 3.12** は視準・測角の動きを表したもので，**表 3.1** は手簿の記入例である。

表 3.1 に使用されている用語の意味については，以下のとおりである。

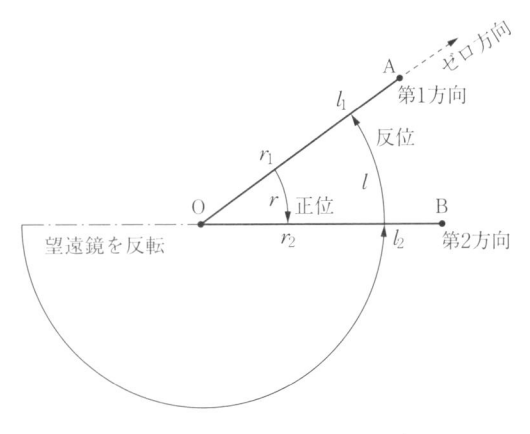

図 3.12　水平角観測（単測法）

3.5 角観測と手簿の記載例　29

表 3.1 水平角観測（単測法）手簿の記入例

測点	目盛	望遠鏡	番号	視準点	水平角 観測角	水平角 結果	倍角	較差	倍角差	観測差
O	0°	r	1	A	0°00′00″	0°00′00″				
			2	B	59°59′50″	59°59′50″	90″	+10″	20″	10″
		l	2	B	239°59′55″	59°59′40″				
			1	A	180°00′15″	0°00′00″				
	90°	l	1	A	270°00′00″	0°00′00″				
			2	B	329°59′55″	58°59′55″	110″	0″		
		r	2	B	150°00′00″	58°59′55″				
			1	A	90°00′05″	0°00′00″				
					平均値					
					A =	0°00′00″				
					B =	59°59′50″				

倍　角：正位と反位の測定角（「結果」の値）の秒数和。ただし，分が異なる場合には同じ分に合わせた後に秒数を合計する。測角の誤差に関係する値

較　差：正位と反位の測定角（「結果」の値）の秒数差。ただし，分が異なる場合には同じ分に合わせた後に秒数の差を求める。$r-l$ でマイナス値もあり得る。測角の誤差に関する値

倍角差：他の対回との倍角の最大と最小の差。観測状態の良否に関する値

観測差：他の対回との較差の最大と最小の差。観測者の技量による観測値の良否に関する値

■ 水平角観測の許容範囲

		倍角差	観測差
1級基準点測量		15″	8″
2級基準点測量	1級TSおよびセオドライト	20″	10″
	2級TSおよびセオドライト	30″	20″
3級基準点測量		30″	20″
4級基準点測量		60″	40″

手　順

① 点 O に TS を据え付け，点 A を視準し，水平微動ねじにより水平角ゼロ（0°00′00″）にセットする。手簿にその値（r_1）を記録する。

② 上部運動で点 B を視準し，正位の水平角（r_2）を読み，記録する。

③ 望遠鏡を反位にして上部運動で点 B を視準し，そのときの水平角を読み，反位の始読値（l_2）として記録する。

④ 上部運動で点 A を視準し，反位の終読値（l_1）として記録する。

⑤ 正位および反位それぞれで終読値と始読値との差から測定角（r および l）を求め，正位と反位の測定角が所定の較差であれば観測良好と判断し，それぞれの値を平均して測定角を確定する。

⑥ 2対回目の観測を行う場合，反位の状態から始読値を変えて①～⑤を繰り返す。これは，目盛誤差の影響を少しでも消去するためである。2対回目では始読値を90°程度ずらすことが一般的で，反位からのスタートになるため，セオドライトやTS上で270°に設定したのちに，観測を行う。

〔2〕 **倍角法** **倍角法**とは，複軸型の器械を用いて同一の角度を反復観測することによって実際の角度の何倍かの角度を求め，これを反復回数で割って角度を求める方法で，ほぼ360°の全円周を使うようにすると，目盛の不正確さによる誤差を小さくできる。**図3.13**は視準・測角の動きを表したもので，**表3.2**は手簿の記入例である。

今日のデジタル化されたセオドライトやTSの角測量器械は，単軸型が主流で，測角の精確性が格段に進歩したことなどから，この倍角法は不要となった。このため，倍角法は主にバーニア読みの旧式のトランシットとセオドライトによる角測量に採用される。

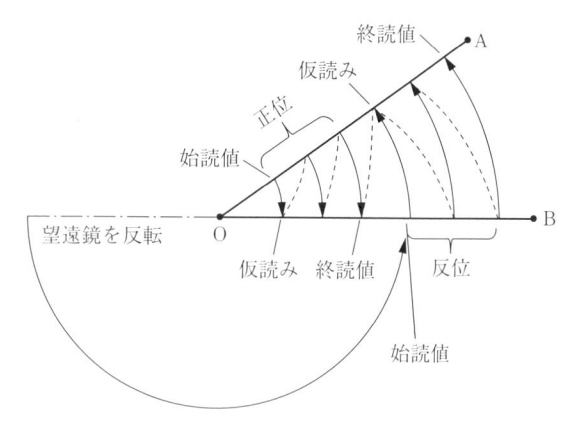

図3.13 水平角観測法（倍角法）

表3.2 水平角観測法（倍角法）手簿の記入例

測点	望遠鏡	視準点	倍角数	バーニア				水 平 角			
				A	B	平均	観測角	累計角	平均角度	測定角
O	r	A	3	0°04′50″	0°05′10″	0°05′00″	0°00′00″	179°09′25″	179°09′30″	仮 (59°43′20″)
		B		179°14′20″	179°14′30″	179°14′25″	179°09′25″			
	l	B	3	359°09′20″	359°09′40″	359°09′30″	359°09′30″	179°09′35″		59°43′10″
		A		179°59′50″	180°00′00″	179°59′55″	179°59′55″			

手 順

① 点Oにセオドライト（またはTS）を据え付け，点Aを視準し，水平角ゼロ（0°00′00″）にセットする。同時に，手簿にそれを始読値として記録する。

② 上部運動で点Bを視準し，正位の水平角を仮読みし記録する。

③ 下部運動（このとき，水平角の値は変化しない）で再び点Aを視準する。

④ 上部運動で点Bを視準する。二倍角の測定であればここで終了し，指示値を終読値として記録する。

⑤ 三倍角の場合，指示値を読まず再度③および④を行い，終読値を読み終了とする。ここで理論上，∠AOBの反復回数倍の指示値が得られることになる。

⑥ 指示値を倍角数で割ることにより，測定値を求める。

〔3〕 **方向観測法** **方向観測法**とは，単に**方向法**ともいい，器械を設置した測点のまわりに複数の測定する角があるときに用いられ，単軸型・複軸型の双方で行うことができる。ただ，観測時間が長くなると，機器の変動や大気の変化などにより観測精度が低下することがあるので，1組の観測方向数は5方向以下とされている。**図3.14**は視準・測角の動きを表したもので，**表3.3**は

手簿の記入例である。

手 順

① 点 O に TS を据え付け，点 A を視準し，水平角をゼロ（0°00′00″）にセットする。同時に，手簿にそれを始読値（r_1）として記録する。

② 上部運動で点 B を視準し，正位の水平角（r_2）を読み記録する。

③ 引き続き上部運動で点 C を視準し，指示値（r_3）を記録する。

④ 同様に順次，上部運動で他の測点を視準し，指示値を記録する。

⑤ 最終の測点まで観測したら，望遠鏡を反位にして上部運動で最終点を視準し，反位の始読値（l_3）として記録する。

⑥ 上部運動で順次逆回りに点 A まで視準し各点の指示値を記録する。

⑦ 2 対回以上の観測を行う場合は，目盛盤の誤差を除くために対回数に応じて始読の位置を変える。例えば 2 対回のときは 0°，90° とする。

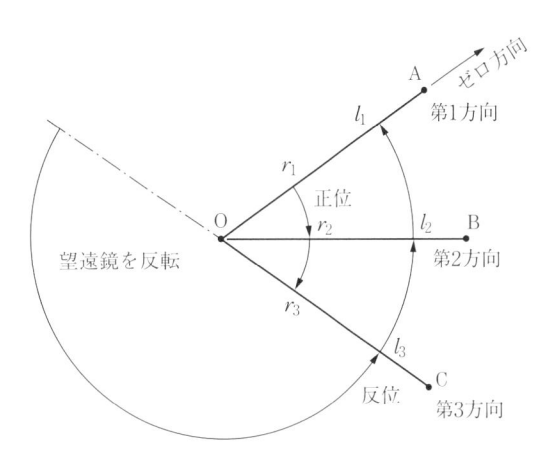

図 3.14 水平角観測法（方向観測法）

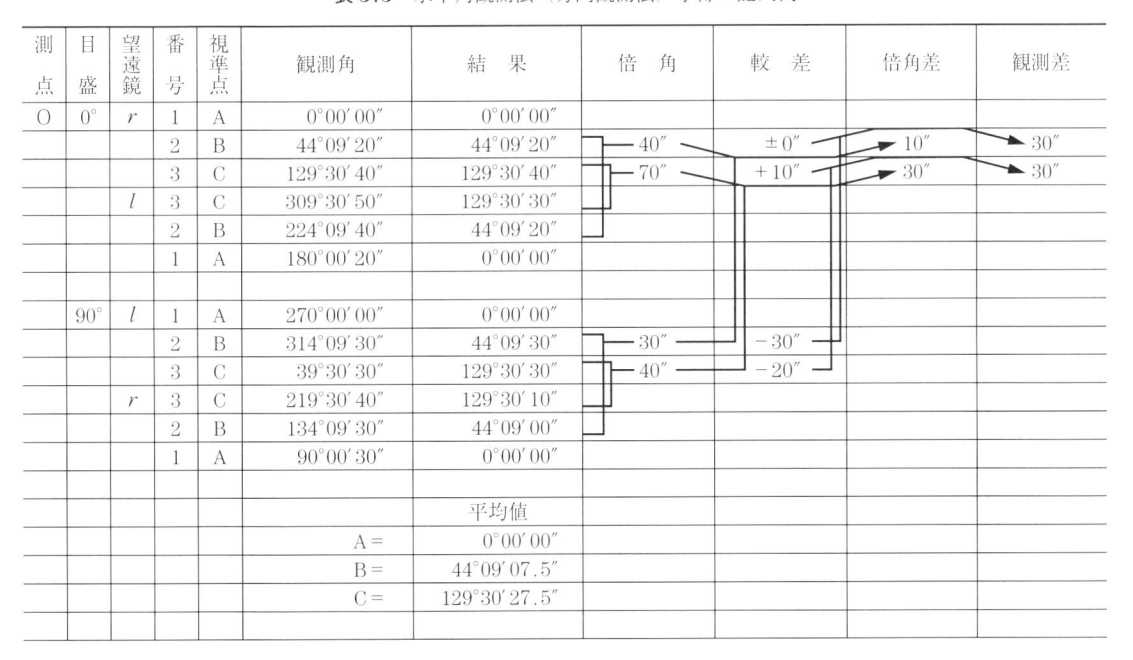

表 3.3 水平角観測法（方向観測法）手簿の記入例

測点	目盛	望遠鏡	番号	視準点	観測角	結果	倍角	較差	倍角差	観測差
O	0°	r	1	A	0°00′00″	0°00′00″				
			2	B	44°09′20″	44°09′20″	40″	±0″	10″	30″
			3	C	129°30′40″	129°30′40″	70″	+10″	30″	30″
		l	3	C	309°30′50″	129°30′30″				
			2	B	224°09′40″	44°09′20″				
			1	A	180°00′20″	0°00′00″				
	90°	l	1	A	270°00′00″	0°00′00″				
			2	B	314°09′30″	44°09′30″	30″	−30″		
			3	C	39°30′30″	129°30′30″	40″	−20″		
		r	3	C	219°30′40″	129°30′10″				
			2	B	134°09′30″	44°09′00″				
			1	A	90°00′30″	0°00′00″				
					平均値					
					A =	0°00′00″				
					B =	44°09′07.5″				
					C =	129°30′27.5″				

3.5.2 鉛直角観測と手簿の記載例

通常，TS の鉛直目盛盤は，鉛直が 0° で，正位で視準軸を水平にしたとき 90° を示す。図 3.15 は視準・測角の動きを表したもので，Z は鉛直角，α は高低

角と定義される。**表 3.4** は手簿の記入例である。

手 順

① 器械を測点 O に据え付ける。
② 望遠鏡を正位の状態で A を視準し,鉛直角 θ を読み取る。
③ 望遠鏡を反転させ反位の状態で A を視準し鉛直角 θ' を読み取る。高低角 α の求め方はつぎのとおりである。

$$2Z = \theta + (360° - \theta') = (\theta - \theta') + 360°,$$
$$\alpha = 90° - Z$$

($\alpha > 0$ のとき仰角(+),$\alpha < 0$ のとき俯角(−)) (3.2)

高度定数 K とは,$K = (\theta + \theta') - 360°$(または 180°)で,高度定数の較差とは,2 方向以上について鉛直角を測定したとき,高度定数の最大と最低の差で,測量の目的により許容範囲があり,許容範囲を超えた場合は再測する。

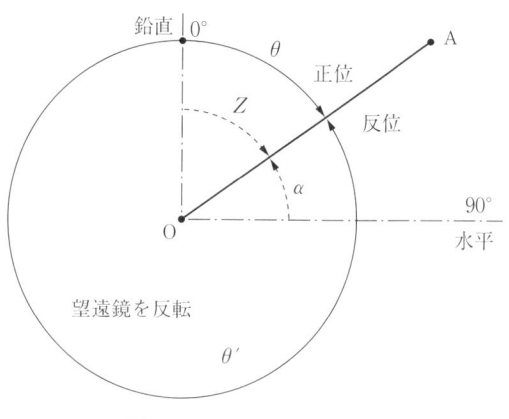

図 3.15 鉛直角観測の方法

表 3.4 鉛直角観測手簿の記入例

測 点	視準点	鉛 直 角		高度定数	結 果		備 考
		望遠鏡	観測角	$K = (r+l) - 360°$			
O	A	r	85°34′25″	−10″	2Z	171°08′50″	器械高 $i = 1.500$
		l	274°25′35″		Z	85°34′25″	目標高 $f = 1.500$
		$r + l$	359°59′50″		α	+4°25′35″	
	B	r	97°06′35″	+10″	2Z	194°13′00″	
		l	262°53′35″		Z	97°06′30″	目標高 $f = 1.500$
		$r + l$	360°00′10″		α	−7°06′30″	K の較差 20″

なお,鉛直角の観測時には,必ず器械高 i と目標高 f を〔mm〕単位まで測定し記載しておく必要がある。また,器械高と目標高はできるだけ一致させたほうが,測定した高低角の結果が,すなわち測点間の勾配を示すことになるので都合がよい。

3.6 器械誤差と消去法

セオドライトなどの角測量の器械がもつ水平軸・鉛直軸・視準軸の三軸のほかに,水準器の軸を加えて,セオドライトの四軸という。**図 3.16** に示すように,この四軸には測量器械として良好に観測するために交差や直交など具備すべき条件がある。しかし,器械の十分な調整を行っていても微細な誤差が生じる可能性を否定できないため,測量業務にあたっては,この

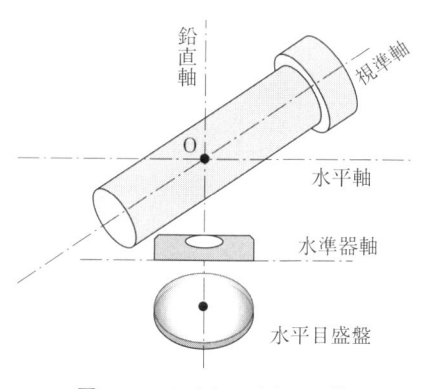

図 3.16 セオドライトの四軸

器械誤差をできるかぎり小さくするための観測法で実施するよう定められている。

以下に，それぞれの誤差とその消去法について，箇条書きで簡単に示す。(1)～(3)は器械の調整不足による誤差で，**三軸誤差**といわれ，(4)～(6)は器械の構造上の欠陥によるものである。

(1) **鉛直軸誤差と消去法** 鉛直軸誤差[†1]は水準器軸と鉛直軸の直交不完全による誤差で，水準器で十分整準したとしても，セオドライトで「チルトオーバー」のエラーが出る場合などはこの調整が十分でないことがまず疑われる。この誤差はどのような測角方法によっても誤差の影響を消去または軽減できないので，気泡管の検査と調整は重要である。

[†1] virtual axis errors

(2) **水平軸誤差と消去法** 水平軸誤差とは，水平軸と鉛直軸の直交不完全による誤差で，正位・反位の測定，つまり対回観測で消去できる。

(3) **視準軸誤差と消去法** 視準軸誤差とは視準線と水平軸の直交不完全による誤差で，正位・反位の測定つまり対回観測で消去できる。

(4) **偏心誤差と消去法** 偏心誤差とは目盛線の中心と目盛盤の回転軸の不一致による誤差で，正位・反位の測定，つまり対回観測で消去できる。

(5) **外心誤差と消去法** 外心誤差とは視準軸が器械の中心を通らないことによる誤差で，正位・反位の測定，つまり対回観測で消去できる。

(6) **目盛誤差と消去法** 目盛誤差とは目盛の不均一による誤差で，完全に消去できないが倍角法の採用などで目盛盤の全周を均等に使用することにより軽減できる。

3.7 コンパス測量

3.7.1 コンパス測量の概要

コンパス測量[†1]は，森林[†2]の中や山間地など複雑な地形や林木の多い場所において，立木配置図や測地図を作成するため，軽量で移動が容易で設置や読取りも簡単なコンパスを用いたトラバース測量である。この測量は簡易な方法であるために，TSやセオドライトなどによる測量と比較して精度的には劣るが，狭い範囲では十分な精度が得られる。

[†1] compass surveying
[†2] 国有林における森林測量は，日本測地系から世界測地系への移行，人工衛星を利用した測量技術であるGNSS測量の導入，GNSS測量機などの新たな測量機器の追加などにより，2012年1月に制定された「林野庁測定規程」によって行う。

3.7.2 コンパス測量の器具と方法

コンパス測量に使用する器具には，三脚付きコンパス，ポール，測量テープ（あるいは測量ロープ），木杭（薄くて運びやすい板杭のペグ[†3]もよく使用される），標識テープ，カケヤなどがある。

[†3] peg

コンパス測量は，距離測量と並行して，コンパスの据付け，視準，測角の順に行う。ここでは，ポケットコンパスを用いるトラバース測量の方法を示す。
コンパスの「据付け」は，以下の方法で行う。

手 順

① 測点を中心に三脚の三つの石突がほぼ正三角形になるように三脚を据え付け，垂球（下げ振り）を脚頭の下にあるフックに下げる。

② コンパスの望遠鏡の支柱を直角調節ねじが軽く当たるまで起こし，支柱固定ねじで軽く固定する。握り（基台部）をほぼ垂直に起こし水平軸固定ねじを緩め，本体を左手で支え三脚頭部のマウントねじに当てがい，右手で握りだけを回して取り付ける。

③ 握りが垂直になり垂球が測点の上にくるように，石突の位置と脚長を調整する。握りは上下に分かれてボールジョイント構造になっているから，これをやや緩めて磁石盤を水平に調整する（図3.17）。

④ 両手で磁石盤を押さえるようにしながら二つの気泡管の気泡がどちらも刻線に正しく合うように定置し，握りを静かに締め直す。磁石盤を水平に180°回転し，二つの気泡が正しく合っていれば，コンパスの据付けは完了する。

図3.17 赤色の標識テープを巻いた板杭（ペグ）上で，ポケットコンパスの磁石盤を水平にしている据付け作業

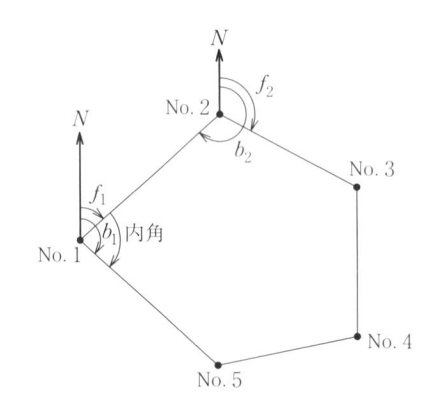

図3.18 コンパス測量（時計回り，道線法）

また，「視準」は，以下の方法で行う。

手 順

① 望遠鏡の接眼合焦リングを回して，スタジア線がはっきり見えるように調節する。望遠鏡の前後2個の照準凸起を見通しながら，目標とする測点におおよそのねらいをつける。

② 右手の水平固定ねじを軽く締め，対物合焦ノブを回して目標に合焦する。

同時に垂直，水平ともに微動しながら，スタジア線の交点と目標とを正確に一致させる。

さらに，「測角」は，以下の方法で行う。

① コンパス測量では水平な図面をつくるため，斜距離を水平距離に直さなければならない。そのため高低角分度の指標を真正面から見て，視差のないように高低角を測る。

② 磁石分度によって磁方位角を測定するときは，地磁気そのものが微弱であるので細心の注意を払い，鉄製のものや磁気を発生させるもの（携帯電話や磁気ネックレスなど）を身体から離して測定する。視差のないように磁針をできるだけ真上から見て，角度を読み取る。

③ 道線法によるコンパス測量の例を図3.18に示す。測点No.1からNo.2を観測したとき（前視，F.S.）と逆に，測点No.2からNo.1を観測したとき（後視，B.S.）の磁方位角に差が生じやすい。これは，磁性のある鉱床あるいはその他の原因による磁場の局地偏差の影響による。磁針の動きが止まりにくい場合は，磁針制御ねじ（止めねじ）を軽く締め回して磁針を制動する。ただ，角度は完全に無制動の状態で読み取るが，最も正確な測定は磁針のわずかな振れの中から読み取る。

コンパスを使用する際の注意点を，以下に示す。

(1) コンパスを水平に据え付けて回転する場合，視準板や目盛板に直接手をかけない。

(2) 方位角は，磁針Nが示す角度と同時に磁針Sの示す角度も読み取り，両者を平均する。

(3) コンパスを移動させるときは，止めねじを確実に締めて磁針を固定する。また，コンパスに，直射日光をできるだけ当てない。

3.7.3 選点と木杭の打ち方

コンパス測量は森林や山間地など複雑な地形の中で行なうので，現地を十分に踏査し測量に支障のない地点や，森林内では林木の間で確実に視準できる箇所に選点する。その選点に木杭を打ち込む場合，図3.19のように，つぎの杭の反対方向に番号を向け，できるだけまっすぐにぐらつかないように木杭を打ち込む。

複雑地形の中で測量するので，重い木杭よりも薄くて軽量で運びやすい板杭のペグなどを使い，そのペグの上部に，薄暗い森林内でも目立つように標識テープを巻き付けることが多い。

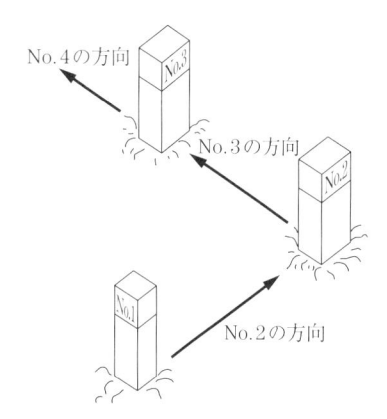

図3.19 杭面への記号の書き方

3.7.4 分度円の特徴，方位角の測定，および内角計算

コンパスの分度円は，望遠鏡の視準線を含む鉛直見通し面が分度円のN,Sと一致するようになっているほか，WとEは実際と逆に付いており，左回りに360°目盛が付いている。つまり，方位角は分度円で磁針Nの指す角度を直接読み取ればよい。ただ，磁針には，真北の方向（子午線）と一致しない偏差が生じるほか，局所引力や磁気嵐も影響するので，同一測線について前視と後視を行い，測定誤差を少なくする。このとき，同一測線についての前視と後視の読みの差が180°になっているか確認する。

方位角を補正するには，同一測線の前視と後視の角度を用い，次式で補正量を求めるほか，表3.5に示すように行ない，その内角や調整方位角を求める。ただし，トラバースの進行方向により異なるので，次式によって求める。

　　　方位角の補正量＝〔後視〕－〔前視〕－180°

　　　進行方向が時計方向の場合の内角＝〔前測線の後視〕－〔前視〕

　　　進行方向が反時計方向の場合の内角＝〔前視〕－〔前測線の後視〕

　　　　　　　　　（ただし，（－）になった場合は360°を加える）

表3.5 手簿記入例と内角計算例

測点	視準点	距離〔m〕	平均距離〔m〕	方位角	内角	補正量	調整方位角	備考
1	5	58.77		112°00′	48°00′	＋0°30′	112°30′	後視
	2	41.29	41.30	63°00′		＋0°30′	63°00′	前視
2	1	41.31		244°00′	121°30′	—	244°00′	後視
	3	36.82	36.82	123°00′		—	123°00′	前視
3	2	36.82		303°00′		—	303°00′	後視
	4							

手簿に記入しながら測量を進める手順を，以下に述べる。

手　順

① コンパスに垂球を取り付け，測点（例えばNo.1）に致心して据え付ける。

② 整準装置により気泡を正しく中央に合わせて水平にしてから，止めねじを緩めて磁針を自由にする。

③ 望遠鏡または視準板をつぎの測点（例えばNo.2）に静かに向けて，十字線をポールの下端に一致させる。磁針が安定した状態になったらN極の示す角（方位角）を，分度盤から(1/2)°(30分)単位で読み取り記帳する。これがNo.1における前視である。

④ 同様に，反対の測点を後視し，その方位角を測定する。1測線ごとに前視と後視の読みの差が180°であることを確認して進める。もし差があれば補正することになり，この差が1°程度であればつぎの測点へ移動する。

⑤ 必要に応じて高低角を測定し，斜距離を水平距離や高さに換算する。

3.7.5 コンパス測量の精度と測量で生じた誤差の修正

コンパス測量の精度 ($1/M$) は，$1/M=$ 閉合誤差／全測線長，である。一般的な精度は，$1/1\,000$ が優良，$1/500$ が良，$1/300$ がやや良である。

外業の結果を整理し，トレーシングペーパーなどに分度器と三角定規，三角スケールを用いて製図する。閉合誤差が生じたら精度を求め，$1/300$ よりも悪い場合は再測する。精度内であれば，その閉合誤差を平板測量（導線法）の誤差修正の要領で修正する。

閉合誤差の修正は，図 3.20（上）から No.1 と No.1′ の長さ e を測り，図 3.20（下）のように各測点の修正量 $e_2, e_3, \cdots$ を求め，No.1 と No.1′ を結ぶ線に平行に各測点から直線を引き，この平行線上に各修正量をとって修正する。

このように修正されたトラバースの各測点において，周辺の地物や立木などを細部測量する。

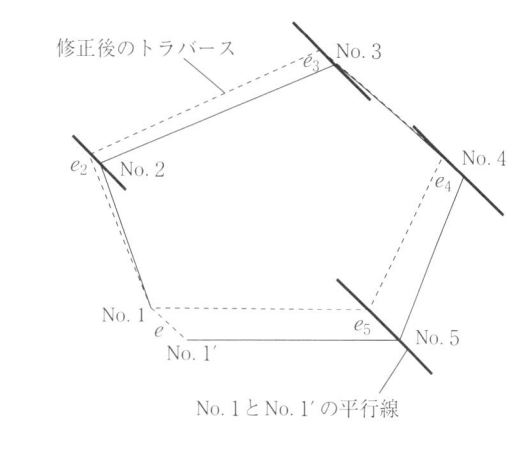

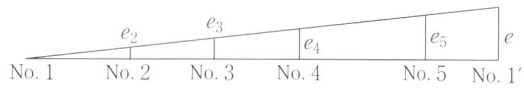

図 3.20 閉合誤差の修正

章 末 問 題

❶ つぎの文 a.～e. は，セオドライトを用いた水平角観測における誤差について述べたものである。望遠鏡の正（右）・反（左）の観測値を平均しても消去できない誤差の組合せとして，最も適当なものはどれか。
  a. 空気密度の不均一さによる目標像のゆらぎのために生じる誤差
  b. セオドライトの水平軸が，鉛直線と直交していないために生じる水平軸誤差
  c. セオドライトの水平軸と望遠鏡の視準線が，直交していないために生じる視準軸誤差
  d. セオドライトの鉛直軸が，鉛直線から傾いているために生じる鉛直軸誤差
  e. セオドライトの水平目盛盤の中心が，鉛直軸の中心と一致していないために生じる偏心誤差

❷ 以下の設問に答えよ。
  (1) 弧度 0.90 rad を 60 進法で示せ。
  (2) 35°30′ を弧度で示せ。

❸ 表 3.6 の単測法の手簿の記入例について，手簿を完成させ，∠AOB の平均角を求めよ。

表 3.6

測点	望遠鏡	番号	視準点	水平角		倍角	較差
				観測角	結果		
O	r	1	A	0°00′00″			
		2	B	58°58′50″			
	l	2	B	238°58′55″			
		1	A	180°00′15″			

❹ トータルステーションを用いてA, B, 2点の鉛直角を観測し，**表3.7**の結果を得た。高度定数K，および$2Z$, Z, $α$，さらにはKの較差の欄を埋めよ。また，俯角であるのはA, Bのいずれか。

表3.7

測点	視準点	鉛直角		高度定数 K	結 果	備 考
		望遠鏡	観測角			
O	A	r	65°36′25″	$2Z$		器械高 i = 1.500
		l	294°23′30″	Z		目標高 f = 1.500
		$r + l$	359°59′55″	$α$		
	B	r	97°16′35″	$2Z$		
		l	262°43′35″	Z		目標高 f = 1.500
		$r + l$	360°00′10″	$α$		Kの較差

❺ トータルステーションを用いて水平角を測定し，**表3.8**の結果を得た。空欄(1)〜(6)の倍角，較差，倍角差，観測差を求めよ。

表3.8

測点	目盛	望遠鏡	番号	視準点	観測角	結 果	倍 角	較 差	倍角差	観測差
O	0°	r	1	A-1	0°00′20″	0°00′00″				
			2	B-1	316°46′19″	316°45′59″	(1)	(2)	(5)	(6)
		l	2	B-1	136°46′26″	316°45′58″				
			1	A-1	180°00′28″	0°00′00″				
	90°	l	1	A-1	270°00′21″	0°00′00″				
			2	B-1	226°46′20″	316°45′59″	(3)	(4)		
		r	2	B-1	46°46′13″	316°46′02″				
			1	A-1	90°00′11″	0°00′00″				

❻ 半径10 m，中心角90°のとき，弧の長さlは何mか。また，この中心角の余角の大きさを弧度法で表すと，何radになるか。

❼ 水平距離100 mのとき，水平角10″の観測のずれは，何mm目標からずれることなるか。小数第1位まで求めよ。

❽ セオドライトの据付けに関する以下の記述で間違っている文はどれか。また，その誤りを正せ。
 (1) 観測の前に求心と定位を同時に満足させる必要がある。
 (2) セオドライトを三脚に取り付ける際，三脚の脚の長さと開きで，望遠鏡が観測者の目の高さになるように調整する。
 (3) 求心望遠鏡接眼レンズつまみを回すことで，求心望遠鏡の視度（センターマークと測点のピント）を調節できる。
 (4) 整準ねじで求心する場合，円形気泡管の気泡を中心になるようにする。
 (5) 三脚の脚の長さは，セオドライトを取り付けたとき以降，変更する必要はない。
 (6) 棒状気泡管での整準は，右手親指の法則で気泡が移動する。
 (7) 移心装置は，微小な求心のずれを調整するためのもので，シフティングクランプを緩めて，セオドライト上部を水平方向に動かす。

章末問題略解

❶ a. と d. （平成 24 年　測量士補試験）

❷ (1) $180° : \pi = X : 0.9$　　∴　$X = 180 \cdot 0.9/\pi = 51°33'58''$
   (2) $180° : \pi \text{[rad]} = 35°30' : X \text{[rad]}$　　∴　$X = 35°30' \cdot \pi/180 = 0.62 \text{[rad]}$

❸ 解表 3.1 参照。∠AOB の平均角は 58°58′45″

解表 3.1

測点	望遠鏡	番号	視準点	水平角 観測角	水平角 結果	倍角	較差
O	r	1	A	0°00′00″	00°00′00″		
		2	B	58°58′50″	58°58′50″	90″	+10″
	l	2	B	238°58′55″	58°58′40″		
		1	A	180°00′15″	00°00′00″		

❹ 解表 3.2 参照。俯角は B

解表 3.2

測点	視準点	鉛直角 望遠鏡	鉛直角 観測角	高度定数 K	結果		備考
O	A	r	65°36′25″	−5″	2Z	131°12′55″	器械高 $i=1.500$
		l	294°23′30″		Z	65°36′27.5″	目標高 $f=1.500$
		r+l	359°59′55″		α	24°23′32.5″	
	B	r	97°16′35″	10″	2Z	194°33′00″	
		l	262°43′35″		Z	97°16′30″	目標高 $f=1.500$
		r+l	360°00′10″		α	−7°16′30″	K の較差 15″

❺ (1) 117″　(2) +1″　(3) 121″　(4) +3″　(5) 4″　(6) 2″
（平成 20 年　測量士補試験　改変）

❻ $l = 5\pi \text{[m]}$，余角の大きさ：$3\pi/2 \text{[rad]}$

❼ 4.8 mm

❽ (1) "定位" → "整準"　(2) "目の高さ" → "首の高さ"
   (4) 円形気泡管の気泡を中心にする必要はない
   (5) 整準時にも脚の長さを変更する。　(6) "右手親指" → "左手親指"

4章 多角測量

多角測量[†1]は，図4.1に示すように，ある点を出発して路線を組み，各測点における観測値から計算や解析によって新点の**水平位置**[†2]と標高を決定する測量である．複数の既知点を結ぶことにより基準点測量にも用いられる．1～3章および7章との関連が深く，これらの章を先に学習することが望まれる．本章では，TSによる多角測量について解説する．

4.1 トラバースの種類

トラバースはつぎのように分類される（図4.2）．

(1) **単路線方式** 既知点間を1路線で結ぶ方式である．少なくとも1点の既知点で方向角の取付を行う．

(2) **結合トラバース** ある既知点を結び，新点（未知点）の位置を求めるトラバースである．

(3) **閉合トラバース** 1点から始まり，再び出発点に戻って多角形をつくるトラバースである．

(4) **開放トラバース** 出発点と終点の間になんら条件のないトラバース．測定結果を確認する方法がないため，高い精度が要求される測量には適さない．

図4.1 トラバース測量

[†1] traverse
多角測量は**トラバース測量**とも呼ばれる．

[†2] horizontal angle
ここでの水平位置とは，平面直角座標系のX座標とY座標のことである．

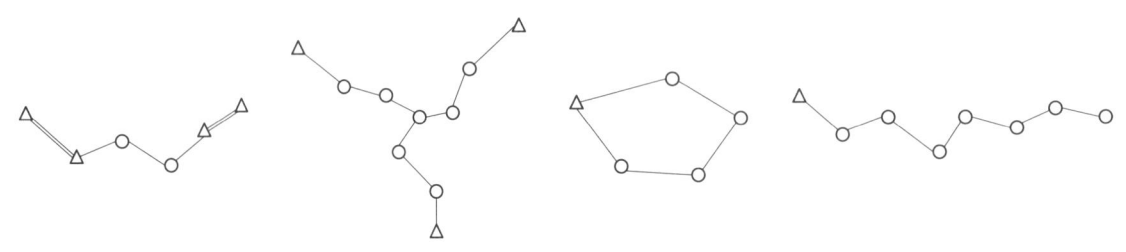

(a) 単路線　(b) 結合多角　(c) 環状閉合（単一多角形）　(d) 開放トラバース

図4.2 トラバースの種類

4.2 多角測量の流れ

多角測量の流れを**図 4.3** に示す。

計画では，あらかじめ対象とするエリアの配点図や点の記を基に既知点の位置を確認し，新点の設置場所やトラバースの形状を地図上に図示し，平均計画図としてまとめる。つぎに，測量を開始する前に現地にて境界や地形を調べる。これを**踏査**という。踏査によって得られた結果に基づき，測点を選定することを選点といい，選点図としてまとめる[†1]。測点の配置は精度や作業に影響を及ぼすため，選点の際には以下の点に注意する[†2]。

1) 測点数を少なくする。その際，測点間の距離が等しくする。
2) 測距，測角がしやすいよう，たがいの測点を視通できるようにする。
3) 細部測量を行う際に利用しやすい場所にする。
4) 器械が据え付けしやすく地盤がしっかりした場所にする。
5) 測点の保全がしやすい場所を選定する。測点は測量期間だけ使用する場合は鋲や木杭を，長い間保存する場合は石柱やコンクリート杭を使用する。

踏査と選点の後に，観測図を作成する。現地において TS などの測量機を用いて測点間の距離を測る**測距**[†3] と，測点の水平角を測る**測角**を行う。そして，点検計算との最終成果である最確値を求める平均計算を行う。

図 4.3 トラバース測量の流れ

[†1] 7.3 節 参照
[†2] 表 7.1 参照
[†3] 2.2 節 参照

4.3 方向角の取付け

一般的に，方向角を得るには既知点 2 点の座標から計算する。**図 4.4** のように**器械点**（本点）に対し，**後視点**（取付点）[†1] がどの象限内にあるかで場合分けの計算を行う。器械点の座標を (x_1, y_1)，後視点の座標を (x_2, y_2) とすると，逆正接（アークタンジェント）θ は，式 (4.1) で表される。逆正接 θ は X 軸からの角度なので，方向角 T を算出するには，式 (4.2) に示す場合分けの計算を行う。

$$\theta_i = \tan^{-1}\left(\frac{\Delta y_i}{\Delta x_i}\right) = \tan^{-1}\left(\frac{y_i - y_O}{x_i - x_O}\right) \tag{4.1}$$

ここで，x_O, y_O：器械点の座標，x_i, y_i：後視点の座標，である。

$$\left.\begin{array}{ll} 第1象限 & T_1 = \theta_1 \\ 第2象限 & T_2 = \theta_2 + 180° \\ 第3象限 & T_3 = \theta_3 + 180° \\ 第4象限 & T_4 = \theta_4 + 360° \end{array}\right\} \tag{4.2}$$

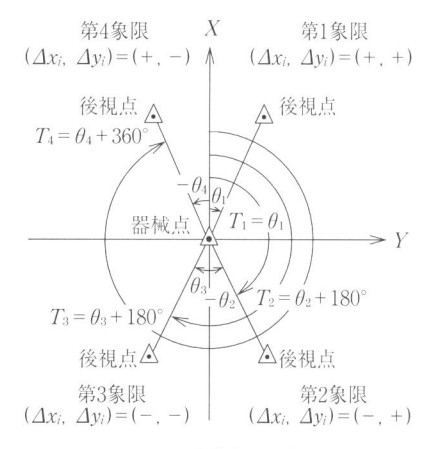

図 4.4 方向角の取付け

[†1] connection of geodetic framework point
7.2.1 項 参照

4.4　測点の標高（高低）計算—TS による三角水準測量

水準点の標高は，直接水準測量により求められているのに対し，多角点の標高は，**三角水準測量**により求められている。三角水準測量は，TS と反射鏡を用いて，高低角と斜距離などから高低差を計算して標高を求める測量である。間接水準測量の一種である。

図 4.5 のように，標高がわかっている点 A（標高既知点）から標高を知りたい点 B（標高未知点）を求めるには，次式から算出することができる。

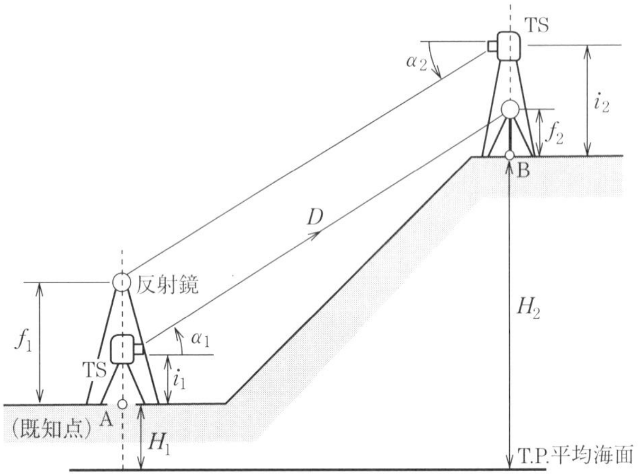

図 4.5　三角水準測量

既知点 A から未知点 B に向かって観測することを**正規**（せいし）といい，式 (4.3)に示す。未知点 B から既知点 A に向かって観測をすることを**反視**（はんし）といい，式 (4.4)に示す。そして，両差を消すには，正視と反視の観測結果から平均値を求めて，式 (4.5) となる。ここで，$(\alpha_1-\alpha_2)/2$は，α_1 と α_2 の平均値である（α_2 は α_1 と逆符号）。器械高と目標高は原則，一致させるか，またはその差が一定になるようにする[†1]。

$$H_2 = H_1 + D\sin\alpha_1 + i_1 - f_2 + K \quad (正) \tag{4.3}$$

$$H_2 = H_1 - D\sin\alpha_2 - i_2 + f_1 - K \quad (反) \tag{4.4}$$

$$H_2 = H_1 + D\sin\frac{\alpha_1-\alpha_2}{2} + \frac{i_1+f_1}{2} - \frac{i_2+f_2}{2} \tag{4.5}$$

ここで，Hは標高，iは器械高（きかいこう）[†2]，Dは**斜距離**（しゃきょり），αは**高低角**（こうていかく），fは**目標高**（もくひょうだか），Kは**球差**（きゅうさ）[†3]と**気差**（きさ）[†4]の和で**両差**（りょうさ）という。

†1 器械高と目標高が等しくない場合，α_2 につぎの補正量$d\alpha_2$ を加えて，補正後の高低角$\alpha_2' = \alpha_2 + d\alpha_2$ を用いる。ここで，$d\alpha_2$ は

$$\sin^{-1}\left\{\frac{(i_1-f_2)+(i_2-f_1)}{2}\times\cos\alpha_2\right\}$$

である。

†2「きかいだか」とも読む。

†3 2 点間の距離が大きい場合，地球の曲率によって生じる2 点間の誤差。

†4 光が大気を通過することで生じる誤差。

4.5　簡易網平均計算

簡易網平均計算（かんいもうへいきん）[†1]は，単路線方式や Y 型などの定型結合多角方式に対し，手順に分けて，簡素化した計算で最確値（さいかくち）[†2]を求める方法である。方向角の**閉合差**（へいごうさ）[†3]を求めて**夾角**（きょうかく）[†4]を補正し，座標や標高の閉合差を求めて各点を補正して最確値を求める。本章では，単路線方式および Y 型結合多角方式の簡易網平均計算を解説する。

一方，**厳密網平均計算**（げんみつもうへいきん）[†5]は，単路線方式や任意の結合多角方式に対し，未知数である新点の座標と標高を関数とする観測方程式[†6]を立て，つぎに最小

†1 approximate traverse adjustment

†2 7.2 節 参照

†3 misclosure，error of closure
既知の値と観測値との差のこと。

†4 included angle
二つの直線にはさまれた角のこと。

†5 rigorons traverse adjustment

†6 observation equations

二乗法[†7]により正規方程式[†8]を立て，これを解いて新点の座標と標高の最確値を求める。観測方程式には方向観測と距離観測を立てる。偏微分や行列を駆使して解くが，実際はコンピュータを用いて解く。

[†7] method of least squares
[†8] normal equations

4.6 単路線方式の簡易網平均計算

単路線方式の観測図を**図4.6**に示す。出発点から到着点の観測方向角を計算する。到着点の既知方向角との閉合差から調整量を各点の夾角に配分して，各点の方向角の最確値を求める。この方向角の最確値を用いて，座標計算により到着点の観測座標を求める。また，高低計算から観測標高も求める。到着点の既知座標と既知標高との閉合差から調整量を各点に配分して，各点の座標と標高の最確値を求める。

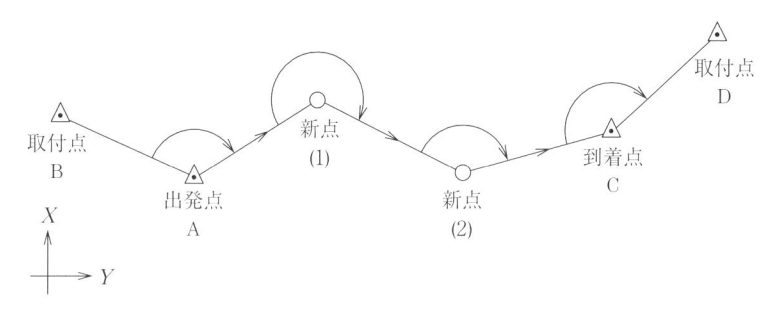

図4.6 単路線方式の観測図

4.6.1 観測方向角の計算

観測方向角 T' を水平角（夾角）β から求めるには，**図4.7**に示すように X 軸と平行な補助線と前の辺からの延長線を引いて，前の観測方向角を利用する。出発点Aにおける方向角の取付け T_{AB} は，4.3節の計算により求める。出発点Aにおける新点(1)の観測方向角 $T'_{A(1)}$ は，式(4.6)を用いる。新点(1)におけ

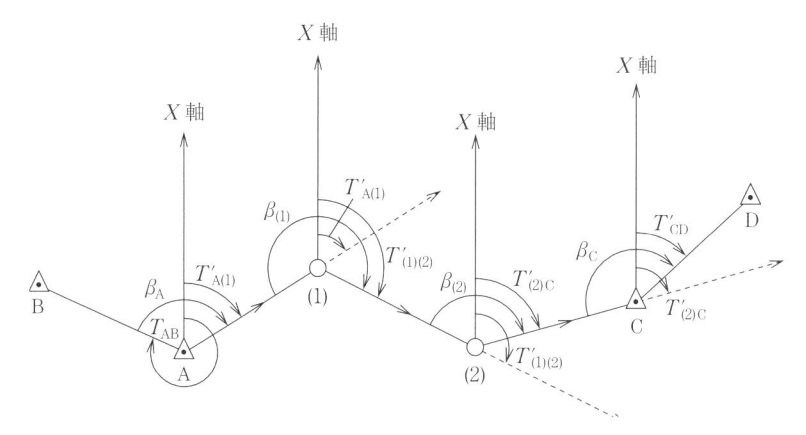

図4.7 観測方向角の計算（取付点が X 軸と辺の外側にある場合）

る新点 (2) の観測方向角 $T'_{(1)(2)}$ は，式 (4.7) を用いる。同様に，新点 (2) における到着点 C の観測方向角 $T'_{(2)C}$ は，式 (4.8) を用いる。到着点 C における取付点 D の観測方向角 T'_{CD} は，式 (4.9) を用いる。

$$T'_{A(1)} = T_{AB} + \beta_A (-360°) \quad (360°を超えた場合，360°を引く) \quad (4.6)$$

$$T'_{(1)(2)} = T'_{A(1)} + \beta_{(1)} - 180° \quad (4.7)$$

$$T'_{(2)C} = T'_{(1)(2)} + \beta_{(2)} - 180° \quad (4.8)$$

$$T'_{CD} = T'_{(2)C} + \beta_C - 180° (+360°) \quad (マイナスの場合，360°を足す) \quad (4.9)$$

出発点と到着点において場合分けが存在するのは，取付点が X 軸と辺に対して，図 4.7 のように外側にある場合と**図 4.8** のように内側にある場合があるためである。これとは別に，図 4.15 の 2 路線のように右から左へ観測した場合も場合分けが存在する。なお，新点における式は変化ない。一般に，新点の観測方向角は式 (4.10) で表される。

$$T'_i = T'_{i-1} + \beta_i - 180° \quad (4.10)$$

ここで，i は測点，である。

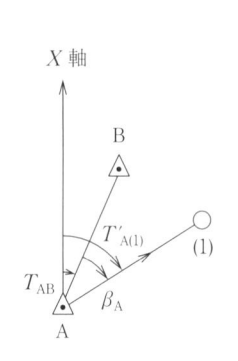

(a) 出 発 点 (b) 到 着 点

図 4.8 取付点が X 軸と辺の内側にある場合

単路線方式では，図 4.9 に示す両端の既知方向角 T_A と T_C がわかっているとき，夾角 β の総和 $[\beta]$ を観測した場合，到着点の観測方向角 T'_C は次式で示される。n は新点数である。

図 (a) の型では

$$T'_C = T_A + [\beta] - (n+3)180° \quad (4.11)$$

図 (b)，(c) の型では

$$T'_C = T_A + [\beta] - (n+1)180° \quad (4.12)$$

図 (d) の型では

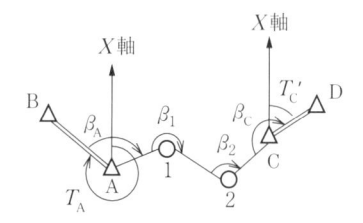

$$T'_C = T_A + [\beta] - (n-1)180° \quad (4.13)$$

(a) 取付点がともに X 軸の外側にある場合

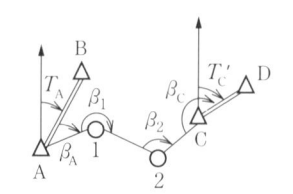

(b) 取付点の一つが X 軸の内側にある場合

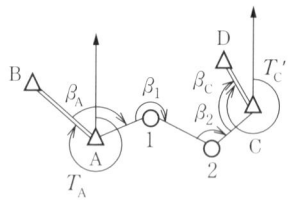

(c) 取付点の一つが X 軸の内側にある場合

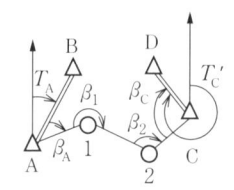

(d) 取付点がともに X 軸の内側にある場合

図 4.9 到着点の方向角の計算

4.6.2 到着点の方向角の閉合差

4.6.1項で述べたように,到着点Cにおける取付点Dの観測方向角 T'_{CD} は,観測から求められる。ところが4.3節で述べたように,到着点Cにおける既知方向角 T_{CD} は,既知点間の座標から計算によりすでに定まっている。この差を方向角の閉合差 dT といい,式(4.14)に示す。この差を秒単位で計算するので,**閉合秒**(へいごうびょう)とも呼ばれる。

$$dT = T'_{CD} - T_{CD} \tag{4.14}$$

4.6.3 新点の方向角の最確値

方向角の閉合差 dT を各夾角 β に戻って均等配分(きんとうはいぶん)する。補正量 $\delta\beta_i$ を,式(4.15)に示す。調整するため,閉合差の異符号(いふごう)をとり,測点に応じて配分する。調整後の方向角 T が最確値であり,式(4.16)〜(4.19)に示す。

$$\delta\beta_i = \frac{i}{n} \times (-dT) - \sum_{k=1}^{i-1} \delta\beta_k \tag{4.15}$$

ここで,i は測点,n は測点数,である。

$$T_{A(1)} = T_{AB} + (\beta_A + \delta\beta_A)(-360°) \quad (360°を超えた場合,360°を引く) \tag{4.16}$$

$$T_{(1)(2)} = T'_{A(1)} + (\beta_{(1)} + \delta\beta_{(1)}) - 180° \tag{4.17}$$

$$T_{(2)C} = T'_{(1)(2)} + (\beta_{(2)} + \delta\beta_{(2)}) - 180° \tag{4.18}$$

$$T_{CD} = T'_{(2)C} + (\beta_C + \delta\beta_C) - 180°(+360°)$$
$$(マイナスの場合,360°を足す) \tag{4.19}$$

4.6.4 斜距離を平面距離へ投影

観測した斜距離 D と高低角 α から,2.3.1項の式(2.7)を用いて,球面距離 S を求める。このときのジオイド高 N は,使用する複数の既知点のジオイド高の平均値を用いる。球面距離 S(p.18)に縮尺係数(p.7)を乗じて平面距離 s を求める。このときの縮尺係数は使用する複数の既知点の縮尺係数の平均値を用いる。**図4.10**に測距の方向を示す。

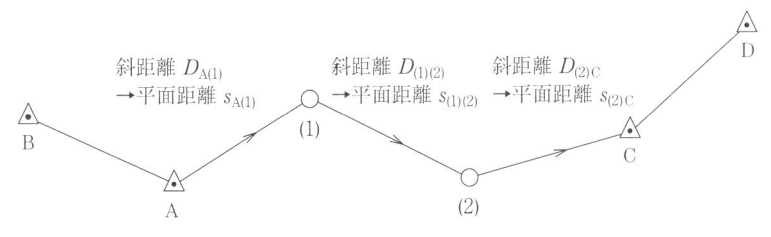

図 4.10 測距の方向

4.6.5 座標計算

式(4.20)に示すように，既知座標(x'_{i-1}, y'_{i-1})にΔxとΔyを加えることで，新点の観測座標(x'_i, y'_i)を得る。ΔxとΔyは，調整した方向角Tと投影した平面距離sから**図4.11**に示すようにX軸に垂線を引いた直角三角形の辺であり，式(4.21)で表される。

$$(x'_i, y'_i) = (x'_{i-1} + \Delta x, \ y'_{i-1} + \Delta y) \tag{4.20}$$

$$\left. \begin{array}{l} \Delta x = s \times \cos T \\ \Delta y = s \times \sin T \end{array} \right\} \tag{4.21}$$

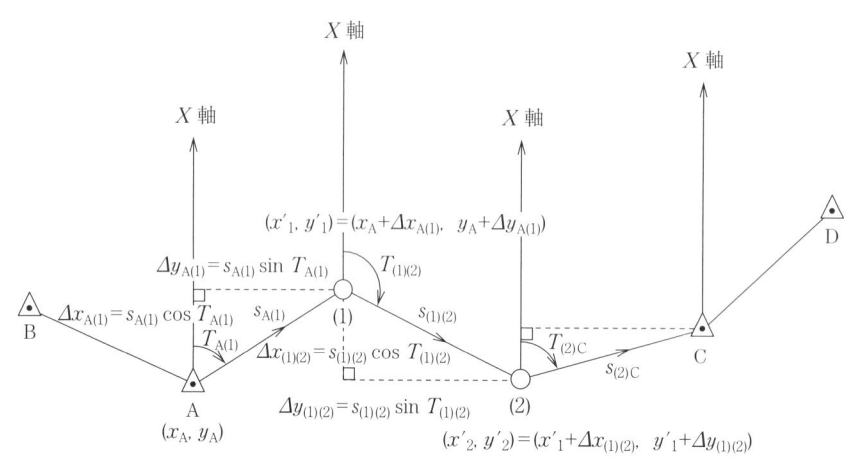

図4.11 座標計算

4.6.6 到着点の水平位置の閉合差

座標計算を順次繰り返すことによって到着点の観測座標(x'_C, y'_C)を得る。ところが，到着点は既知座標(x_C, y_C)なので，**図4.12**に示すような閉合差が生じる。座標の閉合差dx, dyを式(4.22)に示し，水平位置の閉合差dsを式(4.23)に示す。閉合差は，観測値や成果の良否を判断する要素で，この計算を**点検計算**と呼ぶ。

$$dx = x'_C - x_C, \quad dy = y'_C - y_C \tag{4.22}$$

$$ds = \sqrt{dx^2 + dy^2} \tag{4.23}$$

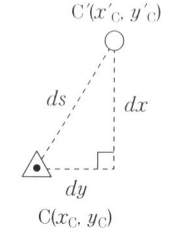

図4.12 水平位置の閉合差

4.6.7 新点の座標の最確値

座標の閉合差dx, dyを各点の観測座標にコンパス法[†1]により配付する。補正量$\delta x, \delta y$を式(4.24)に示す。調整するため閉合差の異符号をとり，平面距離sに応じて配付する。調整後の座標が最確値であり，式(4.25)に示す

[†1] compass rule

$$\delta x_i = \frac{\sum_{k=1}^{i} s_k}{[s]} \times (-dx) - \sum_{k=1}^{i-1} \delta x_k, \quad \delta y_i = \frac{\sum_{k=1}^{i} s_k}{[s]} \times (-dy) - \sum_{k=1}^{i-1} \delta y_k \tag{4.24}$$

$$x_i = x'_i + \delta x_i, \quad y_i = y'_i + \delta y_i \tag{4.25}$$

4.6.8 到着点の標高の閉合差

観測した斜距離 D と高低角 α から，式 (4.5) を用いて，観測標高 h' を図 **4.13** のように順次求めていく。ところが，到着点は既知標高 h'_C なので，図 **4.14** に示すような閉合差が生じる。標高の閉合差 dh を式 (4.26) に示す。

$$dh = h'_C - h_C \tag{4.26}$$

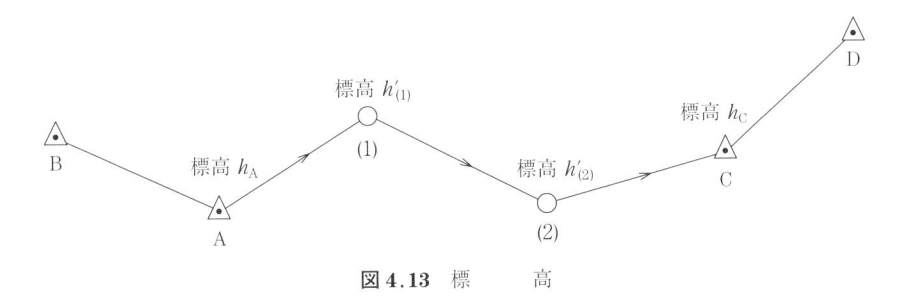

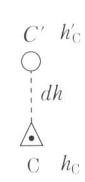

図 4.13 標　　高

図 4.14 標高の閉合差

4.6.9 新点の標高の最確値

標高の閉合差 dh を各点の観測標高にコンパス法により配付する。補正量 δh を式 (4.27) に示す。調整するため閉合差の異符号をとり，平面距離 s に応じて配付する。調整後の標高が最確値であり，式 (4.28) に示す

$$\delta h_i = \frac{\sum_{k=1}^{i} s_k}{[s]} \times (-dh) - \sum_{k=1}^{i-1} \delta h_k \tag{4.27}$$

$$h_i = h'_i + \delta h_i \tag{4.28}$$

4.7 結合多角方式の簡易網平均計算

結合多角方式の観測図を**図 4.15** に示す。各路線から交点の観測方向角それぞれを計算する。交点における方向角の最確値を各路線から観測方向角の重み付き平均から決定する。その後，各路線を単路線ととらえ，交点の方向角の閉合差から調整量を各点の夾角に配分して，各点の方向角の最確値を求める。この方向角の最確値を用いて，各路線から座標計算により交点の観測座標を求める。また，高低計算から観測標高を求める。これらを重み付き平均して，交点の座標と標高の最確値を決定する。その後，各路線を単路線ととらえ，交点の閉合差から調整量を各点に配分して，各点の座標と標高の最確値を求める。

48 4. 多角測量

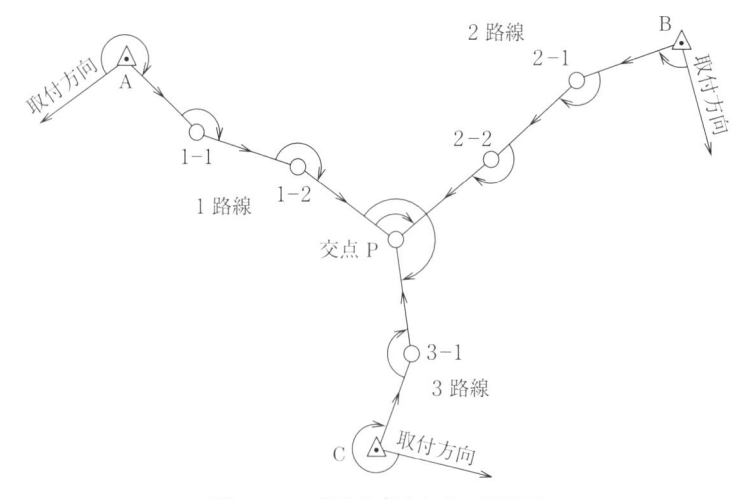

図 4.15 Y型結合多角方式の観測図

4.7.1 交点の統一する方向角

図 4.16 のように交点において,統一する方向角 T を定める。各路線からの観測方向角を 4.6.1 項のようにして順次計算する。すると交点において,各路線からの交点の統一する観測方向角 T_i' がそれぞれ得られる。これら観測方向角 T_i' より,統一する方向角の最確値 T と標準偏差 m_t を式(4.29)と式(4.30)から求める。

$$T = \frac{p_1 \times T_1' + p_2 \times T_2' + p_3 \times T_3'}{p_1 + p_2 + p_3} \tag{4.29}$$

$$m_T = \sqrt{\frac{p_1 \times v_1^2 + p_2 \times v_2^2 + p_3 \times v_3^2}{(p_1 + p_2 + p_3)(3-1)}} \tag{4.30}$$

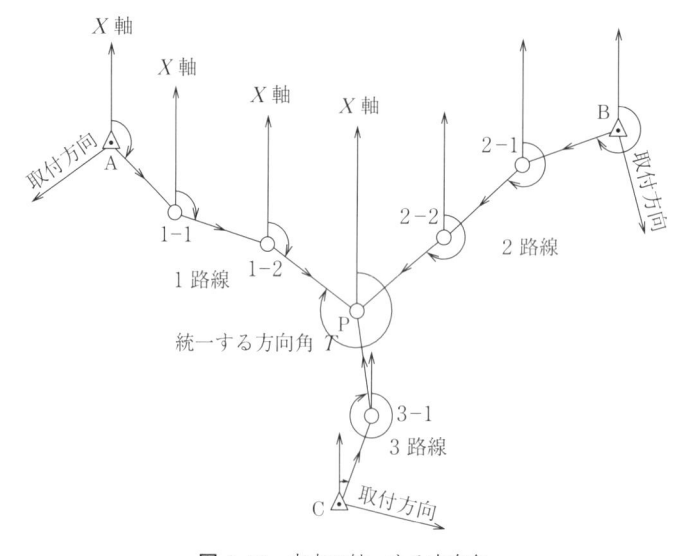

図 4.16 交点の統一する方向角

T：交点の統一する方向角の最確値

T_i'：i 路線からの交点の統一する観測方向角

p_i：i 路線の重み。各路線の夾角数 N_i の逆数に比例　$p_i = 1/N_i$

m_T：交点の統一する方向角の最確値の標準偏差

v_i：i 路線の交点の統一する方向角の残差^{†1}　$v_i = T_i' - T$

†1 residual

4.7.2　交点の統一する方向角の閉合差

交点の統一する方向角の最確値 T を得たら，図 **4.17** に示すような各路線からの観測方向角 T_i' との閉合差（秒）dT が生じる。交点の統一する方向角の閉合差（秒）dT を式（4.31）に示す。

$$dT_i = T_i' - T \qquad (4.31)$$

4.7.3　新点の方向角の最確値

方向角の閉合差 dT を各路線の各夾角 β に戻って，式（4.15）のように均等配分する。均等配分後の各測点の方向角 T_i が最確値である。

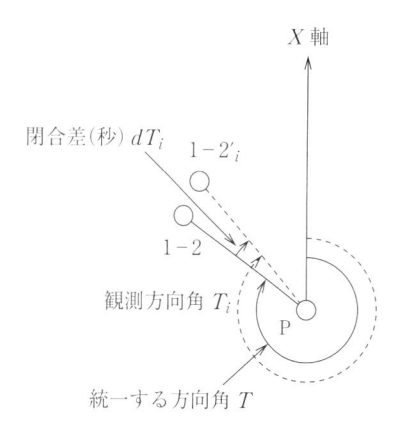

図 4.17　交点の統一する方向角の閉合差

4.7.4　交点の座標の最確値

各路線の各測点から方向角の最確値 T と平面距離 s から交点の観測座標を求める。すると交点において，各路線からの観測座標 (x_i', y_i') がそれぞれ得られる。これら観測座標より交点の座標の最確値 (x, y) と標準偏差 m_x, m_y を式（4.32）と式（4.33）から求める。

$$x = \frac{p_1 \times x_1' + p_2 \times x_2' + p_3 \times x_3'}{p_1 + p_2 + p_3}, \quad y = \frac{p_1 \times y_1' + p_2 \times y_2' + p_3 \times y_3'}{p_1 + p_2 + p_3} \quad (4.32)$$

$$m_x = \sqrt{\frac{p_1 \times v_1^2 + p_2 \times v_2^2 + p_3 \times v_3^2}{(p_1 + p_2 + p_3)(3-1)}}, \quad m_y = \sqrt{\frac{p_1 \times v_1^2 + p_2 \times v_2^2 + p_3 \times v_3^2}{(p_1 + p_2 + p_3)(3-1)}}$$

$$(4.33)$$

x, y：交点の座標の最確値

x_i', y_i'：i 路線からの交点の観測座標

p_i：i 路線の重み。各路線の路線長 $[s_i]$ の逆数に比例　$p_i = 1/[s_i]$

m_x, m_y：交点の座標の最確値の標準偏差

v_i：i 路線の交点の座標の残差　$v_i = x_i' - x$，$v_i = y_i' - y$

4.7.5　交点の水平位置の閉合差

交点の座標の最確値 (x, y) を得たら，図 **4.18** に示すような各路線の観測座標 (x_i', y_i') との閉合差が生じる。交点の座標の閉合差 dx_i, dy_i を式（4.34）

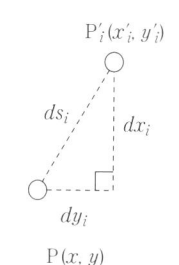

図 4.18　交点の水平位置の閉合差

に示し，水平位置の閉合差 ds_i を式(4.35)に示す。

$$dx_i = x'_i - x, \quad dy_i = y'_i - y \tag{4.34}$$

$$ds_i = \sqrt{dx_i^2 + dy_i^2} \tag{4.35}$$

4.7.6 新点の座標の最確値

交点の座標の閉合差 dx，dy を各点の観測座標にコンパス法により式(4.24)のように配付する。調整後の座標が新点の座標の最確値である。

4.7.7 交点の標高の最確値

観測した斜距離 D と高低角 α から，式(4.5)を用いて，観測標高 h' を**図 4.19**のように順次求めていく。すると交点において，各路線からの観測標高がそれぞれ得られる。これら観測標高より交点の標高の最確値と標準偏差を式(4.36)と式(4.37)から求める。

$$h = \frac{p_1 \times h_1' + p_2 \times h_2' + p_3 \times h_3'}{p_1 + p_2 + p_3} \tag{4.36}$$

$$m_h = \sqrt{\frac{p_1 \times v_1^2 + p_2 \times v_2^2 + p_3 \times v_3^2}{(p_1 + p_2 + p_3)(3-1)}} \tag{4.37}$$

h：交点の標高の最確値

h_i'：i 路線からの交点の観測標高

p_i：i 路線の重み。各路線の路線長 $[s_i]$ の逆数に比例　$p_i = 1/[s_i]$

m_h：交点の標高の最確値の標準偏差

v_i：i 路線の交点の標高の残差　$v_i = h_i' - h$

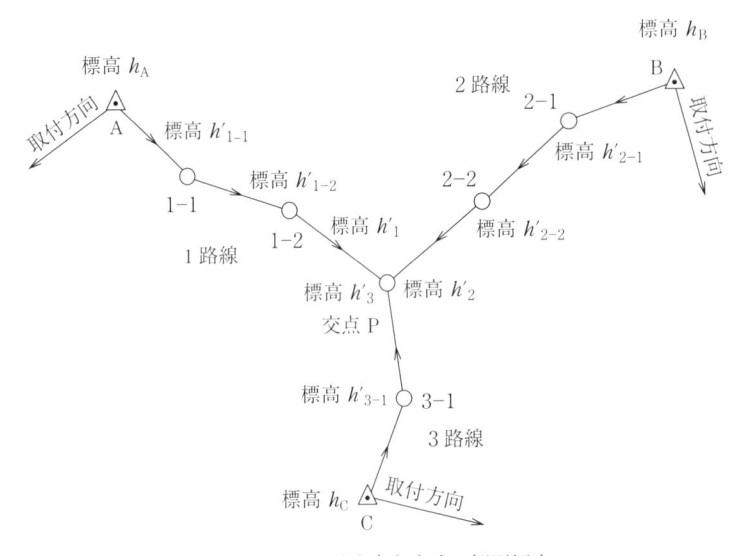

図 4.19 Y型結合多角方式の観測標高

4.7.8 交点の標高の閉合差

交点の標高の最確値 h を得たら，図 4.20 に示すような各路線からの観測標高 h'_i との閉合差 dh_i が生じる．交点の標高の閉合差 dh_i を式 (4.38) に示す．

$$dh_i = h'_i - h \tag{4.38}$$

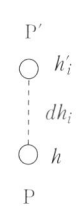

図 4.21 交点の標高の閉合差

4.7.9 新点の標高の最確値

交点の標高の閉合差 dh_i を各点の観測標高にコンパス法により式 (4.27) のように配付する．調整後の標高が新点の標高の最確値である．

4.8 偏　　　心

2点間の視通が，建物や植生などで確保できない場合，偏心点を設置して偏心観測を行い，元の点で観測されるはずの値を偏心補正計算により求める．

4.8.1 偏 心 観 測

偏心点[†1]において，**偏心角**[†2] φ と**偏心距離**[†3] e を観測する．偏心角 φ はゼロ方向から元の点までの水平角のことであり，偏心距離 e は偏心点から元の点までの距離のことである．偏心角 φ と偏心距離 e の二つを**偏心要素**[†4] という．図 4.21 のように基準点 A，B の視通が確保できず偏心点 A′ を設置した場合，水平角 β と斜距離 D の通常観測も行う．

[†1] eccentric station
[†2] eccentric angle
[†3] eccentric distance
[†4] element of eccentricity

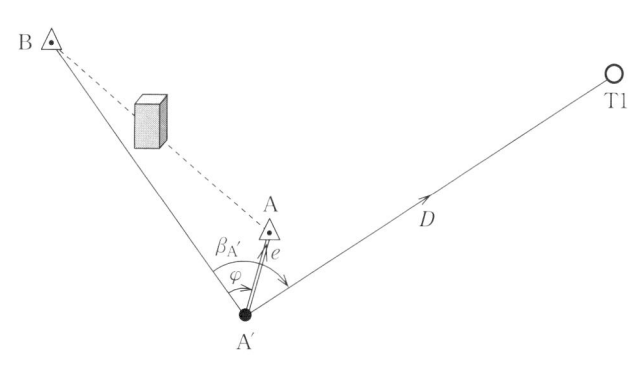

図 4.21　偏心点の観測図

4.8.2 偏心補正計算

偏心補正計算は，偏心要素などから元の点で観測されるはずの値を計算することである．図 4.22 のような場合の偏心補正計算はつぎのとおりである．

△ABA′ について，正弦定理より x_1 を求め，式 (4.39) となる．

$$\frac{e}{\sin x_1} = \frac{S_{AB}}{\sin \varphi}, \qquad x_1 = \sin^{-1}\left(\frac{e}{S_{AB}} \sin \varphi\right) \tag{4.39}$$

52   4. 多 角 測 量

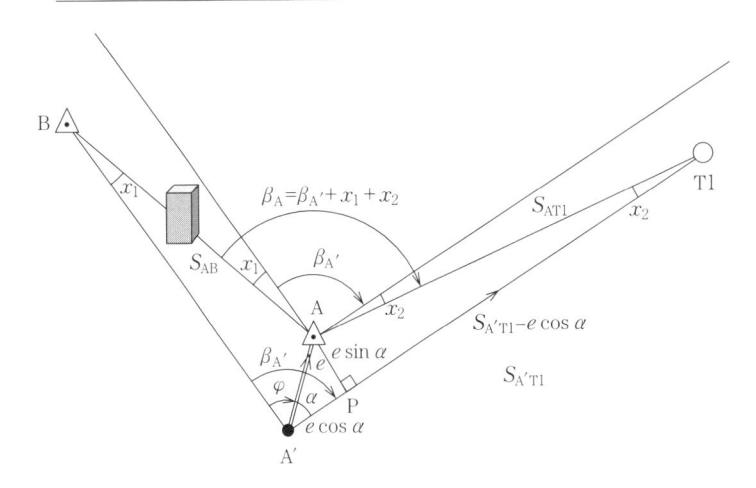

図 4.22 偏心補正計算

ここで，e：偏心距離の球面距離（斜距離を観測して球面距離に補正する），S_{AB}：AB 間の球面距離（既知座標からピタゴラスの定理で平面距離を計算して，縮尺係数で割る），である。

△AT1A′ について，点 A から辺 A′T1 に垂線を引いた交点を点 P とする。△APA′ について，直角三角形であるので，AP $= e \sin \alpha$，A′P $= e \cos \alpha$ である。ここで，$\alpha = \beta_{A'} - \varphi$ である△APT1 について，直角三角形であるので，x_2 を式 (4.40) より求める。

$$x_2 = \tan^{-1}\left(\frac{e \sin \alpha}{S_{A'T1} - e \cos \alpha}\right) \tag{4.40}$$

ここで，$S_{A'T1}$：A′T1 間の球面距離（斜距離を観測して球面距離に補正する）である。

点 A において，辺 A′B と辺 A′T1 の平行線をそれぞれ引く。すると，平行線の錯角より，x_1 と x_2 がそれぞれ点 A に現れる。平行移動により偏心点 A′ で観測した水平角 $\beta_{A'}$ が点 A に現れる。これらを足して，点 A で観測されるはずの水平角 β_A を式 (4.41) に示す。

$$\beta_A = \beta_{A'} + x_1 + x_2 \tag{4.41}$$

△AT1A′ について，余弦定理より点 A で観測され，補正されるはずの辺 AT1 の球面距離 S_{AT1} を式 (4.42) から求める。球面距離 S_{AT1} に縮尺係数を乗じて平面距離 s_{AT1} を求める。

$$S_{AT1} = \sqrt{S_{A'T1}^2 + e^2 - 2S_{A'T1}e \cos \alpha} \tag{4.42}$$

偏心点 A′ の標高を求めるには，点 A の標高から式 (4.4) の反方向の高低計算より求める。偏心点 A′ の標高を用いて T1 点の標高を計算する。

T1 点では，**図 4.23** のように偏心点 A′ をゼロ方向として T2 点までの水平角 $\beta_{T1'}$ を観測する。T1 点で本来，観測されるはずの水平角 β_{T1} を式 (4.43) に示す。

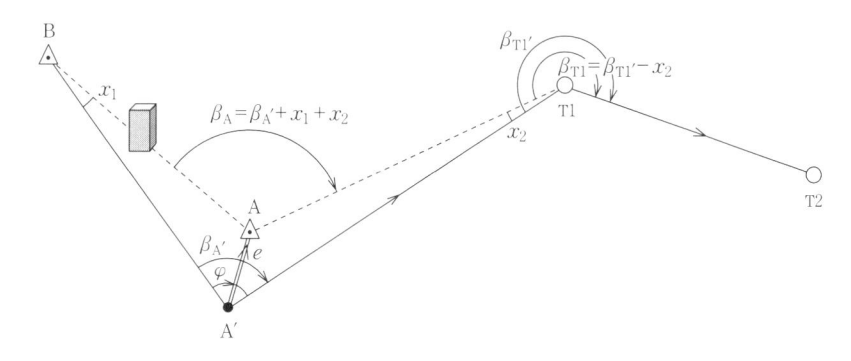

図4.23 T1点の水平角

$$\beta_{T1} = \beta_{T1'} - x_2 \tag{4.43}$$

章 末 問 題

❶ 図4.24において，既知点 AC 間の単路線の観測を行い，つぎの観測値を得た。

$\beta_A = 80°20'32''$ $\beta_{T1} = 260°55'18''$ $\beta_{T2} = 91°34'20''$ $\beta_{T3} = 260°45'44''$ $\beta_C = 110°5'42''$

既知点間の方向角をつぎとすれば，観測方向角の閉合差はいくらか。つぎの a.～e. の中から選べ。

$T_A = 330°14'20''$ $T_C = 53°56'28''$

a. $-16''$ b. $-20''$ c. $-24''$ d. $-28''$ e. $-32''$

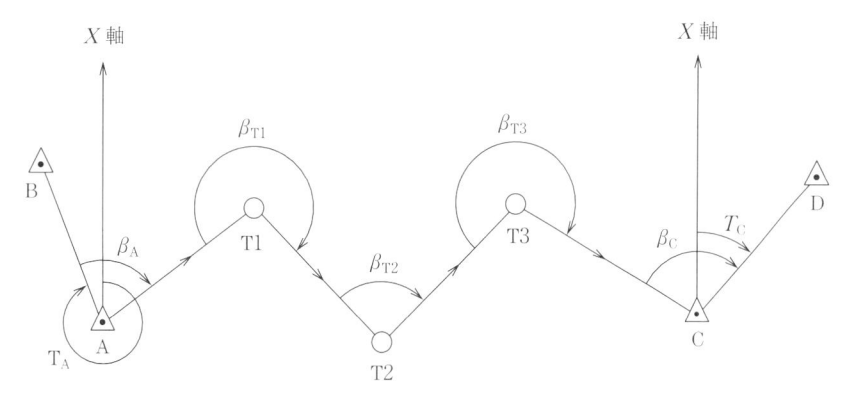

図4.24 単路線の観測

❷ 新点 B の標高を求めるために，図4.25のように既知点 A および新点 B においてそれぞれ高低角 α および斜距離 D の観測を行い，表4.1の結果を得た。新点 B の標高はいくらか。最も近いものをつぎの a.～e. の中から選べ。ただし，斜距離 D は気象補正，器械定数補正および反射鏡定数補正が行われているものとする。また，ジオイドの起伏，大気による屈折および地球の曲率は考えないものとする。

a. $285.07\,\mathrm{m}$ b. $285.54\,\mathrm{m}$ c. $285.64\,\mathrm{m}$ d. $285.74\,\mathrm{m}$ e. $285.31\,\mathrm{m}$

54   4. 多 角 測 量

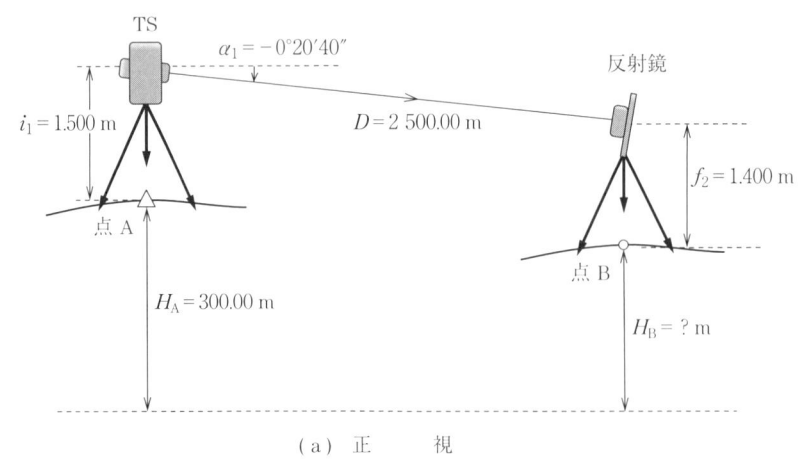

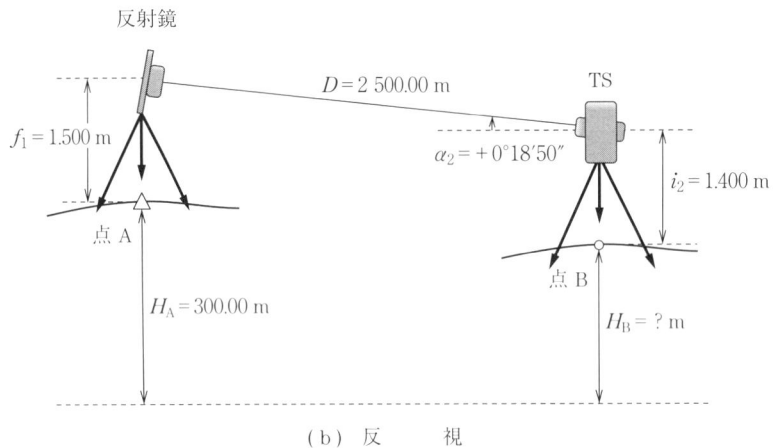

図4.25 三角水準測量

(a) 正　視

(b) 反　視

表4.1 三角水準測量

既知点Aの標高 H_A	300.00 m	斜距離 D	2 500.00 m
AからBへの高低角 α_1	$-0°20'40''$	BからAへの高低角 α_2	$+0°18'50''$
既知点Aの器械高 i_1	1.500 m	既知点Bの器械高 i_2	1.400 m
既知点Aの目標高 f_1	1.500 m	既知点Bの目標高 f_2	1.400 m

❸ 平面直角座標系上において，点Pは，点Aから方向角が230°00′00″，平面距離が1 000.00 mの位置にある。点Aの座標値は，$X = -100.00$ m，$Y = -500.00$ m とする場合，点Pの座標値はいくらか。最も近いものをつぎのa.～e.の中から選べ。

a. $X = -642.79$ m，$Y = -766.04$ m　　b. $X = -666.04$ m，$Y = -142.79$ m
c. $X = -742.79$ m，$Y = -1 266.04$ m　　d. $X = -866.04$ m，$Y = -1 142.79$ m
e. $X = -1 266.04$ m，$Y = -742.79$ m

章末問題略解

❶ e.（測量士補試験類題）　　❷ d.（平成16年　測量士補試験）
❸ c.（平成21年　測量士補試験）

5章

細 部 測 量

細部測量[†1]とは，基準点[†2]に TS（トータルステーション）や GNSS（全地球航法衛星システム）測量機を据え付け，等高線[†3]で表される**地形**[†4]や，道路，建物，鉄道，河川，湖沼，植生などの**地物**[†5]を測定し，**数値地形図データ**[†6]を作成する作業をいう。以前は，細部測量の代表的な方法として平板測量が広く用いられていたが，地物の情報を数値化された電子データとして管理できる TS や GNSS 測量機器を使用した方法へ移行した。

ここでは，平板測量と，TS や GNSS 測量による細部測量の方法について述べ，本章の最後で用地測量の一つである境界確定測量についても解説する。

5.1 数値地形図データと地図情報レベル

数値地形図データの精度は，地図に記載されている地物などの水平位置，標高[†1]点，等高線の**標準偏差**[†2]によって表される。**表 5.1** のとおり，地図情報レベル[†3]に応じて許容される標準偏差の値も異なる。なお，地図情報レベル 500 とは縮尺 1/500 の地図と同じものである。また，地図情報レベルとは，個々の地形や地物などが有する精度ではなく，図郭[†4]内に含まれるすべての地形や地物の水平位置，標高点，等高線の地図表現精度が該当する標準偏差以内に収まっていることを示している。デジタルデータは縮尺の概念がないことから，地図情報レベルが登場した。

数値地形図データの図式は目的および地図情報レベルに応じて適切に定められている。細部測量のように，現地において TS や GNSS 測量機を用いて地形

[†1] detail surveying
[†2] 7.1 節 参照
測量において基準となる点で，測量の成果がすでにわかっている点である。
[†3] 9.5.1 項 参照
地表の凹凸を表現する線で，同一標高を線で結んだ曲線。線が密な場合は急斜面，粗な場合は緩斜面と判断できる。
[†4] topography
[†5] feature
[†6] digital map data
コンピュータで扱えるようにデータをデジタル化（数値化）した地図である。

[†1] 基準面から対象とする測点までの鉛直方向の高さであり，日本では東京湾平均海面（海抜 0 m）を基準としている。
[†2] standard deviation
[†3] 地図の縮尺に応じた数値地形図データの精度であり，地図の種類に応じて公共測量作業規定の準則に定められている。
[†4] ある一定の基準で区切られた一つひとつの地図の範囲。

表 5.1 地図情報レベルと精度の関係

地図情報レベル	相当縮尺	水平位置の標準偏差	標高点の標準偏差	等高線の標準偏差
250	1/250	0.12 m 以内	0.25 m 以内	0.5 m 以内
500	1/500	0.25 m 以内	0.25 m 以内	0.5 m 以内
1 000	1/1 000	0.70 m 以内	0.33 m 以内	0.5 m 以内
2 500	1/2 500	1.75 m 以内	0.66 m 以内	1.0 m 以内
5 000	1/5 000	3.50 m 以内	1.66 m 以内	2.5 m 以内
10 000	1/10 000	7.00 m 以内	3.33 m 以内	5.0 m 以内

や地物などを観測し，数値地形図データを収集する場合，地図情報レベルは原則として1 000以下とし，250，500，1 000を標準としている。

5.2 平板測量

図5.1のように，**平板測量**[†1]では図紙を貼った平板を三脚に取り付け，現地において実際の地物との方向と距離をアリダード（図5.2）で計測し，現地において平面図を作成していく測量の方法である。平板測量の長所や短所としては，以下のものなどがある。

[†1] plane-table surveying

|長所| ① 現地で行うため，測量の過失・錯誤が生じにくい。
　　② 計算などの内業が少なく，手早く図面が得られる。
　　③ 測量方法や器具の取扱い方が簡便である。

|短所| ① 現地作業に時間を費やすため，天候の影響を受ける。
　　② 器械の据付け回数に比例して誤差が累積する。
　　③ 使用する付属品が多く，作業内容も観測と作図を同時に行うので，煩雑である。

平板測量は公共測量では使われなくなったが，TSやGNSS測量機といった高額な機器がなくても地図を作成でき，簡便な方法であることから，本章で紹介する。

図5.1 平板測量

5.2.1 使用機器

平板測量では，つぎのものを使用する。

(a) 平板　　縦横50 cm × 41 cmで厚さ2.5 cm程度の長方形型の平板上に図紙を貼り，測定結果を紙面に図示していくため，反りや収縮が生じない材質でつくられている。

(b) 三脚　　木製の三脚を使用する場合が多く，整準ねじ式三脚と半球面式三脚に大別できる。いずれも平板を水平に整置し，固定することができる。

(c) ポールと巻尺　　目標物の直上にポールを鉛直方向に立てて，視準の基準とするときに用いる。ポールと測点との距離を測定するために巻尺を用いる。

(d) アリダード　　平板上に置き，目標物を視準し，視準線の方向を図面上に記入するための器具である。アリダードには普通アリダード，望遠鏡アリダード，光波アリダードなどがある。

図 5.2 に示すように，普通，アリダードの前後には視準板が取り付けられており，これにより目標物の方向を定めることができる。後視準板により視準し，前視準板の中心に張られている視準糸と目標物とを重ね合わせることで，視準線の方向を定める。

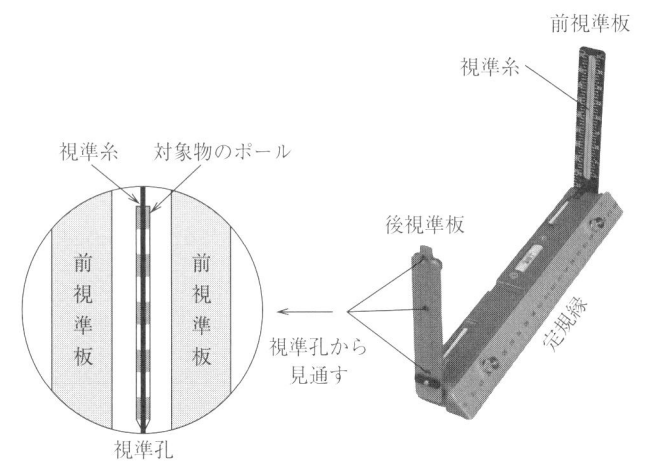

図 5.2 アリダードと視準孔からの見通し

図 5.3 平板測量で使用する器具の一部
（株式会社コノエ 提供）

普通アリダードを使用する場合，つぎの誤差が生じる。

(1) **視準誤差** 視準糸の太さが原因で生じる誤差である。
(2) **外心誤差** 視準線と定規との間に距離があるために生じる誤差である。一般的なアリダードの外心距離は 3 cm 程度であることから，1/300 よりも小さな縮尺で図面を作成することで，図上では 0.1 mm 以内の誤差とすることができる。

(e) 求心器と垂球（下げ振り） 求心器は測点と図視上の測点とを同一鉛直線上に合致させるために使用する器具であり，垂球を取り付けて使用する。
(f) 測量針 1 本は図上の測点に刺し，もう 1 本は視準した後にアリダードの定規面に接して刺し，アリダードを固定する。針が細いほど誤差が小さくなる。
(g) 磁針箱 押し上げねじを緩めることで中の磁針が動く。N 字と磁針の赤色の先端との方向が合うようにして磁北を求める。使用後は必ず押し上げねじを締め，磁針が動かないようにして保管する。

図 5.3 に平板測量に使用する器具の一部を示す。

5.2.2 平板の据付け方

平板を任意の測点に据え付けるときには，**求心**，**整準**および**定位**の 3 条件を

満たす必要がある。この作業を**標定**と呼ぶ。ここで，求心とは，現地の測点と図紙上の測点とを同一鉛直線上に一致させること，整準とは，平板を水平にすること，定位とは，求心で使用した測点とは別の測点（既知点）を用いて，アリダードによって図紙上の測線方向と地上の測線方向とを一致させることである。

図5.4のように，図紙上の点Aに測量針を打ち，垂球を付けた求心器の先端と合わせる。平板を水平に動かして，現場の点Aと垂球とが合うように調整する。このとき，図紙上の点Aと現場の点Aとの差を**求心誤差**という。

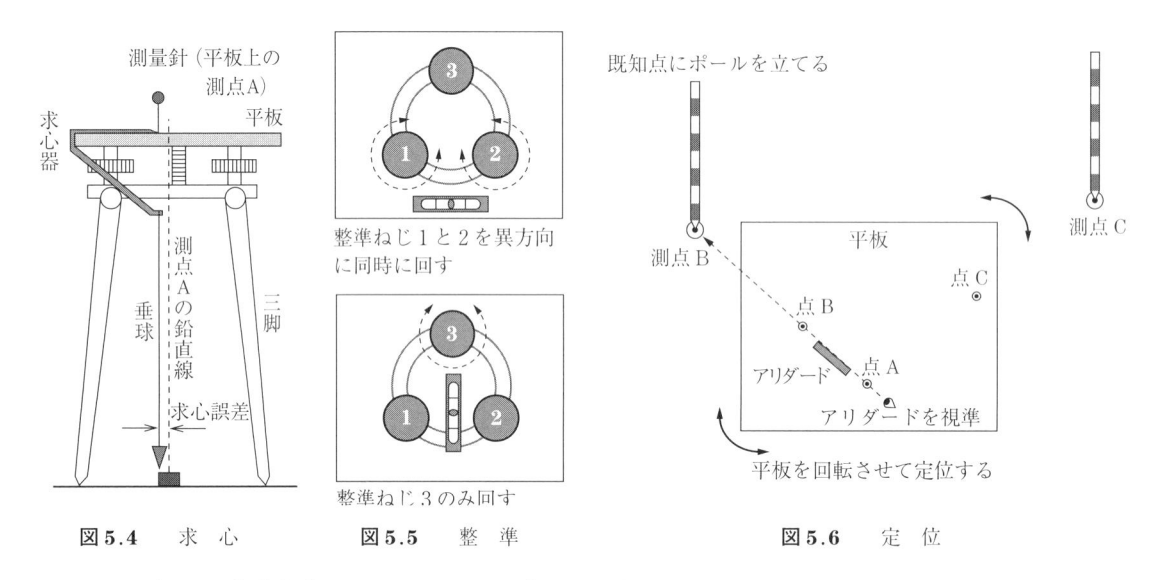

図5.4　求　心　　　図5.5　整　準　　　図5.6　定　位

三脚の頭部には整準をするために三つの調整ねじが付いており，**図5.5**のように，整準ねじ1と2を用いて二つのねじに対する水平方向の水準を行い，その後，整準ねじ3により垂直方向の整準をする。

図5.6のように，既知点である二つの測点を用いて，1点に平板を据え付け，もう1点にポールを立てて，アリダードを視準しながら定位を行う。

5.2.3　平板測量における観測と作図（放射法）

平板を用いて細部測量を行う場合，放射法によって測定を行う。**放射法**とは，**図5.7**のように，現地において三つの既知点（点O，点P，点Q）のうち，点Oを使って平板を据え付け，点Pおよび点Qを用いて求心，整準，定位を行い，その後，図紙上に地物の方向と距離を書き入れていく方法である。以下に，その手順を簡単に示す。

手　順

① 点Oに平板の求心と整準を行い，点Pと点Qにポールを立てて平板を定位する。点Pと点Qにおいて整準，求心，定位を満足するまで調整を繰り返す。

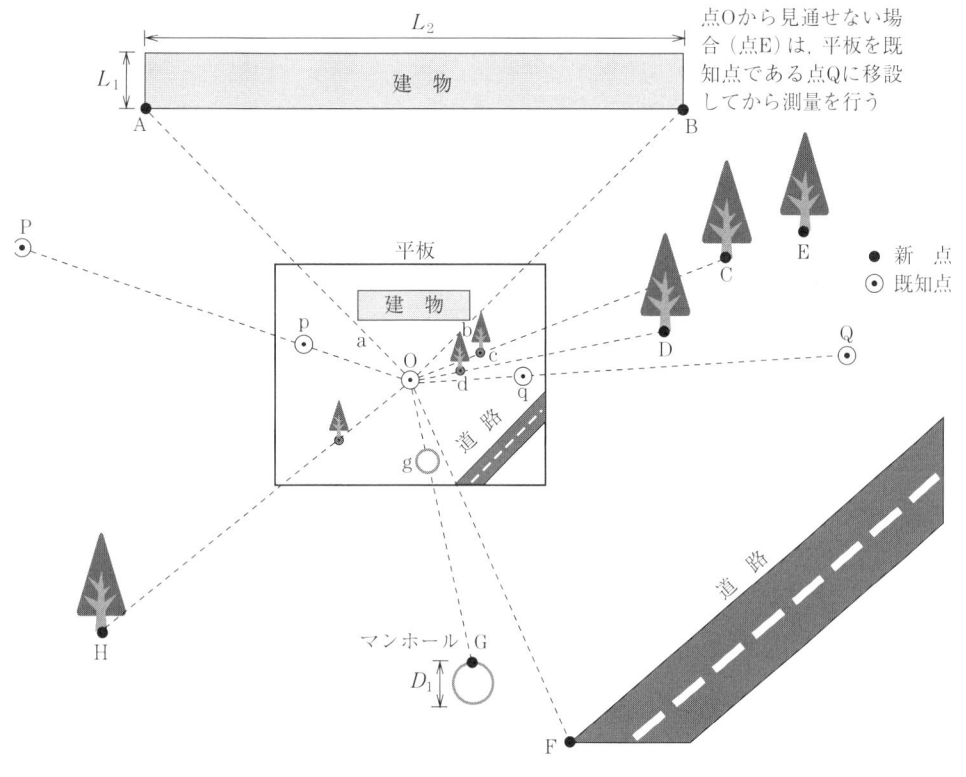

図 5.7 放 射 法

② 点Aにポールを立てて，点Oから点Aに向かってアリダードを用いて視準し，視準方向を定める。その後，測量用のテープを用いて，点Oから点Aまでの距離を計測し，図紙上に方向と距離を書き入れる（点a）。このとき，ポールと巻尺の0目盛とを合わせ，平板上において巻尺の長さを読み取る。

③ この作業を繰り返すことで，点a～hが図紙上に描かれる。この中で，長方形の建物（点a, b）や円形のマンホール（点g）などは，辺の長さL_1, L_2や直径D_1を実測することで図紙上に描くことができる。

④ 距離の計測は，地図情報レベル（縮尺）を考慮して読み取る。地図情報250，500，1 000 では，読取りの精度が2.5 cm以内，5.0 cm以内，10 cm以内となる。

⑤ 図紙上では方向線長が10 cm以内となるようにする。

⑥ 見通しが悪く，点Oから視準できない点Eについては，近くにある既設の測点（この場合，点Q）や，平板測量において新たに測点を増設し，見通しのよい測点に平板を移設し，点Oや点Bを用いて評定した後に点Eを測量する。

図 **5.8** のように，測線[†2] OP（準拠線）に対して測定対象とする点がある場合，

[†2] 測量によって位置が決定される点を測点といい，測点と測点をつなぐ直線を測線という。

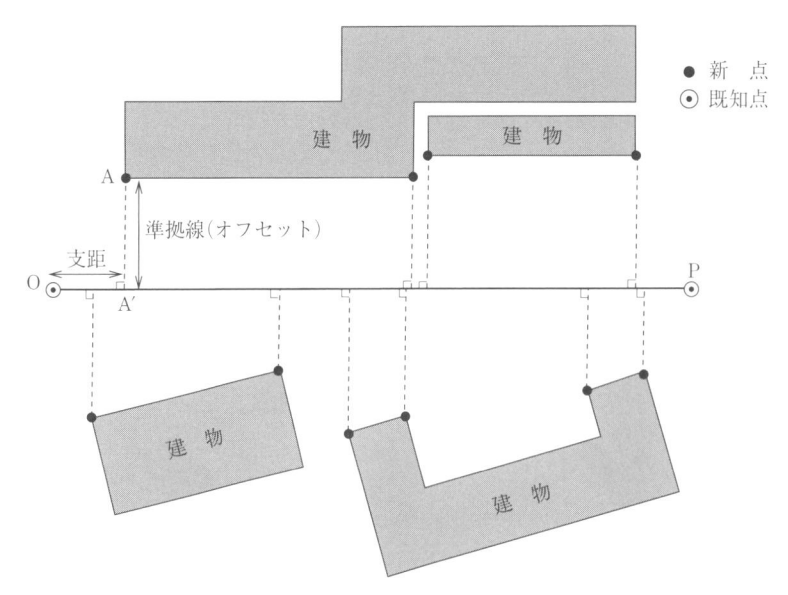

図 5.8 オフセット法

測定点から測線 OP に対して垂直に下ろした線を**オフセット**（**支距**）と呼び，オフセットを測定することでも地物を図紙上に描くことができる。ただし，オフセットは 5 m 以内が望ましい。また，この方法は測点から見通せない場所で有効な手法であるが，オフセットが長くなると誤差が大きくなることに留意する必要がある。

5.3 TS を用いた放射法による細部測量

トータルステーション（TS）による細部測量を行う場合には，平板測量と同様に，一般的には放射法が用いられる。また，作図にはつぎのいずれかの方法が用いられる。

(1) **オンライン方式** 携行型パーソナルコンピュータや**電子平板**[†1]などの図形処理機能を用いて，現地でデータの取得もれなどがないよう観測および図形の作成をしながら編集を直接行う方法である。

(2) **オフライン方式** 現地ではデータの取得だけを行い，その後，室内において取り込んだデータコレクター内のデータを図形編集処理装置に入力し，図形処理を行う方式である。

一般的に TS や PC の計算処理によって各細部点の座標値を算出し，点群データをコンピュータに読み込み，地物ごとに結線して数値地形図データを作成し，地図の目的に合った縮尺でプリンターやプロッターに出力することで地図が

[†1] TS と直結した PC にインストールされているアプリケーションであり，現地において TS で測定した測量結果を保存するデータコレクターとしての機能や，その場で測量計算を行い画面上に地図を作成・編集す

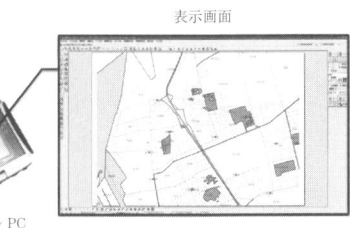

完成する。

放射法観測は，**図5.9**に示すように，TSを既知点Oに据え付け，既知点Pを視準し，測線OPを用いてゼロ方向を求める。ゼロ方向を基準とした各地物の細部点の角度と距離のデータをTSで観測・記録していく。ただ，周囲の概要をスケッチするとともに，各細部点に対応した番号（101〜108）を記録しておく必要がある。

また，201から204のように点Oや既存の骨格測量の測点からは見通せない場合には，TS点[†2]を増設する。

る機能を有している。TSによる平面座標値（X座標値，Y座標値）の計算方法は，トラバース計算と同じ原理で行われる。現場でデータの処理や加工が可能。

[†2] 突出し点ともいう。

[†3] 「どうろえん」とも読む。

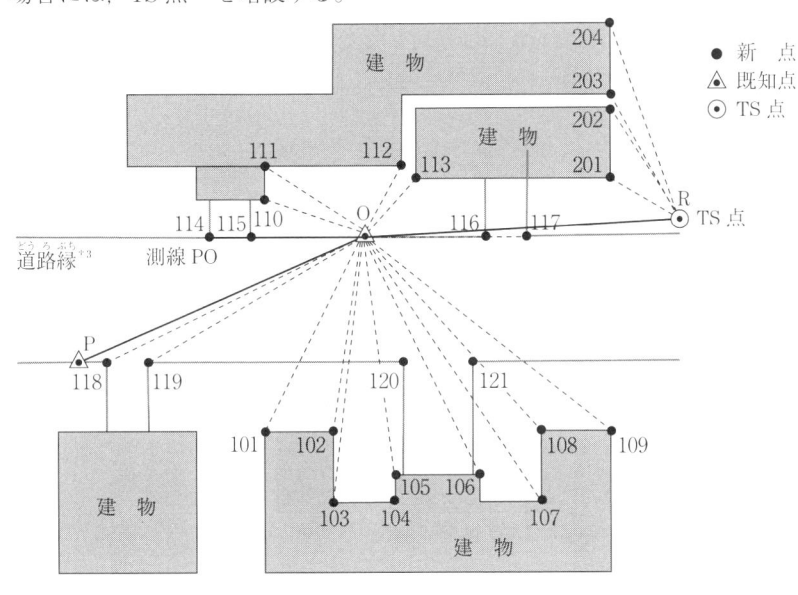

図5.9 TSによる細部測量

5.4 GNSS測量機を用いた細部測量

GNSS測量機[†1]を用いた細部測量は，キネマティック法，RTK法またはネットワーク型RTK法により，地物の観測を1セット行う。

1セットは5衛星以上で，FIX解を得てから10エポック以上，1秒（キネマティック法は5秒）間隔の観測とする。FIX解とは，解析ソフトが整数値バイアスを最適な整数値に置き換えた解のことである。エポックとは，各GNSS衛星から同時に受信する1回の信号のことで，TSの1読定に相当する。

最初に，既知点と観測点間で初期化（整数値バイアスの決定）の観測を行う。点検のため，2セットの観測を行う（2セットの点検に代えて，既知点と既知点間で1セットの点検とすることができる）。この点検におけるセット間較差の許容範囲を**表5.2**に示す。許容範囲内であれば初期化が正しく行われたと判断し，観測を進める。観測途中で衛星からの電波が遮られた場合，再初期化する。

[†1] GNSS測量機の写真

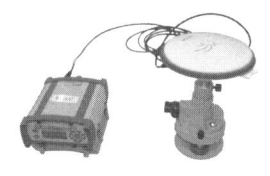

受信機（左）とアンテナ（右）
（写真協力：国土開発コンサルタント，撮影：細川）

表5.2 セット間較差

項目		許容範囲〔mm〕	備考
セット間較差	ΔN	20	ΔN：水平面の南北方向のセット間較差
	ΔE		ΔE：水平面の東西方向のセット間較差
	ΔU	30	ΔU：水平面からの高さ方向のセット間較差 ただし，平面直角座標値で比較することもできる。

標高は，ジオイドモデルによりジオイド高を補正して求める。

キネマティック法またはRTK法では，基準点に固定局を据え付け，測点に移動局をつぎつぎと移動して観測する。基準点の座標を入力し，固定局からの相対位置により移動局の測点の座標を求める。**図5.10**に固定局と移動局を示す。固定局には三脚を用い，移動局にはポールを用いる。

(a) 基準点に据えた固定局　　(b) 地物に据えた移動局

図5.10 固定局と移動局

ネットワーク型RTK法（VRS方式とFKP方式）では，2台同時観測方式か1台準同時観測方式による間接観測法，または単点観測法による直接観測法で観測する[†2]。

[†2] 7.11.4項 参照

5.5　各種観測の許容範囲

TS，およびRTK法とネットワーク型RTK法による細部測量の観測値の許容範囲を**表5.3**に示す。細部測量の使用既知点は，TSとRTK法では4級以上の精度の基準点に対し，ネットワーク型RTK法では電子基準点となっている。地物などの測定精度は，地図情報レベルに0.3 mmを乗じた値とし，標高の測定精度は主曲線間隔の4分の1以内となっている。

表 5.3 細部測量の観測値の許容範囲[1]

	TS	RTK 法	ネットワーク型 RTK 法
使用機器	1 級〜3 級 TS	1 級〜2 級 GNSS	1 級 GNSS
観測方法	基準点または TS 点からの放射法による直接観察法		電子基準点からの単点観測法による直接観察法
観 測	水平 0.5 対回，距離測定 1 回	FIX 解を得てから，5 衛星以上，10 エポック（データ取得間隔 1 秒）	
観測距離	2 級 TS（3 級 TS）→ 地図情報レベル 500 以下 150 m（100 m） 2 級 TS（3 級 TS）→ 地図情報レベル 1 000 以下 200 m（150 m）	4 級基準点および TS 点〜地形，地物間は 500 m 以内	VRS 方式[†1]は仮想点より 3 km 以内を標準 FKP 方式[†1]は最寄りの電子基準点からの距離
既知点の種類	電子基準点，一等〜四等三角点，1 級〜4 級基準点，TS 点		電子基準点
標高点密度	各地図情報レベルの 4 cm 四方に 1 点		
地物などの測定精度	第 94 条第 7 項の規定に基づく（RTK 観測およびネットワーク型 RTK 観測と同様。水平位置：地図情報レベル×0.3 mm。標高：主曲線間隔の 1/4）	水平位置：地図情報レベル×0.3 mm 標高：主曲線間隔の 1/4	
初期化のセット間較差	—	FIX 解（座標較差では ΔN，ΔE は 20 cm，ΔU は 30 cm）	
座標補正の許容範囲			座標較差：点検距離別に 500 m 以上は 1/10 000 500 m 以内は 50 cm

†1 7.11.4 項 参照

5.6 用 地 測 量

用地測量[†1]は，土地および境界などについて調査し，用地取得などに必要な資料および図面を作成する作業のことである。これは，道路や河川，水路，ダム，公園などの新設や改修，拡幅などを行う際の用地取得などのために行うものである。これらの作業を行う場合，測量区域を管轄する法務局などにおいて調査した資料に基づき，地番[†2]ごとにそれぞれの境界点を現地で明確にし，これらを測量し面積などを求めて必要な資料を作成することになる。この測量の基準点は，4 級基準点測量以上の精度で設置された基準点に基づいて行う必要がある。

用地測量の内容を作業工程の順に挙げると，作業計画，資料調査，復元測量，境界確認，境界測量，境界点間測量，面積計算，用地実測図データファイルの作成，用地平面図データファイルの作成，となっている。用地測量において，細分された各工程内や他の工程との関係，順序および方法は**図 5.11** のようになる。以下に，各工程の要点を示す。

〔1〕**作業計画** 作業計画は，測量・調査範囲の確認や，用地測量に必要な各種資料の収集に基づいて地形，土地利用および植生の状況を把握するために行う。また，基準点および用地幅杭点の位置について現況調査を行い，その状況によっては計画機関[†3]と協議する。さらに，調査のための立入りや境

†1 construction site survey

†2 number of a lot of ground
一筆地（いっぴつち）ごとに付けられた一連の番号のこと。「一筆」とは，土地登記簿上の一区画をいい，土地の所有権などを公示するために人為的に区分した区画のことである。土地は「筆」という単位で数える。登記所では一筆ごとに登記がなされ，土地取引などの単位となっている。

†3 測量法（昭和二十四年六月三日法律第百八十八号）第一章 総則，第一節 目的及び用語 第七条 測量計画機関の項に，「第五条（公共測量）と第六条（基本測量及び公共測量以外の測量）に規定する測量

64   5. 細 部 測 量

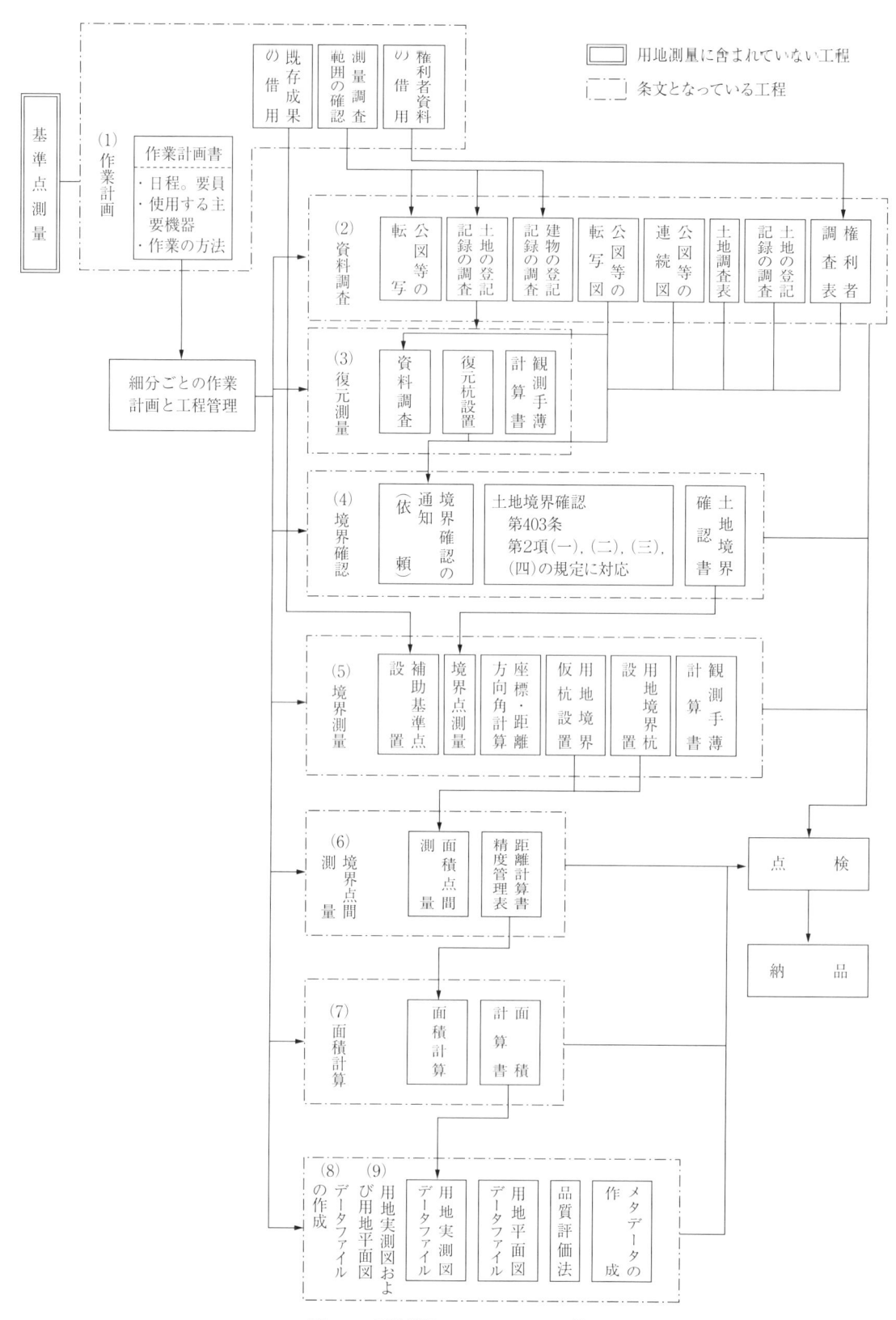

図 5.11 用地測量のフローチャート[1]

界確認において地権者の了解を得るための作業や関係方面への対応については，計画機関の適切な指示を受けるようにする。

〔2〕 **資料調査**　資料調査は，用地測量の区域について，関係する土地の地番，地目[†4]，地積[†5]，当該地の所有権，所有権以外の権利，建物などを調査し，測量に必要な基本的資料を得るために行う。資料調査の方法は，作業計画に基づき，法務局などに備える地図，地図に準じる地図[†6]，地積測量図[†7]など公共団体に備える地図など（以下，公図[†8]などという）の転写，ならびに，土地や建物の登記記録の調査および権利者確認調査に区分して行う。図 5.12 に，公図など転写の一例を示す。

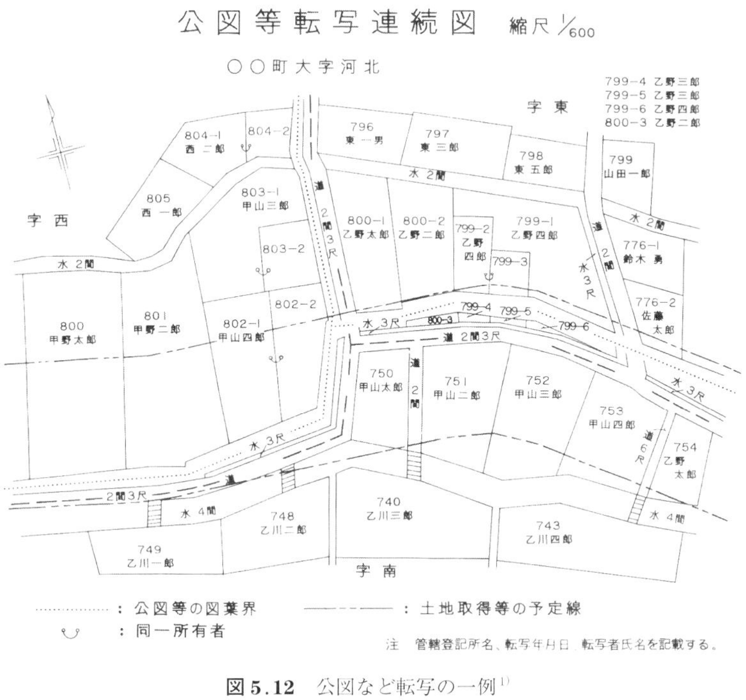

図 5.12　公図など転写の一例[1]

〔3〕 **復元測量**　復元測量は，境界確認に先立ち，地積測量図などに基づき境界杭の位置を確認し，亡失などがある場合は復元するべき位置に仮杭（復元杭）を設置する作業をいう。この復元測量の方法には，① 収集した地積測量図などの精度，測量年度などを確認し，その結果に基づき境界杭を調査し，亡失などの異常の有無を確認する，② 測量計画機関が境界確認に必要があると認める境界杭について行う，③ 現地作業の着手前に関係権利者に立入りについての日程などを通知する，④ 境界杭に亡失や異常などがある場合，復元杭を設置する，などがある。

〔4〕 **境界確認**　境界確認とは，現地において一筆ごとに土地の境界（境界点）を確認する作業のことである。復元測量の結果，公図など転写図，土地

を計画する者をいう。測量計画機関が自ら計画を実施する場合には測量作業機関となることができる」と定められている。
ちなみに，測量法　第五章に「測量士及び測量士補」，第六章に「測量業者」の記載がある（最終改正：平成23年6月3日法律第61号）ので，参照。

[†4] 地目：土地の登記事項の一つ（不動産登記法第34条）であり，土地の主たる用途を表すための名称で，田，畑，宅地，山林，原野，墓地，水道用地，ため池，保安林，公衆用道路，公園および雑種地などがある。行政地目として，学校用地や鉄道用地などがある。

[†5] 地積：土地の面積のこと。土地登記簿の表題部に所在，地番，地目と地積が記載されていて，これらはその土地を特定するための要素となっている。ちなみに，「地積」とは，一筆ごとの土地の所有者，地番，地目，境界の位置，面積などの情報をいい，土地に関する戸籍といえる。

[†6] 地図に準じる地図：公図（地図）の整備が遅れていて17条地図がない地域もある。それでは困るので，その地域に準ずる図面を備える必要があり，その地図のこと。

[†7] 地積測量図：一筆の土地の地積（面積），形状，境界標に関する測量の結果を明らかにする図面のこと。

[†8] 公図：土地の形や位置関係などを図面にしたもの。法務局には正確に測量した地図を備えることになっている。（不動産登記法17条に規定されているので17条地図という）。

調査表などに基づいて現地において関係権利者が立会いの上,境界点を確認し,境界杭を設置することにより行う。

> 境界確認を行う範囲は,① 一筆を範囲とする土地,② 一筆の土地であっても所有権以外の権利が設定されている場合はその権利ごとの画地,③ 一筆の土地であってもその一部が異なった現況地目の場合は現況の地目ごとの画地,④ 一画地にあり,土地に付属するあぜ,溝,その他これらに類するものがあれば一画地に含むが,一部ががけ地などで通常の用途に供することができないと認められる場合はその部分を区分した画地である。

境界確認にあたり,各関係権利者に対して立会いを求める日を定め,事前に通知する。境界点に既設の標識が設置されている場合,関係権利者の同意を得てそれを境界点とすることができる。境界確認が完了したときは,土地境界確認書を作成し,関係権利者全員に確認したことの署名押印を求める。復元杭の位置について地権者の同意が得られた場合,復元杭の取扱いは計画機関の指示による。

〔5〕 **境界測量**　**境界測量**とは,現地において境界確認作業により土地境界確認書が得られた境界点を測定し,それぞれの座標値を求める作業をいう。境界測量は,近傍の4級基準点以上の基準点に基づき,放射法などにより行うが,やむを得ない場合は補助基準点を設置して行うことができる。

測量域の地形や地物などの状況を考慮し,観測を以下の方法で行う。

手　順

① TSなどを用いる場合,表5.4を標準として観測する。

表5.4　観測の方法と較差の許容範囲

区　分	水平角観測	鉛直角観測	距離測定
方　法	0.5対回	0.5対回	2回測定
較差の許容範囲	—	—	5 mm

② キネマティック法,RTK法またはネットワーク型RTK法による場合,干渉測位方式により2セット行い,使用衛星数と較差の許容範囲などは**表5.5**を標準とする。1セット目の観測終了後,再初期化してから2セット目の観測を行い,境界点の座標値は2セットの観測から求めた平均値とする。

ネットワーク型RTK法による観測は,間接観測法または単点観測法による。単点観測法による場合は作業地域を囲む既知点において観測し,必要に応じて整合を図る。また,既知点とした電子基準点の名称などを記録する必要がある。

5.6 用 地 測 量

表5.5 使用衛星数と較差の許容範囲など[1]

使用衛星数	観測回数	データ取得間隔	許容範囲		備 考
5衛星以上	FIX解を得てから10エポック以上	1秒（ただし，キネマティック法は5秒以下）	ΔN ΔE	20 mm	ΔN：水平面の南北方向のセット間較差 ΔE：水平面の東西方向のセット間較差 ただし，平面直角座標値で比較することができる。
摘 要	① GLONASS衛星を用いて観測する場合は，使用衛星数は6衛星以上とする。ただし，GPS衛星およびGLONASS衛星を，それぞれ2衛星以上を使用すること。 ② GLONASS衛星を用いて観測する場合は，同一機器メーカーのGNSS測量機を使用すること。				

③ 補助基準点は，基準点から辺長100 m以内，節点は1点以内の開放多角測量により設置する。その場合，表5.6を標準として観測の区分などを行う。

表5.6 観測の方法と較差の許容範囲[1]

区 分		水平角観測	鉛直角観測	距離測定
方 法		2対回（0°，90°）	1対回	2回測定
較差の許容範囲	倍角差	60″	60″	5 mm
	観測差	40″		

表5.7 計算結果を表示する単位と位[1]

区分	方向角	距 離	座標値	面 積
単位	秒	m	m	m²
位	1	0.001	0.001	0.000 001

④ 観測結果に基づき，境界点の座標値や境界点間の距離，方向角を計算して求める。計算機で求める場合，次項⑤に規定する位以上の計算精度を確保し，座標値と方向角も⑤に規定する位のつぎの位において四捨五入し，距離と面積も⑤に規定する位のつぎの位以下を切り捨てる。

⑤ 計算結果を表示する単位と位は，表5.7を標準とする。

⑥ 境界点の観測法を以下に示す。

　1）キネマティック法およびRTK法による放射法観測法（図5.13）。

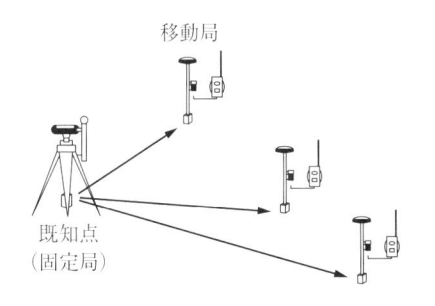

図5.13 キネマティック法およびRTK法による放射法観測法[1]

[†9 補助基準点，移動局，仮想点。]

　2）ネットワーク型RTK法による間接観測方法（図5.14）。

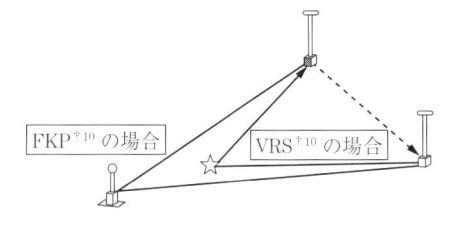

図5.14 ネットワーク型RTK法による間接観測方法[1]

[†10 7.11.4項 参照]

3) ネットワーク型 RTK 法による単点観測方法[†11]（**図5.15**）。

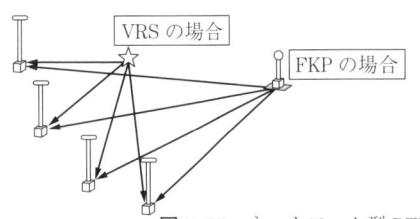

†11 この特徴としては，移動局の座標値が直接求まることである。

図5.15 ネットワーク型 RTK 法による単点観測方法

〔6〕 **境界点間測量**　**境界点間測量**とは，境界測量などにおいて隣接する境界点間の距離を，TS などを用いて測定し精度を確認する作業をいう。この測量は，境界測量・用地境界仮杭設置・用地境界杭設置を終了した時点で行う。境界点間測量は，隣接する境界点間または境界点と用地境界杭を設置した点（用地境界点）との距離を全辺について現地で測定し，計算した距離と比較する。その較差の許容範囲は，**表5.8**を標準とする。

表5.8 較差の許容範囲

距離＼区分	平　地	山　地	備　考
20 m 未満	10 mm	20 mm	S は点間距離の計算値
20 m 以上	$S/2\,000$	$S/1\,000$	

　面積計算は，原則として**座標法**で行う。面積計算は一筆の1画地を1単位として，つぎのように計算する。
① 面積計算の範囲が取得などの区域ではあるが，一筆の土地が取得などの区画線にまたがる場合に，当該土地と連続して所有者および使用者を同じくして同一使用目的に供されている二筆以上の土地のある場合には，当該土地全部を範囲に含める。
② 一筆の土地に異なる現況地目がある場合，一筆の土地の総面積を求めた上，評価価格の高い地目の土地から順次面積を求める。
③ 一筆の土地に異なる権利者があるときには，その権利者ごとに面積を求める。
④ 一筆の土地が取得などの区域線にまたがるために分筆を必要とする場合には，取得などの区域内と区域外に区分して面積を求める。当該土地に異なる地目または権利者のあるときには，上記②，③を準用する。
⑤ 一筆の土地が3分割となる場合には，上記によるほか，残地のいずれか一方の土地について面積を求めればよい。
⑥ 面積計算は，多角測量などを用いる**数値法**または座標法によるものとする。
⑦ 数値法による計算数値は，底辺，垂線長および境界辺長の表示単位は〔m〕とし，小数点以下3桁で端数は切り捨てる。面積および合計の表示単位は〔m²〕とし，小数点以下6桁で端数は切り捨てる。

〔7〕 **面積計算** 面積計算とは，境界測量の成果に基づき，各筆（かくひつ）などの取得用地および残地の面積を算出し，面積計算書を作成する作業をいう。境界測量の成果とは境界確認において確定した画地境界点および用地境界点の座標値である。面積計算を行う画地は用地を取得し，または使用する区域（取得などの区域）およびその残地（ざんち）とし，特別の場合を除き，残地も座標値により面積を算出する。

〔8〕 **用地実測図データファイルおよび用地平面図データファイルの作成**

これは，上記〔1〕から〔7〕までの結果に基づき，用地実測図データおよび用地平面図データを作成する作業をいう。詳細な方法は，公共測量作業規程の準則などを参照して行う。

章 末 問 題

❶ つぎの文は，RTK 法を用いた細部測量について述べたものである。 ア ～ オ に入る語句の組合せとして，最も適当なものはどれか。つぎの a.～e. の中から選べ。

RTK 法では， ア の影響にもほとんど左右されずに観測でき，既知点（固定局）と測点間の イ が確保されていなくても観測できる。また，省電力無線機や携帯電話を利用して観測データを送受信することにより， ウ がリアルタイムに行えるため，現地において地形・地物の相対位置を算出できる。

地形・地物の観測は，放射法により 1 セット行い，人工衛星数は， エ 以上使用しなければならない。また，人工衛星からの電波を利用するため オ の確保が必要となる。

	ア	イ	ウ	エ	オ
a.	天候	精度	基線解析	5 衛星	通信機器
b.	天候	視通	データ入力	4 衛星	上空視界
c.	地磁気	精度	データ入力	5 衛星	通信機器
d.	地磁気	視通	基線解析	4 衛星	通信機器
e.	天候	視通	基線解析	5 衛星	上空視界

❷ つぎの文 a.～e. は，公共測量におけるネットワーク型 RTK 法を用いた細部測量について述べたものである。明らかに間違っているものはどれか選べ。

a. 2 セットの観測を行ってセット間較差の点検を行う場合は，1 セット目の観測終了後，再初期化をせずすみやかに 2 セット目の観測を行う。

b. 1 セットの観測では，5 衛星以上を使用して，FIX 解を得てから 10 エポック以上行うことを標準とする。

c. 地形・地物の水平位置の測定は，単点観測法により行う。

d. 作業地域の既知点との整合を図る場合，既知点を 3 点以上用いることを標準とし，地形の形状によりやむを得ない状況を除き，該当地区の周辺を囲むように配置する。

e. 上空視界の確保は必要である。

章 末 問 題 略 解

❶ e.   ❷ a.

6章

水準測量

　水準測量は，起伏のある地表面上の高低差（比高）を求めたり，基準面からある点の標高を求める測量のことである。また，この標高を利用して建設工事の際に必要な土地の高低差や多数の地盤高を求める測量のことである。

　ここでは，水準測量を行う際の基準や等級，水準測量の器械・器具・原理，各種の水準測量方法，手簿の記載方法，高低差・標高の計算および調整方法などについて解説する。

6.1　水準測量の等級

　水準測量[†1]とは，標高がすでにわかっている点（**既知点**）からの高低差を観測することによって，**新点**（未知点）の標高を求める測量である。新しい点の標高がわかったら，つぎにその点を既知点として別の新しい点の標高を求める。その作業を路線に沿ってつぎつぎに繰り返していけば，路線全体の標高が求まる。標高の基本となるのは**日本水準原点**[†2]で，これは東京都千代田区にある。そこから遠方までデータをつないで測量していくことは不可能であるため，実際は全国に設置された水準点を標高の基本として用いている。

　水準点[†3]（**B.M.**）とは，測量標識が設置されて標高が得られている点のことである。「**一〜三等水準点**」と「**1〜4級水準点**」があり，前者は**国土地理院**[†4]が**基本測量**として，また，後者は地方公共団体が**公共測量**として，設置・管理しており，基本測量のほうが重要度が上位である。重要な測量ほど許容範囲が小さく，その一覧を**表 6.1**に示す。

　国土地理院が設置・管理する水準点は，国道などの主要街道沿いに約 2 km 間隔に埋設されており，その数は基準，一等，二等，三等水準点を合わせて約 22 000 点にも及ぶ。これらの水準点を適宜かつ高精度に観測することにより，地盤沈下など土地の動きを把握することも可能になる。すべての水準測量の基準となるのは日本水準原点である。そのつぎに重要な水準点が**基本水準点**であり，全国に 88 箇所ある。さらに，一等水準点，二等水準点と続く。

　地方公共団体が設置・管理する水準点は，1, 2 級水準測量では地盤変動調

[†1] leveling

[†2] origin of the vertical control network
日本水準原点は，東京都千代田区永田町の国会前庭洋式庭園内に設置されている。標高は，もともと，東京湾平均海面上 24.500 0 m であったが，1923 年の関東大震災で 86 mm，その後 2011 年の東日本大震災で 24 mm 沈下したため，現在は 24.390 0 m に改定された。令和元年度に土木学会選奨土木遺産に選出された。

[†3] bench mark
[†4] 国土交通省の組織で，測量関係全般を司る。略称は GSI。

表6.1 水準測量の運用基準

S は観測距離（片道, [km] 単位）

	1級水準測量	2級水準測量	3級水準測量	4級水準測量	簡易水準測量
既知点の種類	一等水準点 1級水準点	一〜二等水準点 1〜2級水準点	一〜三等水準点 1〜3級水準点	一〜三等水準点 1〜4級水準点	一〜三等水準点 1〜4級水準点
既知点間の路線長	150 km 以下	150 km 以下	50 km 以下	50 km 以下	50 km 以下
設置される水準点（新点）	1級水準点	2級水準点	3級水準点	4級水準点	簡易水準点
使用機器	1級レベル 1級標尺	2級レベル 1級標尺	3級レベル 2級標尺	3級レベル 2級標尺	3級レベル 箱尺
視準距離	最大 50 m	最大 60 m	最大 70 m	最大 70 m	最大 80 m
標尺目盛の読定単位	0.1 mm	1 mm	1 mm	1 mm	1 mm
往復観測値の較差[*1]	$2.5\,\mathrm{mm}\sqrt{S}$	$5\,\mathrm{mm}\sqrt{S}$	$10\,\mathrm{mm}\sqrt{S}$	$20\,\mathrm{mm}\sqrt{S}$	—[*3]
環閉合差[*2]	$2\,\mathrm{mm}\sqrt{S}$	$5\,\mathrm{mm}\sqrt{S}$	$10\,\mathrm{mm}\sqrt{S}$	$20\,\mathrm{mm}\sqrt{S}$	$40\,\mathrm{mm}\sqrt{S}$
既知点から既知点 までの閉合差[*3]	$15\,\mathrm{mm}\sqrt{S}$	$15\,\mathrm{mm}\sqrt{S}$	$15\,\mathrm{mm}\sqrt{S}$	$25\,\mathrm{mm}\sqrt{S}$	$50\,\mathrm{mm}\sqrt{S}$
単位重量当りの 観測の標準誤差[*4]	2 mm	5 mm	10 mm	20 mm	40 mm

[*1] いずれも許容範囲の値。
[*2] 簡易水準測量では往復観測は不要。
[*3] 点検計算の許容範囲。
[*4] 平均計算の許容範囲。

査や河川・橋梁・トンネル工事などの高精度を要する場合に，3級水準測量では各工事に必要な水準点設置や学校の実習に，4級水準測量では空中写真測量または縦断測量などの標高決定に，および簡易水準測量では横断測量の標高決定などにそれぞれ使用される。

6.2 水準測量に用いる器機

6.2.1 レ ベ ル

レベル[†1]は**水準儀**ともいい，水平方向に回転する望遠鏡と三脚により構成されている[†2]。レベルと標尺が対になって2点の高低差を観測する。**標尺手**[†3]が各測点に鉛直に立てた標尺の目盛を**器械手**[†4]がレベルを視準して読み，二つの標尺間の読定値の差から測点間の高低差を求める。

レベルには，以下に示す(a)〜(d)の器械がある。視準線の水平を保つ方法には，高感度の気泡管を用いて手動で視準線を調整する方法と，自動補償装置により器械的に調整する方法に大別される。前者にティルティングレベル，後者に自動レベルがある。また，標尺目盛の読みを目視で行うものと，受光素子により器械的に行うものがある。

(a) ティルティングレベル[†5] 望遠鏡と主気泡管である棒状気泡管が一体化している。円形気泡管のものも多い。毎回の視準ごとに微動調整ねじを用いて水平を保つ。反射鏡による合致方式により観測し，精密な水平視準線を得ることができる。具体的には，反射鏡を用い気泡管両端の映像を合

[†1] level
[†2] トランシットとは異なり角度は測定できない構造となっている。
[†3] 標尺をもった人。
[†4] レベル，TSなど，器機で観測する人。
[†5] tilting level
チルチングレベル，気泡管レベルともいう。

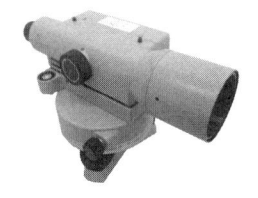

わせることにより，直読式のものより2倍以上の精度で視準線の水平調整ができる。

(b) **自動レベル**[†6]　**オートレベル**ともいう。本体内部の自動補正機構[†7]によって，レベル本体が傾いても自動補正範囲内であれば，自動的に視準線が水平になる。ティルティングレベルと比べて，取扱いが簡単で作業も迅速に行うことができる。主水準器としての棒状気泡管をもたずに円形気泡管でレベルを水平に整置し，自動で視準線の傾きが補正される。レベルの傾斜を反射鏡などの動きによって光学的に補正し，レベルが水平にセットされたときと同様な像が望遠鏡の十字線の中央を通過するような構造をもつ。図6.1に，オートレベルの各部の名称を示す。

[†6] automatic level, compensator-type leveling instrument
[†7] compensator

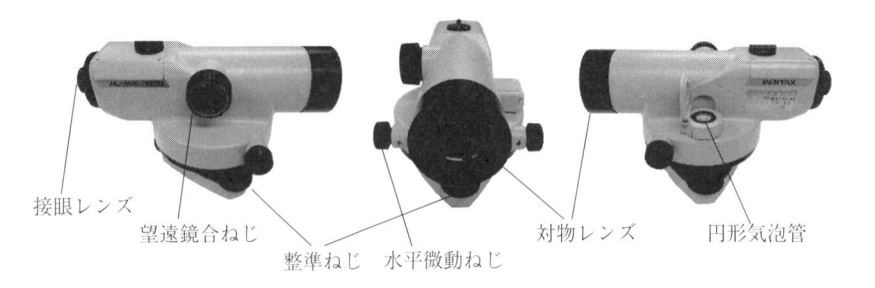

図6.1　オートレベルの各部の名称

(c) **電子レベル**[†8]　**デジタルレベル**ともいい，標尺の読取りを自動化したレベルである。自動補償装置と高解像能力の画像処理機能を有し，バーコード標尺のバーコードパターンを画像処理機能により読み取り，メモリに記録されているバーコードパターンと相関処理を行って，標尺の高さおよび標尺までの距離を観測できる。標尺に望遠鏡の焦点を合わせるだけで，精密な水準測量ができるため，個人差による設定誤差がなく，観測者の熟練を必要としない。観測データを電子的に記録でき，現地で手簿が不要で，コンピュータに直接入力して手簿[†9]を作成できる。

[†8] electric digital level
電子レベルの写真

バーコード標尺はメーカー間によってバーコードパターンが異なるため，デジタルレベルとバーコード標尺は同一メーカーの組合せとする。

(写真協力：国土開発コンサルタント，撮影：細川)
[†9] 現地での観測の値を記すために定められた形式用紙。野帳ともいう。

(d) **回転レーザレベル**[†10]　レーザ光を使用して水平面を設定表示する測量器械である。レーザ光を全周360度に投射し，受光することにより，一定の高さを表示することができる。工事測量におけるやり形[†11]の設置や整地などに，建築工事における基礎工事や仕上げ工事に，水平の基準線を設定するために使用される。精度は高くないため，公共測量には使用できない。

[†10] laser level
[†11] 丁張ともいう。

6.2.2 標　　　尺

標尺[†12]は，直接水準測量で高低差を観測するときに用いられる物差しである。伸縮性の低い材質（アルミ製）に正確な目盛を刻んだ物差しで，2～3段

[†12] leveling staff, leveling rod
「ひょうじゃく」と読むこともある。

継ぎ足しのものが主流であり，鉛直に立てて使う。図 **6.2** に標尺の目盛の読み方を示す。通常，設定単位は〔m〕で，小数第 3 位まで読定する。

標尺には，このほか以下のものがある。

(a) **バーコード標尺**　バーコード標尺は電子レベル専用の標尺であり，バーコードによる目盛が刻まれている（図 **6.3**）。バーコード標尺は，1 級水準測量用のインバール製バーコードもあり，電子レベルを用いて精密水準測量ができる。軽量なグラスファイバー製もある。裏面は通常の目盛が刻まれている。

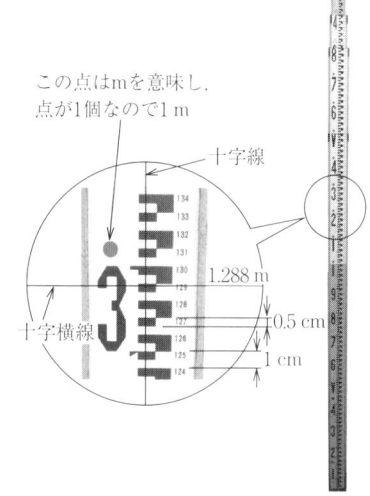

図 **6.2**　標尺の目盛の読み方

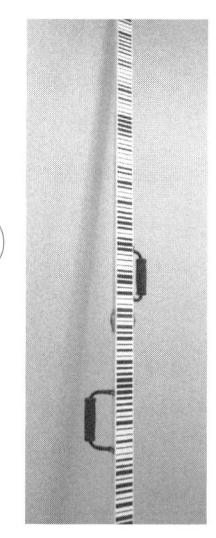

図 **6.3**　バーコード標尺（写真協力：国土開発コンサルタント，撮影：細川）

(b) **折りたたみ標尺**　折りたたみ面が正確で安定している必要があるので，使用時にはつなぎ部や折りたたみ部の磨耗，ふらつきがないかを点検する。

標尺を使用するときには，以下のことに注意する。

1) 水準器を取り付けて標尺スタンド[13]で支え，標尺を鉛直に立てる。特に標尺の前後方向の傾きはレベルを覗いている観測者にはわからないので注意する。

2) 高低差が大きく，標尺の継ぎ足し部を引き出して使用するときには，完全に引き出しているかの確認を行う。

3) 観測中に標尺が沈まないように，できるだけ地盤の固い所を選ぶ。

[13] 標尺支え，スタッフスタンドとも呼び，軽量で強いアルミ製で，標尺を鉛直に立てる。

6.2.3　標 尺 台

標尺台[14]は，標尺を安定して整置するために標尺の下に置く台のことである。高い精度が要求される直接水準測量の観測で用いられる。材質的に重くて安定性が必要なため，主に鉄板製（図 **6.4**）や鋳物製がある。標尺台には上面中央に突起があり，その上に標尺の底部を載せる。特に地盤の軟弱な場所では，標尺台を標尺手がよく踏み込んで安定させる。

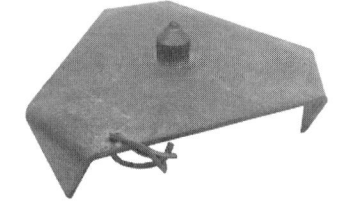

[14] turning plate, footplate

図 **6.4**　鉄板製標尺台

6.3　水準測量の種類

6.3.1　直接水準測量

直接水準測量[1]は，レベルと標尺によって直接的に 2 点間の高低差を求め

[1] direct leveling

る方法である。これは，間接水準測量[†2]よりも精度が高く，国土地理院が行う基本測量や公共測量，一般的な土木，建築における高低差測量などに使用される。高さの基準となる点の標高の決定の測量はもちろん，道路や河川堤防などの横縦断面の高低差の観測，土量計算のための地盤高の測量など，土木工事などに伴う応用測量にも用いられている。また，高精度に繰り返し測量することにより，地盤沈下や地殻変動の調査にも用いられる。

[†2] 次項参照

6.3.2 間接水準測量

間接水準測量[†3]はレベルと標尺以外の器材を用いて，間接的に標高を求める方法である。三角水準測量は，TSなどで鉛直角を測り，その角度と斜距離から計算によって高低差を求める方法である。その他，GNSS測量[†4]や写真測量[†5]によって標高を求める方法がある。

[†3] indirect leveling
[†4] 7.7節〜7.14節 参照
[†5] 12章 参照

6.4 直接水準測量の原理

直接水準測量の一般的な操作手順を以下に示す。

手順

① 点Aと点Bの高低差を得たいとき，2点間のほぼ中央にレベルを据え付け，点A，B上の標尺を視準する。視準では，器械手がレベルの望遠鏡を覗き，十字横線位置の目盛を目分量で1mm単位で読み取る。図6.5の例から，点Aと点Bの高低差は $1.730\ \text{m} - 1.250\ \text{m} = +0.480\ \text{m}$ であり，点Bのほうが点Aよりも0.480m高いことがわかる。

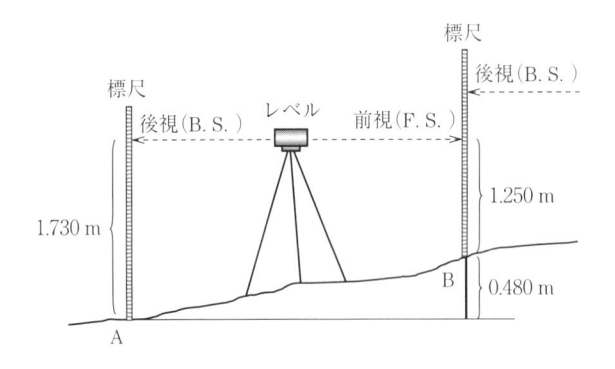

図6.5 2点間の高低差の求め方

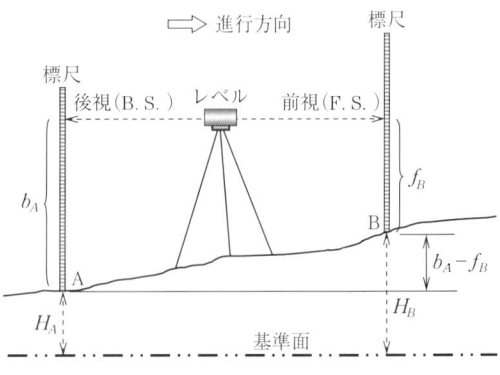

図6.6 新しい点の標高の求め方

② 標尺は水準器を利用して鉛直に立てる必要がある。

③ 点Aにすでに標高がわかっている点を選べば，点Bの標高が求まる。例えば，図6.6のように，点Aの標高を H_A，点A，Bの読みをそれぞれ b_A，f_B とすれば，点Bの標高 H_B は，次式で求まる。

$$H_B = H_A + (b_A - f_B) \tag{6.1}$$

図のように，進行方向に対して後方の標尺（点 A）を視準することを**後視**†1（**B.S.**）といい，進行方向に対して前方の標尺（点 B）を視準することを**前視**†2（**F.S.**）という。

†1 back sight
†2 foresight

④ AB 間の距離が長い場合は，**図 6.7**のような区間に分けて，A〜1 間，1〜2 間，…とそれぞれの高低差を加えて求めればよい。

点 B の標高 H_B = 既知点の標高 H_A + （後視の総和 Σ B.S.
   − 前視の総和 Σ F.S.）

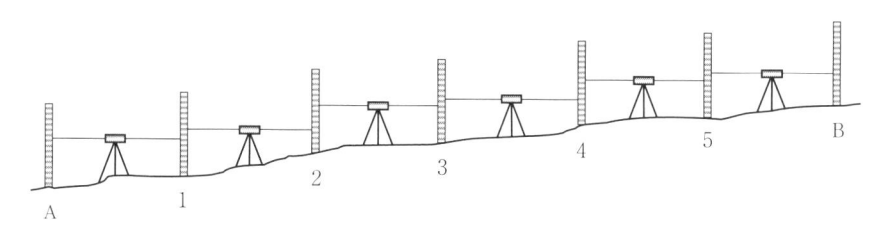

図 6.7 長い区間の高低差の求め方

⑤ レベルを AB 間のちょうど中点 C（図 6.6）に据え付けて観測すると，理論上，視軸と気泡管の平行の調整が不十分でも誤差は生じないことになる。厳密に中点を求めるのは手間がかかるため，実際には，±1 m 以内にレベルを据え，視軸誤差を小さくする。

6.5 レベルと標尺を利用したスタジア測量

標尺の目盛面をレベルで視準すると，**スタジア線**†1 が**図 6.8**のように見える。この線は，望遠鏡の焦点板に刻まれた十字線の縦線の上下にある一対の短い横線である。この横線は，スタジア法により簡易的に距離を測るために用いられる。

†1 stadia line, stadia hair

スタジア測量†2 は，レベルやセオドライトのスタジア線を用いて簡易的に距離を求める方法であり，望遠鏡の焦点板の十字線の上下にある一対のスタジア線ではさまれた標尺の 2 点間の間隔（これを**挟長**という）を読み取り，標尺までの距離を求める。この方法による距離観測は，前視と後視を等距離にするときや，路線の観測距離の算出や補正値を配分するときなどに利用される。

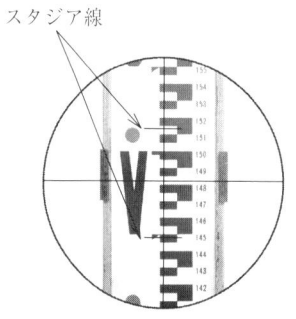

図 6.8 スタジア線

スタジア法で距離を求めるために用いる定数として**スタジア定数**†3 がある。スタジア線ではさむ標尺の 2 点間の長さ L がわかれば，距離 D は

$$D = K \cdot L + C \tag{6.2}$$

で求まる。K を**倍定数**，C を**加定数**と呼び，両者をスタジア定数という。対物

†2 stadia method
†3 stadia constant

レンズの標尺側焦点から標尺までの距離を d, 対物レンズの焦点距離を f_0, 対物レンズからの器械の求心位置までの距離を s, スタジア線の間隔を l とするとき

$$D = d + s + f_0 = \left(\frac{f_0}{l}\right) \cdot L + s + f_0 \tag{6.3}$$

の関係より, スタジア定数 K および C は

$$K = \left(\frac{f_0}{l}\right), \quad C = s + f_0 \tag{6.4}$$

で示される。ほとんどのレベルは, K が 100, C が 0 であることから, 観測した〔cm〕単位の値をそのまま〔m〕単位に置き換えれば標尺までの距離となる。

例えば, 点 A にレベルを据えて, 点 B の標尺を視準したとき, スタジア線上の読みが 1.78 m, スタジア線の下の読みが 1.50 m であったとき, 点 A から点 B までの距離 D は次式となる[†4]。　　　　　　　　　　　　　　　[†4] 9.6.2項 参照

$$D = K \cdot L + C = 100 \times (1.76 - 1.50) + 0 = 28 \text{ m}$$

6.6 広義の基準点測量で用いられる昇降式直接水準測量

6.6.1 観 測 方 法

昇降式直接水準測量は, レベルを進行方向につぎつぎに移動して, 昇降を繰り返して, 高低差の合計から遠く離れた点の標高を求める方法である。水準点の標高を求める場合に用いられる。その方法は, 自動レベルを使用する場合, つぎのとおりである。

手 順

① 図 **6.9** において, 出発点と到着点の 2 点間を結ぶ路線を踏査し, 観測の計画を立てる。

② レベルの整置回数を偶数回とする（標尺のゼロ目盛誤差を消去するため）。

③ 視準距離は, 表 6.1 の視準距離以下とする（ただし, レベルの性能による）。

④ おおよその視準距離は, 歩測による。

⑤ 後視と前視の視準距離を ±1 m 以内とする（レベルの視準線誤差を小さくするため）。

⑥ 後視, 前視の順にスタジア測量する。

⑦ 後視, 前視の順に観測する。

⑧ 復路に備え, チョークで位置を記す。

⑨ 前視の標尺は, 標尺台を動かさずに回転して, 後視になる。

6.6 広義の基準点測量で用いられる昇降式直接水準測量   77

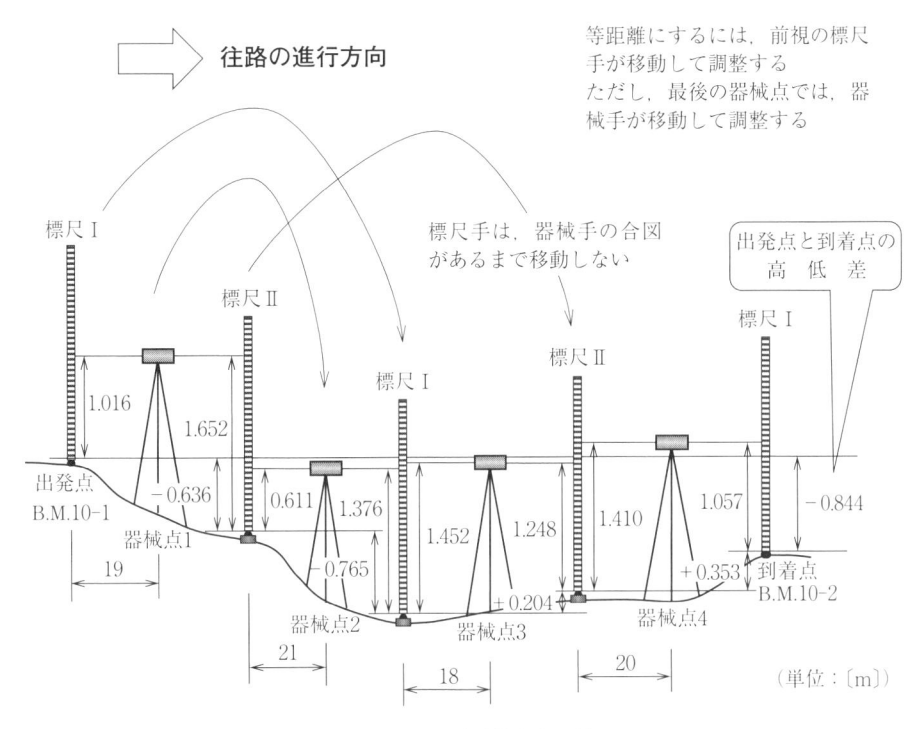

図 6.9 昇降式直接水準測量

⑩ 後視の標尺は，移動して前視になる（レベルの整準回数は偶数回のため，出発点に立てた標尺は到達点に立つことになる）。

⑪ 往路の観測が終了したら，到着点において標尺を取り替えて，到着点を後視として，復路の観測を行う。

表 6.2 に手簿への記入例を示す。

表 6.2 昇降式直接水準測量：手簿への記入例

番号	距離	後視	前視	高低差 +	高低差 −	備考		
	[m]	[m]	[m]					
1	19	1.016	1.652		0.636	出発点 10-1	小計	時刻 14:30
2	21	0.611	1.376		0.765		0.557	
3	18	1.452	1.248	0.204		到着点	−1.401	
4	20	1.410	1.057	0.353		10-2	−0.844	15:00
和	78	4.489	5.333	0.557	1.401			
点検	復の和 79		−0.844	−0.844				
結果	157				−0.844			

路線図

(+2) 往復の較差 [mm] 往＋復
−0.844 往の高低差 [m]

出発点 10-1   +0.846   10-2 到着点
          復の高低差 [m]

6.6.2 誤差と消去法

観測においては多かれ少なかれ必ず誤差が生じる。この誤差が測量の重要度に応じた許容範囲内におさまらなければ再測する必要があり，許容範囲内におさまった場合でも誤差を補正する必要がある。水準測量の場合は，路線の種類によって補正方法や許容誤差がつぎのように決められている。

(1) 一般的な場合は「往復の較差(かくさ)」
(2) 始点と終点が同じ場合，すなわち1周して戻ってくるような路線の場合は「閉合(へいごう)させたときの環閉合差(かんへいごうさ)」
(3) 標高が既知(きち)の点からスタートし，別の既知点までを結ぶような路線の場合は「既知点における閉合差」

許容誤差については表6.1を参照する。なお，原因が推定できる誤差として，「レベルに関する誤差」，「標尺に関する誤差」，「自然現象に関する誤差」などがあり，これらは作業技術を高めることによって消去できる。これらについては一覧として**表6.3**に示す。

表6.3 誤差の原因と消去方法

起因	誤差の原因	消去方法
レベル	視差による誤差	接眼レンズで十字線をはっきり映し，つぎに対物レンズで像を十字線上に結ぶ。
	望遠鏡の視準軸と気泡管軸が平行でないための誤差（視準線誤差）	前視・後視の視準距離を等しくする。
	レベルの三脚の沈下による誤差	堅固な地盤に据え付ける。
標尺	目盛の不正による誤差（指標誤差）	基準尺と比較し，尺定数を求めて補正する。
	標尺の零目盛誤差（零点誤差）	レベルの据付けを偶回数とする。
	標尺の傾きによる誤差	標尺をつねに鉛直に立てる。
	標尺の沈下による誤差	堅固な地盤に据え付ける。または標尺台を用いる。
	標尺の継目による誤差	標尺を引き伸ばしたときは，継目が正しいか確認する。
自然現象	球差・気差による誤差	前視・後視の視準距離を等しくする。
	かげろうによる誤差	地上，水面から視準線を離して測定する。
	気象の変化による誤差	かさなどでレベルを覆う。往復の観測を午前と午後に分けて平均する。
人的誤差	視力などによる誤差	目の位置を上下左右に少し動かしても十字線が目標に対して動かないことを確認する。
	読取りまちがい	複数の記録者によって検算しながら測量作業を行う。
	手簿への記入まちがい	複数の記録者によって検算しながら測量作業を行う。

6.6.3 往復の較差

一つの水準路線においては往復測量を行い，高低差の較差が，許容誤差以内であればその平均をとる。例えば，**図6.10**のように点Aから点Bの間にNo.1～No.4を新設し，点Aから点Bまでの各距離の和が1 kmである往復の水準測量を行い，**表6.4**の結果を得たとする。

まず，較差の許容範囲を求める。これを3級水準測量とした場合，表6.1より許容範囲は

6.6 広義の基準点測量で用いられる昇降式直接水準測量

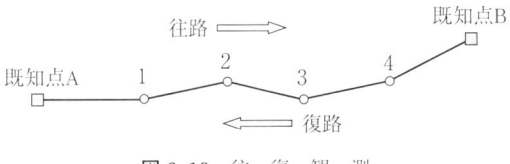

図6.10 往復観測

表6.4 往復観測のデータ

往　観　測		復　観　測	
点	Aを基準とした高さ	点	Bを基準とした高さ
A	0.000 m	B	0.000 m
1	14.267 m	4	6.582 m
2	10.374 m	3	4.308 m
3	16.746 m	2	−2.072 m
4	19.039 m	1	1.827 m
B	12.461 m	A	−12.445 m

$10 \text{ mm}\sqrt{S} = 10 \text{ mm}\sqrt{1} = \pm 10 \text{ mm}$

となる。AB 2点間の往復の較差は，12.461 − 12.445 = + 0.016 m，つまり + 16 mm で，許容範囲外である。

このうち，各区間の往復の高低差の較差は**表6.5**のようになる。この結果，較差が大きい No.3〜No.4 の区間の再測が必要となる。

表6.5 較差の検定

区間	往路の高低差〔m〕	復路の高低差〔m〕	往復の較差〔mm〕	判定
A〜1	14.267 − 0.000 = 14.267	− 12.445 − 1.827 = − 14.272	− 5	○
1〜2	10.374 − 14.267 = − 3.893	1.827 − (− 2.072) = 3.899	+ 6	○
2〜3	16.746 − 10.374 = 6.372	− 2.072 − 4.308 = − 6.380	− 8	○
3〜4	19.039 − 16.746 = 2.293	4.308 − 6.582 = − 2.274	+ 19	×
4〜B	12.461 − 19.039 = − 6.578	6.582 − 0.000 = 6.582	+ 4	○

6.6.4 既知点における閉合差

図6.11のように，既知点 A（標高 82.490 m）から出発し他の既知点 B（標高 88.729 m）に到着（＝結合）して，**表6.6**の結果が得られた。表中の斜体は既知の値である。No.1〜No.3 の調整標高はつぎのように求める。

手　順

① 各点の観測標高を求める。

No.1 = 82.490 + 4.763 = 87.253〔m〕

No.2 = 87.253 − 1.248 = 86.005〔m〕

No.3 = 86.005 + 3.463 = 89.468〔m〕

既知点 B = 89.468 − 0.754 = 88.714〔m〕

実際は 88.729 m であるから，閉合差 e は 88.714 − 88.729 = − 0.015 m となる。

② 各点の調整量を求める。

No.1 の調整量 = − (− 0.015) × (600/3 000) = + 0.003〔m〕

No.2 の調整量 = − (− 0.015) × (1 400/3 000) = + 0.007〔m〕

No.3 の調整量 = − (− 0.015) × (2 100/3 000) = + 0.011〔m〕

点 B の調整量 = − (− 0.015) × (3 000/3 000) = + 0.015〔m〕〔参考〕

80　6. 水準測量

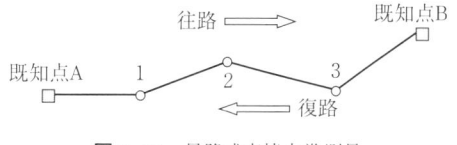

図6.11 昇降式直接水準測量

表6.6 既知点間の観測データと閉合差の調整例

点	距離〔m〕	追加距離〔m〕	観測比高〔m〕	観測標高〔m〕	調整量〔m〕	調整標高〔m〕
A	—	—	—	—	—	82.490
1	600	600	+ 4.763	87.253	+ 0.003	87.256
2	800	1 400	− 1.248	86.005	+ 0.007	86.012
3	700	2 100	+ 3.463	89.468	+ 0.011	89.479
B	900	3 000	− 0.754	88.714	+ 0.015	88.729

6.7　土木工事などで用いられる器高式直接水準測量

6.7.1　観測方法

　器高式直接水準測量は，1点に据え付けたレベルから，周辺のいくつかの点に立てた標尺を視準して各点の地盤高を定める方法である。例えば，土地の起伏を測って地形図や地形断面図を作成したり，工事現場内の諸点の高さを測定したり，施工基準面を設定するときなどである。

　レベルの三脚を最初に正三角形に近い状態に据え付ける。また，斜面に三脚を据え付ける場合は，低いほうに2本の脚を設置すると，三脚が安定しやすい。

■ 器高式による視軸誤差を消去する観測

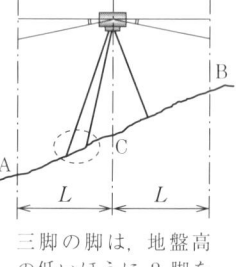

三脚の脚は，地盤高の低いほうに2脚をもってくると安定する。

　水準器がない場合は，左右の傾きは望遠鏡の十字線と比較すれば容易に見つけられるので，器械手が標尺手に指示する。前後の傾きは，図のように標尺を前後に振り（**ウェービング**），最小値を読み取る。ウェービングは5秒程度の間に前後に約10°ずつ振ることを目安とする。なお，標尺手は目盛を隠さないように注意して，両手でもつようにする。

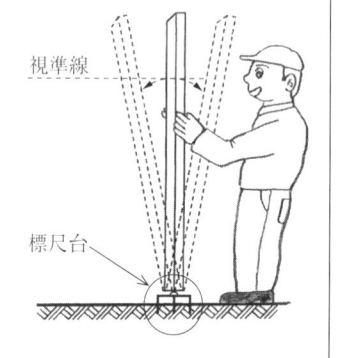

標尺のウェービング

　また，標尺の足下付近を覗いた場合，ウェービングにおける読みが最小値となるのが標尺を鉛直に立てたときとはかぎらない場合がある。これは標尺がもつ厚みに起因する。

6.7.2　地盤高の求め方

地盤高を求めるための一般的な操作手順は以下のとおりである。

手順

① 図**6.12**のように，標高が既知の点をNo.0とする。レベルを据え付けて，No.0に立てた標尺を視準する。この読み3.261 mをNo.0の後視の欄に記入する。

6.7 土木工事などで用いられる器高式直接水準測量　81

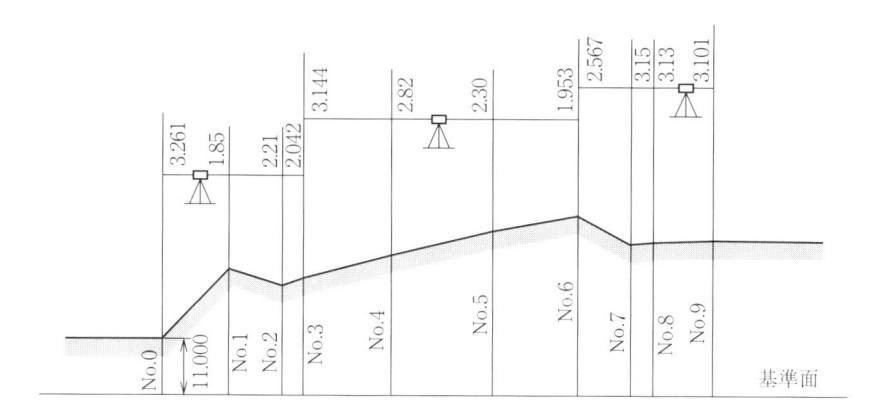

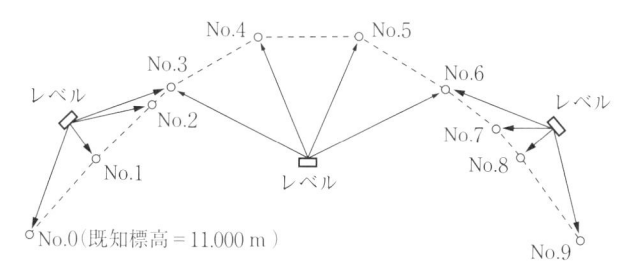

図 6.12　器高式直接水準測量

② No.0 の地盤高は 11.000 m であり，これに 3.261 m を加えた 14.261 m 値がレベルの高さ（**器械高**[†1] あるいは **器高**，**I.H.**）となる。

③ No.1 に標尺を立て視準する。このときの読み 1.85 m は前視であるが，No.1 は後視の予定がないので前視 F.S. のうち，**中間点**[†2]（**I.P.**）の欄に記入する。

③ No.2 に標尺を立て視準する。このときの読み 2.21 m も中間点 I.P. の欄に記入する。

④ No.3 に標尺を立て視準する。No.3 は後視する予定なので，このときの読み 2.042 m は**もりかえ点**[†3]（**T.P.**）の欄に記入する。もりかえ点は [mm] 単位で読むこと。

⑤ No.1〜No.3 の地盤高は，I.H.（= 14.261 m）からそれぞれの前視 F.S. の値を引けば求められる。

⑥ レベルをつぎの位置に移動させ，No.3 に立てた標尺を視準する。このときの読み 3.144 m は後視 B.S. になる。この値を No.3 の地盤高 12.219 m に加えた 15.363 m が，つぎの器械高 I.H. になる。

⑦ 上記の手順を繰り返せばよい。ただし，最後の点 No.9 の前視 F.S. は必ずもりかえ点 T.P. に記入する。

⑧ No.0〜No.9 の水平距離も観測しておく。

[†1] instrumental height
「きかいだか」とも読む。

[†2] intermediate point
前視だけしか視準されない点。

[†3] turning point
移器点ともいう。前視も後視も視準される点。

⑨ 検算方法は，B.S. の合計 8.972 m から T.P. の合計 7.096 m を引いた 1.876 m を求め，地盤高の始点と終点の差 12.876 − 11.000 = 1.876〔m〕と一致することを確認する。

⑩ 誤差の調整は I.P. は無視して T.P. で行う。

表 6.7 に手簿への記入例を示す。

表 6.7 器高式水準測量：手簿への記入例

(単位：〔m〕)

点	距離〔m〕	後視(B.S.)	器械高(I.H.)	前視 (F.S.)		地盤高(G.H.)
				もりかえ点(T.P.)	中間点(I.P.)	
No.0	0.00	3.261	14.261			11.000
No.1	20.00				1.85	12.411
No.2	15.50				2.21	12.051
No.3	4.50	3.144	15.363	2.042		12.219
No.4	20.00				2.82	12.543
No.5	20.00				2.30	13.063
No.6	20.00	2.567	15.977	1.953		13.410
No.7	12.30				3.15	12.827
No.8	7.70				3.13	12.847
No.9	20.00			3.101		12.876
計	140.00	8.972		7.096		

検算：8.972 − 7.096 = 1.876
　　　12.876 − 11.000 = 1.876

6.8　B.M. 決定のための往復水準測量

ここでは，三つの既知点から新しく標高を求める方法を説明する。例えば，往復水準測量が**図 6.13** のように行われたとする。No.1〜No.3 からの観測標高はそれぞれ，78.013 m，78.009 m，78.008 m である。この場合，**表 6.8** および下記のように最確値と標準偏差が計算される。最確値は距離 L の逆数に比例した重みづけで求める。

最確値 = $(78.013 \times 20 + 78.009 \times 15 + 78.008 \times 12) \div (20 + 15 + 12) = 78.010$〔m〕

標準偏差 $m = \pm\sqrt{\dfrac{\sum pv^2}{\sum p(n-1)}} = \pm\sqrt{\dfrac{243}{47(3-1)}} = \pm 1.6$〔mm〕

したがって，B.M.1 = 78.010 m ± 1.6 mm となる。

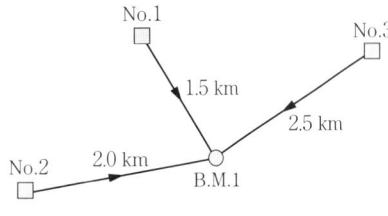

図 6.13 三つの既知点から標高を求める水準測量

表 6.8 未知点 B.M.1 の最確値と標準偏差の計算例

	測定標高〔m〕	L〔km〕	重み p ($= 1/L$)	最確値〔m〕	残差 v〔mm〕	pv^2
No.1	78.013	1.5	1/1.5 (= 20/30) → 20		+3	180
No.2	78.009	2.0	1/2.0 (= 15/30) → 15	78.010	−1	15
No.3	78.008	2.5	1/2.5 (= 12/30) → 12		−2	48
			計47			計243

6.9 交互水準測量

河川や谷,海をはさんだ両岸の2点A,B間の中央にはレベルを据え付けられない。また,岸にレベルを据え付けたとしても対岸の前視と自岸の後視の視準距離が大きく違ってしまう。このような場合,図 **6.14** のように,両岸で同じレベルを用いて水準測量を行い,2点間の高低差の平均を求める。これを,**交互水準測量**[†1] という。この測量は,**渡海(渡河)水準測量**[†2] の一方法であり,比較的短い距離[†3] の観測に用いられる。

[†1] reciprocal leveling

[†2] crossing sea (river) leveling

[†3] 公共測量作業規定の準則では交互法の場合,1級水準測量は300 mまで,2~4級水準測量は450 mまでである。1級水準測量の使用機器の性能は1級レベルと1級標尺で,その標尺の読定単位は自岸,対岸とも0.1 mm(2~4級水準測量では1 mm)である。

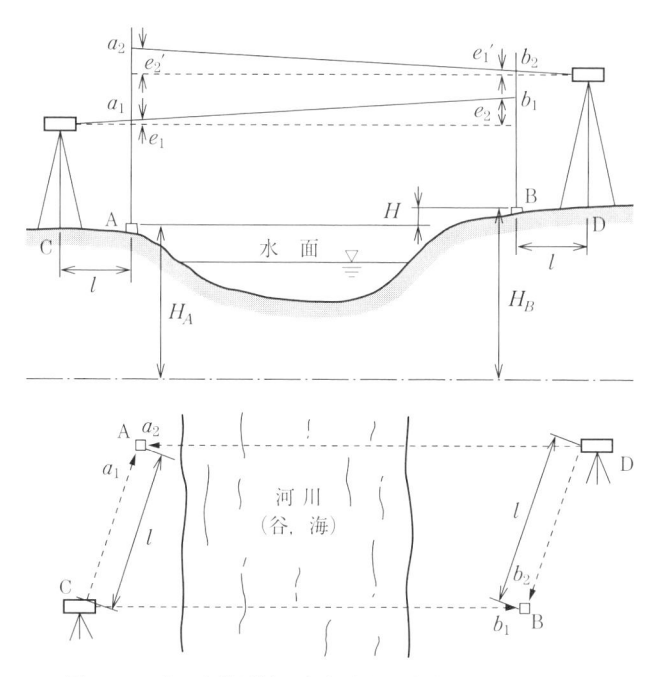

図 6.14 交互水準測量の方法(上:断面図,下:平面図)

図6.14のように,点A,Bに標尺を立て,点Cのレベル(自岸)で標尺の読み a_1, b_1 をとる。このときの誤差を e_1, e_2 とする。つぎに AC ≒ BD となる点Dに移動したレベル(対岸)による標尺の読み a_2, b_2,およびその誤差を e_1', e_2' とすると,レベルの器高は両岸同一で高低差 $H = H_B - H_A$ であるから,一つは

$$H_A + (a_1 - e_1) = H_B + (b_1 - e_2), \quad H = H_B - H_A = (a_1 - e_1) - (b_1 - e_2)$$
(6.5)

もう一つは

$$H_A + (a_2 - e_2') = H_B + (b_2 - e_1'), \quad H = H_B - H_A = (a_2 - e_2') - (b_2 - e_1')$$
(6.6)

式 (6.1) と式 (6.2) との合計は

$$2H = (a_1 - e_1) - (b_1 - e_2) + (a_2 - e_2') - (b_2 - e_1')$$
$$\therefore H = \frac{1}{2}\{(a_1 - b_1) - (e_1 - e_2) + (a_2 - b_2) - (e_2' - e_1')\}$$
$$= \frac{1}{2}\{(a_1 - b_1) + (a_2 - b_2) - (e_1 - e_1') + (e_2 - e_2')\} \tag{6.7}$$

ここで，AC ≒ BD から $e_1 ≒ e_1'$，CB ≒ DA から $e_2 ≒ e_2'$ となるので，式 (6.7) を整理すると

$$H = \frac{1}{2}\{(a_1 - b_1) + (a_2 - b_2)\} \tag{6.8}$$

すなわち，両岸の 2 点の高低差は，点 C, D で測定した高低差の平均となる。

また，観測方法は，1 台のレベルを用いて行う場合は，レベルの位置を自岸から対岸（往），対岸から自岸（復）として往復観測とする。視準軸誤差や球差・気差が誤差として生じやすい。視準軸誤差は図 6.14 で AC ≒ BD，CB ≒ DA のように各距離を等しくすることで消去できる。気象の安定したかげろうなどのない時期に観測し，球差は対岸位置での測量で消去できる。気差は水面近くで生じやすいため，なるべく高い位置で行えば影響が少ない。

|例 題| 交互水準測量を図 6.14 のように行った結果，$a_1 = 1.456$ m，$b_1 = 0.956$ m，$b_2 = 1.987$ m，$a_2 = 2.491$ m を得た。2 点 A, B 間の高低差 H はいくらか。

|解 答| 式 (6.4) より，$H = \{(a_1 - b_1) + (a_2 - b_2)\}/2 = \{(1.456 - 0.956) + (2.491 - 1.987)\}/2 = 0.502$ 〔m〕

章 末 問 題

❶ 図 6.15 の昇降式水準測量の手簿を表 6.9 に完成させよ。

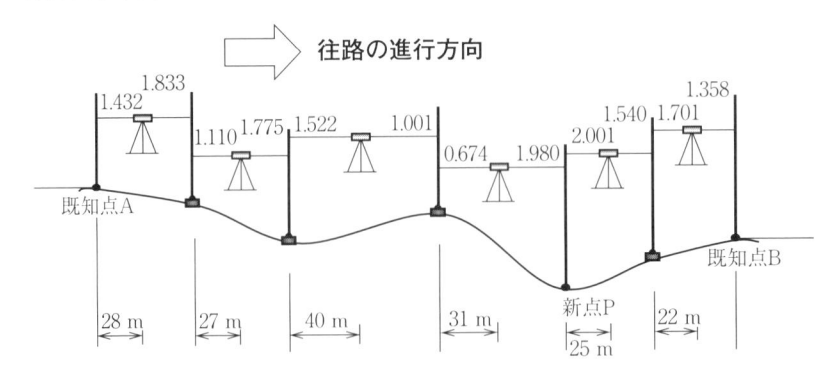

図 6.15 昇降式水準測量の結果

表 6.9 昇降式水準測量の野帳

番号	距離 [m]	後視 [m]	前視 [m]	高低差 +	高低差 −
1					
2					
3					
4					
5					
6					
和					
点検					
結果					

❷ 図 6.16 の器高式水準測量の手簿を表 6.10 に作成せよ。ただし、点 A と点 H の地盤高は既知で、それぞれ 230.128 m および 230.594 m とする。

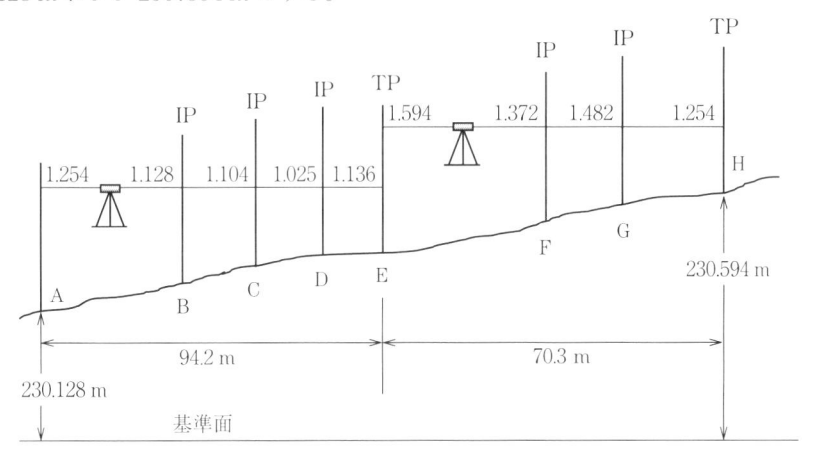

図 6.16 器高式水準測量の結果

表 6.10 器高式水準測量の手簿

測点	距離 [m]	追加距離 [m]	後視 [m]	器械高 [m]	前視 [m] もりかえ点	前視 [m] 中間点	地盤高 [m]	調整量 [m]	調整地盤高 [m]
A							230.128		
B									
C									
D									
E									
F									
G									
H									230.594
合計									

❸ 水準測量における往復観測値の較差の許容範囲を、観測距離が 2 km の場合、14 mm とする。観測距離 20 km ではその許容範囲はいくらか。

❹ 水準測量における誤差のうち、通常の観測方法によって消去または小さくすることができないものはどれかつぎの a.～e. から選べ。
　a. 球差　b. 標尺の零点誤差　c. 標尺の目盛誤差　d. 水準儀の鉛直軸の傾きによる誤差
　e. 視準線誤差

❺ 図 **6.17** の水準路線網の観測で，五つの閉合路線について**表 6.11** の値が得られた。精度の順位をつけよ。

表 6.11 水準路線網の観測結果

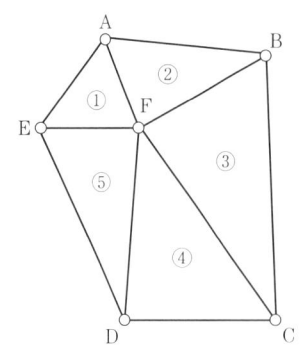

路線番号	路　線	閉合差〔mm〕	路線長〔km〕
①	A→F→E→A	+115	82
②	A→B→F→A	+133	145
③	B→C→F→B	+254	401
④	C→D→F→C	−269	366
⑤	D→E→F→D	−289	324

図 **6.17** 水準路線網

❻ 図 **6.18** に示す路線の水準測量を行い，**表 6.12** の値が得られた。この水準測量の環閉合差の許容範囲を $2.5\sqrt{L}$〔mm〕とするとき，再測すべき路線の有無を検討せよ。ただし，L は観測距離で〔km〕単位とする。

表 6.12 水準路線網の測定結果

路線番号	観測距離〔km〕	観測高低差〔m〕
①	5.0	+0.124 7
②	5.0	−1.385 6
③	13.0	−0.984 2
④	9.0	−2.781 3
⑤	2.0	+4.124 1
⑥	2.0	−0.275 9
⑦	10.0	−3.181 5

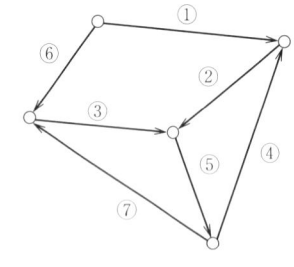

図 **6.18** 水準路線網

❼ つぎの文章の正誤を判定せよ。
(1) 電子レベルは，画像処理により標尺を読み取る。
(2) バーコード標尺は，使用する電子レベルに対応していなくても，特に問題なく使用できる。
(3) 電子レベルで観測する場合には，電子レベルに直接日光が当たらないようにしなければならない。
(4) 電子レベルは，バッテリーを必要としない。
(5) 一般に，自動レベルはティルティングレベルと比べて，観測に要する時間が短い。
(6) 直接水準測量において，レベルと標尺台は，測量中に沈下しないように，堅固な地盤上に据え付ける。
(7) 直接水準測量では，なるべく標尺の上部や下部は読まない。
(8) 直接水準測量中に，かげろうがあって視準目標のゆらぎが大きくなったときには，レベルと標尺間の距離を長くする。

❽ 図 6.19 のように，長さが 3 m の標尺を用いて，先端の誤差が 30 cm（= 0.3 m）で傾いている状態をレベルで測定したところ，2 m の観測結果が得られた。鉛直に正しく立てたときとの誤差を求めよ。

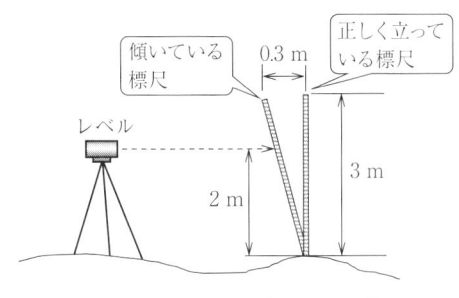

図 6.19 標尺の傾きによる誤差

❾ 図 6.20 のように，既知点 A～D 間で水準測量を行い，表 6.13 の結果が得られた。交点 1 の標高の最確値はいくらか。ただし，既知点 A～D の標高はそれぞれ，$H_A = 10.000$ m，$H_B = 20.000$ m，$H_C = 30.000$ m，$H_D = 40.000$ m とする。

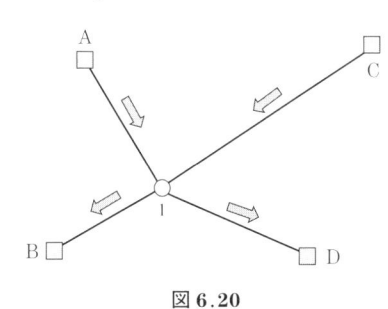

図 6.20

表 6.13

路　線	距　離	観測高低差
A → 1	2 km	+8.751 m
1 → B	1 km	+1.262 m
C → 1	4 km	-11.264 m
1 → D	3 km	+21.255 m

章末問題略解

❶ 解表 6.1 参照。

解表 6.1

番号	距離〔m〕	後視〔m〕	前視〔m〕	高低差 +	高低差 −
1	28	1.432	1.833		0.401
2	27	1.110	1.775		0.665
3	40	1.522	1.001	0.521	
4	31	0.674	1.980		1.306
5	25	2.001	1.540	0.461	
6	22	1.701	1.358	0.343	
和	173	8.440	9.487	1.325	2.372
点検			−1.047	−1.047	
結果					−1.047

❷ 解表 6.2 参照。

解表 6.2

測点	距離〔m〕	追加距離〔m〕	後視〔m〕	器械高〔m〕	前視(m) もりかえ点	前視(m) 中間点	地盤高〔m〕	調整量〔m〕	調整地盤高〔m〕
A			1.254	231.382			230.128		230.128
B						1.128	230.254		230.254
C						1.104	230.278		230.278
D						1.025	230.357		230.357
E	94.2	94.2	1.594	231.840	1.136		230.246	0.005	230.251
F						1.372	230.468		230.468
G						1.482	230.358		230.358
H	70.3	164.5			1.254		230.586	0.008	230.594
合計	164.5		2.848		2.390				

誤差 = 230.586 − 230.594 = −0.008
検算
2.848 − 2.390 = 0.458
230.586 − 230.128 = 0.458

❸ 44 m ❹ c. ❺ ②→③→①→④→⑤

❻ 路線⑤が許容範囲を超えているため，再測しなければならない。

❼ 正：①，③，⑤〜⑦，誤：②，④，⑧

❽ 10 mm

❾ 18.742 m

7章

基準点測量

細部測量，写真測量や路線測量など多くの測量は，基準点を利用した既知座標を必要とする。本章は，その基準点を設置する基準点測量について述べる。現場の目的や状況に応じた最適な手法を選択できるよう，TS（トータルステーション）やGNSS（全地球航法衛星システム）とその測量方式など多種多様な方法を紹介する。

7.1 基準点測量

基準点測量[†1]とは，既設の基準点に基づいて，新たに基準点を設置し位置を定める測量のことをいう。TSまたはGNSS測量機を用いて結合多角方式または単路線方式により行う。精度により1級～4級など等級が区分されている。

基準点[†2]とは，設置された測量標識の位置を数値成果として有する点であり，電子基準点，三角点，公共基準点などがあり，各種測量に利用されている。位置情報の数値は，測量標識にたいてい刻まれておらず，**成果表**に記載されている。その例を**図7.1**に示す。Bは緯度[†3]，Lは経度[†4]，Nは真北方向角[†5]，XとYは平面直角座標系での位置，Hは標高，縮尺係数はその基準点1点について[†6]，距離は球面距離を意味している。

電子基準点[†7]は，基準点測量の与点および地殻変動の監視のため24時間GNSS観測されている基準点で，リアルタイムにデータの提供がWebを通して行われている。また，これは20～25 km間隔に全国に約1 200点配置されている。電子基準点の柱の上部にアンテナ，内部には受信機と通信装置などが格納されており，アンテナの中心線とアンテナ架台上面の交点が成果表の座標となっている。基準点測量や水準測量に利用できるように，基礎部には**付属標**[†8]が設置されている。**図7.2**に電子基準点と付属標の写真を示す。

点の記は，**図7.3**に例示するように，基準点の所在地，設置日，観測日などを記載した文書である。第三者が到達できるよう要図の左に地形図（1/50 000），右は現地で目印となる地物からの3方向の距離を示している。

[†1] control point survey
公共測量作業規程の準則では，基準点測量は水準測量を除いた狭義の基準点測量としている。このため，狭義の基準点は，水準点を除いている。

[†2] control point

[†3] 緯度は，ドイツ語でBreiteという。

[†4] 経度は，ドイツ語でLängeという。

[†5] 1.8節 参照

[†6] 1.7.1項 参照

[†7] GNSS-based control station

[†8] attached marker

図 7.1　基準点成果表の例

図 7.2　電子基準点と付属標

[†9] origin of the Japanese horizonal control network

日本経緯度原点[†9] は，日本の位置を経緯度で表す場合の基準点である。最新の宇宙測地技術によりつぎの数値が定められている。

経度　東経　　139°44′28″.886 9
緯度　北緯　　 35°39′29″.157 2
方位角　　　　 32°20′46″.209
　　　　つくばVLBI（超長基線電波干渉計）

観測点金属標に対する値

1892年（明治25年）に東京天文台の子午環の中心を日本経緯度原点と定めた。しかし，1923年（大正12年）大正関東地震により子午環が崩壊したため日本経緯度原点の位置に金属標を設置した。2001年（平成13年）世界測地系への移行のため改定したが，2011年（平成23年）東北地方太平洋沖地震により地殻変動が生じて改定され今日に至る。

図 7.3　点　の　記

7.2 路　　　　　線

路線[†1]とは，既知点，新点，交点を順次結んでできるひとつながりの線のことをいう。ここで，既知点とは，その点の位置成果がわかっている基準点のこと，新点とは，基準点測量により新設される基準点のこと，交点とは，たがいに異なる多角路線が3路線以上で交わる点のことである。単路線方式の場合は既知点から他の既知点まで，結合多角方式の場合は既知点から交点まで，交点から他の交点までを1路線と数える。既知点が一つのみ路線では，観測値を調整できず信頼性は高くない。他の既知点に結合することにより，既知数が増え，調整が可能となり信頼性を向上できる。

複数の路線を網目状に結んだ形態を**網**[†2]と呼び，**三角点網**，**多角網**，**水準路線網**がある。このような網の基準点は，観測値に対して観測方程式と正規方程式の最小二乗解による調整量が加わり，全体的に最も確からしい値となっている。この最も確からしい最終的成果値を**最確値**[†3]と呼ぶ。この網での調整計算を**網平均**[†4]と呼ぶ。

[†1] route

■2点間を結んだ線のことを辺という。

[†2] network

[†3] most probable value
[†4] network adjustment

7.2.1　結合多角方式

結合多角方式[†5]は，3点以上の既知点それぞれを出発して交点で結んだ多角網のことであり，**図7.4**に示すようにY・X・A・H型の**定型多角網**と**任意多角網**を現場に応じて使い分ける。交点が多いと精度が高くなる。1級～4級基準点測量で用いる。

[†5] connected traverse

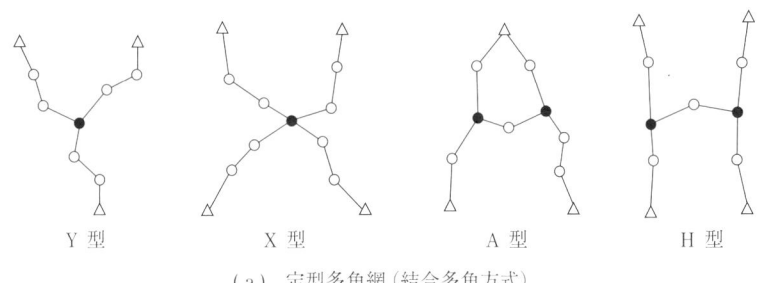

Y型　　X型　　A型　　H型

(a) 定型多角網（結合多角方式）

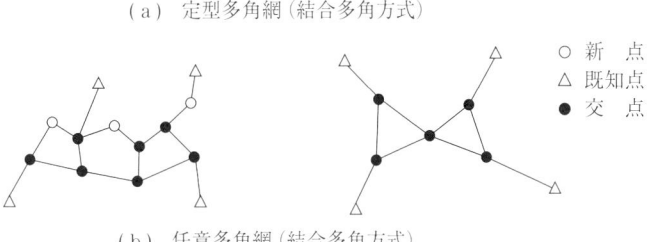

○ 新　点
△ 既知点
● 交　点

(b) 任意多角網（結合多角方式）

図7.4　結　合　多　角

表7.1 路線の規程

項目	区分	1級基準点測量	2級基準点測量	3級基準点測量	4級基準点測量
既知点の種類		電子基準点 一~四等三角点 1級基準点	電子基準点 一~四等三角点 1~2級基準点	電子基準点 一~四等三角点 1~2級基準点	電子基準点 一~四等三角点 1~3級基準点
既知点間距離〔m〕		4 000	2 000	1 500	500
新点間距離〔m〕		1 000	500	200	50
結合多角方式	1個の多角網における既知点数	$2+\dfrac{新点数}{5}$ 以上 （端数切上げ）		3点以上	
	単位多角形の辺数	10辺以下	12辺以下	—	—
	路線の辺数	5辺以下	6辺以下	7辺以下	10辺以下
		伐採樹木および地形の状況などによっては，計画機関の承認を得て辺数を増やすことができる．			
	節点間の距離	250 m以上	150 m以上	70 m以上	20 m以上
	路線長	3 km以下	2 km以下	1 km以下	500 m以下
		GNSS測量機を使用する場合は5 km以下とする．			
		電子基準点等のみを既知点とする場合はこの限りでない．	—		
	偏心距離の制限	$\dfrac{S}{e} \geq 6$ （S：測点間距離，e：偏心距離）			
	路線図形	多角網の外周路線に属する新点は，外周路線に属する隣接既知点を結ぶ直線から外側40°以下の地域内に選点するものとし，路線の中の夾角は，60°以上とする．ただし，地形の状況によりやむを得ないときは，この限りでない．		同左 50°以下 同左 60°以上	
	平均次数	—	—	簡易水平網平均計算を行う場合は平均次数を2次までとする．	
	備考	(1) 「路線」とは，既知点から他の既知点まで，既知点から交点まで，または交点から他の交点までの辺数および距離をいう． (2) 「単位多角形」とは，路線によって多角形が形成され，その内部に路線をもたない多角形をいう． (3) 3級・4級基準点測量において，条件式による簡易水平網平均計算を行う場合は，方向角の取付けを行うものとする．			
単路線方式	方向角の取付け	既知点の1点以上において方向角の取付けを行う．ただし，GNSS測量機を使用する場合は，方向角の取付けは省略する．			
	路線の辺数	7辺以下	8辺以下	10辺以下	15辺以下
	新点の数	2点以下	3点以下	—	—
	路線長	5 km以下	3 km以下	1.5 km以下	700 m以下
	路線図計	新点は，両既知点を結ぶ直線から両側40°以下の地域内に選点するものとし，路線の路線図形中の夾角は，60°以上とする．ただし，地形の状況によりやむを得ないときは，この限りでない．		同左 50°以下 同左 60°以上	
	準用規定	節点間の距離，偏心距離の制限，平均次数，路線の辺数制限緩和およびGNSS測量機を使用する場合の路線図形は，結合多角方式のおのおのの項目の規定を準用する．			
	備考	*1級・2級基準測量において，やむを得ず単路線方式を行う場合に限る．			

市街地や森林地帯など既知点間の視通を確保することが困難な場合，3点以上の既知点を使用する結合多角方式であれば方向角の取付けは省略できる．取付点を省略する場合，無方向トラバースにより多角測量を行う．**取付点**[†6]とは，

[†6] connection point

既知点における方向角を求める別の既知点をいう。既知点と取付点の2点間の座標差から $\tan^{-1}$ [7] により方向角が求められる。

[7] アークタンジェント

7.2.2 単路線方式

単路線方式[8] は，既知点を出発して別の既知点に結び付けた路線のことであり，3～4級基準点測量で用いる。**図 7.5** に単路線を示す。

[8] single route traverse

単路線方式における方向角の取付けは，既知点の点検の意味も含めて，1点以上の既知点で取付けを行うが，GNSS 測量機を使用する場合は，方向角の取付けを省略できる。

表 7.1 に路線の規程を示す。路線図形は，できるだけ折れ曲がらないことが望ましい。特に多角網における強い図形の条件として，つぎのことが挙げられる。

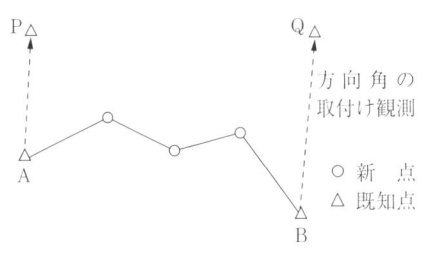

1. 既知点が多く，均等に配置されている。
2. 路線が短く，節点が少ない。
3. 極端に長い路線や短い路線がない。
4. 交点数が多い。
5. 新点は多角網の外周にはできるだけ配置しない。

図 7.5 単路線

○ 新　点
△ 既知点

7.3　計　画　と　図　面

(1) 平均計画図　平均計画図は，机上で**図 7.6** に示すように既知点を記入した地形図上で，新点を選点し，路線を組んだ図のことである。

北区王子本町地区
4級基準点測量　平均計画図

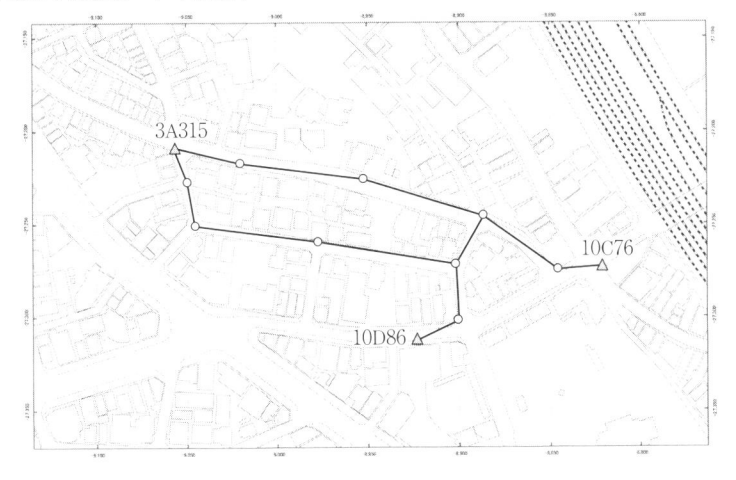

図 7.6　平　均　計　画　図

(2) 選　　点　　選点は，平均計画図に基づいて現地調査（踏査）を行い，視通または上空視界など観測を想定して新点の位置を選定することである。

(3) 選 点 図　　選点図は，選点の結果に基づいて，地形図上に点，視通線，路線を記入した図のことである。

(4) 平 均 図　　平均図は，選点図に基づいて，図 7.7 に示すように実際の平均計算を行う点の相互関係を示した図のことである。計画機関の承認を得る。

(5) 観 測 図　　観測図は，平均図に基づいて，図 7.8 に示すように実際の観測（角や距離の方向またはセッション）を示した図のことである。

北区王子本町一丁目地区
4 級基準点測量　平均図

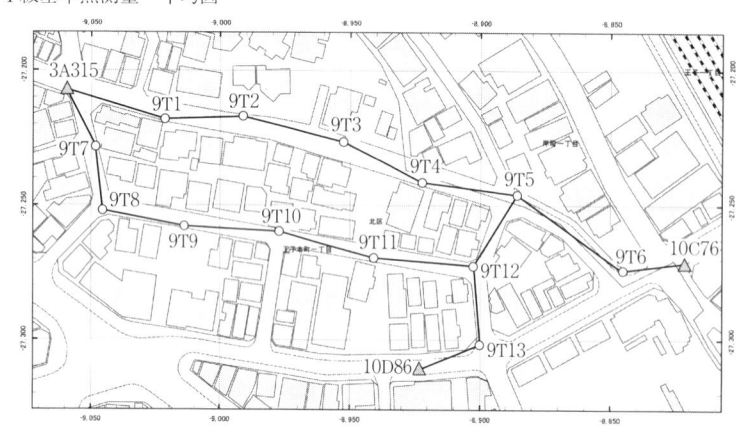

図 7.7　平　均　図

北区王子本町一丁目地区
4 級基準点測量　観測図

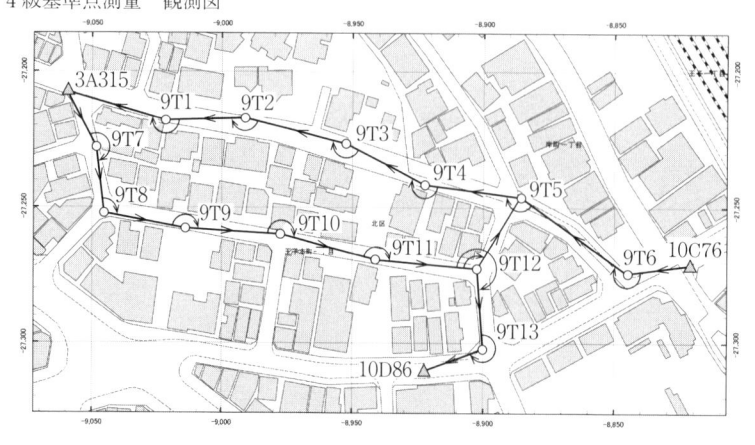

図 7.8　観　測　図

7.4 TSの観測

観測の規程を**表7.2**に示す。水平角の観測は2対回以上が要求されている。

表7.2 観測の規程[1]

項目		区分	1級基準点測量	2級基準点測量	3級基準点測量	4級基準点測量
使用機器 (TS, トータルステーション)			1級TS 1級セオドライト 1・2級GNSS測量機 光波測距儀	1・2級TS 1・2級セオドライト 1・2級GNSS測量機 光波測距儀	2級TS 2級セオドライト 1・2級GNSS測量機 光波測距儀	3級TS 3級セオドライト 1・2級GNSS測量機 光波測距儀
観測方法と観測値の許容範囲	水平角観測	設定単位	1″	(1″)	10″	10″	20″
		対回数	2	(2)	3	2	2
		水平目盛位置	0°, 90°	(0°, 90°)	0°, 60°, 120°	0°, 90°	0°, 90°
		倍角差	15″	(20″)	30″	30″	60″
		観測差	8″	(10″)	20″	20″	40″
	鉛直角観測	読定単位	1″	(1″)	10″	10″	20″
		対回数	1				
		高度定数の較差	10″	15″	30″	30″	60″
	距離測定	読定単位	1 mm				
		セット数	2(1視準2読定を1セットとする)				
		1セット内の測定値の較差	20 mm				
		各セット平均値の較差	20 mm				

基準点測量のような高い精度が要求される場合，リモコン操作することで，本体に接触することなく，より正確な観測が行える。TS本体のボタンを押すと振動が伝わり微動するおそれがあるので注意が必要である。

木製の三脚を用いることで，真夏や直射日光が当たる場合の熱膨張による三脚の変位量を軽減でき，質量があるため強風にも耐えられる。**図7.9**に，木製三脚と一素子反射鏡の写真を示す。

7.5 TSの点検路線と点検計算

観測値の良否を判定するため，既知点間の水平位置および標高の閉合差を計算する路線のことを**点検路線**と呼ぶ。点検路線は以下の条件とし，**図7.10**に例を示す。

図7.9 木製三脚と一素子反射鏡

1. 点検路線は，既知点と既知点を結合させるものとする。
2. 点検路線は，なるべく短いものとする。
3. すべての既知点は，一つ以上の点検路線で結合させるものとする。
4. すべての単位多角形は，路線の一つ以上を点検路線と重複させるものと

する。

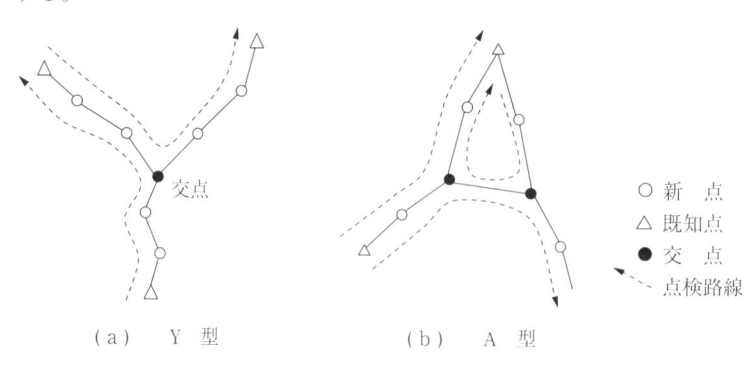

(a) Y型　　　(b) A型

○ 新　点
△ 既知点
● 交　点
-- 点検路線

図7.10 結合多角方式の点検路線

水平位置[†1]および標高の閉合差の計算のことを**点検計算**と呼ぶ。点検計算の許容範囲は，**表7.3**として，許容範囲内であれば平均計算に進み，許容範囲外であれば再測を行う。

[†1] 水平位置とは，平面直角座標系上の位置のこと。

表7.3 点検計算の許容範囲

項目	区分		1級基準点測量	2級基準点測量	3級基準点測量	4級基準点測量
結合・単路線	多角	水平位置の閉合差	$100\,\text{mm} + 20\,\text{mm}\sqrt{N}\,\Sigma S$	$100\,\text{mm} + 30\,\text{mm}\sqrt{N}\,\Sigma S$	$150\,\text{mm} + 50\,\text{mm}\sqrt{N}\,\Sigma S$	$150\,\text{mm} + 100\,\text{mm}\sqrt{N}\,\Sigma S$
		標高の閉合差	$200\,\text{mm} + 50\,\text{mm}\,\Sigma S/\sqrt{N}$	$200\,\text{mm} + 100\,\text{mm}\,\Sigma S/\sqrt{N}$	$200\,\text{mm} + 150\,\text{mm}\,\Sigma S/\sqrt{N}$	$200\,\text{mm} + 300\,\text{mm}\,\Sigma S/\sqrt{N}$
単位多角形		水平位置の閉合差	$10\,\text{mm}\sqrt{N}\,\Sigma S$	$15\,\text{mm}\sqrt{N}\,\Sigma S$	$25\,\text{mm}\sqrt{N}\,\Sigma S$	$50\,\text{mm}\sqrt{N}\,\Sigma S$
		標高の閉合差	$50\,\text{mm}\,\Sigma S/\sqrt{N}$	$100\,\text{mm}\,\Sigma S/\sqrt{N}$	$150\,\text{mm}\,\Sigma S/\sqrt{N}$	$300\,\text{mm}\,\Sigma S/\sqrt{N}$
標高差の正反較差			300 mm	200 mm	150 mm	100 mm
備考			Nは辺数，ΣSは路線長〔km〕とする。			

7.6　TSの平均計算

新点の座標を観測値のままで成果とすると，確かな値とはいえず，閉合差からもわかるように他の既知点との整合もとれない。観測値から最確値を求める計算を**平均計算**という。

〔1〕**TSの厳密（水平・高低）網平均計算**　観測値（方向角t，距離s，高低角α）を新点の水平位置または標高（未知数）の関数として観測方程式を作成し，観測値の誤差の二乗和を最小にする条件によって正規方程式を求め，これを解いて未知数である水平位置および標高の最確値を求める方法である。1〜4級基準点測量で用いられる。

〔2〕**TSの簡易（水平・高低）網平均計算**　観測方程式または条件方程式を手順に分けて順次解いていく方法である。計算方法を簡素化し，Y・X・A・H

型などの定型化された網の平均計算がある。3～4級基準点測量で用いられる。

7.7 GNSS 測 量

GNSS[†1]（**全地球航法衛星システム**）は，**測位衛星**からの信号を用いて位置を決定する衛星測位システムの総称である。測位衛星は，全世界をカバーする全地球航法のGPS，GLONASS，Galileoなどがあり，一部地域をカバーする地域航法のQZSS，などがある。**表7.4**にGNSS衛星の種類を示す。上空視界に4衛星以上がつねに飛来していて，24時間利用可能である。**図7.11**に示すようにGPSの軌道は6面であり，高度は地球の半径の約3倍である。

[†1] Global Navigation Satellite System

GPSは衛星4個＋αが存在している
・6軌道面
・軌道面に4衛星を配置
・6×4＝24個　予備に＋α

表7.4　GNSS衛星の種類

航法	全地球航法			地域航法
衛星システム	GPS	GLONASS	Galileo	QZSS
運用機関	アメリカ	ロシア	EU	日本
高度〔m〕	約20 200 km	約19 100 km	約24 000 km	約35 000 km
軌道面	6	3	3	4
衛星数	約30	約30	約30	約4
準拠座標系	WGS-80	PZ-90	GTRF	JGS

地球の半径
約6 370 km

図7.11　GPSの軌道

7.8 GNSS 測 量 機

GNSS測量機[†1]は，アンテナと受信機によりGNSS衛星からの**搬送波**を受信して測位を行う機器のことである。測点に三脚またはポールを据え付けて観測する。コントローラは無線で受信機からデータ通信を行い，携帯電話を利用してインターネットに接続できる。1級GNSS測量機は，L1周波数帯とL2周波数帯を同時受信可能である。2級GNSS測量機は，L1周波数帯のみを受信する。ここで，L1周波数帯は，周波数1 575.42 MHz，波長0.19 mであり，L2周波数帯は，周波数1 227.60 MHz，波長0.24 mである。このほかにも周波数帯がある[†2]。

図7.12にGNSS測量機を示す。地表の測点の座標を求めるにはアンテナ底面高を計測しておく必要がある。水平面から15°以内の上空視界を確保する。都市部や森林部などでは15°を確保するためにタワーを用いる。スタティックや固定局では，耐熱膨張の木製三脚を用いる。

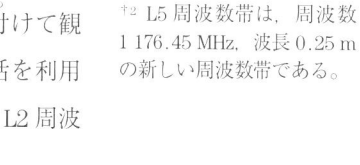

[†1] 5.4節 参照
[†2] L5周波数帯は，周波数1 176.45 MHz，波長0.25 mの新しい周波数帯である。

上空視界を確保
15°
アンテナ底面高

図7.12　GNSS測量機

7.9 単独測位と相対測位

GNSSによる測位方式は，大きく分けて単独測位と相対測位がある。

単独測位[†1]は受信機1台で絶対位置を求めるため，既知点を必要としない。車，携帯電話などの測位に用いられている。精度は数mと低く，測量では採用されていない。図**7.13**に単独測位を示す。一般的に，電波の速度に時間をかけて，衛星から測点までの距離を計算する。距離が定まると衛星を中心とした球ができる。4衛星それぞれの球の交点が測点の位置となる。

相対測位[†2]は受信機2台以上で相対関係（基線ベクトル）を求めるため，既知点の座標を必要とする。精度は数mmと高くGNSS測量で採用されている。相対測位は，図**7.14**に示すようにさらにいくつかの方法がある。

[†1] point positioning

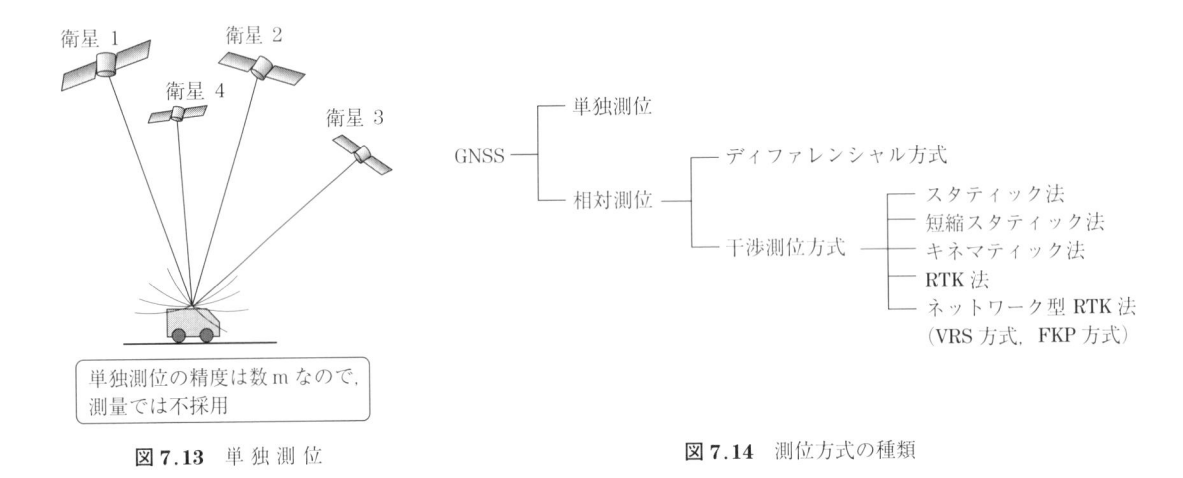

[†2] relative positioning

図 7.13 単独測位

図 7.14 測位方式の種類

7.10 GNSS測量の干渉測位方式

干渉測位方式[†1]は観測した**搬送波位相**[†2]から受信機2点間の距離と方向である**基線ベクトル**[†3]を求める方法である。基線ベクトルを求める計算を**基線解析**[†4]という。図**7.15**に示すように，基線ベクトルを求めているので，未知点の座標を求めるには既知点にGNSS測量機を据え付ける必要がある。

7.10.1 受信機が観測する搬送波位相

受信機が実際に観測しているのは搬送波の位相であり，搬送波[†5]の位相を式(7.1)に示す。整数値バイアス[†6]Nは未知数で，位相ϕは観測量である。

図**7.16**に受信機が観測する搬送波位相を示す。実際に観測できるのは1波

[†1] relative positioning with carrier phase observable

[†2] carrier phase

[†3] baseline vector

[†4] baseline analysis

[†5] carrier wave
単純な正弦波の信号。これに変調をかけることによって測位信号や情報を載せて運ぶことができる。

[†6] integer bias
搬送波の未知の整数部分の波数。

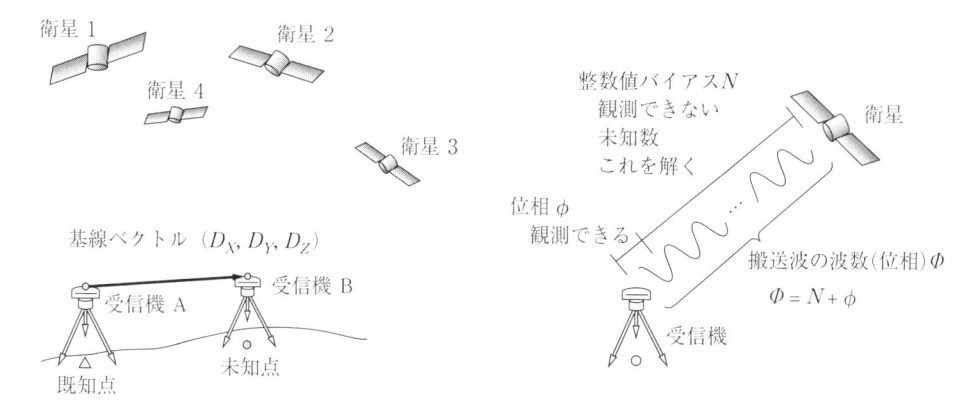

図 7.15 基線ベクトル

図 7.16 受信機が観測する搬送波位相

長以下の位相である。

$$\Phi = N + \phi \tag{7.1}$$

ここで，Φ：搬送波の波数（位相），N：整数値バイアス，ϕ：位相，である。

衛星と受信機の距離 ρ は，波数 Φ に波長 λ を掛けて求める。衛星と受信機の距離を式(7.2)に示す。

$$\rho = \lambda \Phi = \lambda N + \lambda \phi \tag{7.2}$$

整数値バイアスが求められれば，衛星と受信機の距離が求められる。また，衛星と受信機の位置がわかっている場合，距離が求まるので，整数値バイアスも求まる。

7.10.2 衛星と受信機の時計誤差を消去する二重位相差

衛星の原子時計は 1 ns（10億分の1秒）という高精度であるが，電波の速度は光速と同じく約 300 000 km/s であるので，1 ns の違いは距離に換算すると約 30 cm の違いとなる。受信機側の時計の精度は衛星よりさらに劣る。衛星と受信機の時計誤差は行路差に影響を及ぼすため，時計誤差を消去する観測方法を用いる。

時計誤差を考慮した衛星 i から受信機 j で観測される搬送波の位相を式(7.3)に示す。

$$\Phi_{ij} = N_{ij} + \phi_{ij} + \delta_i + \delta_j \tag{7.3}$$

ここで，δ_i：衛星 i の時計誤差による位相のゆらぎ，δ_j：受信機 j の時計誤差による位相のゆらぎ，である。

1個の衛星と2個の受信機で位相の差をとったものを**受信機間一重位相差**[7]といい，衛星1についての受信機AとB，2地点の受信機間一重位相差は，式(7.4)で表される。すると，衛星1の時計誤差 δ_1 を消去できる。

$$\Phi_{1A} - \Phi_{1B} = (N_{1A} + \phi_{1A} + \delta_1 + \delta_A) - (N_{1B} + \phi_{1B} + \delta_1 + \delta_B)$$

[7] single phase difference between receivers

$$= (N_{1A} - N_{1B}) + (\phi_{1A} - \phi_{1B}) + (\delta_A - \delta_B) \tag{7.4}$$

同様に，衛星2についての受信機間一重位相差は，式(7.5)で表され，衛星2における時計誤差 δ_2 を消去できる。

$$\begin{aligned}\Phi_{2A} - \Phi_{2B} &= (N_{2A} + \phi_{2A} + \delta_2 + \delta_A) - (N_{2B} + \phi_{2B} + \delta_2 + \delta_B)\\ &= (N_{2A} - N_{2B}) + (\phi_{2A} - \phi_{2B}) + (\delta_A - \delta_B)\end{aligned} \tag{7.5}$$

図 **7.17** に受信機間一重位相差を示す。受信機Aと受信機Bは，それぞれ同一地点に据えていることとする。

(a) 衛星1について　　(b) 衛星2について

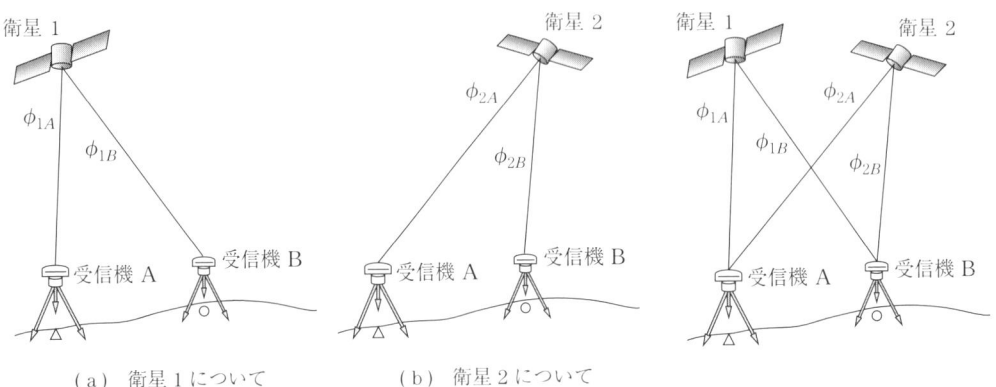

図 7.17 受信機間一重位相差　　　**図 7.18** 二重位相差

つぎに，式(7.4)と式(7.5)の差をとると式(7.6)となり，受信機A，Bの時計誤差 δ_A と δ_B を消去できる。このように一重位相差どうしの差をとることを**二重位相差**[†8]といい，図 **7.18** に示す。

[†8] double phase difference between

$$\begin{aligned}(\Phi_{2A} - \Phi_{2B}) - (\Phi_{1A} - \Phi_{1B}) &= \{(N_{2A} - N_{2B}) + (\phi_{2A} - \phi_{2B}) + (\delta_A - \delta_B)\}\\ &\quad - \{(N_{1A} - N_{1B}) + (\phi_{1A} - \phi_{1B}) + (\delta_A - \delta_B)\},\\ (-\Phi_{1A} + \Phi_{2A}) + (\Phi_{1B} - \Phi_{2B}) &= (-N_{1A} + N_{2A}) + (N_{1B} - N_{2B})\\ &\quad + (-\phi_{1A} + \phi_{2A}) + (\phi_{1B} - \phi_{2B})\end{aligned}$$
$$\tag{7.6}$$

7.10.3 双曲面群と多重解

式(7.6)で，搬送波の位相 ϕ は衛星と受信機間の距離を表す関数であり，位相 ϕ は観測値である。既知点A，衛星1と衛星2の座標は既知なので，未知数は左辺第2項と右辺第2項となる。左辺第2項は，受信機Bと衛星1，2の距離の差を意味し，右辺第2項は未知の整数群を意味している。すなわち，衛星1，2を焦点として受信機Bの位置を未知パラメータとした**双曲面群**[†9]となる。

[†9] hyperboloid group

同様にして，位置の異なる衛星の複数組から，別々の双曲面群が現れて，多数の交点ができる。この別々の双曲面群からできる多数の交点を**多重解**[†10]と

[†10] multiple solutions

いう。図 7.19 に双曲面群と多重解を示す。衛星1〜3の座標は既知で受信機Aは既知点に据えているので既知であり，受信機Bの座標は未知である。

7.10.4 整数値バイアスの決定

4衛星からの3組の二重位相差（衛星1と衛星2，衛星1と衛星3，衛星1と衛星4）により立体的に一定間隔ごとに多重解が現れる。多重解のうち1点が測点であって，この1点を探し出すことにより**整数値バイアス**が決定される。

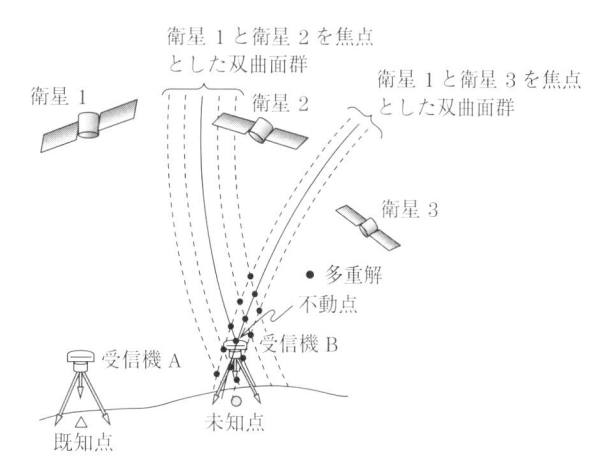

図 7.19 双曲面群と多重解

〔1〕 時間経過による衛星の移動を利用する方法　衛星の移動を利用する方法は，時間経過とともに衛星が移動して，3組（4衛星）の二重位相差の多重解が変動するうち，不動点を探し出す方法である。図 7.20 に示すように多重解の変動のうち動かない点が測点である。

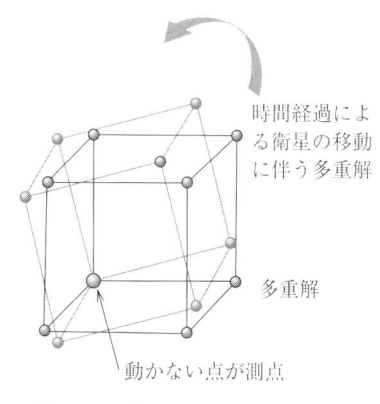

図 7.20　時間経過による衛星の移動を利用する方法

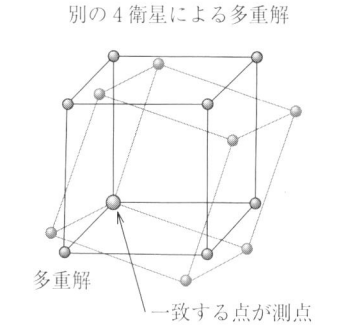

図 7.21　多数の衛星を利用する方法

〔2〕 多数の衛星を利用する方法　多数の衛星を利用する方法は，衛星数を増やして，3組（4衛星）の二重位相差の多重解を別々につくり，一致する解を短時間に探し出す方法である。図 7.21 に示すように別々の多重解のうち一致する点が測点である。L1周波とL2周波ごとに作成するとさらに短時間となる。

〔3〕 OTF法　OTF法[11]は，C/AコードやPコードの疑似距離を利用して1m程度までに測点の範囲を絞り込み，衛星数を増やし，L1周波とL2周波を用い，観測データを無線で転送して解をリアルタイムに探し出す方法である。C/Aコードとは，GPSのL1搬送波に載せられている民生用の測位信号のことで，個々の衛星の識別情報のことである。信号の継続時間が1 ms

[11] on the fly calibration

と短く,短時間での取得が可能である。Pコードとは,GPSのL1およびL2の搬送波に載せられている軍用の測位信号のことで,個々の衛星の識別情報のことである。分解能はC/Aコードよりも高い。擬似距離は,信号が衛星から受信機まで進んだ時間に光速度を乗じて得られる距離のことで,時計誤差,電離層・対流圏における伝播遅延などの誤差を含み正確な距離でないため,擬似距離と呼ばれる.

7.11 干渉測位方式の種類

干渉測位方式の種類を**表7.5**に示す。

表7.5 干渉測位方式の種類

観測方法	観測時間	データ取得間隔	衛星数 GPSのみ	衛星数 GPSとGLONASS	公称精度 (D:基線長〔km〕)	摘要	整数値バイアス決定法
スタティック法	60分以上	30秒以下	4衛星以上	5衛星以上	$5\,mm + 1\times10^{-6}\times D$以下	1〜4級基準点測量	衛星の移動を利用する方法
短縮スタティック法	20分以上	15秒以下	5衛星以上	6衛星以上	$10\,mm + 2\times10^{-6}\times D$以下	3〜4級基準点測量	多数の衛星を利用する方法
キネマティック法	10秒以上	5秒以下	5衛星以上	6衛星以上	$20\,mm + 2\times10^{-6}\times D$以下	3〜4級基準点測量	OTF法
RTK法	10秒以上	1秒	5衛星以上	6衛星以上	$20\,mm + 2\times10^{-6}\times D$以下	3〜4級基準点測量	OTF法
ネットワーク型RTK法	10秒以上	1秒	5衛星以上	6衛星以上	$20\,mm + 2\times10^{-6}\times D$以下	3〜4級基準点測量	OTF法

7.11.1 GNSS測量機を複数台(固定して)同時に用いるスタティック法

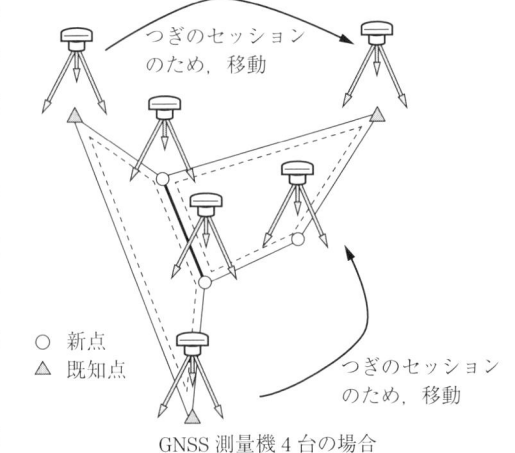

スタティック法[†1]は,**図7.22**に示すように既知点を含めた複数の観測点にGNSS測量機を同時に据え付けて観測する方法である。長時間観測を行うことで,観測データが平均化されて,マルチパスや大気のゆらぎなどの影響を軽減し,特に高い精度の成果を得られることから,1・2級基準点測量にも適用されている。4〜6台のGNSS測量機が用いられ,つぎのセッションのために効率よくGNSS測量機を移動することが大切である。マルチパスとは,GNSS衛星から発信された電波が,建物などで反射してGNSSアンテナに到達する現象である。GNSS衛星より直接到達する信号とマルチパスにより遅れて到達する信号を受信すると,搬送波位相のずれなどの原因となる。都会の建物群の近傍で行う測量では,さまざまな方向からのマルチパスが考えられるが,検出して補正することは困難である。

[†1] static method

○ 新点
△ 既知点

GNSS測量機4台の場合
図7.22 スタティック法

短縮スタティック法[†2]は，スタティック法と同様に GNSS 測量機を据え付けるが，衛星の組合せ数を増やし，データ取得間隔を短くすることで，観測時間を短くした方法である。

7.11.2 GNSS 測量機を 2 台以上（固定局と移動局）同時に用いる キネマティック法

キネマティック法[†3]は，図 7.23 に示すように既知点に受信機を固定（固定局）し，測点に他方の受信機（移動局）をつぎつぎと移動して観測する方法である。最初に整数値バイアスを決定するための観測を行い，観測終了後に解析ソフトウェアにより整数値バイアスと移動局の座標の計算を行う。各基線ベクトルは独立している。

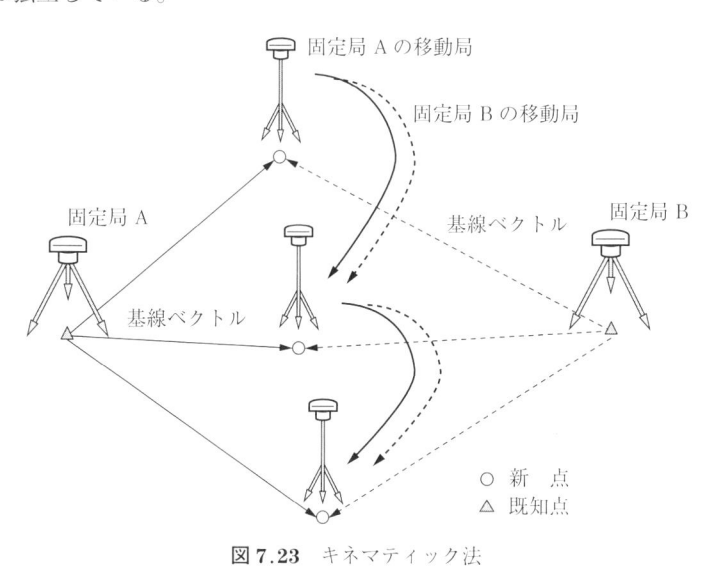

[†2] rapid static method
スタティック法および短縮スタティック法による基線解析では，原則として PCV (phase center variation) 補正を行う。PCV とは，GNSS 衛星からの電波の入射角によってアンテナの位相中心が変動すること。アンテナの位相中心が十数 mm 変動することがある。

[†3] kinematic method

図 7.23 キネマティック法

7.11.3 GNSS 測量機を 2 台以上（固定局と移動局）同時に用いる RTK 法

RTK 法[†4]は，既知点に受信機を固定（固定局）して，観測した信号を無線などにより測点に置かれた受信機（移動局）へ転送し，移動局側で整数値バイアスと移動局の座標の計算をリアルタイムに行う。図 7.24 に示すように直接観測法と間接観測法がある。

[†4] real time kinematic

直接観測法は，キネマティック法と同様に直接得られる基線ベクトルを基線解析で用いる方法である。移動局間の基線ベクトルを求めない。

間接観測法は，固定局から 2 点の移動局に放射状に同時観測を行い，固定局と移動局間で得られた二つの基線ベクトルの差をとり，移動局間の基線ベクトルを間接的に求める方法である。間接的に求めた基線ベクトルを利用して結合

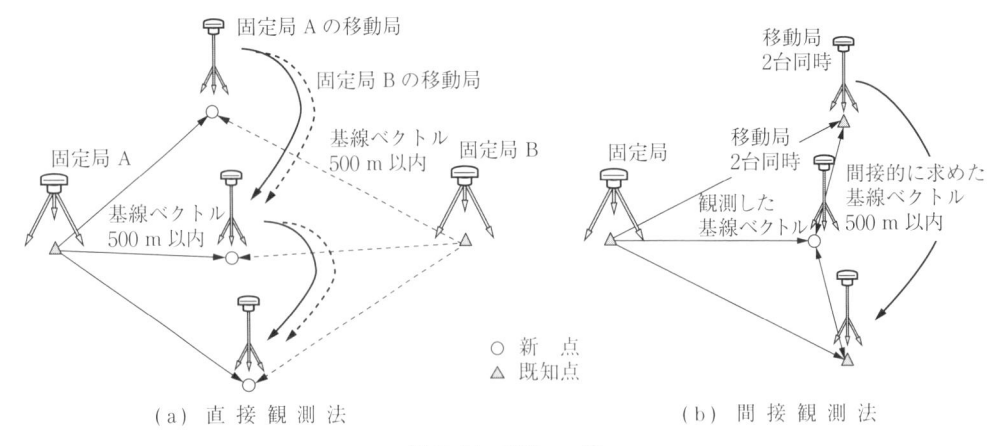

          (a) 直接観測法   (b) 間接観測法
              図 7.24 RTK 法

多角を構成する。

　RTK 法では，スタティック法に比べ観測時間が短いため，一般的にマルチパスによる影響は大きくなる。マルチパスの影響を最小限にするためには，つぎのことに注意する。

1. 観測結果の点検には，時間帯をずらして再び観測を行う。
2. 仰角の低い GNSS 衛星からの電波は，マルチパスが発生しやすいので衛星の配置に注意して，適切な時間帯を選ぶ。
3. 電波環境の悪いところでは，状況により TS の利用も考慮する。

7.11.4　GNSS 測量機を 1 台以上（移動局）同時に用いる ネットワーク型 RTK 法

ネットワーク型 RTK 法は，通信事業者から，移動局における GNSS 衛星からの観測データと複数の電子基準点の GNSS 観測データから算出された補正データなど，または面補正パラメータを通信回線により受信し，即時に解析処理を行って測点の座標を求める新しい方法のことである。**VRS**[5]（仮想点）方式と **FKP**[6]（面補正パラメータ）方式がある。

[5] virtual reference station
[6] flachen korrektur parameter

　VRS 方式は，図 7.25 に示すように複数の電子基準点の GNSS 観測データを使って仮想点で観測されるはずの補正データ（位相データなど）を用いて RTK 法を行う方式である。基線解析を GNSS 測量機側で行うローバー型 VRS 方式，解析事業者側で行うサーバー型 VRS 方式がある。

　FKP 方式は，複数の電子基準点の GNSS 観測データから算出された面補正パラメータと移動局の単独測位による概略位置との補正計算により座標を求める方式である。

　ネットワーク型 RTK 法は，直接観測法または間接観測法により行われる。

　直接観測法は，VRS 方式に用いられ，GNSS 測量機 1 台を用いて観測データ

と配信事業者からの補正データなどから直接得られる基線ベクトルを用いて，多角網（単路線方式または結合多角方式）を構成する観測方法である．

間接観測法は，VRS方式とFKP方式に用いられ，2点の移動局で2台同時観測または1台準同時観測を行い，配信事業者からの補正データなどまたは面補正パラメータを用いて，基線解析または誤差バイアス量の補正処理を行っておのおのの座標を求め，これらの座標値の差から2点間の基線ベクトルを間接的に求め，既知点〜新点または新点〜新点を結合する多角網を構成する観測方法である．間接観測法の**2台同時観測**は，2台の受信機で，ともに移動局として同時に観測する方法である．間接観測法の**1台準同時観測**は，1台の受信機で，2点の移動局での観測の時刻差をできるだけ短く観測する方法である．

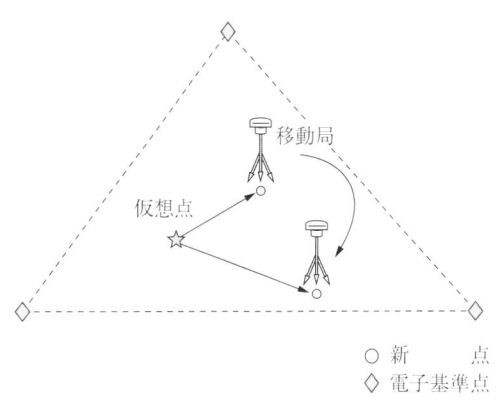

図7.25 ネットワーク型RTK法（VRS方式）

7.12 セッション

平均図を基に実際のセッションを組んだ観測図を作成する．**セッション**とは，同時に複数の受信機を用いて行う観測の単位のことである．同一セッションでは，観測時間，データ取得間隔などの基本的な条件を共通とする．**図7.26**に

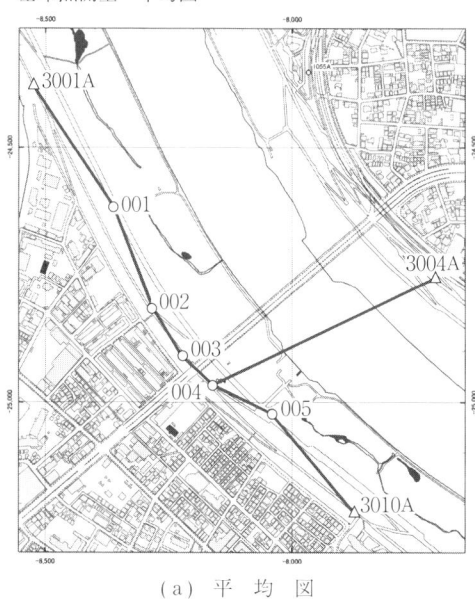

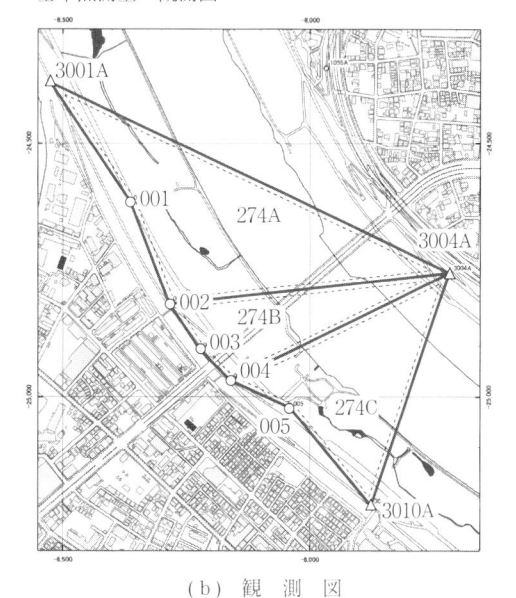

（a）平均図

（b）観測図

図7.26 セッション

Y型の結合多角方式で，GNSS測量機4台としたときのセッションを示す。274Aのようにセッション名に通算日を入れる。ここで，通算日とは，基準日から数えた日数のことである。GPS通算日は，元旦(がんたん)から数えた日数であり，2013年10月1日では，274日である。

7.13　GNSSの点検路線と点検計算

観測値の良否を判断する点検計算は，つぎのいずれかの方法で行う。
(1)　異なるセッションの環閉合差を点検計算する方法
(2)　重複する基線ベクトルの較差を点検計算する方法
(3)　既知点が電子基準点のみの場合，電子基準点間を結合する路線で点検計算する方法

図7.27に点検路線を示す。点検路線を満足するよう観測計画を立てておく必要がある。また，**表7.6**に点検計算の許容範囲を示す。許容範囲内であれ

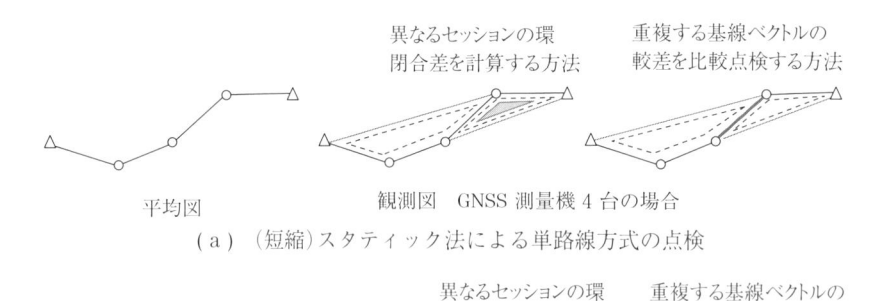

(a)　(短縮)スタティック法による単路線方式の点検

(b)　(短縮)スタティック法による結合多角方式の点検

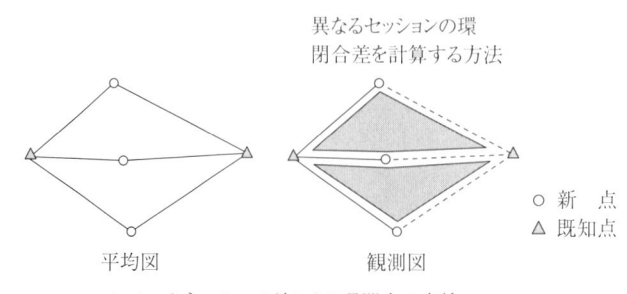

(c)　キネマティック法による環閉合の点検

図7.27　点　検　路　線

表 7.6 点検計算の許容範囲

区　　分		許容範囲	備　　考
基線ベクトルの環閉合差	水平 (ΔN, ΔE)	$20\,\mathrm{mm}\sqrt{N}$	N：辺数
	高さ (ΔU)	$30\,\mathrm{mm}\sqrt{N}$	ΔN：水平面の南北方向の閉合差または較差
重複する基線ベクトルの較差	水平 (ΔN, ΔE)	$20\,\mathrm{mm}$	ΔE：水平面の東西方向の閉合差または較差
	高さ (ΔU)	$30\,\mathrm{mm}$	ΔU：高さ方向の閉合差または較差
結合多角または単路線	水平 (ΔN, ΔE)	$60\,\mathrm{mm} + 20\,\mathrm{mm}\sqrt{N}$	
	高さ (ΔU)	$150\,\mathrm{mm} + 30\,\mathrm{mm}\sqrt{N}$	

ば平均計算に進み，許容範囲外であれば再測を行う．

得られる測点間の基線ベクトル (D_X, D_Y, D_Z) は，地心直交座標系 (X, Y, Z) の値であり，閉合差と較差 $(\Delta X, \Delta Y, \Delta Z)$ もまた地心直交座標系である．このときの閉合差と較差を式(7.7)に従って回転させ，地平座標系 (N, U, E) の閉合差と較差 $(\Delta N, \Delta E, \Delta U)$ に変換して，許容範囲と比較する．地心直交座標系と地平座標系を図 7.28 に示す．地平座標系は，測量地域内の任意の点における水平面の南北方向を N 軸，東西方向を E 軸，高さ方向を U 軸としている．

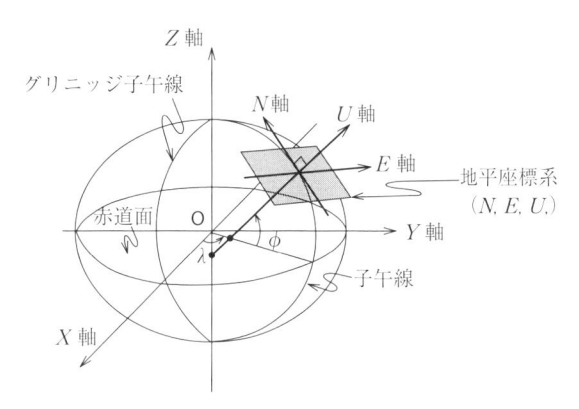

図 7.28 地心直交座標系と地平座標系

$$\begin{bmatrix} \Delta N \\ \Delta E \\ \Delta U \end{bmatrix} = \begin{bmatrix} -\sin\phi\cos\lambda & -\sin\phi\sin\lambda & \cos\phi \\ -\sin\lambda & \cos\lambda & 0 \\ \cos\phi\cos\lambda & \cos\phi\sin\lambda & \sin\phi \end{bmatrix} \begin{bmatrix} \Delta X \\ \Delta Y \\ \Delta Z \end{bmatrix} \quad (7.7)$$

ここで，ΔN, ΔE, ΔU：地平座標系における閉合差，ΔX, ΔY, ΔZ：地心直交座標系における閉合差，ϕ：測量地域内の任意の既知点の緯度，λ：測量地域内の任意の既知点の経度，である．

7.14　GNSS の平均計算

GNSS 測量における平均計算は，既知点 1 点を固定する**仮定三次元網平均計算**[†1] と既知点 2 点以上を固定する**三次元網平均計算**[†2] を行う．

〔1〕**既知点 1 点を固定する仮定三次元網平均計算**　仮定三次元網平均計算は，既知点 1 点を固定し，それ以外の既知点は新点として計算されることから，既知点の成果の妥当性を検証できる．既知点が電子基準点のみ以外のすべての等級の基準点測量に実施する．

〔2〕**既知点 2 点以上を固定する三次元網平均計算**　三次元網平均計算は，複数の既知点に GNSS 観測網を当てはめ，既知の成果と観測値の誤差を調整して計算する．最終的な測量成果を求める計算のことである．

[†1] minimally constrained three dimensional network adjustment

[†2] three dimensional network adjustment

7.15 セミ・ダイナミック補正

セミ・ダイナミック補正[†1]は，基準点測量で得られた測量結果に対し，地殻変動による基準点間のゆがみを補正して，元期の測量成果を求め，近隣の既設基準点の成果との整合性を図る手法のことである。1級基準点測量のうち電子基準点のみを既知点として使用する場合に用いられる。

[†1] semi dynamic correction

元期は測地成果の基準日のことで，表1.2に示す2地域2元期が混在する。元期に対して観測を行った時点を**今期**と呼ぶ。

既知点間において，プレート運動に伴う地殻変動により生じた基線長のゆがみ量は式(7.8)で示される。ゆがみ速度 v は 0.2 ppm/year 程度で，基線長のゆがみ量は経過時間や基線長に比例して大きくなることがわかっている。

$$\delta = v \times t \times D \tag{7.8}$$

ここで，δ：ゆがみ量〔mm〕，v：ゆがみ速度〔ppm/year〕，t：元期からの経過時間〔year〕，D：基線長〔km〕，である。

1級基準点を既知点として使用すると平均的な点間距離は4km程度なので，10年間でのゆがみ量は約8mmにおさまるが，電子基準点を使用すると平均的な点間距離は20km程度なので，10年間でゆがみ量は約40mm生じることになる。そこで，**図7.29**に示すようなセミ・ダイナミック補正を行うことにより，今期の観測結果から，元期において得られたであろう測量成果を求められる。これにより，既知点の基準点の成果を改定することなく，現行の成果をそのまま利用し，既設基準点の成果との整合がとれる。

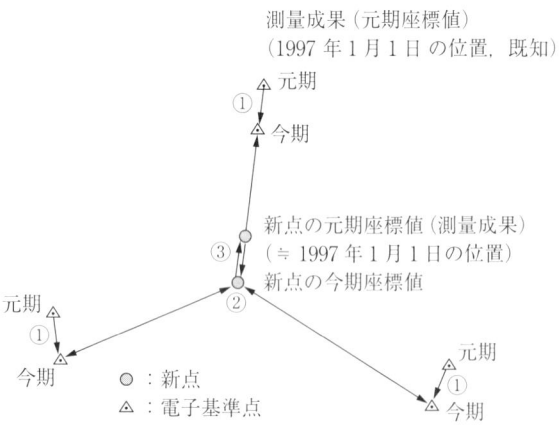

① 元期から今期までの電子基準点の地殻変動量
② 電子基準点から新点までの観測基線ベクトル
③ 今期から元期へのセミ・ダイナミック補正量

図7.29 セミ・ダイナミック補正[1)]

章 末 問 題

❶ 基準点測量の標準的な作業工程として，最も適当なものはどれか．つぎのa.～e.の中から選べ．
  a. 作業計画 → 選点 → 観測 → 測量標の設置 → 計算 → 成果等の整理
  b. 作業計画 → 選点 → 観測 → 計算 → 測量標の設置 → 成果等の整理
  c. 作業計画 → 選点 → 観測 → 計算 → 成果等の整理 → 測量標の設置
  d. 作業計画 → 選点 → 測量標の設置 → 観測 → 計算 → 成果等の整理
  e. 作業計画 → 測量標の設置 → 選点 → 計算 → 観測 → 成果等の整理

❷ つぎの文a.～e.は，1級基準点測量について述べたものである．明らかに間違っているものはどれか．
  a. 電子基準点のみを既知点とする場合において，セミ・ダイナミック補正を行った．
  b. 結合多角方式による測量において，新点位置の精度を確保するため，多角網の形状を考慮して平均計画図を作成した．
  c. TSを用いた測量において，既知点間の水平位置および標高の閉合差を計算し，観測の良否を判断した．
  d. GNSS測量機を用いた測量において，観測値の点検として，異なるセッションの組合せによる基線ベクトルの環閉合差や重複辺の点検を行った．
  e. GNSS測量による三次元網平均計算において，異なる解析時間の基線が含まれているため，各基線解析により求められた分散・共分散行列の逆行列を重量として使用した．

❸ つぎの文は，RTK法およびネットワーク型RTK法を利用した基準点測量について述べたものである．ア ～ エ に入る語句の組合せとして，最も適当なものはどれか．a.～e.の中から選べ．

　RTK法を利用した基準点測量では，省電力無線機や ア を用いて，新点（移動局）において既知点（固定局）の観測データを受信し，新点の観測データと合わせてリアルタイムに解析処理することで位置を求めることができる．一方，ネットワーク型RTK法では イ の観測データから算出された ウ を取得し，既知点および新点における観測データと合わせてリアルタイムに解析処理することで位置を求めることができる．ネットワーク型RTK法では， エ の イ の観測データを利用する測量方法である．

	ア	イ	ウ	エ
a.	携帯電話	電子基準点	補正情報	1点
b.	インターネット	三角点	衛星情報	3点以上
c.	インターネット	電子基準点	補正情報	1点
d.	携帯電話	三角点	衛星情報	1点
e.	携帯電話	電子基準点	補正情報	3点以上

❹ つぎの設問に答えよ．
  (1) GPSのおよその高度は何kmか．
  (2) 搬送波のおよその速度は何km/sか．
  (3) GPSからの搬送波が地上に届くまでのおよその時間は何秒か小数第3位まで求めよ．
  (4) 衛星の原子時計の精度を指数表示で答えよ．単位は〔s〕とする．
  (5) 衛星の時計誤差を距離に換算すると何cmになるか，途中式を含めて答えよ．

❺ 図7.30の観測図（セッション計画）を作成せよ．

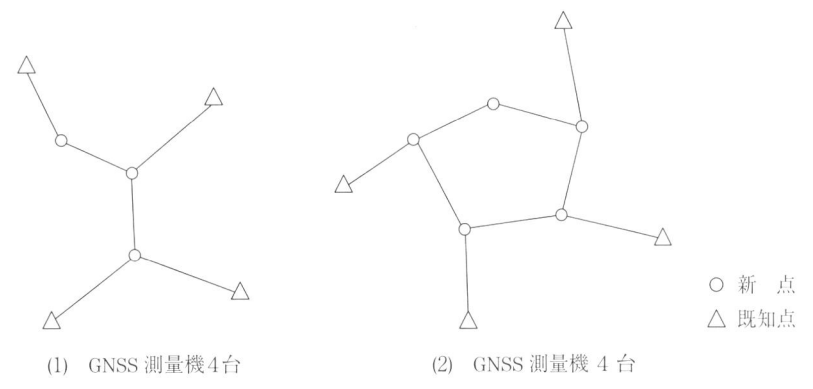

(1) GNSS測量機4台　　(2) GNSS測量機4台

○ 新　点
△ 既知点

図7.30

❻ 図 **7.31** の点検計算について，**表 7.7** の空欄(1)～(9)を埋めなさい．なお，小数第4位を四捨五入，許容範囲は小数第4位を切捨てとする．

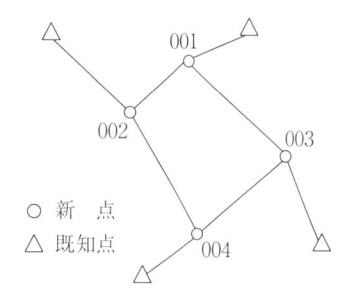

既知点の緯度 $\phi = 35°46'27.702\,500''$
既知点の経度 $\lambda = 139°44'39.850\,200''$

図 **7.31** 平均図（新点名は北から 001）

表 **7.7** 基線ベクトルの閉合差
（単位：〔m〕）

環閉合（番号）		DX	DY	DZ
001-003		-121.850	119.561	-222.113
003-004		190.981	296.168	-85.853
004-002		115.262	-139.394	226.465
002-001		-184.389	-276.340	81.503
閉合差	$\varDelta X, \varDelta Y, \varDelta Z$	(1)	(2)	(3)
	$\varDelta N, \varDelta E, \varDelta U$	(4)	(5)	(6)
許容範囲	$\varDelta N, \varDelta E, \varDelta U$	(7)	(8)	(9)

章末問題略解

❶ d．（平成19年　測量士補試験）　　❷ e．（平成22年　測量士補試験　改変）

❸ e．（平成20年　測量士補試験　改変）

❹ (1) 20 200 km　　(2) 300 000 km/s　　(3) 0.067 s　　(4) 1×10^{-9} s

(5) 搬送波の速度×原子時計の精度 = $(3 \times 10^5$ km/s$) \times (1 \times 10^{-9}$ s$)$
$= 3 \times 10^{-4}$ km $= 3 \times 10^{-1}$ m $= 30$ cm

❺ (1) **解図 7.1** 参照．　(2) **解図 7.2** 参照．

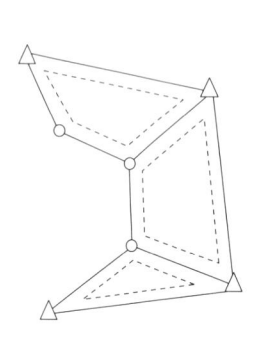

解図 **7.1** 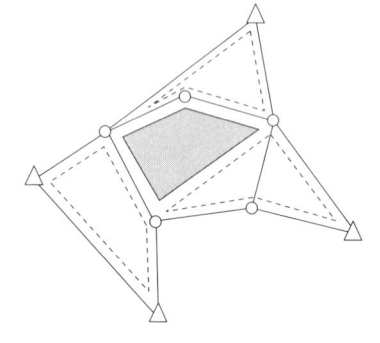　　　　　　　解図 **7.2**

❻ (1) 0.004　(2) -0.005　(3) 0.002　(4) 0.005　(5) 0.001　(6) -0.004
(7) 0.040　(8) 0.040　(9) 0.060

8章

面積と体積（土量）

各種の測量の成果品として，面積や体積（土量）を求められることが多い。面積を求めるには各種の計算方法があるので，それらの計算方法を基本的に理解する必要がある。また，その面積を利用して土量を求める計算方法も併せて理解することが大切である。ここでは，面積と体積（土量）の計算方法について具体的に解説している。

8.1 面積の計算

土地の面積は，その土地を囲む境界線を水平面上に投影したときの広さをいい，斜面にそった広さのことではない。面積は，現地で測量して得た距離や角度などの数値を用いて計算するほか，縮尺の異なる図面上で**三角スケール**[†1]や面積計などを用いて求める。ここでは，代表的な面積計算の方法を示す。

[†1] triangular scale

8.1.1 三角区分法

土地の平面図をいくつかの三角形に分け，それぞれの面積を求めて総計し，全面積を計算する方法を**三角区分法**[†2]といい，これには，三斜法と三辺法がある[†3]。

[†2] triangular division method

[†3] 三斜とは不等辺三角形のこと。図8.1でいうと，aが大斜（底辺），bが中斜，そしてcが小斜である。

〔1〕**三　斜　法**　**三斜法**[†4]は，区分した各三角形の底辺と高さから面積を求める方法である。**図8.1**において，点Aから対辺a（ここでは底辺）に下した垂線の高さをhとすると，三角形の面積Aは次式で求められる。

[†4] diagonal and perpendicular method

$$A = a \times \frac{h}{2} \tag{8.1}$$

三角形に区分する場合は，各三角形の底辺と高さとがなるべく等しくなるように行う。なお，これらの値を現地で測定したものを使用すれば，測量図面から求めるよりも，より正確な結果が得られる。

|例　題|　図8.2の多角形の面積を三斜法で求めよ。なお，図中の数値は，図面の縮尺に合わせて，三角スケールで読み取ったものである。

|解　答|　三斜法の求積表を作成すると，**表8.1**のようになる。三角形の数が多いから，[底辺×高さ÷2]のように1個ずつ面積を求めないで，[底辺×高さ]

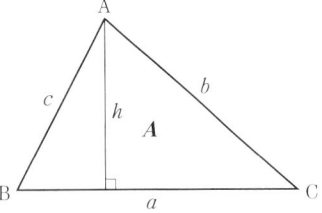

図8.1　三角形の面積計算方法

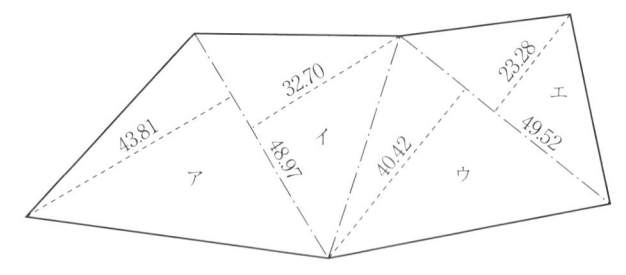

図 8.2 三斜法による求積図（単位：[m]）

表 8.1 三斜法の求積表

三角形	底辺〔m〕	高さ〔m〕	倍面積〔m²〕
ア	48.97	43.81	2 145.4
イ	48.97	32.70	1 601.3
ウ	49.52	40.42	2 001.6
エ	49.52	23.28	1 152.8
2倍の面積だから 2で割る ←		総倍面積	6 901.1
		面積〔m²〕	3 450.6

の2倍の面積（**倍面積**という）を三角形ごとに計算し，それらの計から総倍面積を求め，最後に2で割れば多角形の面積が求まる。

〔2〕**三 辺 法** 三辺法[†5]は，区分した各三角形の3辺を用いて面積を求める方法である。図8.1において3辺の長さ a, b, c を測定すれば，面積 A はつぎの**ヘロンの公式**で求められる。

[†5] triangle division method

$$A = \sqrt{s(s-a)(s-b)(s-c)} \quad \left(s = \frac{1}{2}(a+b+c)\right) \tag{8.2}$$

例 題 図8.3の多角形の面積を三辺法で求めよ。

解 答 三辺法の求積表を作成すると，**表8.2**になる。

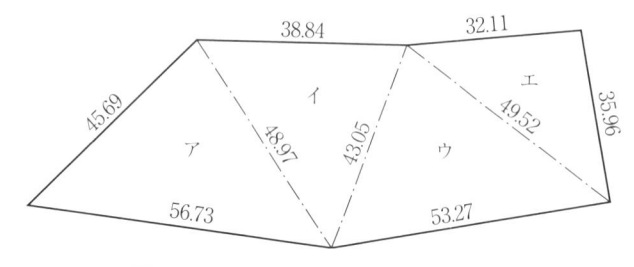

図 8.3 三辺法による求積図（単位：[m]）

表 8.2 三辺法の求積表

三角形	3辺長〔m〕			$s=(a+b+c)/2$	A
	a	b	c		
ア	45.69	48.97	56.73	75.70	1 072.9
イ	38.84	48.97	43.05	65.43	800.6
ウ	53.27	49.52	43.05	72.92	1 000.8
エ	32.11	49.52	35.96	58.80	576.4
$A = \sqrt{s(s-a)(s-b)(s-c)}$				面積〔m²〕	3 450.7

土地の分割

□ABCD の土地（面積）を，例えば 4：6 に分割する場合の分割線 P_1P_2 は，以下の手順で決める。

手 順

① BD を結び，三斜法を用いて□ABCD の面積を求める。その面積に 4/10，6/10 を掛けてそれぞれ左側 M〔m²〕，右側 N〔m²〕とする。

② AP_1 を結び，三斜法で△ABP_1 の面積を求め，これを S〔m²〕とする。

③ P_1 から AD に垂線を下ろし，この高さを h とする。

④ 4：6 に分割する P_2 が A から l の距離にあるとすれば，$M - S = Lh/2$，ゆえに，$l = 2(M-S)/h$。

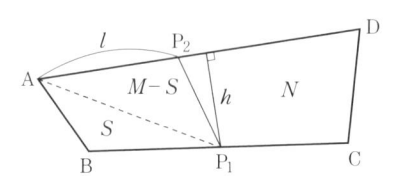

⑤ l を A から AD 上にとって P_2 とする。この P_1P_2 が分割線となる。□$ABP_1P_2 = M$, □$P_1CDP_2 = N$ となっているかを三斜法で点検する。

8.1.2 座標法

座標法[†6] は，各測点の X 座標（縦軸）と Y 座標（横軸）を用いて，面積を求める方法である。**図 8.4** のように，多角形 ABCDE（この図では五角形）の面積 A は，各測点から X 軸に引いた垂線の足を a, b, c, d, e とすると次式で求められる。

[†6] coordinate method
用地測量における面積計算は，原則として座標法で行う。5.6 節〔7〕を参照。

$$\text{面積 } A = \square CcbB + \square DdcC - \square AabB - \square EeaA - \square DdeE \tag{8.3}$$

各台形の面積は，次式により求められる。

$$\square CcbB = \frac{1}{2} \times (x_3 - x_2) \times (y_3 + y_2)$$
$$\square DdcC = \frac{1}{2} \times (x_4 - x_3) \times (y_4 + y_3)$$
$$\square AabB = \frac{1}{2} \times (x_1 - x_2) \times (y_1 + y_2)$$
$$\square EeaA = \frac{1}{2} \times (x_5 - x_1) \times (y_5 + y_1)$$
$$\square DdeE = \frac{1}{2} \times (x_4 - x_5) \times (y_4 + y_5)$$

これらを，(8.3) 式に代入して整理すると，面積 A は次式で求められる。

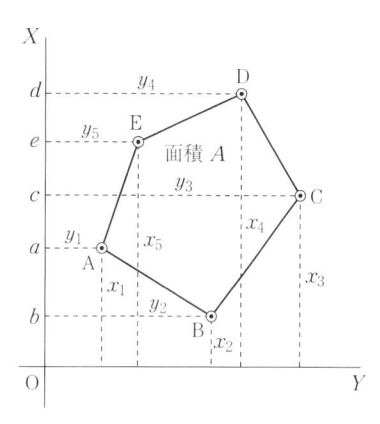

図 8.4 座標法による面積計算

$$A = \frac{1}{2} \times |\Sigma\{x_n \times (y_{n+1} - y_{n-1})\}| \tag{8.4}$$

または，x と y を入れ替えても同じであるので

$$A = \frac{1}{2} \times |\Sigma\{y_n \times (x_{n+1} - x_{n-1})\}| \tag{8.5}$$

一般に各測点の座標がわかっている場合，それらの測点を結ぶ多角形で囲まれた箇所の面積は，各測点について，

$$\text{（その測点の縦座標）} \times \{(\text{つぎの測点の横座標})$$
$$- (\text{一つ前の測点の横座標})\} \tag{8.6}$$

を求め，その総和（式 (8.4) や式 (8.5) の Σ）を 2 で割ればよい。式 (8.6) では縦と横を入れ替えても同様である。また，計算上，負（−）になっても，その絶対値をとればよい。

例 題 閉合しているトラバースの座標 (x, y) を**表 8.3** に示す。このトラバースの面積を求めよ。

解 答 表 8.3 のように横座標について $[y_{n+1} - y_{n-1}]$ を求め，これに縦座標 x_n を掛けて倍面積を求め，その総和を 2 で割ることにより面積が求まる。

表 8.3

測点	x [m]	y [m]	y_{n+1} [m]	y_{n-1} [m]	$y_{n+1}-y_{n-1}$ [m]	倍面積 $2A$ [m²] +	倍面積 $2A$ [m²] −
1	0.000	0.000	− 1.314	+ 28.150	− 29.464		0.000
2	− 37.864	− 1.314	+ 45.188	0.000	+ 45.188		1 711.00
3	− 32.751	+ 45.188	+ 61.029	− 1.314	+ 62.343		2 041.80
4	+ 7.720	+ 61.029	+ 28.150	+ 45.188	− 17.038		131.53
5	+ 31.849	+ 28.150	0.000	+ 61.029	− 61.029		1 943.71
					倍面積 $2A$		− 5 828.04
					面積 A		2 914.02

8.1.3 倍横距法

倍横距法[†7]は，多角形の各測線の**緯距**[†8]・**経距**[†9]を用いて，面積を求める方法である．測定した緯距・経距から求めた調整緯距・調整経距を用いて面積計算を行う．各測線の中点から X 軸に引いた垂線の長さを**横距**[†10]といい，その横距を 2 倍にした長さを**倍横距**[†11]という．

[†7] double meridian distance method
[†8] departure
[†9] latitude
[†10] meridian distance
[†11] double meridian distance

図 **8.5** において，測線の倍横距を M_n，一つ前の測線の倍横距を M_{n-1}，測線の調整経距を Δy_n，一つ前の測線の調整経距を Δy_{n-1}，測線の緯距を Δx_n とする．多角形（ここでは四角形）ABCD の面積 A は，以下のように求められる．

$$\text{面積 } A = \Box\text{CcbB} + \Box\text{DdcC} - \triangle\text{AbB} - \triangle\text{DdA}$$

ここで

$$\Box\text{CcbB} = \frac{1}{2}\times(\overline{\text{bB}}+\overline{\text{cC}})\times\overline{\text{bc}} = \frac{1}{2}\times 2\cdot\overline{\text{qQ}}\times\overline{\text{bc}} = \frac{1}{2}\times M_{BC}\times\Delta x_2$$

$$\Box\text{DdcC} = \frac{1}{2}\times(\overline{\text{cC}}+\overline{\text{dD}})\times\overline{\text{cd}} = \frac{1}{2}\times M_{CD}\times\Delta x_3$$

$$\triangle\text{AbB} = \frac{1}{2}\times\overline{\text{bB}}\times\Delta x_1 = \frac{1}{2}\times 2\cdot\overline{\text{pP}}\times\Delta x_1 = \frac{1}{2}\times M_{AB}\times\Delta x_1$$

$$\triangle\text{DdA} = \frac{1}{2}\times\overline{\text{dD}}\times\Delta x_4 = \frac{1}{2}\times M_{DA}\times\Delta x_4$$

すなわち，倍横距を M_n とすれば

$$\text{倍横距 } M_n = M_{n-1} + \Delta y_{n-1} + \Delta y_n \tag{8.7}$$

$$\text{面積 } A = \frac{1}{2}\times|\Sigma(M_n\times\Delta x_n)| \tag{8.8}$$

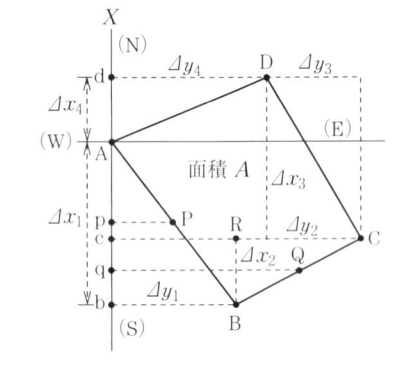

図 **8.5** 倍横距法による面積計算

すなわち，多角形の面積は，各辺の倍横距 M に，その辺の緯距 Δx_n を掛けて倍面積を計算し，その総和を 2 で割って得られる．また，計算上，負（−）になっても，その絶対値をとればよい．

例題 五角形の測線長，および緯距・経距を**表 8.4** に示す．この面積を求めよ．

解答 測線 1〜2 の倍横距はそのまま − 1.314．測線 2〜3 の倍横距は式 (8.7) より − 1.314 − 1.314 + 46.502 = + 43.874，測線 3〜4 の倍横距は + 43.874 + 46.502 + 15.841 = + 106.217，…のように，倍横距を求め，それに調整緯距を掛けて倍面積を計算し，その総和を 2 で割ったものが求める面積である．計算上，負（−）になっても絶対値をとればよい．

8.1 面 積 の 計 算　　115

表 8.4　倍横距による面積計算

測線	測線長〔m〕	緯距 x〔m〕	経距 y〔m〕	調整量 dx〔mm〕	調整量 dy〔mm〕	緯距 Δx〔m〕	経距 Δy〔m〕	倍横距 M〔m〕	倍面積 $2A$〔m²〕
1〜2	37.890	− 37.867	− 1.318	+ 3	+ 4	− 37.864	− 1.314	− 1.314	+ 49.753
2〜3	46.778	+ 5.109	+ 46.498	+ 4	+ 4	+ 5.113	+ 46.502	+ 43.874	+ 224.328
3〜4	43.456	+ 40.467	+ 15.837	+ 4	+ 4	+ 40.471	+ 15.841	+ 106.217	+ 4 298.708
4〜5	40.784	+ 24.125	− 32.883	+ 4	+ 4	+ 24.129	− 32.879	+ 89.179	+ 2 151.800
5〜1	42.512	− 31.853	− 28.154	+ 4	+ 4	− 31.849	− 28.150	+ 28.150	− 896.549
計	211.420	− 0.019	− 0.020	+ 19	+ 20	0	0	倍面積 $2A$	+ 5 828.040
		測点1の座標値（$x = 0.000$　$y = 0.000$）						面積 A	2 914.020

8.1.4　支距（オフセット）法

図 8.6 のように，境界線が曲線である場合，境界線に沿ってトラバースを組み，そのトラバース内側の面積は，上述した方法でまず計算する。つぎに，境界線とトラバース線とではさまれた部分の面積は，測線上の各点から，これに直角に測定した支距（オフセット）を用いて面積を加算する。これを**支距法**[†12]（**オフセット法**）という。

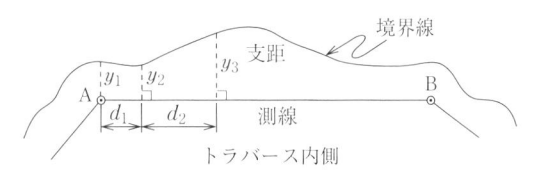

図 8.6　支距法による面積計算箇所

[†12] offset method

この方法で面積計算するには，台形法則とシンプソン法則の二つの方法がある。

〔1〕　**台　形　法　則**[†13]　　境界線が不規則な曲線で支距を等間隔にとることができない場合に用いられる。図 8.7 において，$y_1, y_2, y_3, \cdots, y_n$ を支距の長さ，$d_1, d_2, d_3, \cdots, d_{n-1}$ を支距の間隔とし，隣り合う支距間の境界線を直線とみなせば，この部分は台形となるので，その面積 A は次式で求められる。

[†13] trapezoidal rule

$$A = d_1\left(\frac{y_1 + y_2}{2}\right) + d_2\left(\frac{y_2 + y_3}{2}\right) + \cdots + d_{n-1}\left(\frac{y_{n-1} + y_n}{2}\right) \tag{8.9}$$

もし，$d_1 = d_2 = d_3 = \cdots = d_{n-1} = d$ とすれば

$$A = d\left(\frac{y_1 + y_2}{2} + y_2 + y_3 \cdots + y_{n-1}\right) \tag{8.10}$$

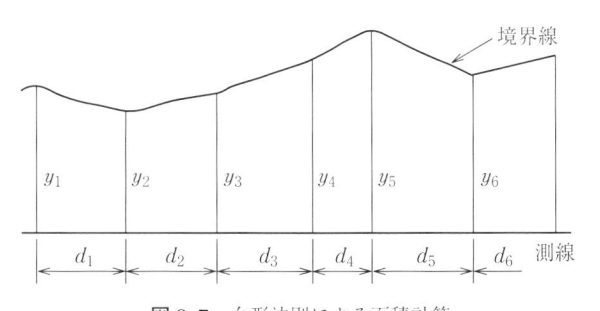

図 8.7　台形法則による面積計算　　図 8.8　台形と放物線

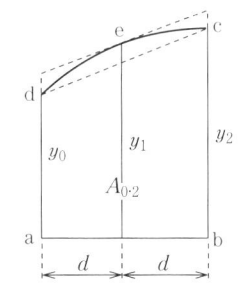

〔2〕　**シンプソン法則**[†14]　　なめらかな曲線で支距を等間隔にとって計算できる場合に用いられる。図 8.8 のように，境界線を放物線と仮定して，支距の 2 区間を 1 組として取り取り扱うもので，面積 $A_{0\text{-}2}$ は台形部分 abcd と放物線部分 ced との部分からなる。

[†14] Simpson's rule

$$A_{0\cdot 2} = [台形abcd] + [放物線ced]$$
$$= \{2d \times \frac{1}{2}(y_0 + y_2)\} + \left[\frac{2}{3} \times \{y_1 - \frac{1}{2}(y_0 + y_2)\} \times 2d\right]$$
$$= \frac{d}{3} \times (y_0 + 4y_1 + y_2)$$

同様に
$$A_{2\cdot 4} = \frac{d}{3} \times (y_2 + 4y_3 + y_4), \quad A_{(n-2)\cdot n} = \frac{d}{3} \times (y_{n-2} + 4y_{n-1} + y_n)$$
$$\therefore A = A_{0\cdot 2} + A_{2\cdot 4} + \cdots + A_{(n-2)\cdot n}$$
$$= \frac{d}{3} \times \{y_0 + y_n + 4(y_1 + y_3 + \cdots + y_{n-1}) + 2(y_2 + y_4 + \cdots + y_{n-2})\}$$
$$(8.11)$$

この方法[15]で面積を計算する場合，支距の間隔が等しく，偶数の区間に分割しておく必要がある。奇数の区間の場合，最後の1区間を台形として計算して，加えればよい。

[15] シンプソンの第1法則（1/3法則）という。Simpson's first 1/3 rule

8.1.5 プラニメーターによる面積の計算

プラニメーター[16]は，地図など平面上の外周が不規則な図形の輪郭をなぞることにより，その面積を測定する器械であり，**面積計**（手動式）ともいう。面積を測定する原理は，図形で隣り合う二つの頂点と特定の点とで構成する三角形の面積を，その特定の点を動かしながら加算（積分）して求められることである。

[16] planimeter

　図形の面積を求めるには，プラニメーターのトレースレンズ（指標部）の上から見てレンズ内の指標をその図形の輪郭（外周線）に一致させながら1周させ，測輪の回転数を読み取って求められる。その際，1周させるだけでは誤差が伴う場合があるので，数回測定して平均を求める。また，図形の表示された紙が乾湿により伸縮していると，測定面積に影響するので注意する。

　プラニメーターには，固定式のプラニメーターと，移動式の測輪（ローラー）によるプラニメーターがある。前者は，固定桿，滑走桿，トレースレンズなどで構成され，固定桿の一端に極針がある。測定する場合，極針を図形の内外にさし止め，それを軸として図形の外周線に沿い1周するまで移動させ，表示された値から，図面縮尺に応じて面積を求めるものである。また，後者は，**図8.9**に示すプリンタ付きデジタルプラニメーターがある。左右方向の移動はローラーにより，また，上下方向はアームとトレースレンズの移動により，面積を測定できるものである。従来は固定式であったが，最近は移動式が主流で，面積のほか座標や線長，辺長，半径，弧長も測定できる。ただ，上下移動幅に限度があるので，測定する面積の大きさから1回で測定できそうにない場合は，図形を分割して測定する。

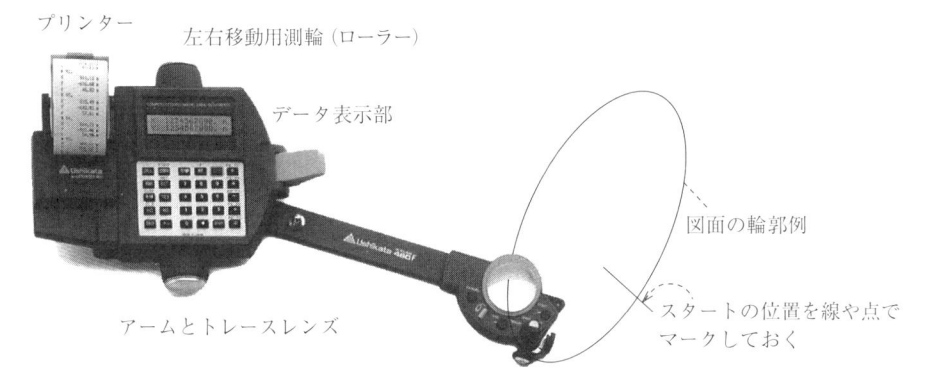

図 8.9 プリンタ付きデジタルプラニメーター

流域面積の流量

降雨がある流域に降って流出する流量 Q 〔m³/秒〕は，その流域面積 A 〔km²〕と降雨時のピーク雨量 r 〔mm/時〕，流出係数 f（地中浸透があるため降った分のすべてが流出しない）から，$Q = (1/3.6) \cdot frA$ で求まる。

この流域面積は，地図の縮尺に注意して，プラニメーターで求める。図において点 A の流量を求めるための流域面積は，DE の山稜線と DB と EC の方向の分水線と点 A から等高線に直角な最大傾斜線で囲まれた地域，すなわち，ABDECA の面積が流域面積となり，降雨は点 A に集水されて流出する。

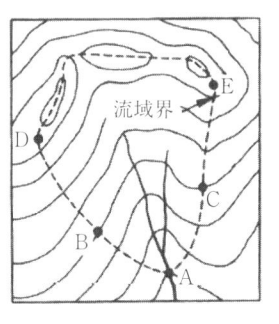

8.1.6 その他の面積の計算方法

〔1〕 **電子プラニメーター（葉面積計）** 切り取った図形や植物の葉の面積を測定する器械である。図形の境界線に沿ってはさみなどで切取りしたものを専用器に差し込み，図形に光を当てたときの反射光量を電気的に計測して面積を測定するもので，複雑な曲線形状である葉面積の測定などに最適である。

〔2〕 **方 眼 法**[17] 一定面積をもつ透明な方眼紙を，測定する図形にあてがい，その図形中に含まれる方眼数を数えて面積を測定する方法である。図 8.10 に示すように，図形の輪郭の内側にある完全な方眼（白い部分）の数と，その輪郭にわずかでも接している方眼（塗りつぶした箇所）の数の合計の半分とを合計し，これに方眼の単位面積を掛けて求める。

[17] square method

〔3〕 **長 方 形 法** 図 8.11 のように，図形を帯状に区切った等間隔の幅に各帯における中心線の長さを掛けて合計し，これに台形公式などで求めた端部の面積を加えて求める方法である。

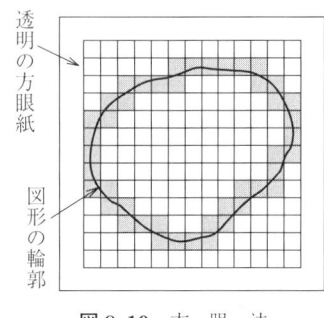

図 8.10 方 眼 法

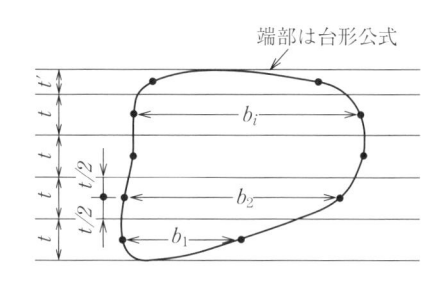

図 8.11 長方形法（帯状の幅が細かいほど正確な面積が得られる）

8.2 体積（土量）の計算

8.2.1 両端断面平均法による土量の計算

両端断面平均法は，道路や線路など細長い土地の土量を計算するときに用いる方法の一つである。**図 8.12** において，ある区間の間隔を L とした両端断面積を A_1，A_2 としたときの土量 V は，次式で近似的に求められる。

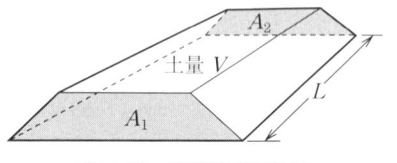

図 8.12 両端断面平均法

$$V \fallingdotseq (A_1 + A_2) \times L \div 2 \tag{8.12}$$

一般に，路線測量では縦断面図に計画線を入れるとともに，各測点の**計画高**[†1]（**FH**）や**地盤高**[†2]（**GH**）に基づいて**切取り高**や**盛土高**を求め，横断面図に，計画道路の標準横断面図を基に各測点の**切取り面積**[†3]（**CA**），**盛土面積**[†4]（**BA**）をプラニメーターで求め，これらを施工断面図に記入する。この図を基に，その測点間の土量は，各区間の両端の断面積の平均値に各点の間の距離を掛けて得られるので，路線区間の切取り・盛土の土量を個々に求めて合計すれば，その全土量を求めることができる。各測点の断面の座標値がわかっていれば，専用ソフトやCADなどを用いて断面図を作成したり，断面積や土量を計算できる。

[†1] formation height
[†2] ground height
[†3] cutting area 切土面積ともいう。
[†4] banking area

例題 **図 8.13** のような結果を得た。No.1 から No.3 までの区間における切取り土量と盛土量の差はいくらか。ただし，測点間の距離は 20.0 m である。

解答 ① 各測点の切取り・盛土の断面積がプラニメーターによって求めら

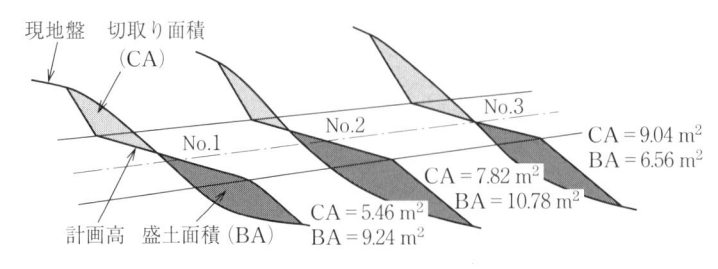

No.1 CA = 5.46 m² BA = 9.24 m²
No.2 CA = 7.82 m² BA = 10.78 m²
No.3 CA = 9.04 m² BA = 6.56 m²

図 8.13 路線測量における土量計算例

れているので，その値を土量計算表（**表8.5**）に記入する。② つぎに，切取り・盛土の断面積の平均に，各点の間の距離を掛けて別々に土量を求め，その結果を表に記入する。③ 切取り土量と盛土量との差は，以下のとおりである。

$373.60 - 301.40 = 72.20 \text{ m}^3$

表8.5 土量計算表

測点	断面積〔m²〕 切取り	盛土	距離〔m〕	土量〔m³〕 切取り	盛土
No.1	5.46	9.24	20.0	132.80	200.20
No.2	7.82	10.78			
No.3	9.04	6.56	20.0	168.60	173.40
			計	301.40	373.60

8.2.2 等高線を利用した土量・貯水量の計算

山の土量（体積）は，等高線を利用して両端断面平均法で求められる。例えば，**図8.14**に示す山の土量は，等高線間隔 h（10 m，頂上までの残りの高さ h'：5 m）で輪切り（スライス）した面積をプラニメーターで測定し，$A_1 = 5\,490 \text{ m}^2$, $A_2 = 4\,250 \text{ m}^2$, $A_3 = 2\,020 \text{ m}^2$, $A_4 = 820 \text{ m}^2$, $A_5 = 320 \text{ m}^2$ であるとき，以下のように求められる。

$V_1 = \dfrac{5\,490 + 4\,250}{2} \times 10 = 48\,700 \text{ 〔m}^3\text{〕}, \quad V_2 = \dfrac{4\,250 + 2\,020}{2} \times 10 = 31\,350 \text{ 〔m}^3\text{〕}$

$V_3 = \dfrac{2\,020 + 820}{2} \times 10 = 14\,200 \text{ 〔m}^3\text{〕}, \quad V_4 = \dfrac{820 + 320}{2} \times 10 = 5\,700 \text{ 〔m}^3\text{〕}$

$V_5 = \dfrac{320 + 0}{2} \times 5 = 800 \text{ 〔m}^3\text{〕}$

よって，この山の土量 $V = \sum V_i = 100\,750 \text{ m}^3$ となる。ただ，両端断面法ではこの計算でよいが，V_5 は山の頂上までの円錐状と考えれば，底面積 A_5 の柱体の

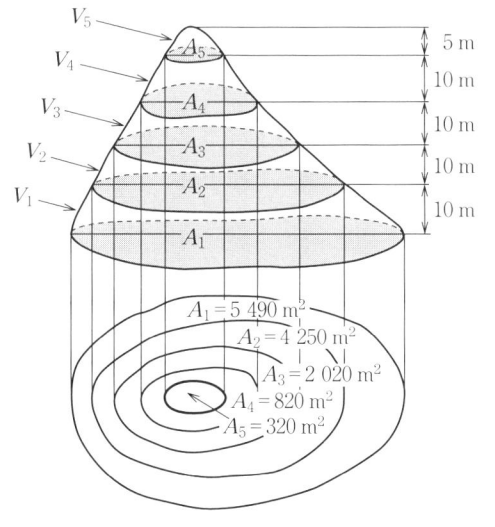

図8.14 山の土量計算　　**図8.15** ダムの貯水量の計算

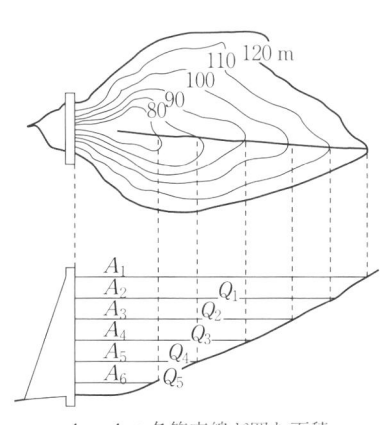

$A_1 \sim A_6$：各等高線が囲む面積

1/3であるので，$V_5 = 320 \text{ m}^2 \times 5 \text{ m} \div 3 = 533 \text{ m}^3$のように区分して計算してもよい。

また，ダムやため池などの貯水量を求めるには，ダムの（上流側）の各等高線で囲まれた面積をプラニメーターで求め，両端断面平均法などで計算できる。図 **8.15** の貯水量 Q は，等高線間隔を H として，次式で求まる。

$$Q = Q_1 + Q_2 + \cdots + Q_5 = \frac{1}{2}H\{A_1 + A_6 + 2(A_2 + A_3 + A_4 + A_5)\}$$

なお，底部の水量は堆砂があるので無視してよい。

8.2.3 点高法による土量の計算

点高法[†5]は，宅地造成などの地ならしや切取り，埋立などをする際の土量の移動，地ならし高さの計算，土取り場と土捨て場の容積計算など，広い面積における土量の計算に用いられる。

[†5] spot levels system

図 **8.16** に示すように，測量区域をセオドライトと巻尺，あるいはTSなどを用いて方眼（碁盤の目状）になるようにし，それらの交点に打ち込んだ杭の地盤高をレベル，あるいはTSなどで測量した上で，土量や地ならし高さなどを求める方法である。例えば，図 **8.17** のような四角柱の土量 $V_{(4)}$ と，図 **8.18** のような三角柱の土量 $V_{(3)}$ は，高さの平均を考えて，おのおの次式で求められる。

$$V_{(4)} = \frac{1}{4}A(h_1 + h_2 + h_3 + h_4), \quad V_{(3)} = \frac{1}{3}A(h_1 + h_2 + h_3)$$

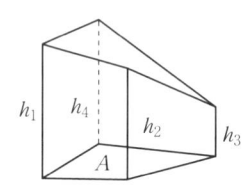

図 8.16 点高法の測量方法　　**図 8.17** 四角柱の土量　　**図 8.18** 三角柱の土量

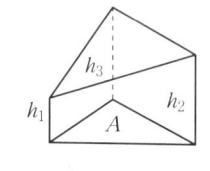

土地を区分するとき，長方形に区分し，区分した一つの長方形の立体を考えれば，図 **8.19** の平面図は四角柱の集合であるので，全体土量 V は次式で求められる。

$$V = V_1 + V_2 + V_3 + V_4$$
$$V_1 = \frac{1}{4}A(h_{11} + h_{21} + h_{22} + h_4), \quad V_2 = \frac{1}{4}A(h_{12} + h_{21} + h_{23} + h_4)$$
$$V_3 = \frac{1}{4}A(h_{13} + h_{22} + h_{24} + h_4), \quad V_4 = \frac{1}{4}A(h_{14} + h_{23} + h_{24} + h_4)$$
$$\therefore V = \frac{1}{4}A\{(h_{11} + h_{12} + h_{13} + h_{14}) + 2(h_{21} + h_{22} + h_{23} + h_{24}) + 4h_4\}$$

8.2 体積（土量）の計算

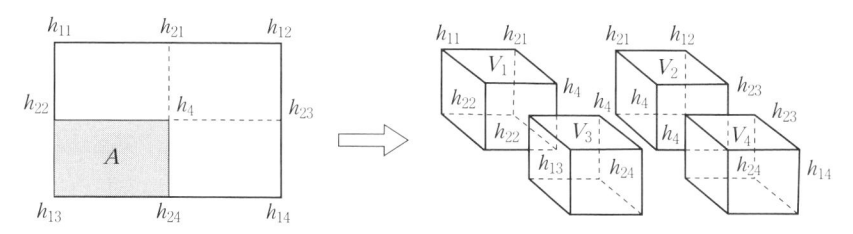

図 8.19 四角柱の土量計算の考え方（四つに分解し，h_i が土量計算で何回使われるかを考える）

一般式として
$$V = \frac{1}{4}A(\Sigma h_1 + 2\Sigma h_2 + 3\Sigma h_3 + 4\Sigma h_4)$$
で求まる。

さらに，土地を区分する正方形，長方形を三角形に細分して土量を求める次式を使えば，より精密な計算となる。
$$V = \frac{1}{3}A(\Sigma h_1 + 2\Sigma h_2 + 3\Sigma h_3 + 4\Sigma h_4 + 5\Sigma h_5 + 6\Sigma h_6)$$
また，これらの土量を全区域の面積で割れば，切盛土量が等しくなるような地盤高（地ならし高さ）を求めることができる。

例 題 図 8.20 のような造成予定地を平たんな土地にするとき，その地盤高（地ならし高さ）はいくらになるか。ただし，長方形の区分の面積を 8 m × 10 m とし，図中の数字は各点の地盤高（単位：〔m〕）を示す。

解 答 各点が土量計算に何回使用されるかを，表 8.6 に地盤高を記入し，計算する。全体土量を全体面積で割れば，地ならし高さが求まる。

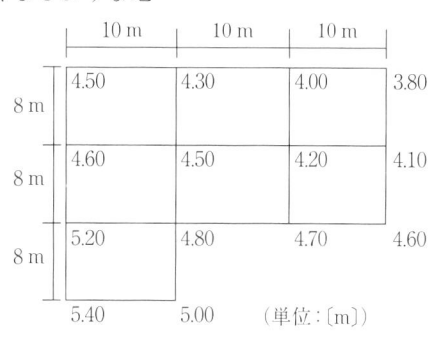

図 8.20 造成予定地

表 8.6 土量および地ならし高さの計算

	計 算 欄	面 積 A 計	10 m × 8 m = 80 m² $n\Sigma h_n$
Σh_1	4.50 + 5.40 + 5.00 + 3.80 + 4.60	23.30	23.30
$2\Sigma h_2$	4.60 + 5.20 + 4.30 + 4.00 + 4.70 + 4.10	26.90	53.80
$3\Sigma h_3$	4.80	4.80	14.40
$4\Sigma h_4$	4.50 + 4.20	8.70	34.80
		合 計	126.30
	$\Sigma V = \frac{A}{4}(\Sigma h_1 + 2\Sigma h_2 + 3\Sigma h_3 + 4\Sigma h_4) = \frac{80}{4} \times 126.30 = 2\,526$ 〔m³〕		
地ならし高さ	全体面積 $\Sigma A = 80 \times 7 = 560$ 〔m²〕, $H = \frac{\Sigma V}{\Sigma A} = \frac{2\,526}{560} = 4.51$ 〔m〕		

例 題 図 8.21 のような造成予定地を平たんな土地にしたい。その地盤高はいくらになるか。土量は，この土地を面積の等しい三角形に区分して，点高法により求める。なお，図中の数字は，各点の地盤高（単位：〔m〕）を示す。

解 答

$\sum h_1 = 8.1 + 8.5 + 7.7 + 6.8 = 31.1$ [m] … $\sum h_1 = 31.1$ [m]
$\sum h_2 = 7.9 + 8.6 = 16.5$ [m] …………… $2\sum h_2 = 2 \times 16.5 = 33.0$ [m]
$\sum h_3 = 7.1 + 6.5 + 7.4$
  $+ 7.9 + 9.2 + 8.6 = 46.7$ [m] …… $3\sum h_3 = 3 \times 46.7 = 140.1$ [m]
$\sum h_5 = 8.7 + 8.0 = 16.7$ [m] ………… $5\sum h_5 = 5 \times 16.7 = 83.5$ [m]
$\sum h_6 = 7.3 + 7.0 + 8.6 = 22.9$ [m] …… $6\sum h_6 = 6 \times 22.9 = 137.4$ [m]
　　　　　　　　　　　　　　　　　　　計　　　425.1 [m]

∴ 土量 $V = 425.1$ [m] $\times \dfrac{\text{三角形面積}\ 10.0\ [\text{m}^2]}{3} \fallingdotseq 1\,417.0$ [m³]

平たんな土地の地盤高 $H = 1\,417.0 \div (\text{四角形面積}\ 20.0 \times 9\ \text{個})$
　　　　　　　　　　　$= 7.872 \fallingdotseq 7.9$ [m]

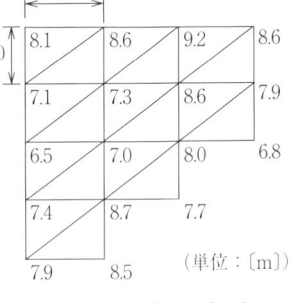

図 8.21　造成予定地

章末問題

❶ 四角形 ABCD を測量した結果，表 8.7 に示す X 座標，Y 座標を得た。座標法によりこの面積を求めよ。

表 8.7

測　点	A	B	C	D
X 座標 [m]	0	− 2.050	+ 65.442	+ 36.406
Y 座標 [m]	0	− 54.907	− 37.101	+ 17.442

表 8.8

測　線	AB	BC	CD	DA
調整緯距 [m]	+ 53.304	− 26.027	− 44.269	+ 16.992
調整経距 [m]	+ 31.803	+ 69.518	− 53.628	− 47.693

❷ ある土地（四角形 ABCD）を測量して，各測線の調整緯距，調整経距を表 8.8 のように得た。倍横距法を用いて，トラバースの面積を求めよ。

❸ 図 8.22 に，No.0 から No.4 までの切取り断面積（CA）と盛土断面積（BA）を示した。各測点間の距離を 20.0 m とするとき，この区間における盛土の土量と切取り土量との差はいくらか。

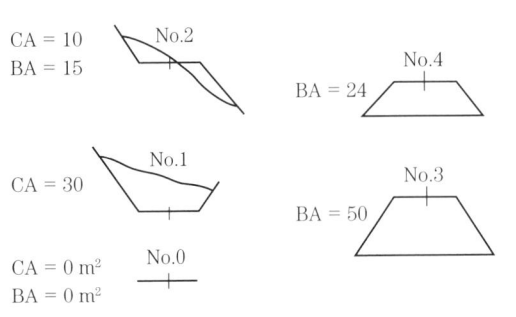

図 8.22　横断面図（単位：[m]）

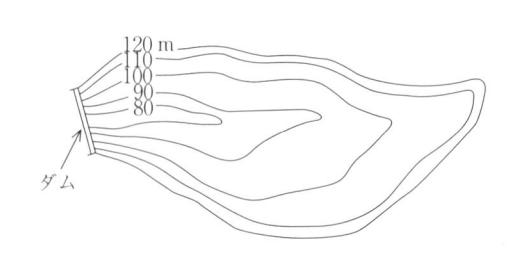

図 8.23　ダムの貯水量

❹ 図 8.23 においてダムの貯水面の高さを 110 m とする場合，その貯水量はいくらか。つぎの a.～e. の中から選べ。なお，等高線内の各面積は，80 m が 1 000 m²，90 m が 10 000 m²，100 m が 17 000 m²，110 m が 25 000 m² である。

　a.　約 800 万 m³　　b.　約 400 万 m³　　c.　約 80 万 m³　　d.　約 40 万 m³　　e.　約 8 万 m³

❺ 図 8.24 に示す区域に 30 m × 30 m の方眼を組み，各方眼点の標高を測量した。ABJLDEF の土量 V と地ならし高さを求めよ。

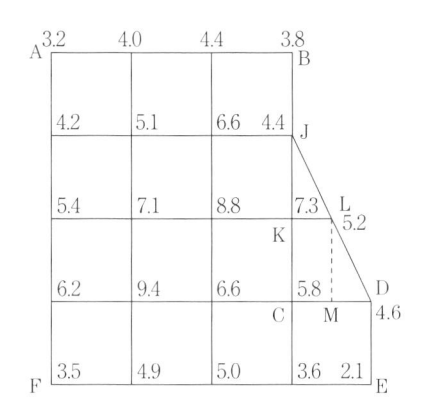

図 8.24 点高法（単位：[m]）

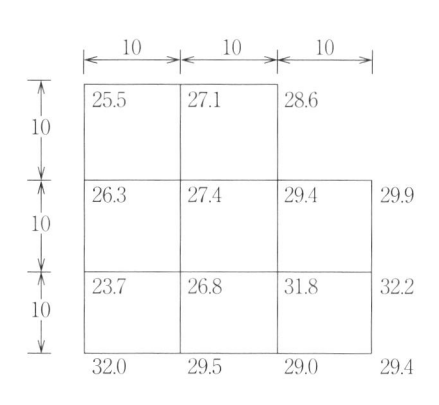

図 8.25 点高法（単位：[m]）

❻ 図 8.25 において，切取り・盛土の土量を等しくするためには，平たんな土地の地盤高をいくらにすればよいか。

章末問題略解

❶ 3 080.71 m² ❷ 3 777.95 m² ❸ 740 m³（盛土が多い。盛土量 = 1 540 m³，切取り土量 = 800 m³）
❹ d. ❺ 5.9 m ❻ 28.5 m

9章 地形測量

　地形測量は，地表にある地物の位置や地形の起伏状態，土地の利用状況を測定し，決められた縮尺と図式を用いて，地形図を作成する測量である。地形図の作成方法として，細部測量と空中写真測量がある。土木工事を行う場合，その実施計画や設計作業では縮尺 1/1 000 以上の大縮尺の地形図が必要となり，この作業には細部測量が適している。

　細部測量には，TS（トータルステーション）または GNSS（全地球航法衛星システム）測量機を用いる方法がある。細部測量については 5 章に，また，空中写真測量については 12 章に多く著している。ここでは，地形図を利用する際に知っておかなければならない地形図の種類や縮尺，等高線，図式について主に解説する。

9.1　地形測量の概要

　細部測量の方法には① 図板を用いる，② TS などや GNSS 測量機を用いる，二つがあり，①を**図解平板測量**，②を**数値地形測量（電子平板測量）**と呼んでいる。①は，かつて地形測量の代表的手法であったが，いまは②がそれに代わった。現在では GIS などの測量技術が進展する中で，数値化された測量データの取得が不可欠となった。そのため，地物・地形の位置・形状・属性をデジタル情報として取得し編集して図化する，いわゆる**数値地形図データ**[†1] を作成する**数値地形測量**[†2] が主流になってきている。

[†1] digital topographic map data
[†2] digital topographic survey

　公共測量作業規程では，数値地形測量（空中写真測量）が一般化してきている現状を踏まえ，これを地形測量と定義している。また，数値地形測量は，縮尺 1/500 以下（地図情報レベルでは 500 以上）の大縮尺から 1/25 000（地図情報レベル 25 000）までの中縮尺の地形図の作成に適している。

9.2 地形図の種類

地形図[†1] は，地表面の土地標高や地形の起伏状態，河川や農地，街並など土地の利用状況，道路や鉄道，各種建物などの人工構造物などの地物が，利用目的に合わせた大きさで表された地図のことである。

[†1] topographic map

地 形 図

等高線で地形標高や地形の起伏を表示した地図のことである。国土地理院で作成されている地形図では，縮尺 1/10 000，1/25 000 および 1/50 000 の地形図がよく利用される。

1/25 000 の地形図[†2] は，国土の全域をカバーする最大縮尺の基本図として，国土の利用・開発・保全，地域政策，教育，レクリエーションなど，広範な利用に供される基礎資料である[†3]。

地 図 情 報[†4]

地図として表現された地理情報のことである。地形図における地形情報（等高線など），土地利用情報（植生記号，建物記号など），主題図における当該主題情報などが相当する。

地図情報レベル[†5]

数値地形図[†6] において地物の取得基準，表現分類や位置精度がどの縮尺の地図と同じレベルであるかを示す指標をいう。例えば，<u>地図情報レベル 2 500 なら縮尺 1/2 500 の地図と同じレベル</u>で作られていることを示す。

主題図の種類

土地利用図，土地条件図，湖沼図，地質図，土壌図，海図，海底地質図，林相図，植生図，動植物分布図，地籍図，統計図，産業地図などや道路地図，観光地図などがある。

土地利用図

土地利用の状態を現地調査や空中写真，資料などによって調査し，地形図に住宅地を青色，畑地を黄色などと土地利用別に色分けしている。農地や林地などの植生区分，都市部の商業や工業などの機能区分なども表示されているため，地域計画の基礎資料に利用され，耕地の利用状態，都市機能を知るためにも用いられる。

土地利用図の例
（国土地理院：ホームページより）

[†2] 国土地理院は，2013 年 9 月に 1/25 000 地形図のデザインを約 50 年ぶりに一新することを決めた。いままでの 3 色刷から，道路や建物などの情報をより細かく盛り込み，多彩な色使いで細かに表現し，地形に陰影を付し立体感をもたせ，読みやすく使いやすい地図に改善した。

[†3] 最新資料として，電子地形図 25 000 が Web にて刊行されている。購入者が欲しい場所を欲しい大きさで自由に切取りができ，地物の表現も選択することができる斬新な測量成果である。ただ，更新が多くなるという。

[†4] map information

[†5] map information level

[†6] 1/25 000 地形図に相当する精度をもつ数値地図 25 000 が出ていて，GIS（地理情報システム）での利用を想定したデータ（道路中心線，鉄道中心線，河川中心線，水涯線，海岸線，行政界，基準点，地名，公共施設，標高の 10 項目）からなる。データは，原則として 1 枚の CD-ROM に 1 都道府県内の全市区町村が格納され，市区町村間の接合を確保している。

地形図の種類として，作成方法によって**実測図**[†7]と**編集図**[†8]に区別される。実測図は平板測量や空中写真測量で得られた実測資料を基にして作成されたものであり，編集図はその実測図を基にして新たにつくり出された図のことである。

[†7] surveyed map
[†8] compiled map

また，地形図はその利用目的によって**一般図**と**主題図**に区分される。前者は，対象とする地域の状況全般を表現し多目的に利用できるように作成された図であり，後者は，土地利用や道路の状況把握など特定の目的のために作成された図である。

9.3 地形図の縮尺

地形図の**縮尺**[†1]は，地表上のある2点間の距離と，それに対応して地形図上に表示されている長さとの比をいう。その縮尺は，縮尺分母[†2]をMとすると，分子を1とした分数$1/M$で示される。国土地理院の地図では，この縮尺を，慣例として$1/500 \sim 1/2\,500$（$1/10\,000$以上という場合もある）を**大縮尺**，$1/10\,000 \sim 1/50\,000$を**中縮尺**，$1/100\,000$より小さい場合（$1/50\,000$以下という場合もある）を**小縮尺**，と分けている。

[†1] scale
[†2] scale denomination

土木工事用などに利用される大縮尺や中縮尺の地形図は測量地域が狭いため，地球表面の曲率を無視した平面として作図されている。一方，小縮尺の地形図は測量地域が広いため，地球表面の曲率が影響するので図面とするには補正が必要であり，例えば，国土地理院発行の小縮尺の地形図はこの方法で作図されている。国土地理院発行の基本図の縮尺を**表9.1**に示す。

表9.1 国土地理院発行の基本図の一覧[1)]

地図の種類	縮尺	地図の大きさ〔mm〕	作成方法	備考
国土基本図	1/2 500	788 × 1 090	実測図	小地域
	1/5 000	788 × 1 090	実測図	小地域
地形図	1/10 000	520 × 740	編集図	小地域
	1/25 000	460 × 580	実測図	全国
	1/50 000	460 × 580	編集図	全国
地勢図	1/200 000	460 × 580	編集図	全国
地方図	1/500 000	788 × 1 090	編集図	全国
国際図	1/1 000 000	788 × 1 090	編集図	全国
	1/3 000 000	788 × 1 090	編集図	全国

[例題] 地上で50 mの橋は，1/5 000および1/50 000の地形図ではどう描かれるか。

[解答] 1/5 000の地形図では1 cm，1/50 000では1 mmの長さで描かれる。

縮尺の大小

縮尺分母が大きい場合，比の値が小さいので，「縮尺が小さい」といい，逆に縮尺分母が小さいとき，「縮尺が大きい」という。例えば，縮尺 1/100 と 1/10 の地形図を比較すると，1/100 のほうは「小縮尺」，1/10 のほうは「大縮尺」である。すなわち，縮尺の大・小＝分数の（値の）小・大に対応する。 1/25 000 の地図で，地図上の 1 cm の実際の距離は 25 000 cm（＝250 m）である。

9.4 地形測量の順序

9.4.1 地形測量の方法

地形測量の方法は，地形図の縮尺が 1/1 000[†1] 以上の場合には TS などの細部測量で，1/2 500 以下の場合には空中写真測量[†2] で行うことが一般である。その工程を図 9.1 に示す。

[†1] 地図情報レベル1 000
[†2] 12章 参照

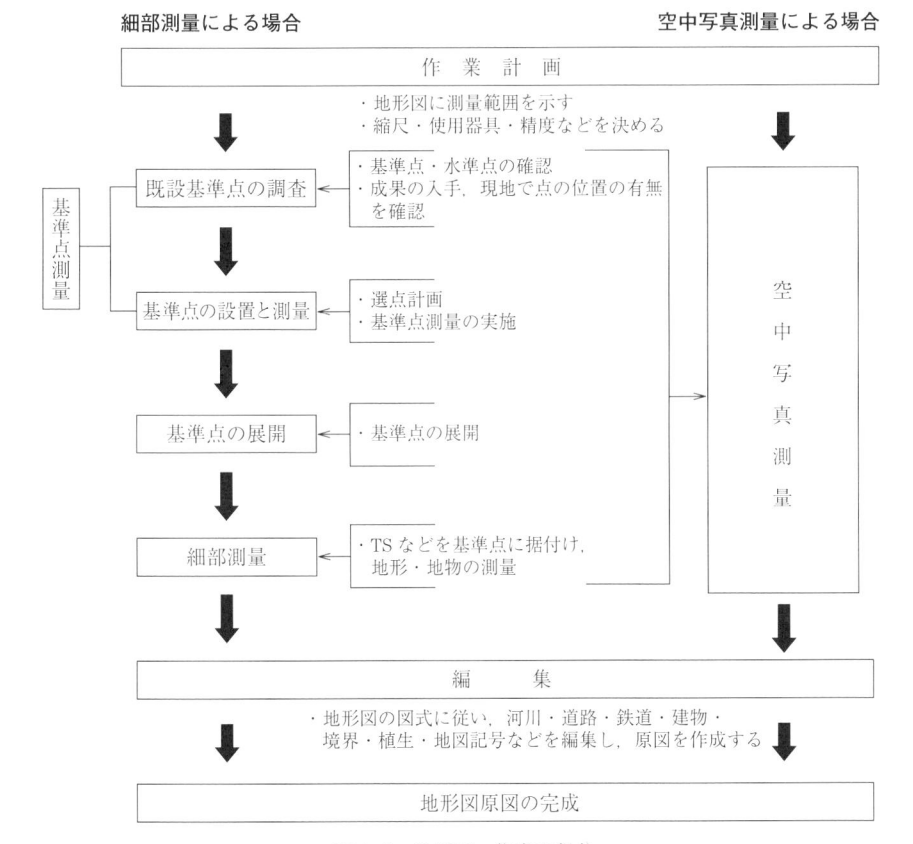

```
細部測量による場合                         空中写真測量による場合
                    ┌─────────────┐
                    │  作 業 計 画  │
                    └─────────────┘
                          ↓
                    ・地形図に測量範囲を示す
                    ・縮尺・使用器具・精度などを決める
         ┌──────────────┐
         │ 既設基準点の調査 │←・基準点・水準点の確認
         └──────────────┘  ・成果の入手，現地で点の位置の有無
                          ↓      を確認
基        ┌──────────────┐
準        │ 基準点の設置と測量 │←・選点計画              空
点        └──────────────┘  ・基準点測量の実施      中
測                        ↓                      写
量        ┌──────────────┐                     真
         │  基準点の展開  │←・基準点の展開           測
         └──────────────┘                      量
                          ↓
         ┌──────────────┐
         │   細部測量    │←・TS などを基準点に据付け，
         └──────────────┘    地形・地物の測量
                          ↓                          ↓
                    ┌─────────────┐
                    │   編   集   │
                    └─────────────┘
                    ・地形図の図式に従い，河川・道路・鉄道・建物・
                      境界・植生・地図記号などを編集し，原図を作成する
                          ↓
                    ┌─────────────┐
                    │ 地形図原図の完成 │
                    └─────────────┘
```

図 9.1 地形図 作成工程[1)]

9.4.2 細部測量

細部測量は，既設の基準点，あるいは新設された基準点から，測量地域内の地形や地物を観測し，その結果を地形図原図に記入していくことであり，その目的により，地物を対象とした測量と地形を対象とした測量に分けられる。

〔1〕 **地物を対象とした測量**　地形図に載せる地物の形状とその位置を正しく観測するには，主要な点と線とをまず定めなければならない。例えば，煙突や高塔，建物の角などの主要点や，道路・鉄道・用水路などを，他の地物に先立って測量する。

〔2〕 **地形を対象とした測量**　複雑な地表面の起伏の状況は，等高線を用いて地形図上に表すことが一般的である。地域が広く起伏の多い地形や山岳地においては，地表の不規則な曲面をいくつかの平面の集合として考え，これらの平面がたがいに交わる**地性線**[†3]の位置を明確に測量・図示し，その標高を基準として地形を描く。

[†3] basic relief line

地性線は地形の骨組となる線で，これにはつぎのようなものがある。

(1) **稜　　線**　図 9.2 の線 A～B や線 C～D に示すような，地表面が高く盛り上がった点を連ねた線をいい，凸線や山稜線，尾根線，分水線ともいう。等高線の最高部（図 9.3 にいくつか見られる山頂 A）を連ねたものから始まり，次第に支脈に別れていく。

(2) **谷　　線**　図 9.2 の線 E～F や線 G～H のような，地表面の低く落ち込んだ点を連ねた線をいい，凹線や谷合線，合水線ともいう。地性線の稜線と谷線は等高線と直交する性質をもつ（**図 9.3** 参照）。

(3) **傾斜変換線**　図 9.2 における線 K～L のように，同一方向の傾斜面において，傾斜角の異なる二つの面が交わる線のことである。

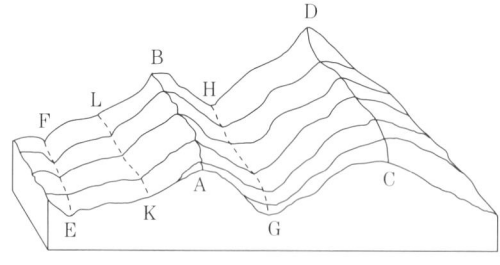

A～B, C～D：稜線　　E～F, G～H：谷線
K～L：傾斜変換線

図 9.2　地性線を表す模型

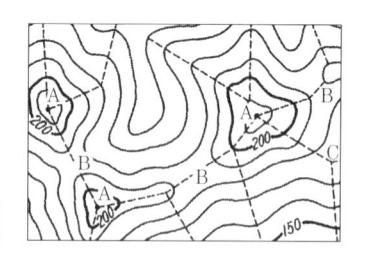

図 9.3　地性線の稜線（破線）と等高線（実線）[2)]

■ **地性線から描く等高線**
等高線は地性線に直交するので，地性線をまず定めて地形を正確にとらえる。等高線を描くための基準となる。

地性線と関連する重要な部分について，以下に示す。

(1) **鞍　　部**　図 9.3 に見られるいくつかの点 B は二つの山頂にはさまれた部分で，乗馬する際の「鞍」の形をしているので鞍部という。そこ

は峠にもなっている。

(2) **山　級**　図9.3の点Cは，山頂または稜線上において傾斜が階段のように変化する地形で，基準点を設ける場合には都合がよい。

(3) **谷**　見通しが悪く通行の困難な場所が多い。この谷を測量するには，谷の下方から上方へ向かって進み，稜線を測量するときに定めておいた点に結び付けるとよい。

また，地形の地性線から等高線を作成するには，まず，**図9.4**のように稜線を実線で，谷線を破線で示す。つぎに，現地の既設・新設の基準点（既知標高点）を基に地形測量を行い，等高線を記入することにより，実際の凹凸地形を平面の地形図に仕上げていく。

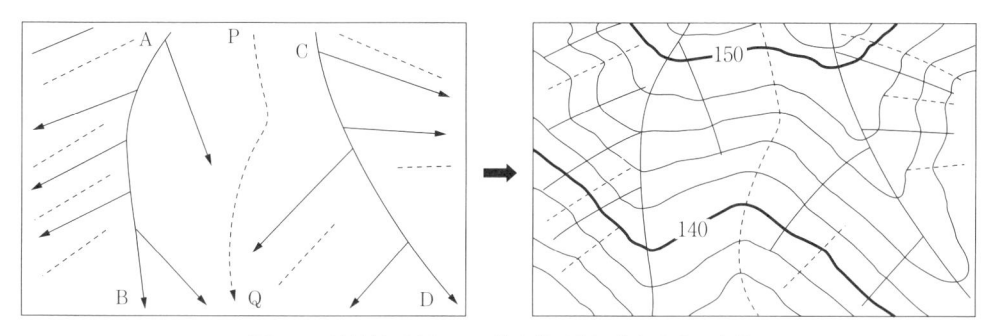

図9.4　地性線（左）から等高線（右）を記入する方法

9.5　等高線の特徴

9.5.1　等高線の種類とその間隔

等高線[†1]とは，山や谷などの地形を表すために，同じ標高の点をたどって地形図（平面図）に記入した線である。地形を等高線によって表す場合，地形図の縮尺による等高線の間隔を**等高線間隔**という（**図9.5**参照）。

[†1] contour line

等高線の種類と縮尺に応じた等高線間隔は，**表9.2**の規程に示すと

表9.2　等高線の種類と縮尺に応じた等高線間隔[1]

縮尺	主曲線〔m〕	補助曲線〔m〕	特殊補助曲線〔m〕	計曲線〔m〕
1/250	1	0.5	0.25	5
1/500	1	0.5	0.25	5
1/1 000	1	0.5	0.25	5
1/2 500	2	1	0.5	10
1/5 000	5	2.5	1.25	25
1/10 000	10	5	2.5	50
1/25 000	10	5	2.5	50
1/50 000	20	10	5	100

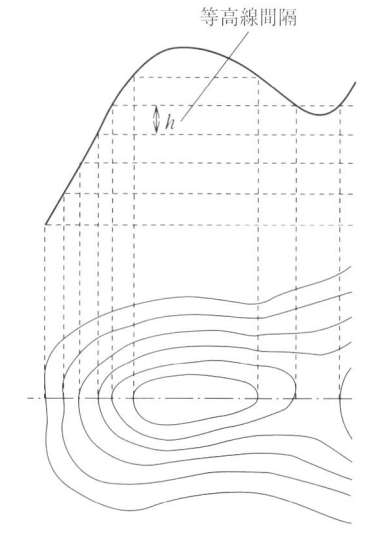

図9.5　等高線と等高線間隔（上が山の断面図，下が地形図）

おりである。例えば，縮尺 1/2 500 の地形図における各種の等高線は**図 9.6** のようになり，以下のように示される。また，等高線の種類の表示の例を**表 9.3** に示す。

■ **傾斜に応じた等高線間隔**
その等高線間隔は急傾斜地では狭く，緩傾斜地では広い。

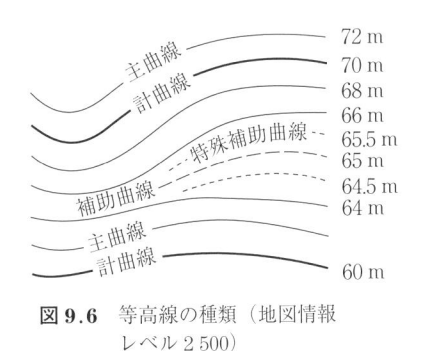

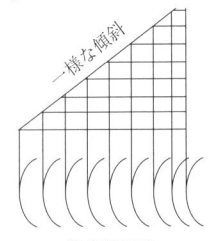

図 9.6 等高線の種類（地図情報レベル 2 500）

表 9.3 等高線の線の表示（縮尺 1/2 500，1/5 000）

名　称	記　号	線号
主曲線	10.0	2
補助曲線	0.5　5.0	2
特殊補助曲線		2
計曲線	1.0	4

〔注〕 線号は線の太さの区分，線号 2 は 0.10 mm，線号 4 は 0.20 mm である。

(1) **主 曲 線**　平均海面から起算して 2 m ごとの等高線であり，太さ 0.10 mm の実線で示す。

(2) **補 助 曲 線**　主曲線の 1/2 の間隔の等高線であり，主曲線で適切な地形表現ができない部分について，太さ 0.10 mm の破線で示す。

(3) **特殊補助曲線**　主曲線の 1/4 の間隔の等高線であり，補助曲線で適切な地形表現ができない部分について，太さ 0.10 mm の破線で示す。

(4) **計 曲 線**　等高線の数を読みやすくするために，主曲線 5 本目ごとの主曲線を太さ 0.20 mm の実線で示す。

9.5.2　等高線の性質

等高線は，地表面の傾斜や凹凸などを示すために描く場合や利用する場合も，以下に示す等高線の性質を理解しておく必要がある。

(1) 同一等高線上のすべての点は，同じ標高となる。
(2) 等高線は閉合する箇所があり，それは山頂か凹地のいずれかである。両者を区別するために，凹地[†2]には低い方向に矢印を付けるか他の方法で区別する。
(3) 等高線は途中で消失したり，2 本以上に分岐したりすることはない。標高の異なる 2 本の等高線は，垂直な絶壁などの特別な場合以外は重ならない。がけ（崖）や洞穴も特別な場合に当たる[†3]。
(4) 等高線の間隔で，傾斜が一様な地形では等間隔な等高線となる。
(5) 地表の傾斜面で最大傾斜方向を最大傾斜線という。最大傾斜線は等高線と直角に交わる。等高線の最小間隔の方向は最大傾斜方向を示し，稜線や谷線は等高線と直角に交わる。
(6) 等高線が谷や川などを横断する場合，まず一方の岸に沿って上流に向か

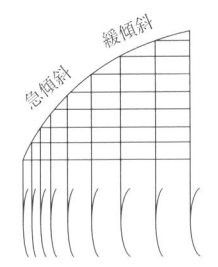

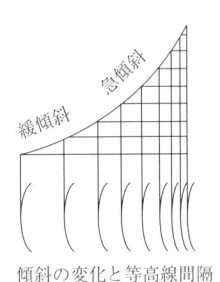

[†2] 凹地の別の表示

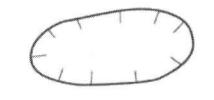

[†3] がけ（崖）や洞穴の例

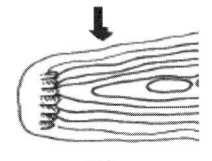

がけ

い，谷を直角に横切って反対の岸に移り，これに沿ってその谷をくだるようになる。

9.6 等高線の測定とその描き方

9.6.1 等高線の直接測定法

直接測定法[†1]は，等高線の通る同一な標高点を，TSなどや反射鏡，電子手簿などを用いた観測による。測量などにより求め，その点の位置を測定して平板図面上に等高線を直接描く方法である。この方法は直接的で正確に測量できるもので，5.3節，5.4節，および5.5節を参照する。

なお，従来の平板やレベルを用いる方法は，上述の方法の参考になるところであるので以下に解説する。

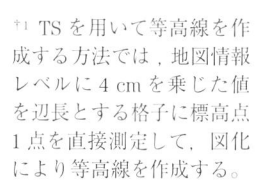

[1] **平板測量**（図9.7のように，2.0 m間隔の等高線を記入する例）

平板を用いた直接測定法は，つぎのような手順で行う。

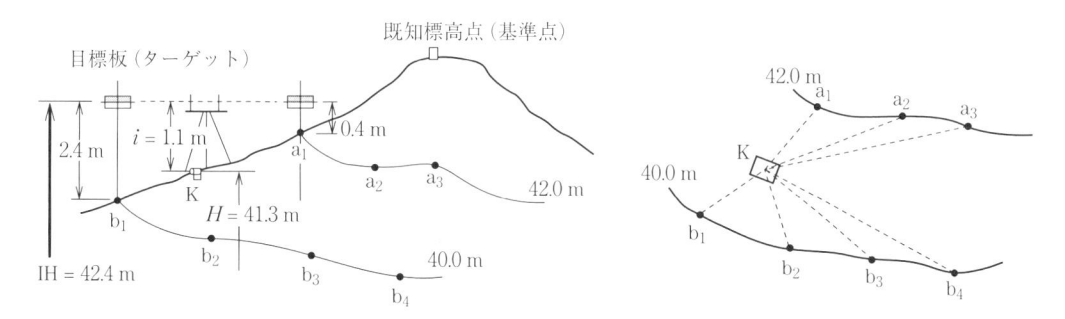

[†1] TSを用いて等高線を作成する方法では，地図情報レベルに4 cmを乗じた値を辺長とする格子に標高点1点を直接測定して，図化により等高線を作成する。

図 9.7 平板測量による等高線の直接測定法（右図は，上から見た等高線測量の方法）

手 順

① 既知標高点から任意点Kに杭を打ち，その標高Hを求める。その点に平板を据えて定位する。ここでは$H = 41.3$ mとする。

② アリダードの視準孔から点Kの杭頂までの高さiを測り，平板の器械高IHを求める。ここでは$i = 1.1$ mとする。IH $= H + i$であるので，IH $= H + i = 41.3 + 1.1 = 42.4$ [m]

③ 2.0 m間隔の等高線を記入するので，この点Kから測量できる点a，点bをそれぞれ42.0 m，40.0 mの等高線上に考える。

④ 42.0 m等高線では目標板[†2]の高さは42.4 − 42.0 = 0.4 mとなる。0.4 mの位置に目標板を固定したポールなどを，アリダードの水平視準線と一致するところへ移動させる。一致した地点が求めたい42.0 mの標高点となるので，その位置を順次，点a_1, a_2, a_3, …のように測量し平板図面に記入する。同様に，40.0 m等高線では目標板の高さが42.4 − 40.0 = 2.4

[†2] ターゲットともいい，約20 × 30 cmの長方形の鋼板製で紅白に塗り分けられている。ポールや標尺に取り付け，図のようなものでは，2枚の間隔を決めた長さにとり地形測量に使用する。

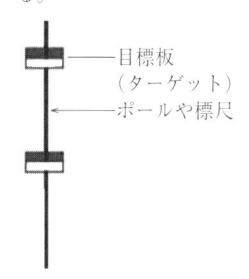

m となるので，2.4 m の位置に目標板を固定したポールなどを移動させて，その位置を順次，点 $b_1, b_2, b_3, b_4,$ …のように測量し平板図面に記入する。その後，図 9.7 のように，それらの標高点を結び等高線を描く。

⑤ 以上の①〜④を繰り返すことにより，測量地域における等高線を描いた平板素図を作成する。

〔2〕 レベルを併用して平板図面上に等高線を直接描く方法（図 9.8）

この方法はつぎの手順で行うが，既知標高の基準点の上に平板を据え付ける前にレベルの器械高を決めたほうがよい。器械高がわかっていないと地形測量ができないからである。

① 平板図面上に等高線を描く範囲を予測しておき，測量地形を見渡し，レベルを適当な位置に据え付ける。

② 標尺を既知標高 H の基準点に立て，その目盛 h を読み取る。

③ 求める等高点の標尺の目盛 x を計算する。この場合，レベルの器械高 IH は，IH = $H + h$ である。

④ 平板を，基準点に据え付ける（最初に平板を設置すると，レベル測量ができなくなるから注意）。

⑤ 標尺が等高点（標尺の目盛 x の読める位置）に立つように，レベルを視準しながら順次，標尺手を誘導する。標尺の目盛 x を読む作業は毎回きついので，図 9.7 にあるような目標板を標尺に固定して測量したほうが，視準しやすく迅速な作業ができて便利である。

⑥ 誘導された標尺の位置を，平板上のアリダードで視準し，平板図面上に地形を見ながら，順次等高点として記入する。これら記入された等高点に標高をメモしておけば，フリーハンドで結びやすくなる。これらを結んだ線が等高線となる。

例 題　図 9.9 のように，点 A の標高 $H_A = 84.08$ m，標尺の読み $h_A = 2.65$

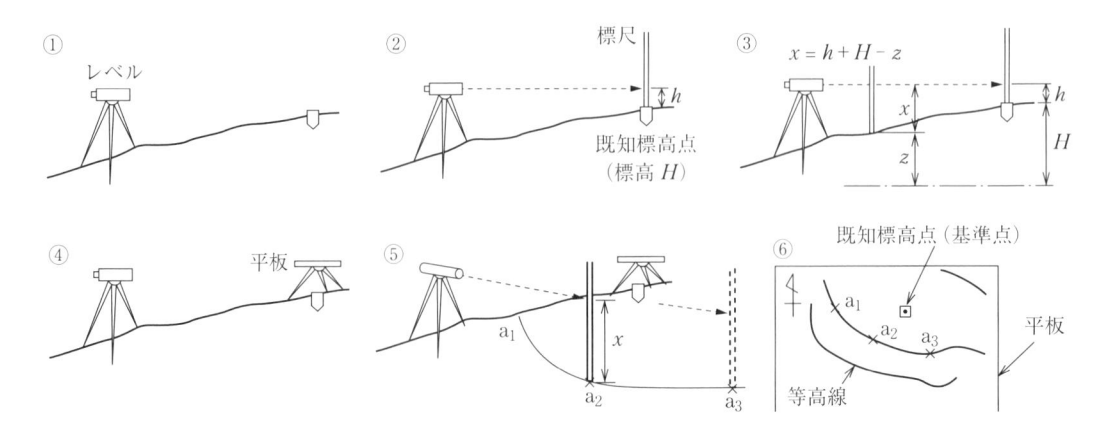

図 9.8 レベルを併用した等高線の直接測定方法

mの場合，標高85.00 mの等高線を求めるときの，標尺の読みはいくらか。

[解 答] 器械高IHは，IH = $H_A + h_A$ = 84.08 + 2.65 = 86.73〔m〕となるので，標高85.00 mの等高線を求めるための標尺の読みは

h_{85} = 86.73 − 85.00 = 1.73〔m〕

したがって，レベルで1.73 mを読み取れる地点がすべて標高85.00 mの地点であるから，そのおのおのの地点をレベル測量と同時に，図9.8に示す要領で平板測量を行うことにより，85.00 mの等高線を平板上に直接描くことができる。

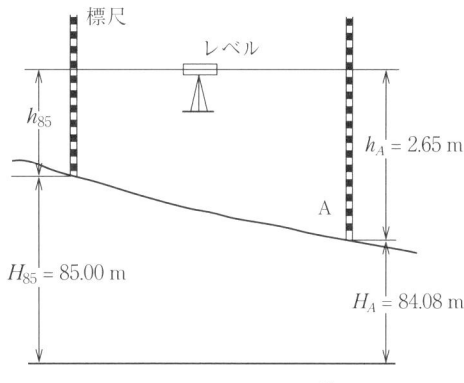

図9.9 例題の図[2]

9.6.2 等高線の間接測定法

間接測定法[†3]では，測量地域内に多くの点を選び，まず，それらの点の位置と標高を求める。つぎに，位置と標高を示した平面図を作成する。この図上で等高線を通る点を求めるような等高線の間接測定方法がある。この方法では，選んだ点の配置によって等高線の精度に影響するため，地形図の用途や縮尺に適するように選点するが，地性線上の点は重要であるので必ず選んでおく。

†3 デジタルステレオ図化機を用いて等高線を作成する方法があり，空中三角測量を行って標高値を計測してから，図化により等高線を作成する。

〔1〕 **スタジア測量（セオドライトのスタジアを用いる測量）**　既知標高の基準点にセオドライトを据え付け，視準線上の標尺を視準し，**図9.10**のように上下スタジア線の間にはさまれた間隔[†4]と鉛直角を測定して，水平距離と高さを同時に求める測量である。この方法をスタジア測量といい，視準距離と精度との関係は，100 mで1/1 000，100〜200 mで1/500，200〜300 mで1/200である。このように精度は高くないが，セオドライトで視準できる範囲ならば地形に影響されることが少なく作業性がよい。

†4 これを挟長という

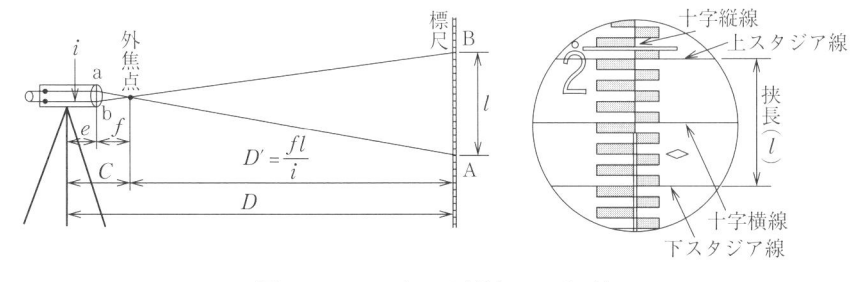

図9.10 スタジアの原理とスタジア線

図9.11において，l：挟長，i：スタジア線間隔，e：器械の中心から対物レンズの光心との距離，f：対物レンズの焦点距離，D'：外焦点から標尺までの距離，D：器械の中心から標尺までの距離，とすれば下記の関係が成立する。

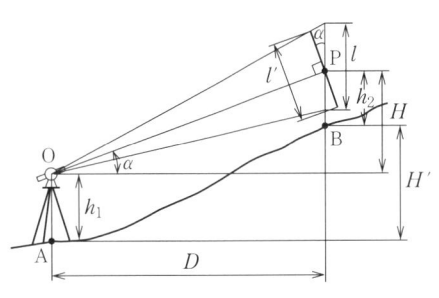

図9.11 視準線が傾斜している場合 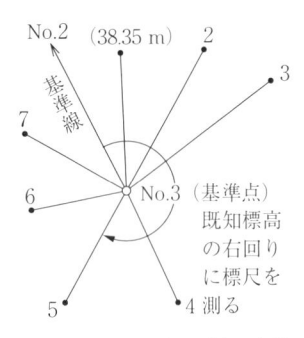　　**図9.12** スタジア測量の方法

$$i : l = f : D' \quad \therefore \quad D' = \frac{lf}{i}$$
$$\therefore \quad D = D' + e + f = \frac{lf}{i} + e + f = \frac{lf}{i} + (e + f)$$

e と f, i は器械の性能であるので，$K = f/i$, $C = e + f$ とおけば，$D = Kl + C$ で示される。K は倍定数，C は加定数であり，両者合わせてスタジア定数である。$K = 100$, $C = 0$ が一般的であるため，$D = Kl$ となる。すなわち，挟長 l を測定するだけで，その距離 D を求めることができる。

一般には傾斜地が多いから，視準線が傾斜している場合（図9.11）について考える。いま，鉛直角を α とするとき，水平距離 D と高低差 H を求める公式は，つぎのとおりである。

$$D = Kl \cos^2 \alpha + C \cos \alpha, \quad H = \frac{1}{2} Kl \cos 2\alpha + C \sin \alpha$$

ここで，$K = 100$, $C = 0$ とすると，$D = 100 \cdot l \cos^2 \alpha$, $H = 50 \cdot l \sin 2\alpha$ となる。

器械高 h_1 と視準高 h_2（十字横線の標尺の読み）が異なるときは，$H' = H \pm (h_1 - h_2)$ である。あらかじめ，$h_1 = h_2$ となるように測量したほうが，便利である。

図9.12のように，基準点の周囲を右回りで多くの方向を測量でき，その方向と位置，標高がわかるため，その方向線上の標高から間接的に等高線を描くことができる。

〔2〕**座標点法**　図9.13のように，測量地域を縦横の線で多くの正方形や長方形に分割し，これら方形の各交点の標高を測量し，これらの各交点の標高から，等高線の通るべき点を求めて描く方法である。地形の不規則な部分に対しては，その分割を細かくしたり余分な点を除いたりする。

〔3〕**横断点法**　図9.14のように，一つの中心線に沿って縦断測量をしたのち，その線上の適当な箇所（例えば一定距離および地形変化の著しい点）で，これに直角な方向に横断測量を行い，各支点などの標高から，等高線の通る点を求めて等高線を描く方法である。

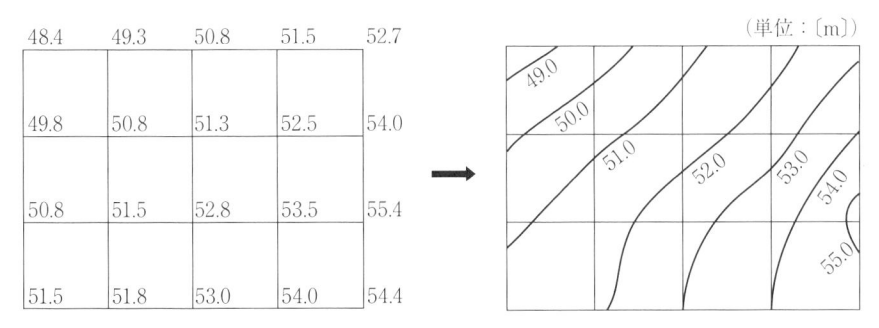

図 9.13 座標点法の例

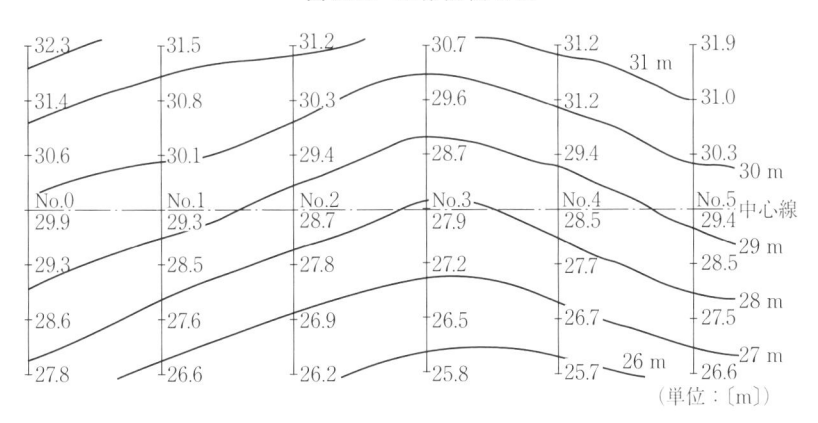

図 9.14 横断点法の例[2]

〔4〕 基準点法（スタジア測量に準じている）　セオドライトやTSなどを用いて既設基準点から地性線上の要点となる多数の測点の位置と標高とを測量し，これらに基づいて現地の地形を観察しながら各等高線の通る点を求めて，等高線を描く方法である。**図 9.15**(a)は地性線を求めた上で，これに等高線の通る点を書き込んだものであり，図(b)は現地の地形に合わせて等高線を描いたものである。

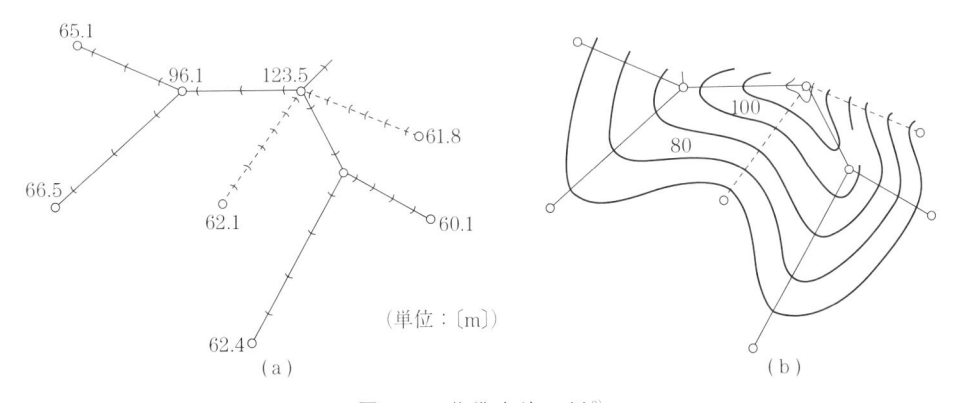

図 9.15 基準点法の例[2]

9.6.3 等高線の描き方

等高線を描くには，図上に展開された多数の既知点の標高値を基に目測また

は線形補間（比例配分[5]）により等高線が通る位置を求め，これらを結ぶ方法をとる。図 9.16(a)のように，既知点 A，B から点 P の等高線の図上位置を求める。一様な傾斜の場合，$H/L = H_P/L_P$，$L_P = (H_P/H) \times L$ となる。

[5] 比例配分による等高線の描き方

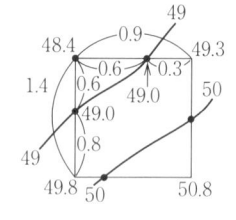

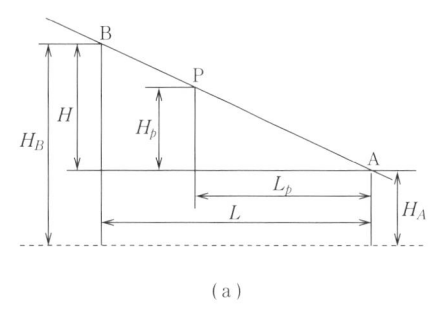

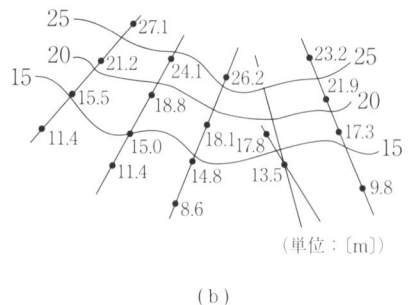

(a)
(b)

図 9.16 線形補間による等高線の描き方

図面の縮尺の分母数を M とおくと，図面上での AP 間の水平距離 l_P は，$l_P = L_P/M$ となる。図(b)に各点の標高値から間接測定法によって求めた等高線の例を示す。

例題 点 A の標高が 38.60 m，点 B の標高が 52.40 m，2 点 A，B 間の図上距離が 7.3 cm のとき，5 m ごとの等高線の通る位置を，図 9.17 を用いて求めよ。

解答 標高差 H は，$H = H_B - H_A = 52.40 - 38.60 = 13.80$〔m〕である。ここで，点 A から 40 m の等高線までの水平距離を l_{40}，点 B から 50 m の等高線までの水平距離を l_{50} とすると

$$l_{40} = (40 - 38.60)/13.80 \times 7.3 \fallingdotseq 0.7 \text{〔cm〕}$$

$$l_{50} = (52.40 - 50)/13.80 \times 7.3 \fallingdotseq 1.3 \text{〔cm〕}$$

また，45 m の等高線の通る位置は，40 m と 50 m の等高線の通る位置の中央である。

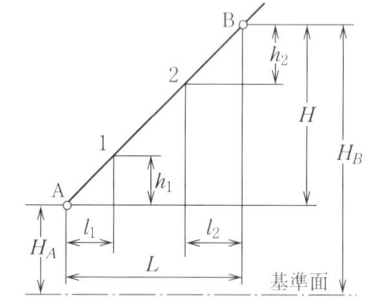

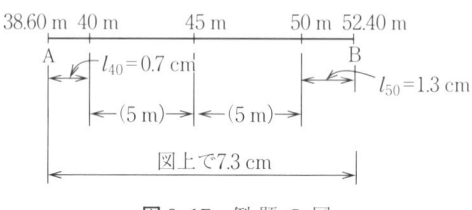

図 9.17 例題の図

9.7 等高線の利用

9.7.1 断面図の作成

等高線を利用した断面図の作成は，つぎのような手順で行う。

手順

① 図 9.18(a)に示すように，任意の断面に線 A−A を引き，等高線との交点を 1，2，3，… とする。

② 図(b)のように線 A−A に平行な基準線 A′−A′ を引き，縦軸に交点 1，2，3，… の標高の目盛に合わせて平行に横線（標高線）を引く。

③ 図(a)の交点1, 2, 3, …より垂線を下ろし，図(b)の同じ標高との交点を求め，1′, 2′, 3′, …とする．そして，1′, 2′, 3′, …の交点をフリーハンドなどでなめらかに結ぶと，断面図が仕上がる．

④ 図(b)における縦軸の縮尺は，横軸より大きくとり，傾斜の変化を見分けやすくすることがある．また，B－B断面図の作成も同様にして行えばよい．

9.7.2 等勾配線

等勾配線は，一定の傾斜をもった地表面上の線で，道路や鉄道などの路線選定に用いられる．また，傾斜や起伏のある山間地や林内の道路は，この等勾配線による設計が多用される例である．

図 9.19(a)のように勾配をi〔%〕，等高線間隔をh，水平距離をLとすると，$h/L = i/100$，$L = 100h/i$ である．また，勾配i〔%〕，高低差(等高線間隔)hにおける2点の図上距離lは，縮尺を$1/M$とすると，$l = L \times (1/M) = 100h/(i \cdot M)$ となる．

図(b)のように，等勾配線の描き方は，上の式で求めたlをデバイダ(コンパスでもよい)にとり，図の出発点Aからスタートし，1線ずつ（勾配が上る場合）山側の等高線との交点1, 2, 3, …，Bにおいて順次マークしていけばよい．そのA〜1〜2〜3〜…〜Bが，求める等勾配線となる．

9.7.3 体積（土量や貯水量）の計算

体積（土量や貯水量）の計算方法は，8章にも等高線を利用した土量計算について記述しているが，ここでは，より具体的な例による体積の求め方を示す．等高線はその利用方法の多いことが理解できる．

〔1〕**柱状体（プリズモイド）公式による土量**　等高線によって囲まれた土量Vは，図 9.20 に示すように等高線間隔をhとし，等高線で囲まれた面積をプラニメーターで測定し，おのおのを$A_0, A_1, \cdots, A_n$とすれば，次式（柱状体公式）で求まる．ただし，この式はnが偶数の場合に適用されるため，等高線の数が奇数となる場合は，例えば最下段の部分は別に求め，後で合算するとよい．

$$V = \frac{h}{3} \times (A_0 + A_n + 4(A_1 + A_3 + \cdots + A_{n-1}) + 2(A_2 + \cdots + A_{n-2}))$$

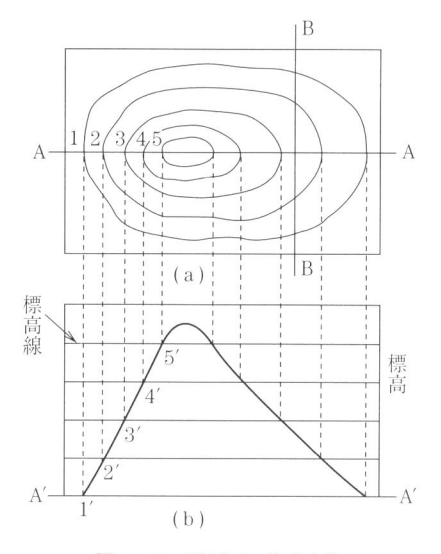

図 9.18 断面図の作成方法

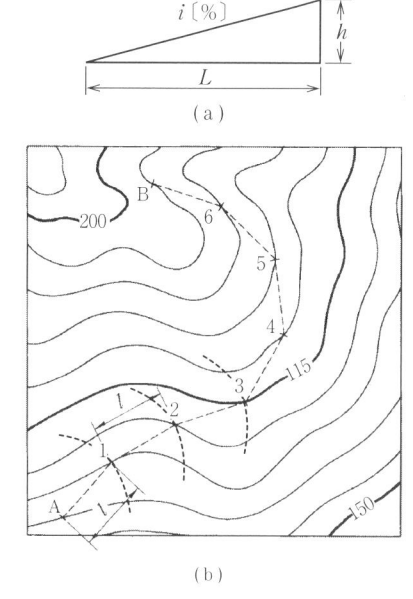

図 9.19 等勾配線の描き方

9. 地形測量

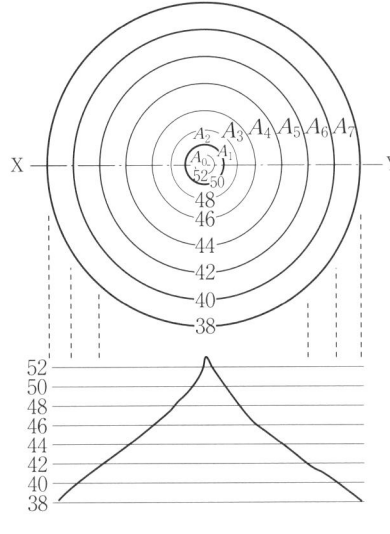

図 9.20 円錐状の山の体積を求める等高線

表 9.4 図 9.20 の A_0〜A_7 の面積と山の体積計算

番号	面積〔m²〕	上・下端の面積〔m²〕	奇数番号 $4A_i$〔m²〕	偶数番号 $2A_{i-1}$〔m²〕
A_0	100	100		
A_1	570		2 280	
A_2	1 000			2 000
A_3	1 480		5 920	
A_4	3 000			6 000
A_5	4 320		17 280	
A_6	8 350	8 350		
小計		8 450	25 480	8 000
合計			41 930	
V_1	合計 $\times \frac{1}{3}h = 41\,930 \times \frac{2}{3} = 27\,953$（ただし，$h=2$ m）			
A_7	10 824			
V_2	$\frac{1}{2}h(A_6+A_7) = \frac{2}{2}(8\,350+10\,824) = 19\,174$			
	$\therefore\ V = V_1 + V_2 = 27\,953 + 19\,174 = 47\,127$〔m³〕			

これで求めた値は，両端断面平均法で求めた値より小さく，中央断面法で求めた値より大きく，真の値に近いといわれている。

[例題] 図 9.20 は円錐状の山であり，等高線間隔 2 m で仕切られた各断面積 $A_0, A_1, A_2, \cdots, A_7$ は**表 9.4** の左側に示す値であった。標高 52 m を超す山頂部体積を無視し，この山の体積を柱状体公式で求めよ。

[解答] 図 9.20 において A_0〜A_6 の体積 V_1 を柱状体公式で求め，つぎに A_6〜A_7 の体積を両端断面平均法で求め，表 9.4 のようにこれらを合計すると，$V = 47\,127$ m³ となる。また，参考として，A_0〜A_7 の体積 V を両端断面平均法で求めると

$$V' = \{100 + 10\,824 + 2 \times (570 + 1\,000 + 1\,480 + 3\,000 + 4\,320 + 8\,350)\} \times \frac{2}{2} = 48\,364\ \text{〔m³〕}$$

〔2〕 計画面が階段状の掘削土量

[例題] 計画面が階段状になっている図 9.21 のような掘削土量を求めなさい。なお，標高別の切取り面積を**表 9.5** に示す。

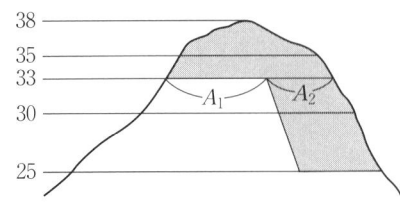

図 9.21 計画面が階段状の掘削土量

表 9.5 標高別の切取り面積

標高〔m〕	切取り面積〔m²〕
38	0
35	27
33	A_1：25，A_2：14
30	18
25	24

[解答] $(0+27)/2 \times \underline{3} + (27+\boxed{39})/2 \times \underline{2} + (14+18)/2 \times \underline{3} + (18+24)/2 \times \underline{5} = 259.5 \fallingdotseq 260$〔m³〕　（下線は高さを示す）

計算式中の 39 は，$A_1 + A_2 = 25 + 14 = 39$ の値である．標高の間隔が異なっているので注意する必要がある．

†1 8.2.2項 等高線を利用した土量・貯水量の計算 参照

〔3〕 **ダムの貯水量**[†1] 　ダムの貯水量を求めるには，ダム背面の各等高線で囲まれた面積をプラニメーターで求め，両端断面平均法などで計算できる．貯水量の計算の考え方は，土量の場合の逆である．

ダム堤頂よりやや低いところまで湛水できる最高水位がある．また，ダム湖の底部の水量は，狭い面積であるが土砂の堆積もあるので（死水容量として）無視してよい．

|例　題| 図 9.22 はダム周辺の等高線図である．湛水標高 290 m 以下の等高線間隔 10 m ごとの面積を，図上でプラニメーターを用いて測定したところ，順に 290 m が 480 m^2，280 m が 320 m^2，270 m が 140 m^2，260 m が 60 m^2 であった．このダムの貯水量 V を求めなさい．

|解　答| 両端断面法による．

$$V = \frac{1}{2}(480 + 320) \times 10 + \frac{1}{2}(320 + 140) \times 10 + \frac{1}{2}(140 + 60) \times 10$$
$$= 7\,300 \ [\text{m}^3]$$

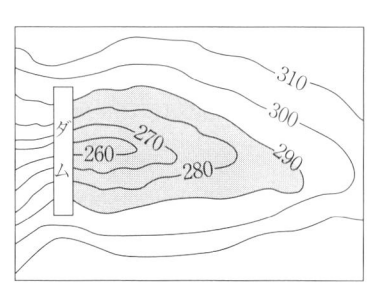

図 9.22 ダム周辺の等高線図

等高線の利用

(1) 集水・流域面積 　河川などの流量は，流域面積と降雨量から概算できる．ダムによる水利計画には，集水面積が不可欠である．図において点 A に集水する流量を求めるための集水（流域）面積は，DE の稜線と DB 方向と EC 方向の分水線と，点 A から等高線に直角な最大傾斜線で囲まれた地域，すなわち，ABDECA の面積である．この面積は複雑な形状であるから，プラニメーターで測定する．

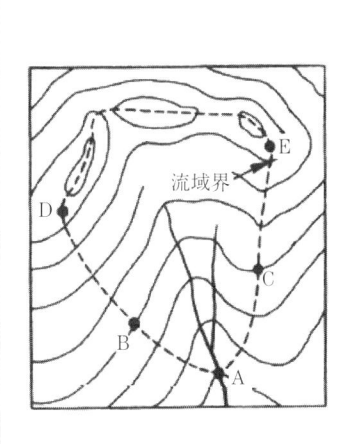

点 A における集水面積

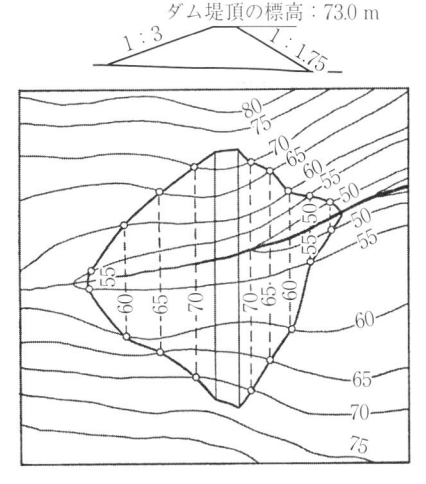

ダムの断面図と平面図[3]

ダムの集水面積とは，ダム上流で降った雨が最終的にはダムに流れてくると考えられる範囲の面積のこと。流域面積ともいい，ダム上流の水を集めることから，Catchment area と英語でいう。

(2) **ダムの平面図** ダムの堤頂面は水平で，標高が73.0 mであるから，所定の位置に頂面の平面を，断面図の幅からの垂線を下ろして描く。これに平行に斜面の等高線（破線）を描き，原地盤の等高線とそれに相対する等高線との交点を求めて，それらを順次結べば，ダムの平面図が得られる。

(3) **開削する道路の施工範囲** 右方に上り1/22勾配になっている道路をつくる場合，掘削（開削）すべき範囲を描く方法を考える。路盤の位置がすでに図上に示され路盤の横断面が水平であるとする。標高が既知の点から150 m，155 m，…などの等高線が路盤面を通る位置を求める。これらの等高線は，路盤の中心線に直交する直線で，その間隔は110 mになる。

両側斜面の傾斜が1：1.5であれば5 mの等高線は7.5 mおきになるから，これを路盤の等高線の両端から描く（点線）。原地盤の等高線とこれに対応する斜面の等高線との交点を順次結べば（太実線），これが掘削すべき範囲を示すことになる[3]。路線選定では，新規に測量することはたいへんで時間や経費も掛かることから，地形図を利用する。

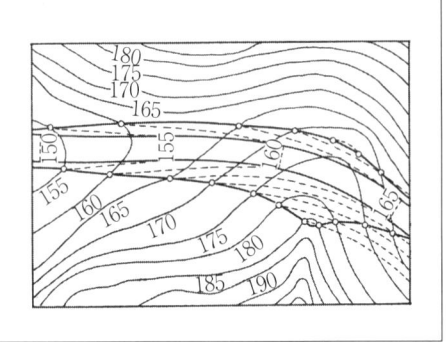

9.8 図　　式

図式は，地形図を作成するとき，目的と縮尺に応じて地物を表示するための記号や大きさ，線の太さなどを決めたものである。地図利用者にとってわかりやすい表示であることが大事である。主な図式規程を**表9.6**に示す。おのおのの図式規程には表示内容と表示基準が定められており，表示内容の主なものを**表9.7**に示す。対象が小物体では大縮尺地形図と国土基本図[†1]だけに表示されているが，それ以外の対象項目はいずれの縮尺でもほぼ表示されている。

縮尺による地図表示の違いは，縮尺別の表示基準にある。表示基準には，
① 縮尺に応じて対象物を実際の大きさで表示するか非表示とするかの選択・

[†1] 国土基本図には縮尺1/2 500と1/5 000の2種類があり（表9.1参照），地域の実態を詳細に表現し，国や地方公共団体における合理的な行政施策を推進するための一般的な性格をもつ大縮尺の地図である。いわゆる，公共測量に使用されている。
建物が一軒ごとに表示され縮尺の制約による省略が少なく，実際の状態がそのままわかる地図であるため，公共事業の調査・計画・立案などに利用される。

9.8 図 式

表9.6 主な図式規程の一覧

図式規程	適用縮尺	図式作成機関
大縮尺地形図図式規程	1/500～1/1 000	国土交通省
国土基本図図式適用規定	1/2 500～1/5 000	国土交通省国土地理院
1/25 000 地形図図式適用規程	1/25 000	国土交通省国土地理院
1/50 000 地形図図式適用規程	1/50 000	国土交通省国土地理院
1/200 000 地形図図式適用規程	1/200 000	国土交通省国土地理院

表9.7 縮尺別の主要な表示項目の一覧

項目	大縮尺図	国土基本図	1/25 000 図	1/50 000 図	1/200 000 図	備考
建物	○	○	○*1	○*1	×*2	建物の外形線
基準点	○	○	○	○	×	国家基準点などの表示
小物体	○	○	×	×	×	墓碑, 記念碑などの表示
道路	○	○	○	○	○	道路と道路構造物の表示
鉄道	○	○	○	○	○	鉄道と鉄道構造物の表示
境界	○	○	○	○	○	行政境界の表示
植生	○	○	○	○	○	植生境界と種類の表示
水部	○	○	○	○	○	河川, 湖沼, 海部の表示
地形	○	○	○	○	○	等高線, 急斜面などの表示

*1 総描となる。 *2 市街地表示となる。

表9.8 縮尺別の道路と建物の表示基準

縮尺	項目	採用基準	表示の方法
1/500	道路	すべての道路を表示	実際の幅（縮尺幅）で表示
	建物	すべての建物を表示	外形線を実際の大きさ（縮尺大）で表示
1//2 500	道路	幅1 m 以上の道路を表示	実際の幅（縮尺幅）で表示
	建物	短辺1.25 m 以上の建物を表示	外形線を実際の大きさ（縮尺大）で表示
1/25 000	道路	幅3 m 以上の道路を表示	幅3 m～25 m 未満の道路は縮尺幅よりも太く表示 幅25 m 以上の道路は縮尺幅で表示
	建物	短辺10 m 以上の建物を表示	建物の外形を黒塗りつぶしで表示。数軒を一つにまとめたり, 市街地全体をハッチで表示（総描）
1/50 000	道路	幅5.5 m 以上の道路を表示	幅5.5 m～50 m 未満の道路は縮尺幅よりも太く表示 幅50 m 以上の道路は縮尺幅で表示
	建物	短辺20 m 以上の建物を表示	建物の外形を黒塗りつぶしで表示。数軒を一つにまとめたり, 市街地全体をハッチで表示（総描）

採用基準, ② 表示方法の選択, の二つがある。縮尺別（1/500～1/50 000）の表示基準として, 代表的に道路と建物の例を表9.8に掲げる。これらの表示基準では, 縮尺が小さくなる（小縮尺）ほど採用基準の最小値が大きくなり, 表示方法では, 一定の大きさ以下のものを実際よりも大きく表示（記号化）し, わかりやすくしている。

また, 縮尺の異なる地図を同一の範囲と縮尺で比較すると, 図式規程の違いが明らかになる。例えば, 建物では1/2 500図において実際の形状で一軒ずつ表示されているのに対し, 1/25 000図や1/50 000図では網形状の総描[†2], あるいは, 何軒かをまとめて黒塗り表示する。また, 道路の場合, 1/2 500図では実際の幅で表示されるが, 1/25 000図や1/50 000図では実際の幅よりも太く表示される, という違いがある。

表9.9は, 河川, 道路, ダムなどの計画や管理, 土木工事のために使用す

[†2] 地図編集の際, 縮尺上の制限から必要度に応じて細かいものや密集したものを大づかみにとらえて簡略化して表示することをいう。例えば密集市街地において家を一軒ずつ描けないから, 市街地区の全体に斜線（ハッキング）などで描く。

[†3] 地図に表示する記号や文字などを規定した「図式」は近年のデジタルマッピングの普及により, コンピュータによる作成に対応するように改訂された。公共測量標準図式は, 数値地形図データ取得分類基準表に詳細が掲載されているの

142   9. 地形測量

表 9.9　大縮尺地形図の図式の目的と表示原則 1)

目　的	1/500, 1/1 000 の地形図の調整について, 規格の統一を図ることを目的にする。
表示の対象	測量作業時に現存し, 永続性のあるものとする。ただし, つぎに挙げる事項は, 表示することができる。 (1)　建設中で, おおむね 1 年以内に完成する見込みのあるもの。 (2)　永続性のないもので, 特に必要と認められるもの。
表示の方法	1.　地表の面の状況を, 縮尺に応じて正確詳細に表示する。 2.　表示する対象は, それぞれの上方からの正射影*1 で, その形状を表示する。ただし, 表示困難なものについては, 正射影の位置に定められた記号で表示する。
表示事項の転位*2	大縮尺地形図に表示する地物の水平位置の転位は, 原則として行わない。
地図記号および文字の大きさの許容範囲	許容範囲は, 表現上やむを得ないものに限り, 定められた大きさに対して図上 ± 0.2 mm 以内とする。
線の区分	線の区分は, つぎの表に定めるとおりとする。 | 線号 | 線の太さ [mm] | 備　考 | |---|---|---| | 1 号 | 0.05 | 線の太さの許容範囲は各線号を通して, ± 0.025 mm とする。 | | 2 号 | 0.10 | | | 3 号 | 0.15 | | | 4 号 | 0.20 | | | 6 号 | 0.30 | | | 8 号 | 0.40 | |

*1 上方視点より平行に投影。
*2 正しい位置（真位置）に表示できないときに, 少し移動して表示すること。

る大縮尺地形図の図式†3 の目的・表示原則であり, その地図記号（公共測量標準図式（1/500, 1/1 000））の一部を**表 9.10** に, 1/25 000 地形図の図式の記号の一部を**表 9.11** に示した。その 1/25 000 地形図記号では, 電子基準点が平成 9 年に, 博物館と図書館が平成 14 年に, 風車と老人ホームが平成 18 年に追加され, 銀行（1/10 000 地形図では使用）, 古戦場, 都道府県庁（20 万分の 1 地勢図などでは使用）, 牧場, 電報電話局, 塩田などが使われなくなった。

で, 参照されたい。
http://www.mlit.go.jp/crd/city/sigaiti/materials/sokuryou/fuzokushiryou.pdf
道路では, 真幅道路としての表示を 1/2 500 図では幅員 1 m 以上, 1/5 000 図では幅員 2 m 以上, 等高線では, 主曲線の間隔を 1/2 500 図では 2 m, 1/5 000 図では 5 m としている。

9.9　国土地理院発行の地形図の特徴

国土地理院発行の地形図で 1 枚の大きさ（45 cm × 37 cm）のものは, 投影する範囲が地球の表面積に比べるとごく小さいので, 図のひずみを考慮する必要はほとんどない。従来の地形図は多面体図法であったが, 1955（昭和 30）年から**UTM 図法（ユニバーサル横メルカトル図法）**†1 が用いられている。

UTM 図法の特徴は, **図 9.23** に示すように, 地球を経度 60° ごとに 60 の経度帯に分け, 多面体図法のように 60 の分割図をつなぐと裂け目なくつながる点である。中央経線上の縮尺係数（s/S）を 0.999 6 として, これより約 180 km 離れたところで 1.000 0 となるように投影する。理論上は投影された地図の形

†1 universal transverse mercator's projection

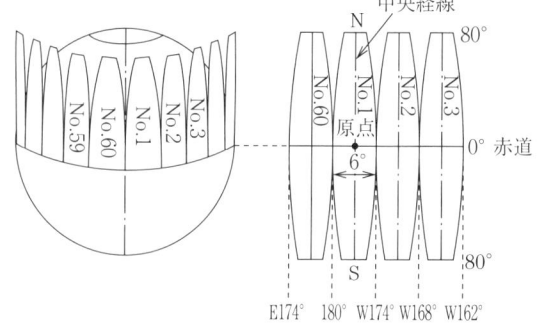

図 9.23　UTM（ユニバーサル横メルカトル）図法 2)

9.9 国土地理院発行の地形図の特徴

表 9.10 公共測量標準図式 (1/500・1/1 000) の地図記号の一部[1]

記号	名称	記号	名称	記号	名称
—・—・—	都府県界	文	学校	⊥	墓地
———	北海道の支庁界	博	博物館	ய	温泉・鉱泉
—・・—・・—	郡市・東京都の区界	図	図書館	吕	古墳
—・—・—	町村・指定都市の区界	幼	幼稚園・保育園	凸	城・城跡
⌐⌐	道路縁（街区線）	△	公会堂・公民館	∴	史跡・名勝・天然記念物
--------	徒歩道	保	保健所	········	植生界
- - - -	庭園路等	⌂	老人ホーム	∥	田
━╋━	普通鉄道	⊞	病院	∨	畑
━╂━	特殊鉄道	⑧	銀行	Ｙ	桑畑
∼∼∼	索道	⊓	倉庫	∴	茶畑
▭	普通建物	火	火薬庫	○	果樹園
■	堅ろう建物	☼	工場	○○	その他の樹木畑
⌐⌐⌐	普通無壁舎	☼	発電所	川	牧草地
☉	官公署	⊕	変電所	∴	芝地
△	裁判所	⊛	浄水場	Q	広葉樹林
⊿	検察庁	⊥	墓碑	Λ	針葉樹林
◇	税務署	⊓	記念碑	⼩	竹林
⊖	郵便局	⊓	坑口	⼩	荒地
⚹	森林管理署	◻△	煙突	⌒	凹地（主曲線）
T	測候所	↑	高塔	⌒	土がけ（崩土）
⊗	警察署	⊥	電波塔	⌒⌒	露岩
×	交番	⊻	灯台	△	三角点
Y	消防署	⚘	風車	⊡	水準点
⊛	職業安定所	⎇	河川	⊙	多角点等
○	役場支所および出張所	⎇	細流	▲	公共基準点（三角点）
用水路	⊟	公共基準点（水準点）
卍	神社	⊖	湖池	◎	公共基準点（多角点等）
卍	寺院	⊢⊢	人工斜面	⛰	電子基準点
✝	キリスト教会	⊢⊢	土堤	⛰	公共電子基準点
		—・—・—	さく（未分類）	•	標石を有しない標高点

9. 地形測量

表 9.11 1/25 000 地形図の図式記号の例の一部

	トンネル		13 m～25 m（4車線以上）		市 役 所 東京都の区役所	博 物 館
		記号道路	* 5.5 m～13 m（2車線）		町 村 役 場 政令指定都市の区役所	図 書 館
			3 m～5.5 m（1車線）			老人ホーム
			1.5 m～3 m（軽車道）		官公署（特定の記号のないもの）	神 社
			1.5 m未満（徒歩道）			寺 院
	(14)		国 道 等		裁 判 所	高 塔
			庭 園 路		税 務 署	記 念 碑
			有料道路および料金所		森 林 管 理 署	煙 突
	単線 駅 複線以上 (JR線)		普 通 鉄 道		気 象 台	電 波 塔
	トンネル (JR線)				警 察 署	油 井・ガ ス 井
	単線 複線以上 駅 (JR線以外)				交 番	灯 台
					消 防 署	風 車
			地下鉄および地下式鉄道		保 健 所	坑口（洞口）
			特 殊 鉄 道		郵 便 局	城 跡
			路 面 の 鉄 道		自 衛 隊	史跡・名勝・ 天然記念物
			リ フ ト 等		工 場	噴火口・噴気口
			道路橋および鉄道橋		発 電 所 等	温 泉
			土がけ（切取部）		小・中 学 校	採 鉱 地
			土がけ（盛土部）		高 等 学 校	採 石 地
			送 電 線		(大) 大 学 (専) 高 等 専 門 学 校	重 要 港 地 方 港
			へ い		病 院	漁 港
			石 段			田	広 葉 樹 林
			都 府 県 界		畑	針 葉 樹 林
			北海道の支庁界		果 樹 園	ハイマツ地
			群市・東京都の区界		桑 畑	竹 林
			町村・政令市の区界		茶 畑	笹 地
			植 生 界		その他の樹木畑	ヤシ科樹林
			特 定 地 区 界			
△ 52.6	三 角 点	・ 124.7	現地測量による標 高 点			荒 地
⋀ 18.2	電子基準点					
⊡ 21.7	水 準 点	・ 125	写真測量による標 高 点			

* 記号道路とは，道路幅が 25 m 未満の街路を除く道路であり，道路幅に応じた一定の記号幅員により区分する。ここで街路とは，市街地など建物などが密集している区域の道路をいい，道路幅 3 m 以上 25 m 未満のものに適用するものである。

（国土地理院　2002（平成 14）年 2 万 5 千分の 1 地形図式より抜粋）

が1枚ずつ異なるけれども，実際の縮尺1/50 000以上の地形図では多面体図法の寸法と比較してほとんど差がないため，縮尺1/25 000，1/50 000の地形図などに用いられている。

一方，国土基本図は，座標系による距離方眼を基準とし，座標系一つひとつを**ガウス・クリューゲル図法**[†2]で投影している。すなわち，わが国の国土全体を平面直角座標系とした19の座標系に分け，そのおのおのの座標系ごとに座標原点を設け，その原点における経線上の縮尺係数を0.999 9として，これより約90 km離れたところで1.000 0となるように投影している。この方法は，縮尺1/2 500，1/5 000の国土基本図などに用いられている。

[†2] Gauss-Kruger's projection
準拠楕円体から直接平面に横軸等角円筒図法で投影する方法で，**横メルカトル図法**ともいう。

表9.12は，国土基本図および地形図の各要素をまとめたものである。国土基本図（平面直角座標系）と地形図（UTM図法）とに関する縮尺係数についてまとめたものは，図9.24のようになる。

表9.12 大・中縮尺地図の各要素（国土地理院の大・中縮尺地図を対象）

地図の種類 / 要素	1/2 500 国土基本図	1/5 000 国土基本図	1/25 000 地形図	1/50 000 地形図
投影図法	平面直角座標系（横メルカトル図法）		ユニバーサル横メルカトル図法（UTM図法）	
図法の性質	等角図法（ガウス・クリューゲル図法）			
投影範囲	日本の国土全体を19の平面直角座標の座標系に分けて，そのおのおのの座標系ごとに適用している。		東経（または西経）180°から東回りに経度差6°ごと，北緯80°〜南緯80°の範囲に適用，これを経度帯（ゾーン）という。	
座標の原点	19の座標系ごとに原点を設けてある。縦軸方向をX，横軸方向をYとし，原点の座標をX=0 m，Y=0 mとしてある。X軸は北を「+」，南を「−」。Y軸は東を「+」，西を「−」。		各ゾーンの中央経線と赤道との交点を原点，縦軸方向をN，横軸方向をE，原点の座標をN=0 m，E=500 000 m（南半球ではN=10 000 000 mとしてある）。	
図郭線の表示	平面直角座標による原点からの距離による表示		経度および緯度による表示	
高さの表示	平均海面からの高さ			
縮尺係数	原点で0.999 9，原点から横座標で90 km離れた地点で1.000 0		原点で0.999 6，原点から横座標で180 km離れた地点で1.000 0	
地図の大きさ	80 cm × 60 cm	80 cm × 60 cm	7′30″（経度差）× 5′（緯度差）	15′（経度差）× 10′（緯度差）
投影面積	3 km²	12 km²	約100 km²	約400 km²
等高線間隔	2 m	5 m	10 m	20 m

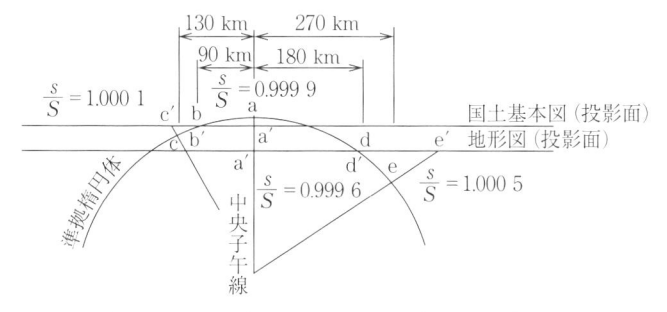

図9.24 国土基本図（平面直角座標）と地形図（UTM図法）における縮尺係数

9.10 地域メッシュ

　国の統計調査のために国土を経緯度比3：2の長方形に分割していったメッシュを**地域メッシュ**と呼ぶ。**表9.13**と**図9.25**に示すように，広域の第1次地域区画を基に分割を繰り返すことによって狭い範囲の8分の1地域メッシュまで隙間なく区画されている。メッシュを識別するメッシュコードの表示方法を**図9.26**に示す。各メッシュコードの定め方は，第1次地域区画は南西の角の経緯度の値から，第2次地域区画（統合地域メッシュ）と第3次地域計画（基準地域メッシュ）は縦横の等分区画の数値の組合せから，2分の1地域メッシュから8分の1地域メッシュまでは区画の数値からとなっている。統合地域メッシュ，基準地域メッシュおよび分割地域メッシュを総称して**標準地域メッシュ**と呼ぶ。標準地域メッシュは，DEM，植生図，基準点コードにも利用されている。

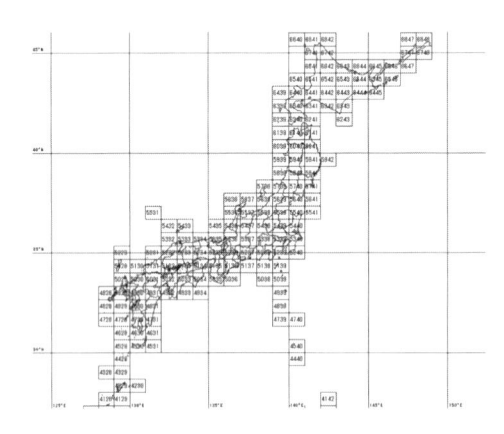

（a）第1次地域区画

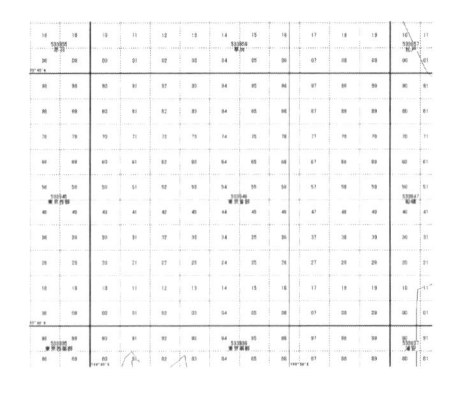

（b）第2次地域区画　　　　　　（c）基準地域メッシュ

図9.25　地域メッシュ

9.10 地域メッシュ

表 9.13 地域メッシュ

区画の種類	区 分 方 法	緯度の間隔	経度の間隔	長辺の長さ	地図との関係
第1次地域区画	全国の地域を偶数緯度およびその間隔（120′）を3等分した緯度における緯線ならびに1°ごとの経線とによって分割してできる区域	40′	1°	約 80 km	20万分の1地勢図の1図葉の区画
第2次地域区画（統合地域メッシュ）	第1次地域区画を緯線方向および経線方向に8等分してできる区域	5′	7′30″	約 10 km	2万5千分の1地形図の1図葉の区画
第3次地域区画（基準地域メッシュ）	第2次地域区画を緯線方向および経線方向に10等分してできる区域	30″	45″	約 1 km	
2分の1地域メッシュ（分割地域メッシュ）	基準地域メッシュ（第3次地域区画）を緯線方向，経線方向に2等分してできる区域	15″	22.5″	約 500 m	
4分の1地域メッシュ（分割地域メッシュ）	2分の1地域メッシュを緯線方向，経線方向に2等分してできる区域	7.5″	11.25″	約 250 m	
8分の1地域メッシュ（分割地域メッシュ）	4分の1地域メッシュを緯線方向，経線方向に2等分してできる区域	3.75″	5.625″	約 125 m	

(a) 第1次地域区画　　(b) 第2次地域区画　　(c) 基準地域メッシュ

(d) 2分の1地域メッシュ　　(e) 4分の1地域メッシュ　　(f) 8分の1地域メッシュ

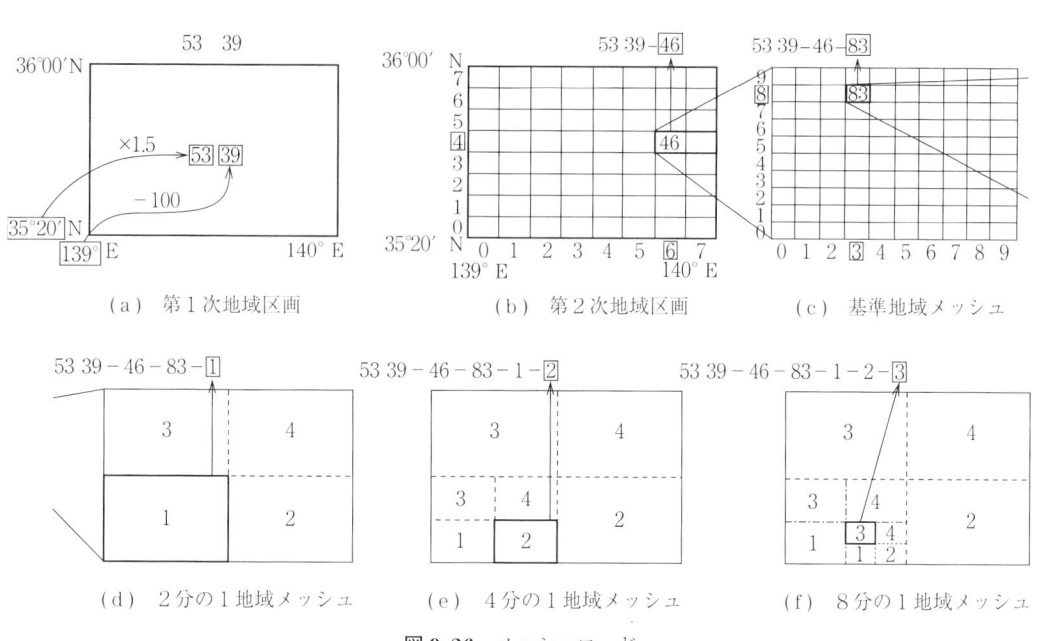

図 9.26　メッシュコード

章 末 問 題

❶ つぎの文a.～e.は一般図を編集するときの原則について述べたものである。正しいものはどれか。
　a．基図の縮尺は，作成する地図の縮尺より大きく，かつ，作成する地図の縮尺に近いこと。
　b．描画の順序は，基準点，植生，水部，地物，等高線の順である。
　c．図郭線は，地物の編集後に展開する。
　d．編集する場合，転位は行うが，総合指示や取捨選択は行わない。
　e．有形線と無形線が近接または重複する場合は，無形線を優先して表示する。

❷ つぎのa.～e.のうち，縮尺1/50 000程度の地形図の編集における主な地図記号の編集描画順序の原則として，最も適当なものはどれか。
　a．三角点→河川→建物→道路→行政界→等高線
　b．三角点→道路→河川→行政界→等高線→建物
　c．三角点→河川→等高線→道路→行政界→建物
　d．三角点→河川→道路→建物→等高線→行政界
　e．三角点→道路→建物→行政界→等高線→河川

❸ 図9.27の地性線と標高〔m〕とに基づき，5m間隔（等距離）の等高線を描け。ただし，図の地性線の実線は稜線（凸線）を，破線は谷線（凹線）を示しており，図に一部挿入した等高線は正しいものとする。

❹ 図9.28(a)は，図(b)のAA′，BB′，CC′，DD′，EE′の各線に沿った断面図の一つである。この断面図に相当する線はどれか。

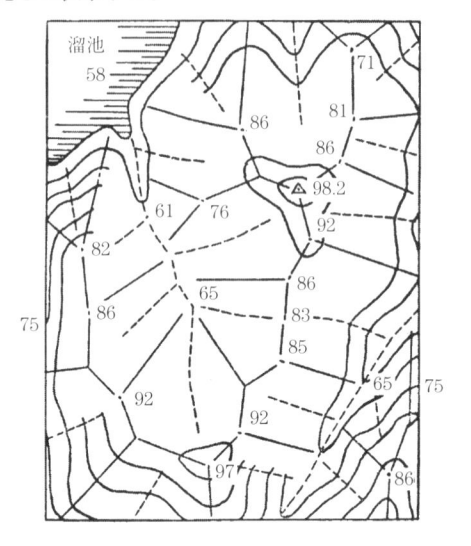

図9.27 問題❸の図

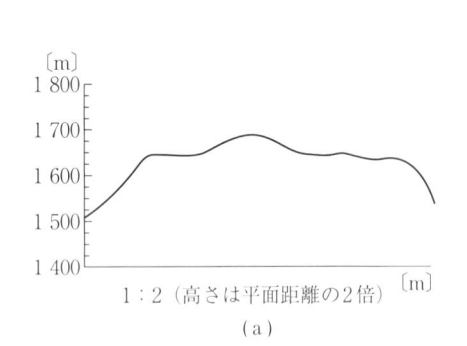

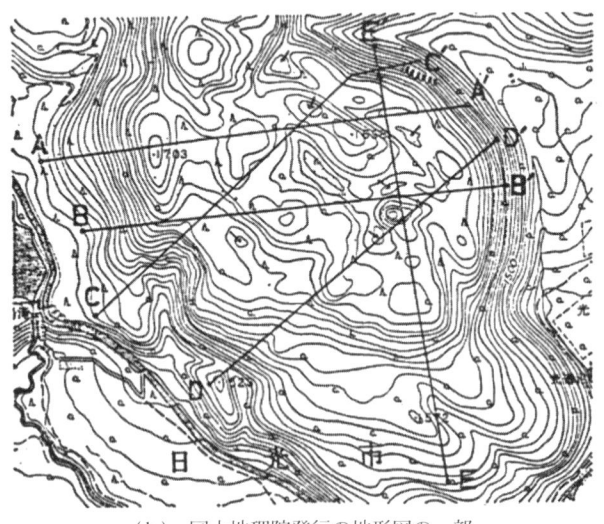

(a) 1：2（高さは平面距離の2倍）
(b) 国土地理院発行の地形図の一部

図9.28 問題❹の図

❺ 縮尺 1/5 000 の平板測量において，一様な傾斜地の地性線上にある現地の点 A, B の位置を測定したところ，それぞれ測板上の a, b となった。ab 線の図上の長さは 62.5 mm，点 A, 点 B の標高はそれぞれ 67.52 m, 80.38 m である。

いま，2 m の等高線で地形を表すとすれば，ab 線上の等高線の通過点は a からいくらのところになるか。

章末問題略解

❶ a.　❷ e.　❸ 解図 9.1 参照。
❹ 図 (a) の断面は BB′ 線である。
❺ 解表 9.1 参照

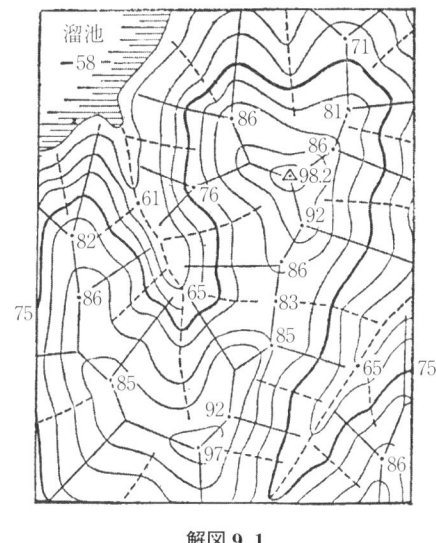

解図 9.1

解表 9.1

等高線の標高 〔m〕	a からの図上距離 〔mm〕	等高線の標高 〔m〕	a からの図上距離 〔mm〕
68	2.3	76	41.2
70	12.1	78	50.9
72	21.8	80	60.7
74	31.5	80.38	62.5

10章 路線測量

　身近にある細長い構造物の代表例として，自動車道路や鉄道線路，運河などの交通路があるほか，用水路・排水路などの水路[†1]や上下水道の導水管なども挙げられる。これらは直線やカーブを組み合わせた細長い構造物でもある。こうした構造物の計画・設計・施工においては，現地から必要な地形情報をまとめ上げる作業や，設計されたデータを現地に移す作業などが伴う。こうした作業の総称を，**路線測量**[†2]という。この測量は一般的に応用測量の代表的なものであるので，ここでは路線測量の基礎から応用までやや広く取り上げて解説する。

[†1] 用水路，管水路，トンネルなどの構造がある。

[†2] route surveying

10.1 路線測量の順序

10.1.1 路線選定と計画調査

　路線を新設する場合，どのような路線・経路によれば目的とする路線になるかを，図上などで検討することを**路線選定**[†1]という。それには路線新設地域の地形図を用いて路線を複数選んで検討する。これらの路線を**比較路線**[†2]という。つぎに，複数の比較路線について簡単な縦断図面をつくり，それら路線の地形・地質その他について現地踏査を行う。

[†1] route locations

[†2] route comparison

　これらの比較路線の中から，さらに検討を要するものを選び出し，縮尺1/5 000〜1/2 500の地形図を用い，先に選んだ路線や場合によっては空中写真も参考にし，描いた概略線形を基本にして平面線形を決め，線形要素の数値的な裏付けを行う。従来は，路線選定において建設費を安くすることに主眼が置かれていたが，最近ではそれによって得られる費用対効果や安全性の検討も加わり，多面的な比較検討が必要となった。

　このようにして選定された路線について，縮尺1/1 000の地形図を用いて平面線形を決定し，縦断線形に対しても1/1 000の地形図の精度に応じて縦断曲線を決定する。これを基に，全体の工事費の算定が行われる。このように平面図・縦断面図・横断面図をつくり，工事量の概算を出す作業を，**図上選定**[†3]という。

[†3] paper locations

路線選定において必要と思われる事項を，つぎに挙げる．
1．道路，河川，鉄道などを横断する場合，できるかぎり工事の容易な場所を選ぶ．
2．集落の分断を避け，移転する家屋をできるだけ少なくし，自然環境の保全にも配慮する．
3．神社，寺，墓地，工場，公共施設，文化財からはできるだけ避ける．
4．学校や病院などに近いと，騒音や振動などの影響を受けることから，できるだけ離す．
5．軟弱地盤など土質条件の悪いところを避けるが，それが無理な場合はその距離を短くする．

また，つぎの事項は特に山地における路線選定において考慮すべき内容である．
1．山脈または山塊の通過地点の決定．
2．川または峡谷の架橋地点の決定．
3．地すべり地帯や崩壊地帯を避ける．
4．長大法面や崖錐地帯など，完成後の維持管理面で困難が予想される地点を避ける

以上の事項は，縮尺 1/25 000 程度の空中写真から十分に判読できるものである．上述した路線選定に必要な事項を地上の調査だけで得ようとするのは経費や時間もかかるので，空中写真の判読を併用したほうが望ましい．

また，路線（道路）測量の順序は，つぎに示すとおりである．

手 順

① **路線計画**
1）路線の規模などを考慮し，地形測量によって地形図をつくるか，既存の地形図を準備する．
2）地形図に路線計画を行う．平面図・縦断面図・横断面図をつくり，工事量の概算を出す．平面曲線の見方を**図 10.1** に示すが，始短弦と終短弦の求め方も表している．
3）曲線設置に必要な諸要素を決めるほか，橋やトンネルなどの配置も計画する．

② **実　　　測**[†4]
4）現地に役杭[†5]や中心杭，プラス杭などを打つ．
5）縦断測量を行い，縦断面図を作成する．
6）横断測量を行い，横断面図を作成する．
7）路線設計と縦断勾配計画・横断図の作成

[†4] 中心杭の設置作業や縦・横断測量など，次項で説明する

[†5] principal peg, marker stake
IP，BC，EC，仮 B.M. など重要な杭

152   10. 路線測量

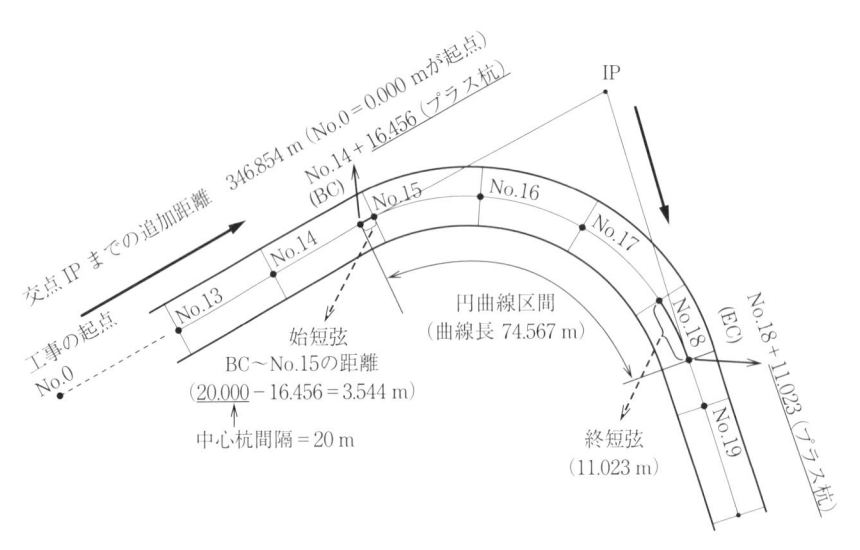

図 10.1 平面曲線の見方（始短弦・終短弦の求め方）

③ **縦断面図・横断面図から土工費，概算工事費の算定**
8) 縦断面図・横断面図から土工量を計算し，土工費を計算する。
9) 概算工事費を算定する。

④ **用地測量および工事測量**
10) 用地幅を考え，用地測量を行う。
11) 切取り・盛土に必要なやり形を設置する。
12) 道路の施工を行う。

10.1.2 実施測量（実測）

現地における測量内容には，**交点**[6]（IP）の設置測量，**中心線**[7]の設置測量，**仮B.M.**[8]の設置測量，縦断測量・横断測量・詳細測量，用地幅杭設置測量などがある。

路線測量が小規模な場合は，選定された路線の中心線を記入した地形図を参考に，現地の所定の位置に中心杭などを打ち込む。この場合，路線の屈曲点，例えば交点 IP は重要であるから，現地状況と図面とを対照し路線方向を確認して設置する。交点など屈曲点の測設後に，交点における**交角**[9] I を観測し，中心線上に一定間隔（一般には 20 m）で**中心杭**[10]のほか，地形変化点や道路・構造物などの交差部に**プラス杭**[11]を打つ。路線の方向が変わる曲線部でも中心杭位置を，曲線設置の要領で測設する。

つぎに，水準測量を中心線に沿って行い，標高のわかっている水準点（B.M.）を基にして仮 B.M. を 500〜1 000 m 間隔に設ける。中心杭などを中心にして縦断測量および横断測量を行い，縦断面図および横断面図を作成す

[6] intersection point
[7] centerline
[8] temporary bench mark
[9] intersection angle
[10] centerline stake, center stake
ナンバー杭ともいう。
中心杭の位置は国土交通省公共測量作業規程によると，中心杭を，計画調査では100 m または50 m ごとに，実施設計では20 m ごとに設ける必要がある。

[11] plus stake
地形変化点や道路・構造物などとの交差部に設置する杭で，No.12 +3.45 m などとして打ち込む。

る。また，付帯構造物など必要な位置に関する平面図（縮尺 1/500〜1/2 000）や縦断面図（縮尺縦 1/100，横 1/500〜1/1 000）も作成する。

最後に横断面図に計画断面を記入して用地幅を定め，現地に用地幅杭を打って用地図を作成する。工事にかかる前に，測量結果に間違いなどがないか，打込んだ杭などが動いていないかを点検する。**図 10.2** に，交点など重要な役杭を示すが，その中でも交点は路線測量において特に重要な点であるので，その周囲に引照杭[†12]を設けておく必要がある。

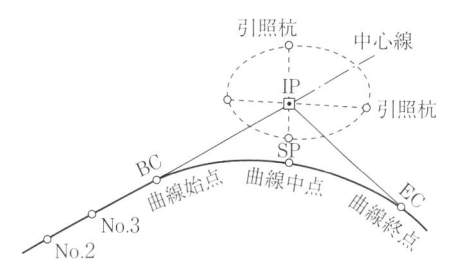

図 10.2 交点 IP など役杭の周囲における引照杭の設置例

[†12] referring stake
詳細は図 10.27 参照。

10.1.3 曲線設置に関する法令など

曲線設置に関する法令には，曲線半径（道路構造令第 15 条），曲線長（道路構造令の解説），緩和区間（道路構造令第 18 条），片勾配と拡幅（道路構造令の解説），縦断勾配（道路構造令第 20 条），登坂車線（道路構造令第 21 条），縦断曲線（道路構造令第 22 条）などがあるので，設計などにあたっては適切に遵守する必要がある。

また，国土交通省「公共測量作業規程とその解説」もあるので活用する。

ただ，以上のものは，ときどき更新される場合があるので，注意する必要がある。

10.2 曲線の種類

路線方向が変わる箇所には曲線を入れる。この曲線の中心杭の位置を測量して設けることを**曲線設置**[†1]という。曲線には，**図 10.3** に示すように，**平面曲線**[†2]と，勾配の変わる鉛直方向部分の縦断曲線がある。

平面曲線は，中心が一つの円弧からなる**単心曲線**[†3]が基本であるが，この単心曲線を組みあわせた**複心曲線**[†4]や**反向曲線**[†5]などがあり，総称して円曲線という（**図 10.4**）。また，**図 10.5** に示すように直線と円曲線との間を結ぶ緩和曲線もある。

[†1] curb setting
[†2] horizontal curve
[†3] simple curve
[†4] compound curve
[†5] reverse curve

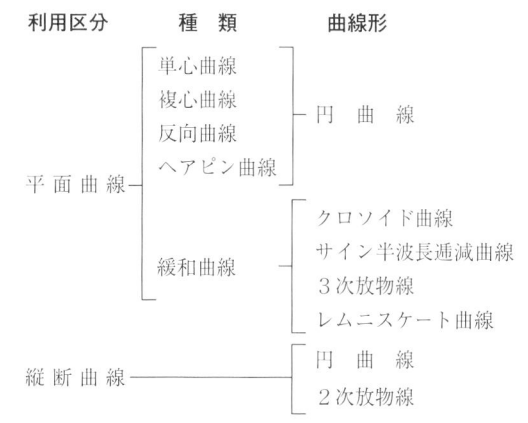

利用区分	種　類	曲線形
平面曲線	単心曲線 複心曲線 反向曲線 ヘアピン曲線	円　曲　線
	緩和曲線	クロソイド曲線 サイン半波長逓減曲線 3 次放物線 レムニスケート曲線
縦断曲線		円　曲　線 2 次放物線

図 10.3 路線に用いられる曲線の種類

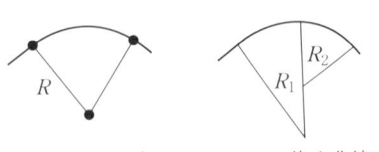

(a) 単心曲線　(b) 複心曲線

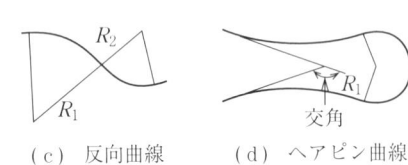

(c) 反向曲線　(d) ヘアピン曲線

図 10.4 円曲線の種類

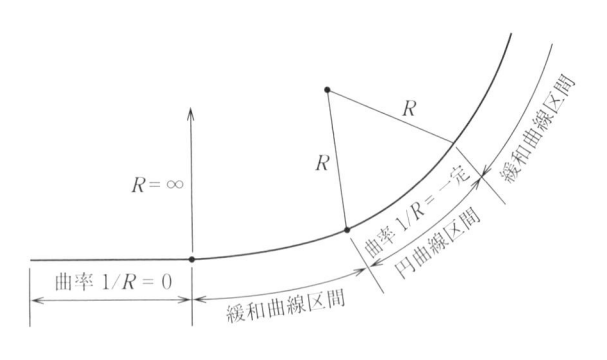

図 10.5 緩和曲線の区間

10.3 単心曲線

単心曲線では円弧を用いるので，交角 I を測定して曲線半径 R を決めると，図 **10.6** に示す曲線設置に必要な諸要素が次式より求まる。

A：曲線始点(BC)，　B：曲線終点(EC)
V：交点(IP)，　∠BVD：交角(I)
∠AOB：中心角(I)，　∠VAG：偏角(δ)
∠VAB = ∠VBA：総偏角($I/2$)
P：曲線中点(SP)，　$\widehat{APB}$：曲線長(CL)
OA = OB：曲線半径(R)
VA = VB：接線長(TL)
VP：外線長(SL)，　PQ：中央縦距(M)
AB：弦長(C)，　$\widehat{AG}$：弧長(l)
G, H, J：中心杭

【公式】

$TL = R\tan\dfrac{I}{2}, \quad C = 2R\sin\dfrac{I}{2}, \quad I$ の単位：度

$SL = VO - R = \dfrac{R}{\cos\dfrac{I}{2}} - R = R\left(\dfrac{1}{\cos\dfrac{I}{2}} - 1\right)$

$M = R\left(1 - \cos\dfrac{I}{2}\right), \quad CL = 0.017\,453\,RI$

$\delta = 1\,718.87\,\dfrac{l}{R}$ 〔分〕

図 10.6 単心曲線の諸要素と公式

(1) **曲線始点**[†1]（**BC**）　(2) **曲線終点**[†2]（**EC**）

(3) 交点から曲線始点，あるいは，曲線終点までの距離（**接線長**[†3], **TL**）

$$TL = R\tan\dfrac{I}{2}$$

(4) 始点から終点までの円弧の距離（**曲線長**[†4], **CL**）

$$CL = RI\,[\text{rad}]^{†5} = \dfrac{\pi RI}{180°}\,[°]$$

(5) 交点から曲線中点までの距離（**外割長**あるいは**外接長**[†6], セカント, **SL**）

$$SL = \dfrac{R}{\cos\dfrac{I}{2}} - R = R\left(\dfrac{1}{\cos\dfrac{I}{2}} - 1\right)$$

[†1] beginning of curve
[†2] end of curve
[†3] tangent length
[†4] curve length
[†5] radian unit
ラジアン単位
$1\,\text{rad} = 360°/2\pi = 180°/\pi$
$\rho° = \dfrac{180°}{\pi} = 57.3°$
$\rho' = \dfrac{180° \times 60'}{\pi} = 3\,408'$
$\rho'' = \dfrac{180° \times 60' \times 60''}{\pi}$
$= 226\,265''$

[†6] secant length, external secant

(6) **中央縦距** $M = R\left(1 - \cos\dfrac{I}{2}\right)$　　(7)　**弦長** $C = 2R\sin\dfrac{I}{2}$

(8) **偏角** $\delta = \dfrac{l}{2R}\,[\text{rad}] = \dfrac{l}{2R}\cdot\dfrac{180}{\pi}\,[°]$

10.4　単心曲線の設置方法

10.4.1　偏角測設法

偏角測設法[†1]は，**図10.7**のように，偏角δを測定し，その視準線と弧長lとする円曲線上の交点を中心杭として曲線を設置するものである。諸要素を計算して得た偏角をTSなどで点BCから視準し，弧長分を弦長（直線長，計算上は曲線長であるが実測では直線長。この関係は後述する）としてミニ反射鏡を前後左右に振り測距した点に中心杭を打つ。つぎに，点BCから前の偏角とつぎの偏角の合計分を視準し，前の中心杭から弦長（弧長分）を同様に測りながら視準線上にて中心杭を打つ。順次，これを繰り返して，曲線設置を完了する。

[†1] curb setting by deflection angle

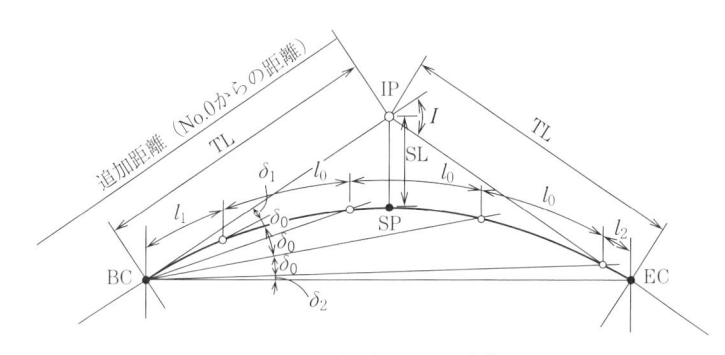

図10.7　偏角測設法[2]

弧長と弦長の関係については，単心曲線の諸要素として求めた弧長lと弦長Cには差がある。ところが，曲線測設の際のTSの光波測距では，カーブ（弧長）を測量できない。そこで，弧長lではなく，直線の弦長Cが使われる。

弧長lと弦長Cの差$[l-C]$は，**図10.8**に示すように，曲線半径をRとすると，$[l-C] \fallingdotseq l^3/(24R^2)$であり，100～700 mの曲線半径$R$に対する弧長（中心杭間隔）20 mの$[l-C]$は表の値となる。この表から明らかなように，曲線半径が大きくなるほど弧長と弦長の差$[l-C]$は小さくなる。例えば，$R = 200$ mでは中心杭間隔20 mであるから，$[l-C]$は0.8 cmである。このように，$l/R \leq 0.1$では$l = C$としてさしつかえない。

例題　**図10.9**において，交点IPの位置が起点（No.0）から515.38 m，曲線半径$R = 200$ m，交角$I = 56°20'00''$の単心曲線において，TL，CL，SL，M，C，中心杭間隔$l = 20$ mの偏角δ，始短弦・終短弦に対する偏角（δ_1，δ_2），お

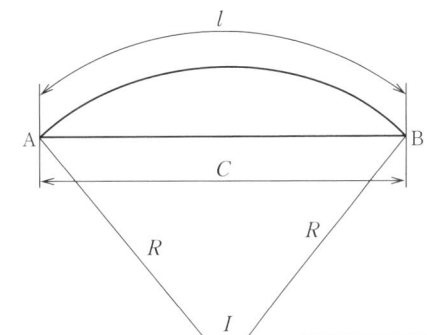

156   10. 路線測量

$$C = 2R\sin\frac{I}{2}, \qquad \sin\frac{I}{2} \fallingdotseq \frac{l}{2R} - \frac{1}{6}\left(\frac{l}{2R}\right)^3$$

$$C \fallingdotseq 2R\left\{\frac{l}{2R} - \frac{1}{6}\left(\frac{l}{2R}\right)^3\right\} = l - \frac{l^3}{24R^2}$$

$$\therefore \quad l - C = \frac{l^3}{24R^2}$$

R [m]	100	150	200	300	400	500	600	700
$l - C$ [cm]	3.3	1.5	0.8	0.4	0.2	0.1	0.1	0

図 10.8 弧長 l と弦長 C の関係,および,曲線半径別の $[l-C]$[2]

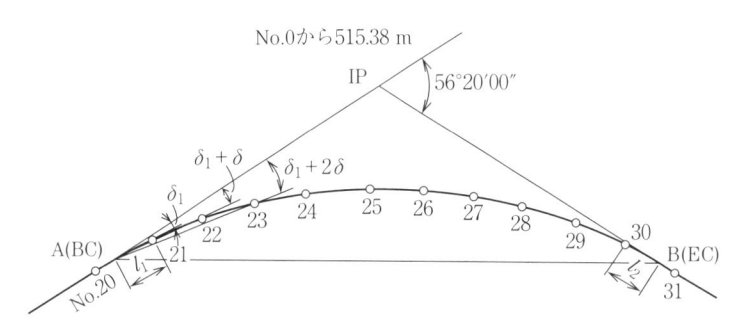

図 10.9 単心曲線の偏角測設法

よび,円弧における各中心杭の偏角 δ など諸量を,偏角測設法によって求め,No.21 〜 EC までの中心杭の設置方法を述べよ。

解 答

1. 諸量を偏角測設法で求める。

$$\text{TL} = R\tan\frac{I}{2} = 200 \times \tan\frac{56°20'}{2} = 200 \times \tan 28°10' = 107.092 \text{ [m]}$$

$$\text{CL} = 0.017\,453\,RI = 0.017\,453 \times 200 \times 56.33 = 196.63 \text{ [m]}$$

（この I の単位は度：$56° + 20'/60' = 56.33$ 度[†2]）

$$\text{SL} = R\left(\frac{1}{\cos\frac{I}{2}} - 1\right) = 200 \times \left(\frac{1}{\cos\frac{56°20'}{2}} - 1\right) = 26.87 \text{ [m]}$$

$$M = R\left(1 - \cos\frac{I}{2}\right) = 200 \times \left\{1 - \cos\left(\frac{56°20'}{2}\right)\right\} = 23.68 \text{ [m]}$$

$$C = 2R\sin\frac{I}{2} = 2 \times 200 \times \left(\sin\frac{56°20'}{2}\right) = 188.82 \text{ [m]}$$

BC の位置は,$515.38 - \text{TL} = 515.38 - 107.09 = 408.29$ [m] $=$ No.20 $+ 8.29$ [m]

EC の位置は,BC $+$ CL $= 408.29 + 196.63 = 604.92$ [m] $=$ No.30 $+ 4.92$ [m]

SP の位置は,BC $+ \dfrac{\text{CL}}{2} = 408.29 + \dfrac{196.63}{2} = 506.61$ [m] $=$ No.25 $+ 6.61$ [m]

偏角 $\delta = 1\,718.87\dfrac{l_0}{R} = 1\,718.87 \times \dfrac{20}{200} = 171.89' \fallingdotseq 2°51'53''$

†2 電卓での角度表示を D にした上で,° ' " キーを押すという使い方で理解する。

10.4 単心曲線の設置方法　157

始短弦 $l_1 = 420 - 408.29 = 11.71$ 〔m〕，終短弦 $l_2 = 604.92 - 600 = 4.92$ 〔m〕

始短弦 l_1 に対する偏角 $\delta_1 = 1\,718.87\dfrac{l_1}{R} = 1\,718.87 \times \dfrac{11.71}{200}$

$\qquad\qquad\qquad\qquad\qquad = 100.64' \fallingdotseq 1°40'38''$

終短弦 l_2 に対する偏角 $\delta_2 = 1\,718.87\dfrac{l_2}{R} = 1\,718.87 \times \dfrac{4.92}{200} \fallingdotseq 42'17''$

単心曲線の設置に伴う諸量の計算値は，**表10.1** のようにまとめられる。

表10.1 単心曲線の設置に伴う諸量の計算値の一覧表

中心杭	累加距離〔m〕	偏角〔° ′ ″〕	実際に測定する角度*〔° ′ ″〕	備考
No.20 + 8.29	408.29			BC
No.21	420	1 40 38	1 40 40	δ_1
No.22	440	4 32 31	4 32 40	$\delta_1 + \delta$
No.23	460	7 24 24	7 24 20	$\delta_1 + 2\delta$
No.24	480	10 16 17	10 16 20	$\delta_1 + 3\delta$
No.25	500	13 08 10	13 08 00	$\delta_1 + 4\delta$
No.26	520	16 00 03	16 00 00	$\delta_1 + 5\delta$
No.27	540	18 51 56	18 52 00	$\delta_1 + 6\delta$
No.28	560	21 43 49	21 43 40	$\delta_1 + 7\delta$
No.29	580	24 35 42	24 35 40	$\delta_1 + 8\delta$
No.30	600	27 27 35	27 27 40	$\delta_1 + 9\delta$
No.30 + 4.92	604.92	28 09 52	28 10 00	EC($\delta_1 + 9\delta + \delta_2$)

* 20″読みの器械の場合。　　　↓　　　↓　　　チェック！
　　　　　　　　　　　　　28°10′　28°10′　← $I/2 = 28°10'$

2. BC（点A）から EC（点B）までの曲線部の測設方法を述べる。なお，ここでは TS などの角度の最小読みを 20″ とする（1″まで読める器械では 38″ などと測角する）。

手順

① 曲線上の最初の No.21 の設置　　BC から No.21 までの始短弦 l1 の偏角は，表 10.1 より，$\delta_1 = 1°40'38'' \fallingdotseq 1°40'40''$ である。**図10.10** のように，BC に TS などを据え，その目盛盤を 0°0′00″ に合わせ，交点 IP 上のターゲット（反射鏡，ミニプリズム）を下部運動で視準する。つぎに上部運動で角度 δ_1 を回し，その視準線上に BC から $l_1 = 11.71$ m の距離をとり，No.21 として中心杭を設置する。

② No.22 の測設　　No.22 の偏角は，表 10.1 より，$\delta_1 + \delta = 4°32'31'' \fallingdotseq 4°32'40''$ である。図 10.10 のように，BC の TS などの上部運動で角度 $[\delta_1 + \delta]$ を右へ振り，その視準線上に No.21 から $l_0 = 20$ m の距離をとり，No.22 を測設する。

③ 曲線終点の偏角　　同様にして，No.23，No.24，…，No.30 と測設し，終短弦 $l_2 = 4.92$ m に対する偏角 δ_2 を計算し，

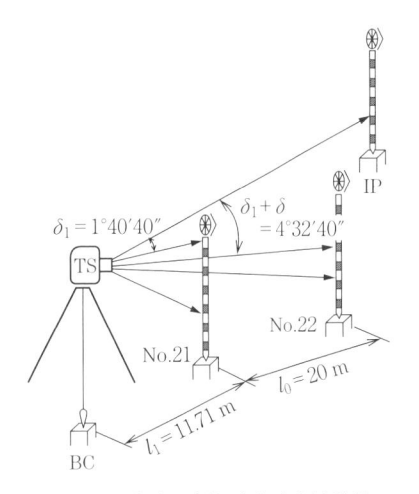

図10.10 偏角の振り方と中心杭設置

曲線終点の偏角は，表 10.1 より，$[\delta_1 + 9 \times \delta + \delta_2] = 28°09'52'' \fallingdotseq 28°10'00''$ となる。すべての偏角の和は，交角の I/2（$= 28°10'00''$）に等しいことを点検する。

④ <u>曲線終点の点検</u>　最後にセオドライトなどで交角を $28°10'00''$ にとり，その視準線上に No.30 から $l_2 = 4.92$ m の距離をとり，EC を測設する。ここで，交点 IP から接続長 TL をとったとき EC と一致すれば，曲線測設が正しくできたことになる。

10.4.2　中央縦距（M）による測設法

この方法は，計算で求めた $M_1(\fallingdotseq C_1^2/(8R))$ を，図 10.11 に示すように，Q_1 から P_1 を定め，順次 $M_2 \to P_2$，$M_3 \to P_3$，…，$M_n \to P_n$ を定めていくもので，中央縦距 M_1 の 1/4 が M_2，M_2 の 1/4 が M_3，…となり，現場で単純に曲線を設置できる。

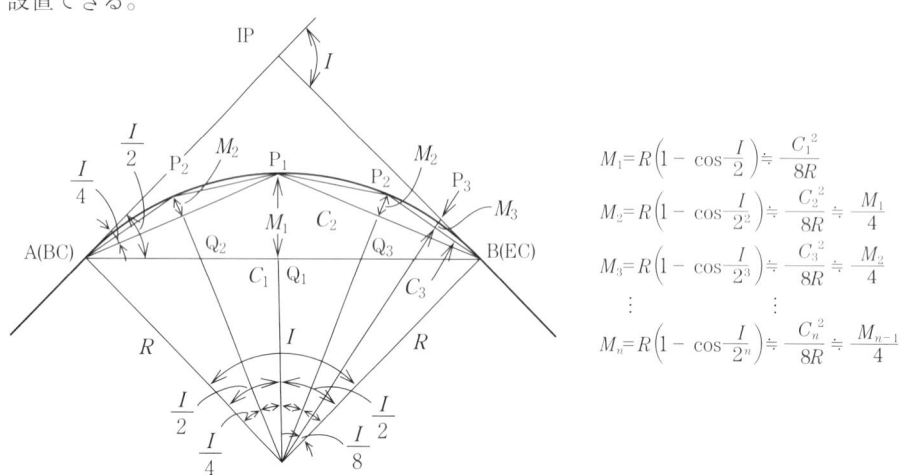

$$M_1 = R\left(1 - \cos\frac{I}{2}\right) \fallingdotseq \frac{C_1^2}{8R}$$

$$M_2 = R\left(1 - \cos\frac{I}{2^2}\right) \fallingdotseq \frac{C_2^2}{8R} \fallingdotseq \frac{M_1}{4}$$

$$M_3 = R\left(1 - \cos\frac{I}{2^3}\right) \fallingdotseq \frac{C_3^2}{8R} \fallingdotseq \frac{M_2}{4}$$

$$\vdots$$

$$M_n = R\left(1 - \cos\frac{I}{2^n}\right) \fallingdotseq \frac{C_n^2}{8R} \fallingdotseq \frac{M_{n-1}}{4}$$

図 10.11　中央縦距による測設法[2]

10.4.3　接線からのオフセットによる曲線測設法

この方法は，偏角測設法が困難なときに使用され，測設に伐採が伴うときは伐採量を少なくできる利点がある。図 10.12 において単心曲線の点 A における接線 AV を Y 軸，半径 OA を X 軸とし，曲線上の点を座標 (x, y) として求める方法である。曲線半径 R，偏角 δ，弧長 $l \fallingdotseq$ 弦長 l と座標 (x, y) との間に，つぎの関係がなりたつ。

$$\delta = 1718.87\frac{l}{R} \text{〔分〕}, \quad l = 2R\sin\delta, \quad x = l\sin\delta = 2R\sin^2\delta$$

$$y = l\cos\delta = 2R\sin\delta \cdot \cos\delta = R\sin(2 \times \delta)$$

（三角関数の倍角公式による）

曲線中点（SP）から終点（EC）側の点は，EC から $\overline{BV}$ を Y' 軸，$\overline{OB}$ を X'

10.4 単心曲線の設置方法　159

軸として，座標 x', y' を求めればよい．点 B の Y' 軸（$\overline{BV}$）からの偏角は $\delta_7' = I/2 - (\delta_5 + \delta_6 + \delta_7)$ である（図 10.12）．

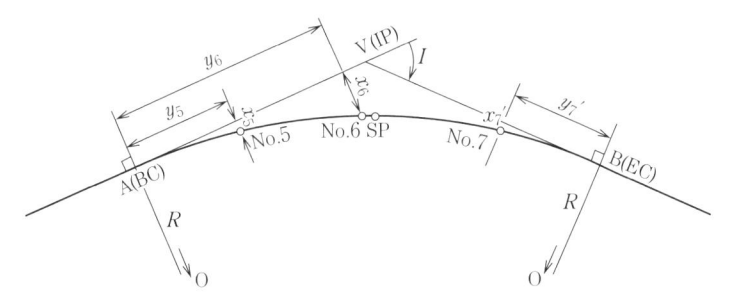

例題　図 10.12 で，$R = 50$ m，BC $=$ No.4 $+ 12.14$ m，$I = 58°26'30''$ のとき，No.5, No.6, No.7 の座標を求めよ．

図 10.12　接線からのオフセット曲線測設法

解答

$\delta_5 = 1718.87' \times (20 - 12.14) \div 50 = 270.2' = 4°30'12''$

$x_5 = 2 \times 50 \times \sin 24°30'12'' = 0.62$ [m]

$y_5 = 50 \times \sin (2 \times 4°30'12'') = 7.83$ [m]

$\delta_6 = 1718.87' \times 20 \div 50 = 687.5' = 11°27'30''$

$\delta_5 + \delta_6 = 270.2' + 687.5' = 957.7' = 15°57'42''$

$x_6 = 2 \times 50 \times \sin 215°57'42'' = 7.56$ [m]

$y_6 = 50 \times \sin (2 \times 15°57'42'') = 26.44$ [m]

$\delta_5 + \delta_6 + \delta_7 = 270.2' + 2 \times 687.5' = 1645.2' = 27°25'12''$

$\delta_7 = 58°26'30'' \div 2 - 27°25'12'' = 1°48'03''$

$x_7' = 2 \times 50 \times \sin^2 1°48'03'' = 0.10$ [m]

$y_7' = 50 \times \sin (2 \times 1°48'03'') = 3.14$ [m]

10.4.4　その他の測設法

現地に森林や建物・河川・湖沼などがあり，交点を測設できない場合などの測設法を紹介する．

(1) **交角を実測できない場合**（**図 10.13**）　二つの接線上の点 A', B' が見通せる場合，∠α, ∠β を測定すれば∠α', ∠β' が求まるので $I = \alpha' + \beta'$ よって，A'V $=$ A'B'$(\sin \beta / \sin \gamma)$, B'V $=$ A'B'$(\sin \beta / \sin \gamma)$ となり，これから，AA' $=$ TL $-$ A'V, BB' $=$ TL $-$ B'V となる．

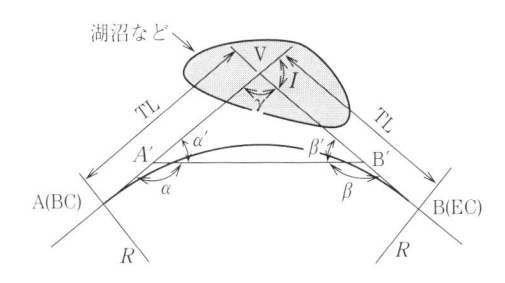

図 10.13　交角を実測できない場合の測設法 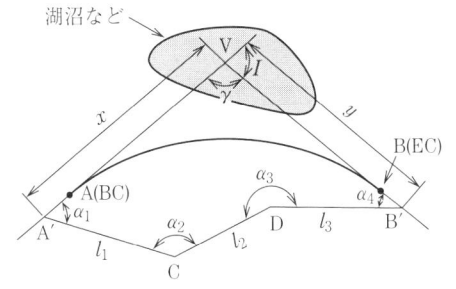　　図 10.14　点 A', B' を見通せない場合の測設法

(2) 点 A′, B′ を見通せない場合（図 **10.14**）　点 A′, B′ 間に閉合トラバース VA′CDB′ を考えれば，多角形の理論内角（多角形を三角形に分割し，三角形の内角の和 = 180° を利用）から γ が求まるので，交角 $I(=180-\gamma)$ が求まる。

(3) <u>交角と曲線中点から現場で曲線半径を求める方法</u>　これは，曲線中点 SP を現場で少し移動することで施工しやすい場合がある。この SP を定めて，SL = $R\{1/(\cos I/2) - 1\}$ の式より，曲線半径 R を逆算する。

(4) <u>巻尺を使わない測設法</u>　場所によっては，図 **10.15** のように BC, EC の点にそれぞれ TS をセットし，巻尺を使わないで二つの視準線の交点に曲線上の点を設置する方法がある。

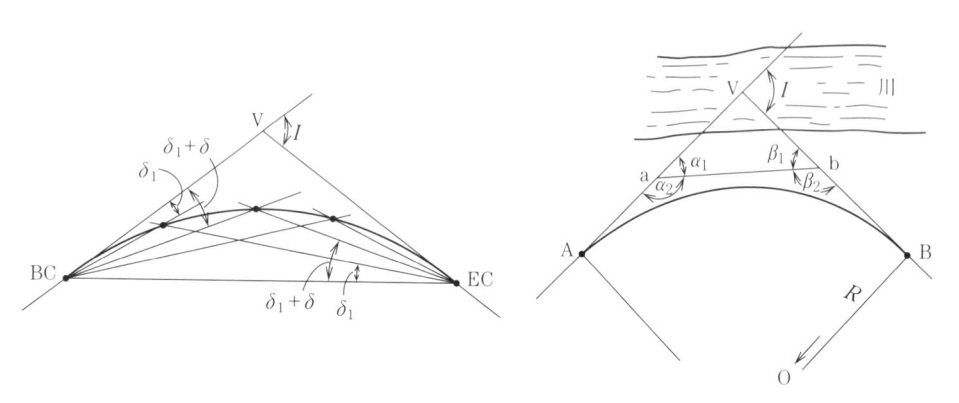

図 10.15　巻尺を使わない測設法

図 10.16　交点 V に器械を設置できない場合

[例題]　図 **10.16** で $R = 60$ m の単心曲線を測設する場合，曲線始点 A および曲線終点 B の位置を求めなさい。ただし

$\overline{ab} = 52.0$ m,　$\alpha_1 = 78°53′20″$,　$\beta_1 = 43°54′30″$

[解答]　巻末資料の三角関数の正弦法則を参考に辺長を求める。

交角 $I = \alpha_1 + \beta_1 = 78°53′20″ + 43°54′30″ = 122°47′50″$

$\overline{Va} = 52.08 \times \sin 43°54′30″ \div \sin(180° - 122°47′50″) = 42.97$ [m]

$\overline{Vb} = 52.08 \times \sin 78°53′20″ \div \sin(180° - 122°47′50″) = 60.79$ [m]

TL = $60.00 \times \tan\left(\dfrac{122°47′50″}{2}\right) = 110.04$ [m]

$\overline{aA}$ = TL $- \overline{Pa}$ = 110.04 $-$ 42.97 = 67.07 [m]

$\overline{bB}$ = TL $- \overline{Pb}$ = 110.04 $-$ 60.79 = 49.25 [m]

10.5　緩和曲線

10.5.1　緩和区間

緩和区間には，図 10.5 に示すように**緩和曲線**[†1] が用いられる。その曲線は，

[†1] transition curve

直線部と円曲線部の間で，半径が無限大から次第に小さくなり，円曲線の半径になる。道路ではクロソイド曲線[†2]，鉄道では3次放物線などが用いられる。クロソイド曲線を用いて緩和曲線を入れるとき円曲線部を内側にずらすが，このずらす量を**移動量**[†3]といい，これが20cm以下の場合は緩和曲線を省略できる。道路構造令による緩和区間の長さは，設計速度120，100，80，60，50，40，30および20 km/hに対して順に100，85，70，50，40，35，25および20 m以上となっている。

[†2] clothoid curve

[†3] シフト，移程ともいう。

道路の路面に降った雨などを排水するために**横断勾配**を設ける。**図10.17**（上）に示すように，その勾配の形状は直線部では**屋根勾配**と呼ぶ。また，道路の直線部から円曲線部（カーブ）に車両が高速で走行するとき，カーブでは遠心力が車両に大きく働くために，車両は外側に押し出されようとする。これを避けるために，道路のカーブでは，図10.17（下）のように，外側を内側より高くするように勾配をつける。これを**片勾配**[†4]という。また，カーブでは車体の長い車両の前輪と後輪とでは異なった

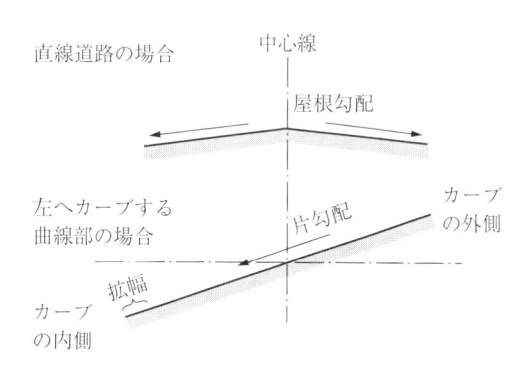

図10.17 横断勾配と拡幅[2)]

[†4] super elevation
通る車の種類，速度，寸法などによって異なるが，道路構造令では通常6%以下，最大で10%と決めている。鉄道ではカントという。

緩和曲線

自動車道路・鉄道では，直線の高速走行が円曲線に円滑に入れるように，またこの逆もそうだが，直線と円曲線との間に入れる曲線をいう。新幹線のような高速で走る路線には，サイン半波長逓減曲線形が用いられている。

3次放物線

曲率半径（円半径）を R とすると，その逆数である曲率（$\rho=1/R$）が縦距 X に比例する曲線。$1/R = C \cdot X$（X：縦距）曲率が大きい鉄道に用いられる。

レムニスケート曲線

曲率（$\rho=1/R$）が法長 S に比例する曲線。$1/R = C \cdot S$（S：法長）

クロソイド曲線

曲率半径 R が曲線長 L に反比例して低減する曲線。$1/R = C \cdot L$（L：曲線長），線形として，3次放物線やレムニスケート曲線よりも優れている。

3次放物線，レムニスケート曲線およびクロソイド曲線の概要図を右に示す。

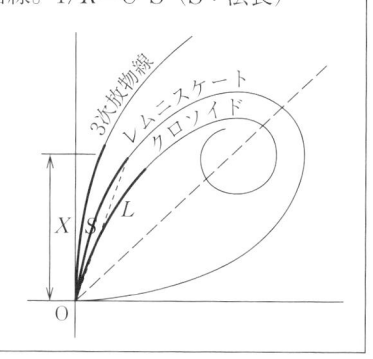

軌跡を描くため直線部よりもやや広い道路幅が必要なため，円曲線部では道路幅を広げる。これを，**拡幅**[†5]という。

道路の円曲線部に片勾配や拡幅を急に入れると不連続となり，段差が生じるために危険である。そこで，直線部と円曲線部との間に緩和区間を設けて，ゆるやかに片勾配を入れることにより車両は円滑に走行できる。

[†5] widening
鉄道ではスラックという。

■ 視 距
車が道路上を走るとき，つねに前方一定距離の間，見通しできることが必要で，これを視距という。視距は，「道路の中心線上1.2 mの高さから，車道の中心線上にある高さ10 cmのものの頂点を見下ろすことのできる距離を，車道の中心線に沿って測った長さ」として表される。

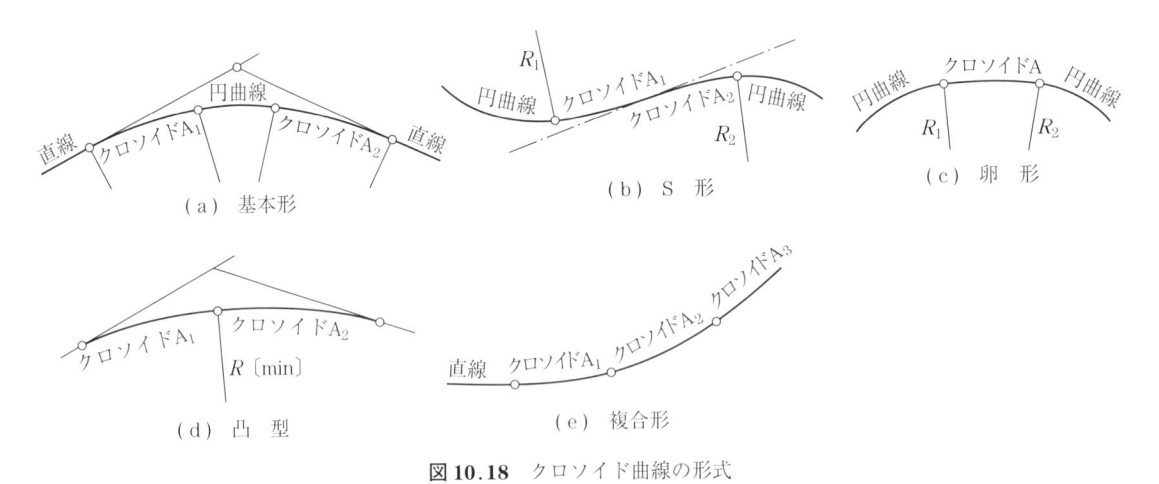

10.5.2 クロソイド曲線の形

図10.5に示した緩和曲線の代表的なものがクロソイド曲線であり，車両の速度が一定のときハンドルを一定の回転速度（角速度）で切ったときに車両が描く軌跡でもある。この曲線形には自然界ではかたつむりの殻などがある。その形には**図10.18**に示すものがある。この中でも図(a)の基本形は緩和曲線として合理的なものであり，地形そのほかの条件の許すかぎり，この形式が望ましい。

図10.18 クロソイド曲線の形式

10.5.3 クロソイド曲線の基本式

クロソイド曲線とは，R：円半径（曲率半径），L：**クロソイド曲線長**，A：クロソイド曲線のパラメータ（RやLと同じく長さの単位，単位を同じにするために2乗表示）とすると，基本式として，式(10.1)で表される曲線のことである。**図10.19**(a)は，対象形をなすクロソイド曲線の第1象限のもの。その曲線長Lが，図(b)の緩和区間に利用される。

$$R \cdot L = A^2 \quad (10.1)$$

いま，式(10.1)において，$A = 1$とおくと，つぎのようになる。

$$R \cdot L = 1 \quad (10.2)$$

この式の関係にあるクロソイド曲線を**単位クロソイド**という。このときクロソイド要素を区別するため，式(10.2)で小文字を用いれば次式となる。ここで

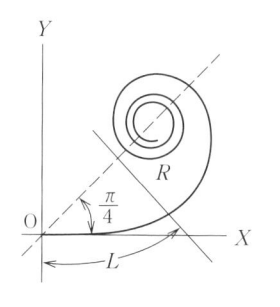

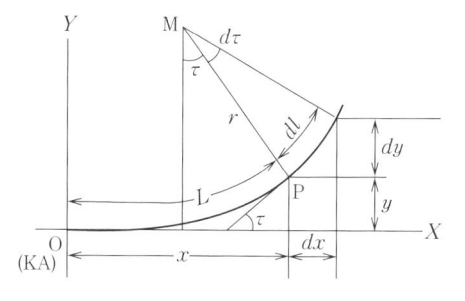

(a) 第1象限のみ　　　(b) 緩和区間のクロソイド曲線

図 10.19 クロソイド曲線

式 (10.1) から，$(R/A)\cdot(L/A) = 1$ である．いま，$(R/A) = r$，$(L/A) = l$ とおくと次式になる．ここで，$r(=R/A)$ は**単位クロソイド半径**，$l(=L/A)$ は**単位クロソイド曲線長**と呼ぶ．

$$r \cdot l = 1 \tag{10.3}$$

また，$r = R/A$，$l = L/A$ から，次式が得られる．

$$R = A \cdot r, \quad L = A \cdot l \tag{10.4}$$

円の場合，半径が大きくなるにつれて円弧の曲がり方がゆるやかになる．同様に，クロソイド曲線でも，パラメータ A が大きくなると，式 (10.4) から，その曲がり方が曲線長 L に対してゆるやかになる．クロソイド曲線は，原点 O から，その曲線長 L に比例して曲率を増しつつ（0 から $1/R$ へ），円曲線に続く（図 10.19(b)）．

10.5.4　クロソイド曲線のクロソイド要素と測設法

〔1〕**クロソイド要素**　クロソイド曲線の各部分およびその諸量を総称して，**クロソイド要素**という．図 10.20 において，OP はクロソイド曲線であり，

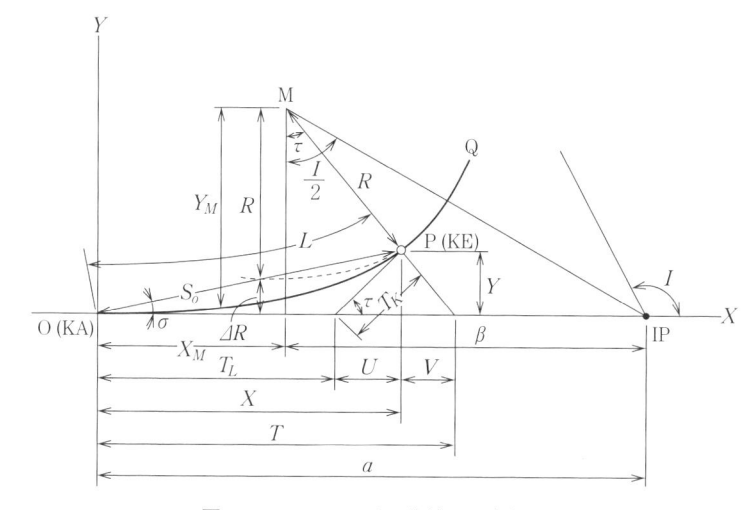

図 10.20 クロソイド曲線の要素と記号

曲率は曲線始点 O (KA) において 0, 曲線終点 P (KE) において $1/R$ である。

図 10.20 の中のクロソイド要素とその記号の一部について,以下に説明する。

KA:クロソイド曲線の始点 O(曲率 $\rho = 0$)

KE:クロソイド曲線の終点 P(曲率 $\rho = 1/R$)

X:クロソイド曲線終点 P の X 座標 　　Y:クロソイド曲線終点 P の Y 座標

M:クロソイド曲線の曲率中心 　　R:点 P における曲率半径

X_M:同曲線の X 座標 　　Y_M:同曲線の Y 座標

τ:クロソイド曲線終点 KE の接線角

σ:クロソイド曲線終点 KE の極角

$\Delta R = Y_M - R$:移動量(シフト,移程) 　　L:点 P に至る曲線長

T:接線角　　T_K:短接線長　　T_L:長接線長　　S_0:動径　　N:法線長

クロソイド要素とその公式は,つぎの例題・解答の中に使われているので確認する。また,l(単位クロソイド曲線長)と A(パラメータ)がわかれば,「単位クロソイド表」[†6] から諸要素を容易に求められる[†7]。

[†6] 日本道路協会 編「クロソイドポケットブック」やインターネットで入手できる。

[†7] 二つ目の例題を参照。

〔2〕 **クロソイド曲線の測設法**　クロソイド曲線の測設法は,図 10.20 において,主接線を X 軸として直角座標の値を求めて中心杭を測設するのが一般的である。おおよそ,つぎの手順で進める。

手　順

① 円曲線部の R を定める。

② パラメータ A またはクロソイド曲線長 L を定める。クロソイド曲線が基本形の場合,**表 10.2** を参考に,A は,$R \geq A \geq R/3$ なる関係にあるとき調和のとれた曲線になり,中でも $A > R/2$ が望ましいといわれている。また,L は円曲線長を Lc とすると,$Lc \geq L \geq Lc/2$,$\Delta R > 0.2$ m になるようにする。

表 10.2 設計速度と許容最小パラメータ(A)の値

設計速度〔km/h〕	高速道路	一般国道および主要地道路	山地部および特殊区間の道路
120	325	—	—
100	250	—	—
80	180	140	—
60	120	90	80
50	90	70	60
40	70	50	40
30	—	35	30
20	—	20	15

③ クロソイド曲線始点 KA から,各中心杭までの曲線長 $L_1, L_2, \cdots, L_n$ を求める。

④ $l_1 = L_1/A$,$l_2 = L_2/A$,$\cdots$,$l_n = L_n/A$ から,$l_1, l_2, \cdots, l_n$ の値を求め,こ

れから単位クロソイド表を引いて，A 倍してクロソイド要素を計算する。

⑤ 交点 IP からクロソイド曲線始点 O（KA）までの距離 α を次式で求める。
$$\beta = (R + \Delta R) \times \tan \frac{I}{2} \quad \therefore \quad \alpha = \beta + X_M$$

⑥ 各中心杭の X，Y 座標の値を求める。

⑦ クロソイド曲線に続く円曲線の交角 I' は，円曲線の両側にクロソイド曲線が入るため，
$$\frac{I'}{2} = \frac{I}{2} - \tau \quad \therefore \quad I' = I - 2\tau$$

⑧ I' を I として曲線上の曲線長 CL を次式で求める。
$$CL = \frac{\pi R I}{180°}$$

⑨ クロソイド曲線に続く円曲線は，円曲線始点 P に TS を据え付け，長接線長 T_L で求められた点を後視して視準線の方向を決め，以下，単心曲線設置に準じる。

⑩ 曲線終点側のクロソイド曲線も同様にして測設できる。

例題 1 クロソイド曲線長 $L = 50$ m，パラメータ $A = 100$ m として，クロソイド要素を求めよ。

解答 1

(1) 円半径　〔公式〕$RL = A^2$ より，$R = A^2/L$，$R = 100^2/50 = 200$ 〔m〕

(2) 単位クロソイド曲線長〔公式〕$l = L/A = 50/100 = 0.5$

(3) 単位クロソイド半径〔公式〕$r = R/A = 200/100 = 2$

(4) クロソイド曲線終点 KE の X 座標

〔公式〕$X = Al\{1 - l^2/(40 \cdot r^2) + l^4/(3\,456 \cdot r^4)\}$
$= 100 \times 0.5 \times \{1 - 0.5^2/(40 \times 2^2) + 0.5^4/(3\,456 \times 2^4)\}$
$= 49.92$ 〔m〕

(5) クロソイド曲線終点 KE の Y 座標

〔公式〕$Y = Al^2/(6 \cdot r)\{1 - (l^2/(56 \cdot r^2) + l^4/(7\,040 \times r^4)\}$
$= 100 \times 0.5^2/(6 \times 2) \times \{1 - 0.5^2/(56 \times 2^2)$
$+ 0.5^4/(7\,040 \times 2^4)\}$
$= 2.08$ 〔m〕

(6) クロソイド曲線終点 KE の接線角

〔公式〕$\tau = l/(2 \cdot r) = 0.5/(2 \times 2.0) = 0.125$ 〔rad〕$= 7°9'43''$

(7) クロソイド曲線終点 KE の極角

〔公式〕$\sigma = \tan^{-1}(Y/X) = \tan^{-1}(2.08/49.92) = 2.385\,9° = 2°23'09''$

(8) 移動量（シフト）

〔公式〕$\Delta R = Y + R \cdot \cos \tau - R = 2.08 + 200 \times \cos(7°09'43'') - 200$
$= 0.52$ 〔m〕

(9) 点 M の X 座標

〔公式〕$X_M = X - R \cdot \sin \tau = 49.92 - 200 \times \sin (7°09'43'') = 24.99$ 〔m〕

例題2 曲線半径 $R = 100$ m，クロソイド曲線長 $L = 25$ m が与えられたとき，クロソイド要素を求めなさい（**図10.21**）

解答2 クロソイド要素は，その一つがわかれば，ほかは**表10.3**の単位クロソイド表から求められるので，ここでは $R/A = r$ または $L/A = l$ から，ほかの要素を求める。

式 (10.1) $RL = A^2$ より，$100 \times 25 = A^2$，$A = 50$ m，$l = L/A = 25/50 = 0.50$ となる。

要素は，表10.3から，$l = 0.5$ の欄で求める。ただし，τ，σ 以外の ΔR, X_M, X, Y は，Δr, x_M, x, y を A 倍して求める。

$\tau = 7°09'43''$, $\sigma = 2°23'13''$

$\Delta R = \Delta r \times A = 0.005\,205 \times 50 = 0.26$ 〔m〕

$X_M = x_M \times A = 0.249\,870 \times 50 = 12.49$ 〔m〕

$X = x \times A = 0.499\,219 \times 50 = 24.96$ 〔m〕, $Y = y \times A = 0.020\,810 \times 50 = 1.04$ 〔m〕

図10.21

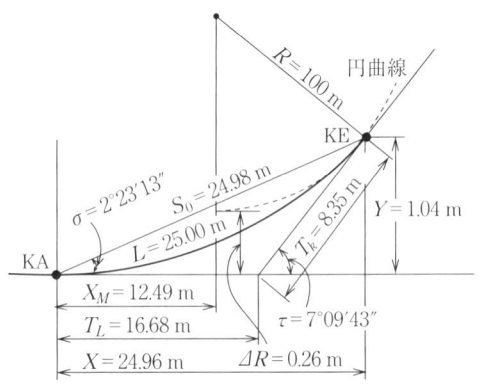

表10.3 単位クロソイド表

l	τ [° ′ ″]	σ [° ′ ″]	Δr	x_M	x	y
0.050 000	00 04 18	00 01 26	0.000 005	0.025 000	0.050 000	0.000 021
1 000	10	3	1	500	1 000	1
0.051 000	00 04 28	00 01 29	0.000 006	0.025 500	0.051 000	0.000 022
1 000	11	4	0	500	1 000	1
⋮	⋮	⋮	⋮	⋮	⋮	⋮
0.111 000	00 21 11	00 07 04	0.000 057	0.055 500	0.111 000	0.000 228
1 000	23	7	2	500	1 000	6
0.112 000	00 21 34	00 07 11	0.000 059	0.056 000	0.112 000	0.000 234
1 000	23	8	1	500	1 000	6
⋮	⋮	⋮	⋮	⋮	⋮	⋮
0.450 000	05 48 04	01 56 01	0.003 795	0.224 923	0.449 539	0.015 176
1 000	1 33	31	26	499	995	102
0.451 000	05 49 37	01 56 32	0.003 821	0.225 422	0.450 534	0.015 278
1 000	1 33	31	25	499	995	101
⋮	⋮	⋮	⋮	⋮	⋮	⋮
0.500 000	07 09 43	02 23 13	0.005 205	0.249 870	0.499 219	0.020 810
1 000	1 43	35	32	499	992	125
0.501 000	07 11 26	02 23 48	0.005 237	0.250 369	0.500 211	0.020 935
1 000	1 44	34	31	498	993	125

（日本道路協会 編「クロソイドポケットブック」より抜粋）

10.6 縦断曲線

路線の縦方向（車両の走行方向）に用いられる曲線を，**縦断曲線**[†1]という。縦断曲線は，路線上の地表面に高低の変化があるとき，勾配の変化する点で，

[†1] vertical curve

■ 勾配の表し方
勾配の程度を表すのにつぎの方法がある。① $1:n$ または $1/n$ の勾配といい，切取り面，盛土面，護岸の法面，河川（上流から下流への傾き）の勾配などをいうのに広く用いられる。急な坂道でも用いられる。

10.6 縦 断 曲 線

車両が円滑に走行できるように設けられる。道路に用いられる縦断曲線は，一般に放物線である。曲線形状には凸形と凹形があり，前者では見通しをよくする必要がある。このほか，上り（上向き＋）・下り（下向き－）の**縦断勾配**[†2]も必要である。

縦断曲線については，道路構造令に縦断勾配（縦断面上の計画線の勾配）や長さなどを規定している。**表 10.4** は縦断勾配について規定したもので，高速道路ほど勾配が2〜4%と緩くなっている。

② $n/100$ または n〔%〕の勾配といい，道路の勾配に用いられる。③ $n/1\,000$ または n〔‰〕（パーミル）の勾配といい，鉄道で用いられる。

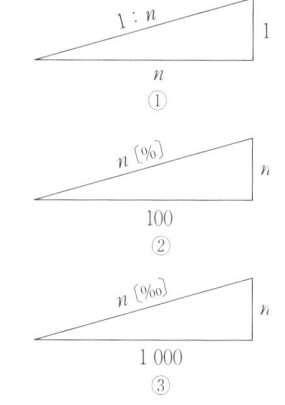

表 10.4 縦 断 勾 配

設計速度〔km/h〕	120	100	80	60	50	40	30	20
縦断勾配〔%〕	2	3	4	5	6	7	8	9

〔注〕 上欄の設計速度に対して，下欄の値以下とするが，地形の状況などにより，第1種，第2種および第3種の道路においては3%，第4種の道路においては2%を加えた値以下とすることができる。

道路の縦断曲線としては放物線が用いられ，必要な縦断曲線長[†3]などを求め，曲線測設ができるようにする。**図 10.22** において2直線の縦断勾配を i_1〔%〕，i_2〔%〕，y：A（曲線始点）から x の距離にある点における AV から曲線までの縦距〔m〕，x：A から y を求める点までの水平距離〔m〕，l：縦断曲線長とすると，次式が成り立つ。

$$y = \frac{|i_1 - i_2|}{200l} \times x^2 \tag{10.5}$$

または，縦断曲線の半径 R は**表 10.5** を参考に決め，つぎの近似式から縦断曲線長 l を求めてもよい。

$$l = \frac{R(|i_1 - i_2|)}{100} \tag{10.6}$$

交点 V における縦距 y_m は，次式から求める。

$$y_m = \frac{|i_1 - i_2|}{800} \times l \tag{10.7}$$

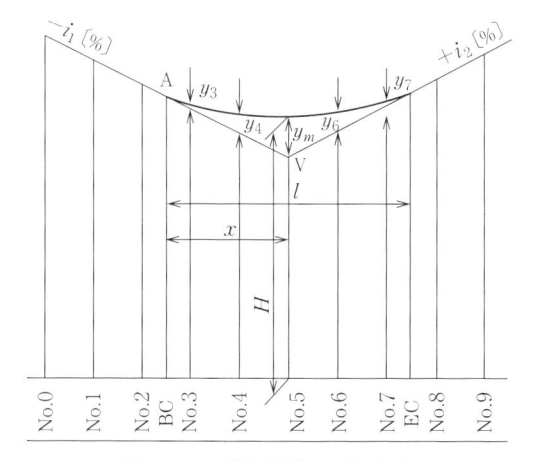

[†2] incline

[†3] vertical curve length

■ 縦断面図の曲線方向
平面図では IP_1 を中心に右側へ，IP_2 を中心に左側へカーブしている状況がわかる。縦断面図の曲線方向の箇所に，曲線の諸要素をカーブの内側に記載する。

平面図

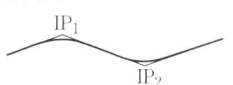

縦断面図

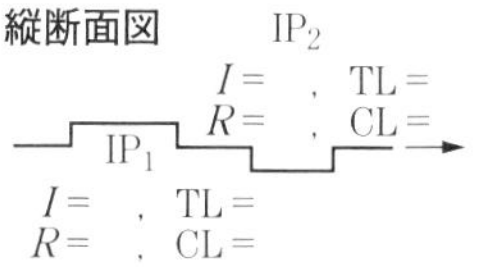

図 10.22 縦断曲線の測設方法

表 10.5 縦断曲線の最小半径と長さ

設計速度〔km/h〕	最小半径〔m〕 凸形曲線	最小半径〔m〕 凹形曲線	縦断曲線の長さ〔m〕
60	1 400	1 000	50
50	800	700	40
40	450	450	35
30	250	250	25
20	100	100	20

（道路構造令の表を合成し一部改編）

[例 題] $i_1 = -1.5\%$ から $i_2 = +3\%$ に移る縦断曲線を測設する際の各測点の計画高を求めなさい。ただし，$R = 2\,000$ m，交点 V が No.5 の位置にあり，No.0 の計画高を 60 m とする。

[解 答] 縦断曲線長 l は

$$l = \frac{R}{100} \times (|i_1 - i_2|) = \frac{2000}{100} \times (|-1.5-3|) = 90 \text{ [m]}$$

BC の位置は，$100 - 90/2 = 55$ m，すなわち，No.2 + 15.00 m（中心杭間隔 = 20 m），EC の位置は，$100 + 90/2 = 145$ m，すなわち，No.7 + 5.00 m，中心杭の縦距 y は

$$y_3 = \frac{|i_1 - i_2|}{200l} x^2 = \frac{4.5}{200 \times 90} \times 5^2 = 0.006 \fallingdotseq 0.01 \text{ [m]} \quad \text{(No.3 の縦距)}$$

$$y_4 = \frac{4.5}{200 \times 90} \times 25^2 = 0.156 \fallingdotseq 0.16 \text{ [m]} \quad \text{(No.4 の縦距)}$$

点 V $\quad y_5 = \frac{|i_1 - i_2|}{800} \times l = \frac{4.5}{800} \times 90 = 0.506 \fallingdotseq 0.51 \text{ [m]} \quad \text{(No.5 の縦距)}$

$$y_6 = \frac{4.5}{200 \times 90} \times 25^2 = 0.156 \fallingdotseq 0.16 \text{ [m]} \quad \text{(No.6 の縦距)}$$

$$y_7 = \frac{4.5}{200 \times 90} \times 5^2 = 0.006 \fallingdotseq 0.01 \text{ [m]} \quad \text{(No.7 の縦距)}$$

よって，No.0 の計画高を 60 m として，No.9 までの中心杭の計画高 H_n を求めると，つぎのようになる。

$H_0 = 60.00$ m，　$H_1 = 60.00 - 20 \times \dfrac{1.5}{100} = 59.70$ m

$H_2 = 60.00 - 40 \times \dfrac{1.5}{100} = 59.40$ [m]

$H_{BC} = 60.00 - (40 + 15.00) \times \dfrac{1.5}{100} = 59.175$ [m]

$H_3 = \left(60.00 - 60 \times \dfrac{1.5}{100}\right) + 0.01 = 59.11$ [m]

$H_4 = \left(60.00 - 80 \times \dfrac{1.5}{100}\right) + 0.16 = 58.96$ [m]

$H_5 = \left(60.00 - 100 \times \dfrac{1.5}{100}\right) + 0.51 = 59.01$ [m]

$H_V = 60.00 - 100 \times \dfrac{1.5}{100} = 58.50$ [m]

（この高さを H_6 以降の計算式の始めに用いる）

$H_6 = 58.50 + 20 \times \dfrac{3}{100} + 0.16 = 59.26$ [m]

$H_7 = 58.50 + 40 \times \dfrac{3}{100} + 0.01 = 59.71$ [m]

$H_{EC} = 58.50 + 60 \times \dfrac{3}{100} = 60.30$ [m]

$H_8 = 58.50 + 80 \times \dfrac{3}{100} = 60.90$ [m]，　$H_9 = 58.50 + 80 \times \dfrac{3}{100} = 60.90$ [m]

10.7　道　路　測　量

路線選定，計画調査および実施測量については，10.1節　路線測量　の中で説明している。ここでは，平面図，縦断面図，横断面図および工事測量につい

て説明する。

10.7.1 平面図・縦断面図・横断面図

〔1〕 **平 面 図** 適切な縮尺をもつ地形図に道路の路線を平面的に表すことで，現地に道路がどのような大きさや形で施工されるのか明らかになり，地物や付帯構造物なども併記されていて，各種の情報が把握できる。

こうした平面図などは，最近の**数値地形モデル**[†1]を用いて設計できるようになり，道路設計の自動化が図られてきている。数値地形モデルは，地形データを多くの3次元座標値の集合として表現しているので，座標値を基にして正

[†1] digital terrain model

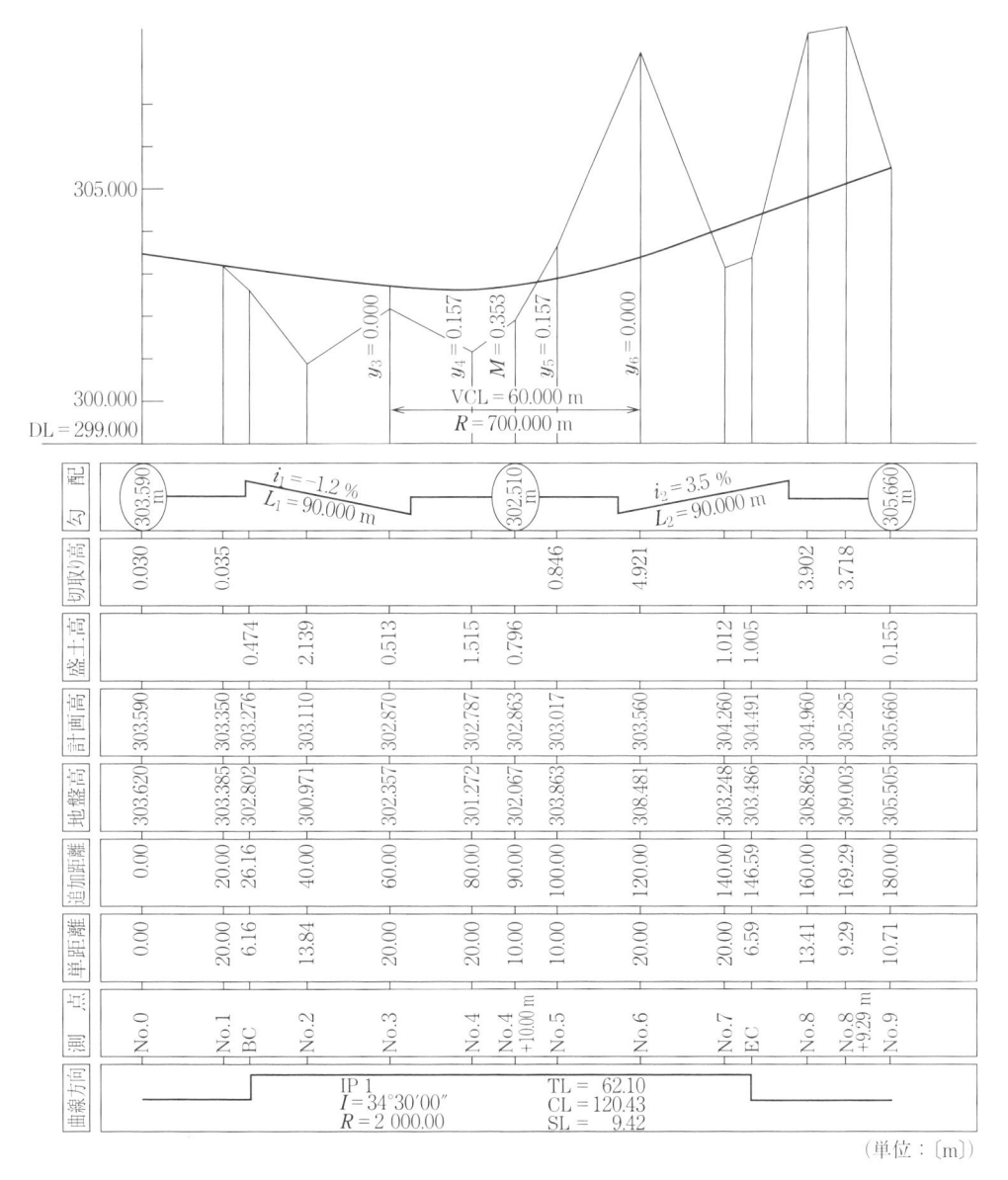

図10.23 道路の縦断面図の例[2]

(単位：〔m〕)

確な平面図や縦断面図，横断面図まで作成できるようになり，中心線の計算はもちろん，土量計算，用地計算などの作業も自動化されてきている。

〔2〕 **縦断面図** 路線の縦断方向における地盤の高低変化をわかりやすく表示したものが，**縦断面図**である。**図10.23**は道路の縦断面図の例である。図中のDLは，基準線（**データムライン**[†2]）の標高を示す。この図のように，横縮尺は地形図の縮尺にだいたい合わせるが，縦縮尺は横の5～10倍と大きく表す。例えば，縦方向1:100，横方向1:1000のようにする。

[†2] datum line

路線の計画線の勾配が決まると，追加距離を用いて比例増減させて，各ナンバー杭上の計画高が求まる。縦断面図に必要な用語の説明を，**表10.6**に示す。

表10.6 縦断面図に必要な用語の説明

勾　配	道路構造令などを参照し，制限勾配内で〔%〕表示
切取り高	（地盤高）−（計画高）
盛土高	（計画高）−（地盤高）
計画高	施工基準面によって，各点の高さを算出
地盤高	実測値
追加距離	起点からの追加距離
距　離	中心杭間の距離，＋杭の箇所は中心杭～＋杭間の距離
測　点	各測点ナンバーか符号
曲　線	曲線の方向および曲線要素を記入

〔3〕 **横断面図** **図10.24**に**横断面図**[†3]の例を示す。この図には1/100～1/200の縦・横同一縮尺で地盤の現状を描き，つぎに，道路標準断面および用地杭位置を入れる。図中のDL，GH，FH，BAおよびCAは，順に，基準線，地盤高，計画高，盛土面積，切取り面積である。

[†3] 道路と河川の横断面図の配置の違いを示す。道路では下から上へ，河川では上から下へ，断面図が描かれる。

〈道　路〉

No.2	No.6	No.9
BC.1	No.5	No.8
No.1	No.4	No.7
No.0	No.3	表題欄

〈河　川〉

No.0	No.3	No.7
No.1	No.4	No.8
BC.1	No.5	No.9
No.2	No.6	表題欄

No.1
GH = 303.385 m　BA = 3.5
FH = 303.350 m　CA = 5.3
DL = 300.000 m

No.3
GH = 302.357 m　BA = 13.9
FH = 302.890 m　CA = 5.3
DL = 299.000 m

No.0
GH = 303.620 m　BA = 0.8
FH = 303.590 m　CA = 2.3
DL = 300.000 m

No.2
GH = 300.971 m　BA = 23.1
FH = 303.110 m　CA = 0.1
DL = 298.000 m

標準横断面図
3.75 m　3.75 m
−1.5%　−1.5%
1:1.5
擁壁

GH = ○○
FH = ○○
BA = ○○
CA = ○○

（GH，FHの単位は〔m〕）
（BA，CAの単位は〔m²〕）

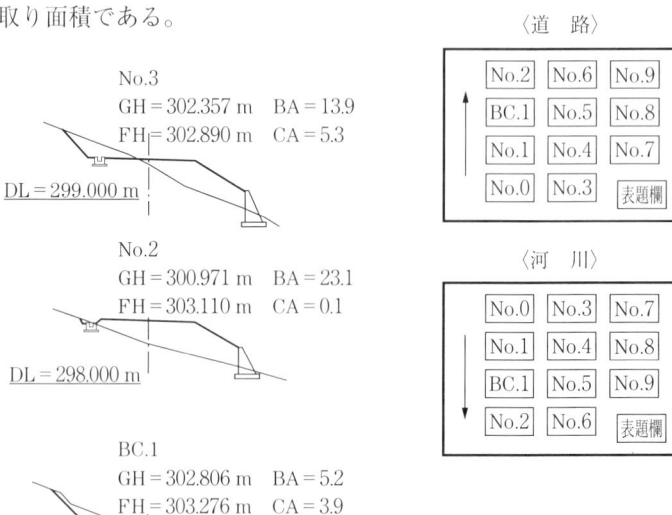

BC.1
GH = 302.806 m　BA = 5.2
FH = 303.276 m　CA = 3.9
DL = 300.000 m

図10.24 道路の縦断面図の例[2]

この横断面図を基に，土量計算を行うとともに，法面積や用地面積などを算出する。横断計画線を入れるときには，現地盤の勾配がほぼ等しいかどうかに注意し，法面が長くなる場合には用地幅をいたずらに広くしないように，擁壁を適当な区間に設ける工夫が必要である。土木用語である法面の勾配の意味や読み方，法肩および法尻の位置関係などを理解する必要がある。

また，横断計画における各ナンバー杭の位置の道路幅員端から，盛土部では法尻，切取り部では法肩までの水平距離が求まるので，この点を平面図に記入する。これらの点を，各ナンバー杭間の等高線の形状を考えながら結んでいく。横断面図ができれば，第8章を参考にして土量計算を行う。

10.7.2 用地幅杭設置測量

用地幅杭設置測量とは，用地の取得や物件の移転・買収などの計画を立てるために用地幅を定め，そこへ用地杭を設置し用地図を作成する測量のことである。用地幅は，図 10.25 に示すように，横断面図の盛土幅や切取り幅に多少の余裕幅 a（土地の状況に応じて 1～1.5 m とする）を加えて定める。また，中心線に対して直角な方向に用地幅をとり，用地幅杭を打ち，その杭面に測点番号や中心杭からの距離などを表示する。

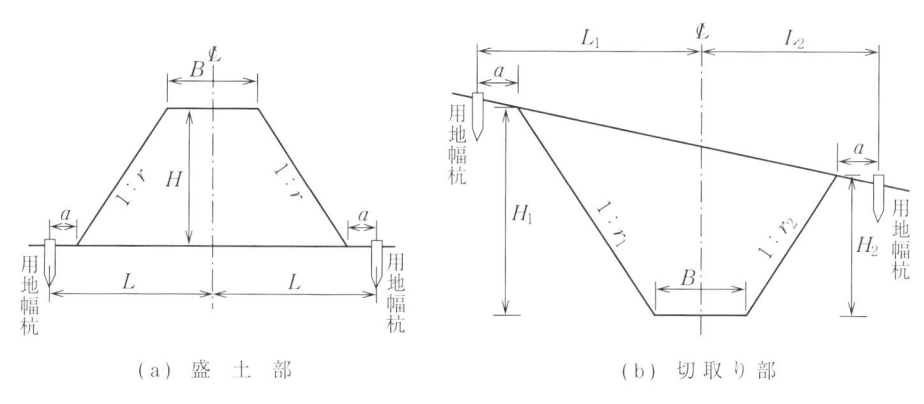

(a) 盛土部　　(b) 切取り部

図 10.25 用 地 幅

図 10.25(a) の用地幅 L（片側）は，$L = B/2 + H \cdot r + a$，また，図 10.25(b) の左側の用地幅 L_1 は，$L_1 = B/2 + H_1 \cdot r_1 + a$，右側の用地幅 L_2 は，$L_2 = B/2 + H_2 \cdot r_2 + a$ で求められる。

10.7.3 工 事 測 量

工事の進行に合わせて，盛土部や切取り部，側溝など，工事に必要な**やり形**[†4]を設ける。これを**工事測量**という。工事測量における一般的なやり形の設置方法を以下に示す。

[†4] finishing stake
丁張ともいう。実際には，やり形と丁張はあまり区別されていない。

(1) 工事をする際に，準備測量として境界杭や測点杭などの主要杭は，着工前に確認するとともに，照査測量を行って設計と一致する正しい位置に杭を打ち直す必要がある。また，保存できないおそれや踏み荒らされるおそれのある重要な中心杭や役杭には，工事中や工事完成後でも再設置できるように**引照杭（控え杭）**を必ず設ける（図10.2に概略あり）。その際，工事によって地形が変わった場合でも元の杭が容易にわかる場所を選定する。引照杭の設置例を**図10.26**に示すほか，必要に応じて座標を求めておく（**図10.27**）。

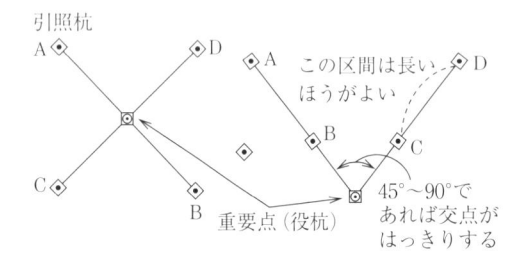

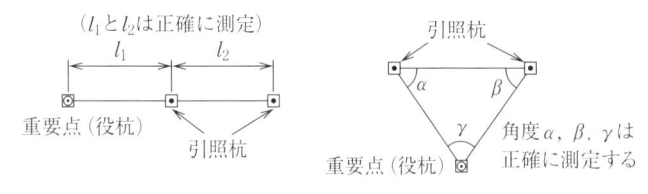

図10.26 引照杭の設置方法

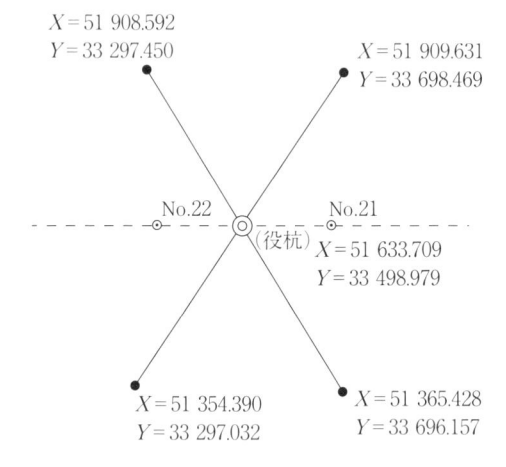

図10.27 引照杭の座標の例

(2) やり形は，盛土や切取りなどの計画に基づき，工事現場で建造物の位置や形状，高さ，勾配，方向などを示すものである。**図10.28**に示すように，土木作業などの目安として杭（角杭・板杭・ペグ）とぬき（幅80〜100 mm，厚さ12〜14 mmの板）でつくり，10〜20 mごとに設置する。盛土法面においては，法定規（勾配計・スラントルール）を用いて水糸[†5]（綿糸や着色・蛍光色ナイロン糸など）あるいは細い縄やロープなどを張り，ぬきを打ちつけてつくられ，また，切取り法面では法杭とぬきなどでつく

[†5] leveling string

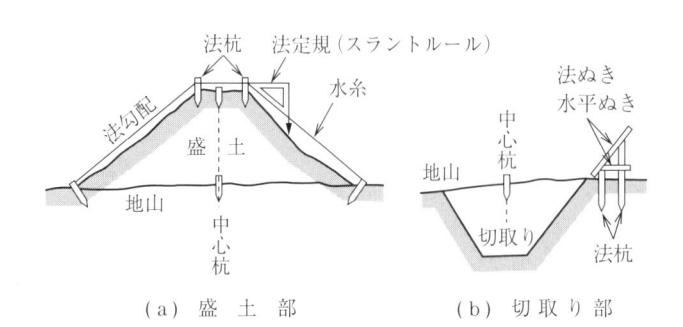

図10.28 盛土部と切取り部におけるやり形の設置方法

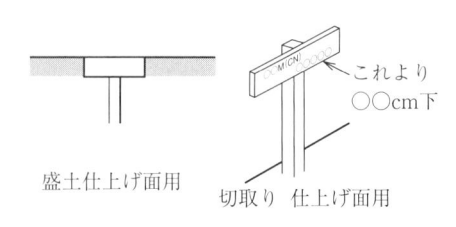

図10.29 トンボ（T字形のやり形）の設置方法

10.7 道路測量

られる。トンボは，盛土高や切取り高，掘削高を表示するために現場に立てるT字形の杭・ペグやぬきのことで，その表面に△印を付けて高さなどを示す（図10.29）。工事が終了したら，やり形などをすべて撤収する。

(3) 各種のやり形の例

(a) 盛土部　図10.30に盛土部のやり形を，図10.31に法肩と法尻のやり形を示す。図10.31の法尻部では，法尻計画線の外側に杭を打ち，水準測量で高さ12.10 mとなるように，標尺を上下しながら，水平ぬき（長すぎる場合，のこぎりで切る）を水平に打ちつける。この場合，杭を打つときの見通し方向は，見通し杭と中心杭を見通した線上とする。道路計画高Hと水平ぬきcの高さH_1に法勾配nを乗ずると，法肩からぬきまでの水平距離は$n(H-H_1)$となる。中心杭からの距離Lは

$$L = \frac{B}{2} + n(H - H_1) = \frac{11.10}{2} + 1.5(14.00 - 12.10) = 8.40 \text{ [m]}$$

を測り，水平ぬきcにくぎを打って目印を付ける。そのくぎからスラントルールで$1:1.5$になる法ぬきeを取り付け，その後，位置や勾配，高さなどをやり形に記す[6]。

図10.31の法肩部では，引照杭から中心杭O'を復元し，その高さを求める。中心杭O'から11.10 m÷2よりやや内側か外側に杭a, b, cを打ち，水平ぬきdを道路計画高14.00 mとなるように杭を固定する。中心杭O'から11.10 m÷2の距離で水平ぬきに印を付け，その点から法勾配$1:1.5$になるように法ぬきeを取り付け，その後，位置や勾配，高さなどをやり形に記す。

■ 法勾配の読み方と位置関係

土木用語として法勾配$1:1$，$1:1.2$の読み方はそれぞれ1割勾配，1割2分勾配という。法肩や法尻（法先）の位置を示す。

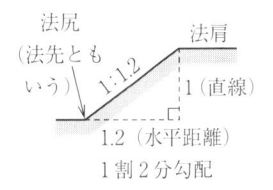

[6] スラントルールによる法勾配のとり方

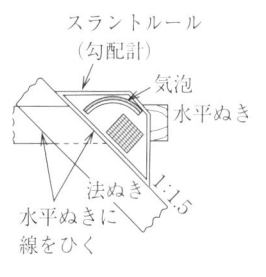

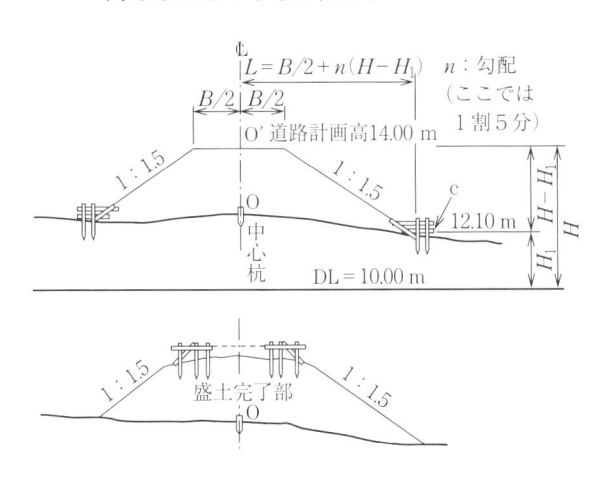

図10.30　盛土部のやり形の例[3]

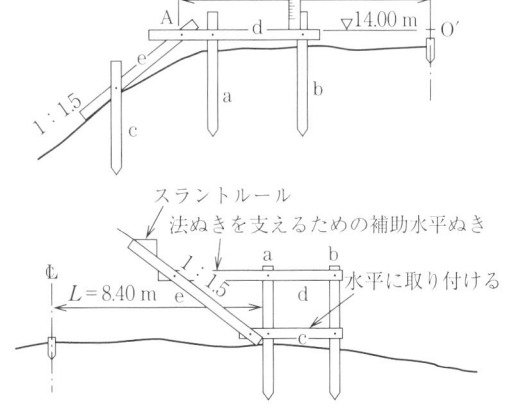

図10.31　法肩（上）と法尻（下）におけるやり形の例[3]

(b) 切取り部　図10.32では，横断面図で中心杭から2.5 mの位置に法尻杭Aを打つ。切取り法肩にAからの距離を測りBとし，その外側に杭1と杭2を打つ。これらの杭に水平ぬきを打ち止め，その高さをレ

ベルで測定する。法尻杭 A から勾配 1：1.0 との交点までの距離が求まる。中心杭から 6.495 m の水平ぬき上にくぎ C を打つ。このくぎに法ぬきの上端を合わせ，勾配 1：1.0 とし，杭 1 と杭 2 に固定する。

(c) 側　溝　図 10.33 のようにやり形を設置する。工事に支障のない位置に水杭[†7]を打ち，水準測量で水平ぬき[†8]を打ち止め，その後，水平ぬきの面に，「コーナー柱天端 30 cm 下がり」といった必要事項を記す。側壁の厚さなどは，くぎを打って示し，前後のやり形との間に水糸を張り，トンボを用いて掘削深さを合わせ，床付け高さを定める。

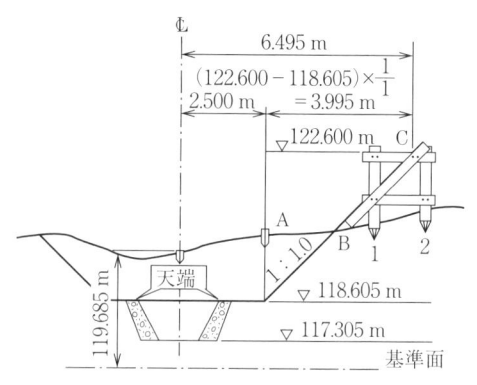

図 10.32　切取り部のやり形の例[3]

[†7] leveling peg
[†8] batter board
水ぬきともいう。

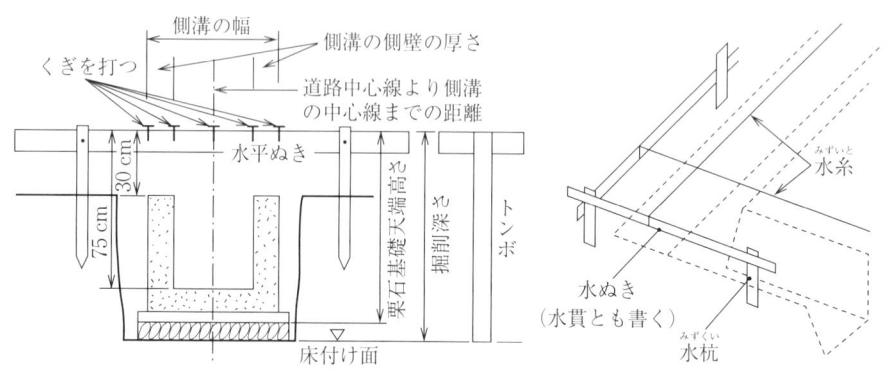

図 10.33　側溝のやり形の例[3]

章　末　問　題

❶　図 10.34 のように，交点 IP の追加距離が 219.22 m，曲線半径 $R = 100$ m，交角 $I = 40°50'$ のとき，単心曲線設置に必要な諸要素を求めよ。

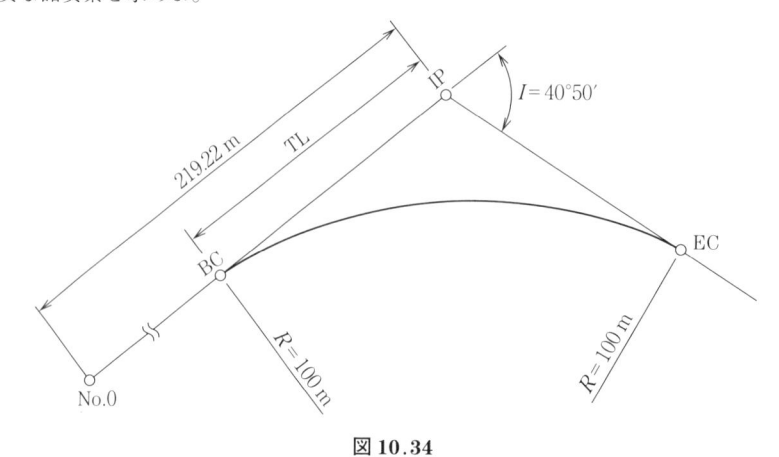

図 10.34

❷ 図10.35のように単曲線を設定しようとしたが交点IPに行くことができないので，両接線上に点C, Dをとり，つぎの結果を得た．

$$CD = 200 \text{ m}, \quad \angle ACD = 150°, \quad \angle CDB = 90°$$

単曲線の半径を300 mとしたとき，接線長TL，点Cから点A（BC）までの距離を求めよ．

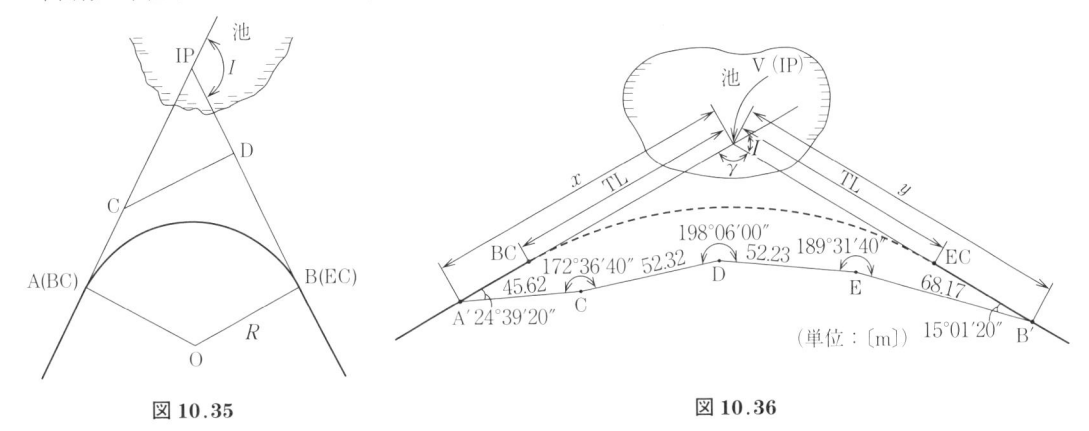

図10.35

図10.36

❸ 図10.36のように，交点IPが池の中に入るため，交角 I を求めるのに，閉合トラバースV, A′, C, D, E, B′, Vを組み，実測の結果，図のような値を得た．これから，VA′ = x, VB′ = y, TL, I を求めよ．
また，$R = 150$ mの円曲線が入るものとして，点A′からBCまで，点B′からECまでの距離を求めよ．

❹ $i_1 = -3\%$ の下り勾配が，$i_2 = +5.5\%$ の上り勾配に移る場合に，縦断曲線を挿入せよ．ただし，勾配変換点の追加距離は575.20 m，縦断曲線半径 $R = 1\,000$ m，縦断曲線長は170 mとする．

❺ 図10.37の(1), (2)の用地幅を求めよ．ただし，余裕幅 $a = 1.0$ mとする．

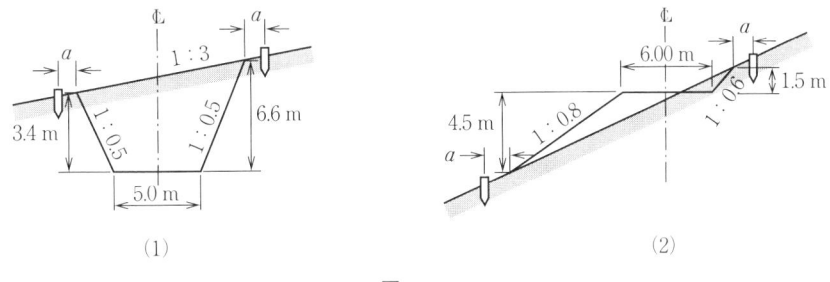

図10.37

章末問題略解

❶ (1) 交点IPの追加距離 = 起点（No.0）からIPまでの距離 = 219.22 m
(2) 接線長（BC～IP）TL = $R \times \tan(I/2) = 100 \times \tan(40°50'/2) = 37.22$ 〔m〕
(3) 曲線始点BCの追加距離（No.0～BC）$L_{(\text{No.0～BC})}$ = 交点IPの追加距離 $L_{(\text{No.0～IP})}$ − 接線長TL = 219.22 − 37.22 = 182.00 m = 180 m + 2.00 m = 20 m × 9 + 2.00 m = No.9 + 2.00 m
(4) 曲線長（BC～EC）CL = 0.017 45RI = 0.017 45 × 100 × 40.833（40°50′を度に変換）= 71.25 〔m〕
(5) 曲線終点ECの追加距離（曲線始点BCの追加距離に曲線長を加える）
$$L_{(\text{No.0～EC})} = \text{始点BCの追加距離 } L_{(\text{No.0～BC})} + \text{曲線長 CL} = 182.00 + 71.25$$
$$= 253.25 \text{ m} = 240 \text{ m} + 3.25 \text{ m}$$
$$= 20 \text{ m} \times 12 + 13.25 \text{ m} = \text{No.12} + 13.25 \text{ m}$$

176   10. 路線測量

(6) No.0〜No.9 の距離 $L_{(No.0〜No.9)} = 20 \times 9 = 180$ [m]

(7) No.9〜BC の距離 $L_{(No.9〜BC)}$ = 交点 IP の追加距離 $L_{(No.0〜IP)}$ − No.0〜No.9 の距離 $L_{(No.0〜No.9)}$ − 接線長 TL
   $= 219.22 − 180 − 37.22 = 2.00$ [m]

(8) 始短弦の長さ（BC から曲線上の最初の中心杭までの距離）
$$l_1 = 中心杭間隔 − L_{(No.9〜BC)} = 20 − 2.00 = 18.00 \text{ [m]}$$

(9) 終短弦の長さ（曲線上の最終の中心杭から EC までの距離）
$$l_2 = 終点 EC の追加距離 L_{(No.0〜EC)} − No.0〜No.12 の距離$$
$$= 253.25 − 20 \times 12 = 13.25 \text{ [m]}$$

(10) 始短弦 l_1 に対する偏角
$$\delta_1 = 28.648(l_1 \div R) = 28.648 \times (18 \div 100) = 5.157° = 5°09'24''$$

(11) 中心杭間距離 20 m の偏角
$$\delta_0 = 28.648 \times (l_0 \div R) = 28.648 \times (20 \div 100) = 5.730° = 5°43'47''$$

(12) 終短弦 l_2 に対する偏角
$$\delta_2 = 28.648 \times (l_2 \div R) = 28.648 \times (13.25 \div 100) = 3.796° = 3°47'45''$$

(13) No.10 の偏角（始短弦 l_1 に対する偏角になる）
$$\delta_{10} = 5°09'24''$$

(14) No.11 の偏角
$$\delta_{11} = \delta_{10} + \delta_0 = 5°09'24'' + 5°43'47'' = 10°53'11''$$

(15) No.12 の偏角
$$\delta_{12} = \delta_{11} + \delta_0 = 10°53'11'' + 5°43'47'' = 16°36'58''$$

(16) 終点 EC の偏角
$$\delta_{EC} = \delta_{12} + \delta_2 = 16°36'58'' + 3°47'45'' = 20°24'43'' ≒ I \div 2 = 40°50' \div 2 = 20°25'$$

❷ TL = 519.6 m, $\overline{CA}$ = 288.7 m

❸ $\overline{VA'} = x = 116.90$ m, $\overline{VB'} = y = 130.48$ m, TL = 86.46 m, $I = 59°55'$, 点 A' から BC までの距離 = 39.44 m, 点 B' から EC までの距離 = 44.02 m

❹ 解表 10.1 参照。

解表 10.1

	x	y
No.25	9.8	0.024
No.26	29.8	0.222
No.27	49.8	0.620
No.28	69.8	1.218

	x	y
V	85.0	1.806
No.29	80.2	1.608
No.30	60.2	0.906
No.31	40.2	0.404
No.32	20.2	0.102
No.33	0.2	0

❺ (1) 12.0 m　(2) 12.5 m

11章 河川測量

河川測量[†1]は，河川水を利用するための各種工事や，河川の氾濫に対する治水工事などを行うための測量技術である．具体的には，河川の洪水や河口付近の高潮などによる災害の防止や，河川水の適正な利用，流れを阻害せずに上流から下流へと水を正常に流す流水の保全といった総合的な河川管理やこれに関連する観測資料収集の目的で河川測量を行う．また，河川測量には湖沼や海岸の保全に関わる測量も含まれる．

[†1] river surveying

ここでは，河川測量の内容が，図 11.1 のように細分化されているので，その順に解説する．

作業計画
- 距離標設置測量：基点（河口）からの距離を観測する測量
- 水準基標設置測量：基準面からの高さを観測する測量
- 定期縦断測量：河川の縦断面図データを収集するための測量
- 定期横断測量：河川の横断面図データを収集するための測量
- 深浅測量：河川の水部を観測するための測量

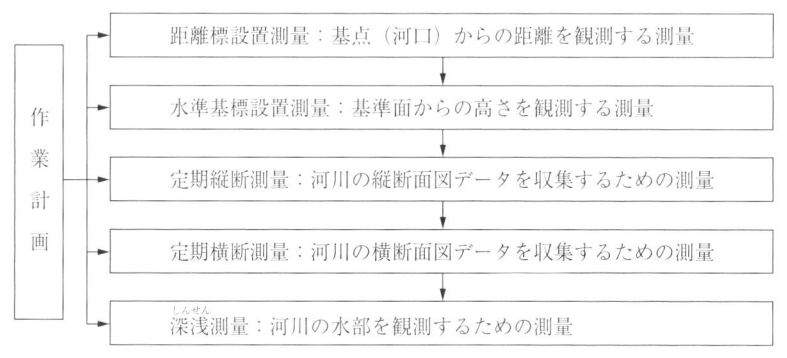

図 11.1 河川測量の細分

11.1 距離標設置測量

河川の距離は，河口に設けた**基点**を基準として，河川の**流心線**によって求められる（図 11.2）．河川には河口からの距離を表す**距離標**[†1]が一定間隔に設置されている．そして，河川を上流から下流に見たとき，右側の岸を**右岸**[†2]，左側の岸を**左岸**[†3]と呼ぶので，距離標は，流心線の接線に対して直角方向の右岸と左岸の**堤防**[†4]か**法面**[†5]に設置されており，距離標を設置する作業を**距離標設置測量**という．

[†1] distance mark
距離標の写真

距離標設置測量の設置位置は，あらかじめ地形図上で河川の流心線から選定するが，コンクリート護岸などがない未改修河川の場合は，洪水時の流心線を

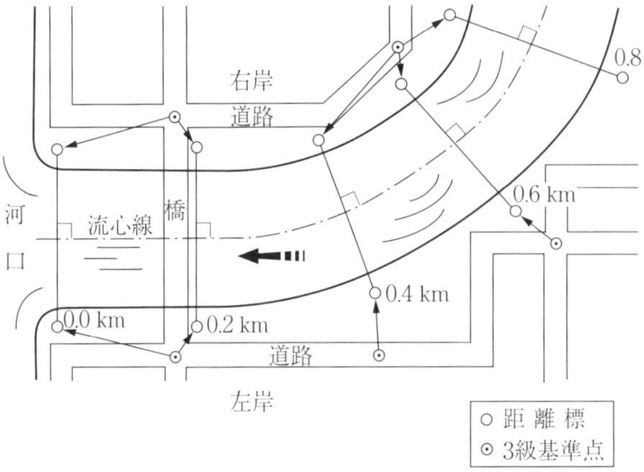

右岸
道路
0.8 km
0.6 km
河
口
流心線
橋
0.4 km
0.0 km
0.2 km
道路
左岸
○ 距 離 標
⊙ 3級基準点

図 11.2　距離標の設置

†2 left bank
†3 right bank
†4 levee
†5 slope

用いている。また，距離標設置地点の近くにある 3 級基準点を地形図上で確認し，その基準点[†6]を基点に設置点の座標値を決定する。設置点は，その近くに 3 級基準点がない場合，4 級基準点を用いるほか，3 級基準点測量によって求める場合は，3 級基準点から TS（トータルステーション）や GNSS 測量機を用いた放射法によって距離標を設置する。その設置間隔は上流に向いて 200 m を標準としている。

また，**図 11.3** のように，距離標は基礎および地表面をコンクリートで固め，埋込みの長さは計画機関名および距離番号が記入できる長さ（約 30 cm）を地上に残して法肩か法面に埋設するが，無堤防の場合には亡失・破損・変動のおそれがない場所に設置する。なお，距離標の頭部には十字を記した金属鋲を埋め込むことが決められている。

†6 測量において基準となる点で，測量の成果がすでにわかっている点。既知点の種類や設置間隔によって 1 級から 4 級に区分されている。

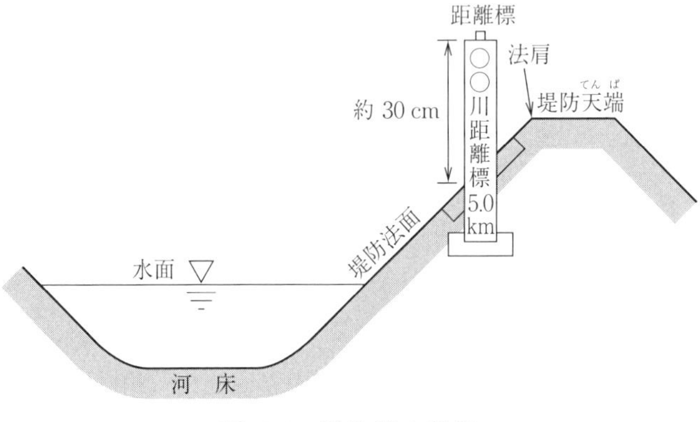

距離標
法肩
堤防天端
約 30 cm
川距離標
5.0 km
堤防法面
水面
河　床

図 11.3　距離標の設置

11.2　水準基標測量

水準基標測量とは，河川水系の高さの基準である水準基標の標高[†1]を定める測量であり，河川の**縦断**や**横断**などの高さに関わる基準となる。また，**地盤**

†1 elevation

沈下などにより標高が変動することもあるため,定期的に改測が行われている。標高は一般的に東京湾平均海面†2（T.P.）を基準としているが,表11.1のように水系ごとに固有の基準面がある場合にはそれを基準とすることがある。

水準基標測量は2級水準測量で行い,水準基標は図11.4に示すように量水標（水位標）†3に接近した位置に5〜20 km間隔で設置する。

†2 Tokyo peil
東京湾の平均の潮位であり,水準測量や標高の基準値として採用されている。

†3 河川の水位を目測で知るために河道内や橋脚に取り付けられた目盛付きの標識。

表11.1 河川の基準面（1997年）

河川	基準面	東京湾平均海面（T.P.）との関係〔m〕
北上川	K.P.	− 0.8745
鳴瀬川	S.P.	− 0.0873
利根川	Y.P.	− 0.8402
荒川・中川・多摩川	A.P.	− 1.1344
淀川	O.P.	− 1.3000
吉野川	A.P.	− 0.8333
渡川	T.P.W	＋ 0.113

図11.4 量水標

11.3 定期縦断測量

定期縦断測量とは,定期的に左右両岸の堤防および構造物などの変動を調査するもので,水準基標を基にして,距離標や堤防高,地盤高,水位標零点高,橋などの構造物の高さと位置を縦断測量により求め,縦断面図データを収集する測量である。平地においては3級水準測量,山地においては4級水準測量で行う。縦断面図データファイルには,測点,単距離,追加距離,計画河床高†1,計画高水敷高,計画高水位,計画堤防高,最低河床高,左岸堤防高,右岸堤防高,水準基標,水位標,各種構造物などの名称,位置,標高などのデータを格納し,縦断面図データを図紙に出力する場合は,横の縮尺は1/1 000から1/100 000まで,縦の縮尺は1/100から1/200までを標準とする。

†1 河川の流水に接する底部。川底のこと。

11.4 定期横断測量

定期横断測量は,定期的に河床の変動を調査するために行う測量で,左右両岸に設置された距離標の視通線上の地形（河床など）の変化を距離標からの距離および標高を観測して横断測量を行うものである。測量作業は図11.5に示す**水際杭**によって左右両岸の**陸部**と**水部**の三つに分けられる。陸部は,左岸と右岸おのおのの距離標を基準として,地形変化点を測量する。水部は,左右両

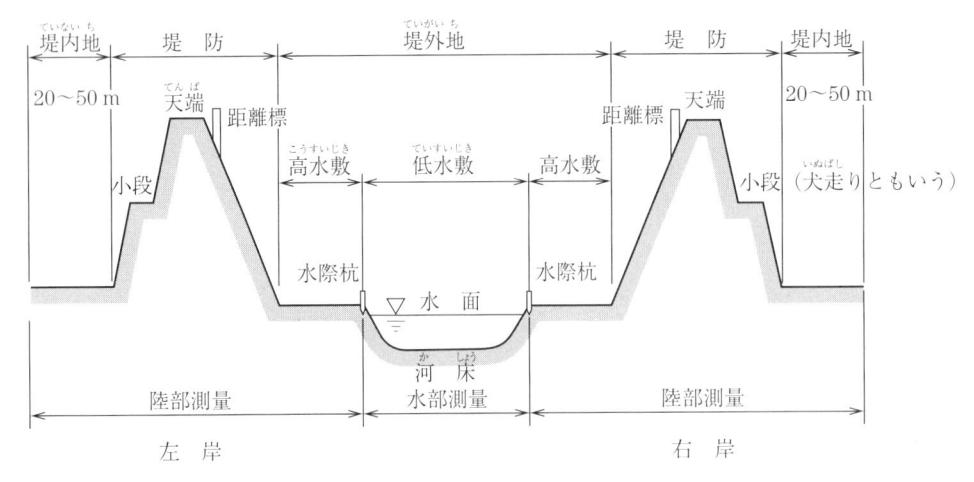

図11.5 河川の横断図

岸の水際杭を基準として深浅測量を行う。横断面図データを図紙に出力する場合は，横の縮尺は1/100から1/1 000まで，縦の縮尺は1/100から1/200までを標準とする。

11.5 深浅測量

深浅測量は，河川・海岸などの維持管理および調査などのために必要な水底部の状況を観測するもので，水面を基準にして測深位置と水深とを同時に観測し，水底部の地形を明らかにする測量である。水面高は，水際杭や水準点から水準測量によって求める方法と，あらかじめ量水標から読み取る方法がある。**図11.6**の場合，水際杭の標高 T.P. 10.000 m とすると，水面の標高値である水位 H は，次式で求められる。

$$H = 10.000 - (H_2 - H_1) \tag{11.1}$$

水深が浅い場合，水深の観測では**ロッド**（**測深棒**）や**レッド**（**測深錘**，**図11.7**）を用いるが，水深が深い場合には船に音響測深機（**図11.8**）を載せて測定する。測深位置または船位の観測は，ワイヤーロープやTSまたはGNSS測量機のいずれかを用いて行う。

一般的に，水深観測は指定された測定間隔で測定位置において往路と復路の合計2回観測し，その平均値を採用する。測定間隔は，測定機器によって異なり，自岸と対岸にある二つの水際杭にワイヤーロープ[1]を張り，水際杭からの距離で測深位置や測定位置を決定する場合は5 m，TSやGNSS測量機を用いる場合は10〜100 mである。

横断面図データを図紙に出力する場合は，横の縮尺は1/100から1/1 000まで，縦の縮尺は1/100から1/200までを標準とする。

[1] 直径4 mmが標準，ロープの沈みはその中央で最大で0.5 mが目安。

図 11.6 深浅測量の概要

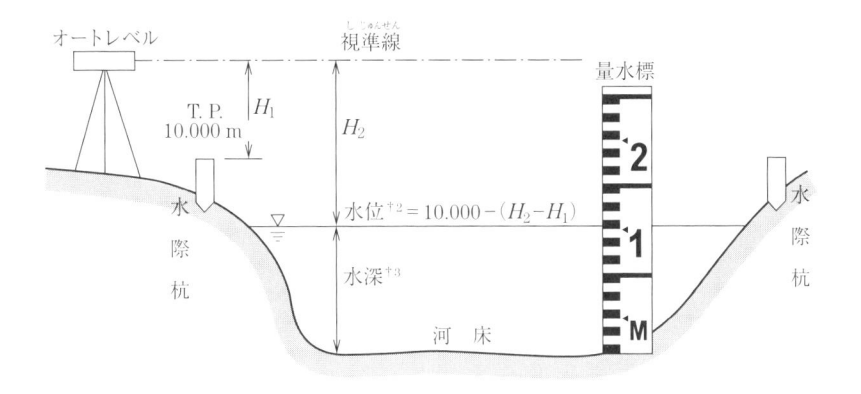

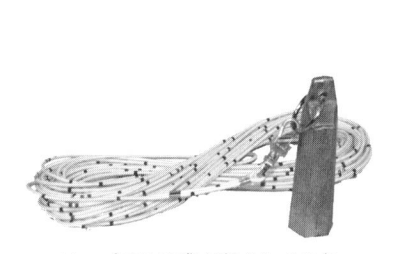

†2 基準面から水面までの高さ
†3 水面から河床までの深さ

図 11.7 レッド（株式会社コノエ 提供）
ロープには目盛が記されており，先端にはおもりを付ける。

図 11.8 精密音響測深器（株式会社コノエ 提供）

11.6 流 量 測 定

11.6.1 概　　　要

　河川を流れる水の量は流量で表される。**流量** Q [m³/s] とは[†1]，基準となる河川の横断面を単位時間当りに流れる水量をいい，式(11.2)のとおり，横断面の面積である流積 A [m²] と流水の平均流速 v [m/s] との積で求められる（**図 11.9**）。

$$Q = Av \tag{11.2}$$

　流量測定は，流路や河床の変動が少ないところ，流れに**瀬**や**淵**がなく，**みお筋**が安定しており，逆流や流れに乱れが生じないところを選定して行う。コンクリートやブロックで護岸された改修河川では流積の観測は比較的容易であり，水位などから断面を観測することができる。一方，**図 11.10** のように，流速は，一様ではなく，河床・壁面や水面における摩擦によって流速分布が生じるため，通常は平均流速を求めて流速とする。晴天時の河川では流れが比較

†1 単位時間当りに流れる水量の単位であり，一般的には m³/s, t/s, m³/d が用いられる。また，土木分野ではCMS（cubic meter per second）と表す場合があるが，m³/s と同じ意味である。

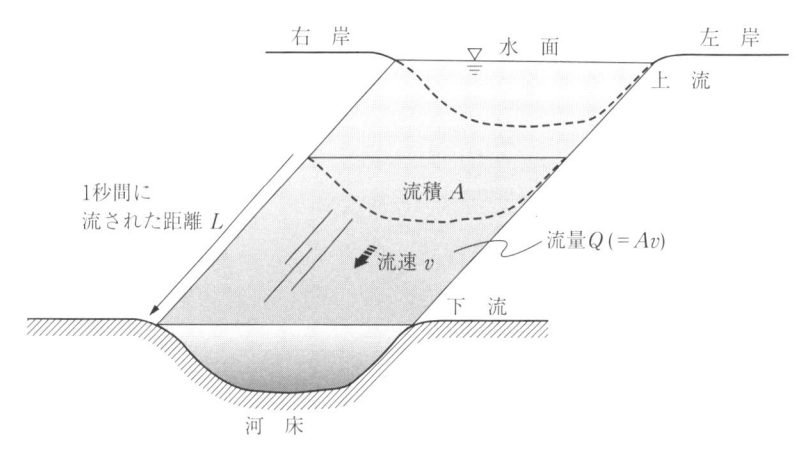

図 11.9 河川の流量

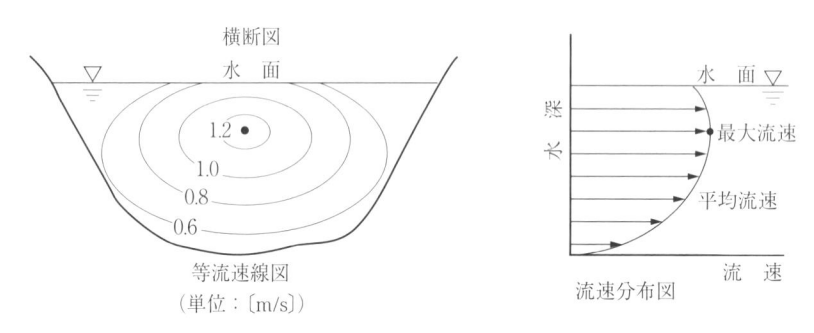

図 11.10 流速分布

的安定していることから，水部に流速計を設置して流速を測定することができるが，洪水時は流れも速く水位が高くなることから流速を測定することは危険が伴うため，浮子を用いて測定を行う。

11.6.2 浮子による流量の測定

浮子（**図 11.11**）には**表面浮子**と**棒浮子**の2種類があり，**表 11.2** のように水深に応じて使用する浮子が決められている。なお，**吃水**とは浮子の最深部から水面までの距離であり，浮子の流下速度は，水面から浮子の吃水深までの平均流速であることから，校正係数 C を乗じて水面から河床までの間の鉛直方向全体での平均流速に変換する。

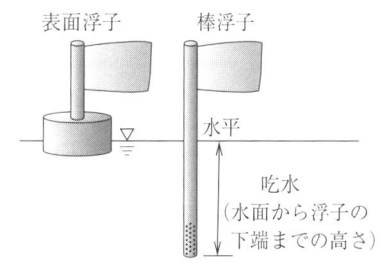

図 11.11 浮子の概略図

表 11.2 浮子の種類と校正係数

水深〔m〕	0.7以下	0.7〜1.3	1.3〜2.6	2.6〜5.2	5.2以上
浮子の種類	表面浮子	棒 浮 子			
吃水〔m〕	0	0.5	1.0	2.0	4.0
校正係数 C	0.85	0.88	0.91	0.94	0.96

（「河川砂防技術基準 調査編（平成24年6月）」より抜粋）

浮子による流速測定は，つぎのとおり実施することを標準とする（図**11.12**）。

手順

① 河川の2地点において，流心に対して直角に上流と下流の見通し線（A-A′，B-B′）を設定する。そして，上流と下流の見通し線の間の距離 L〔m〕を観測する。

② 上流の見通し線（A-A′）よりも上流において，橋の上などから浮子を河川へ投下する。

③ 前述の距離 L を浮子が流下する時間 t〔s〕を観測する。

④ つぎの式で，浮子の**流下速度** v_0〔m/s〕と**平均流速** v〔m/s〕を求める。

$$v_0 = \frac{L}{t} \tag{11.3}$$

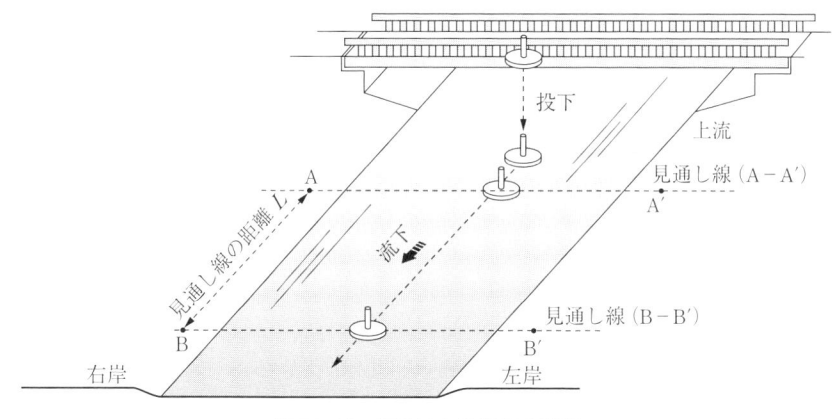

$$v = C \cdot v_0 \tag{11.4}$$

図 11.12 浮子による流速の測定

11.6.3 流速計による流量の測定

流速計[†2] には，プロペラ型流速計（図 **11.13**）や**電磁流速計**（図 **11.14**）などがある。

[†2] current meter

プロペラ型流速計の計測部にはプロペラが付いており，1秒間のプロペラの回転数 N と流速 V〔m/s〕との間における比例関係から次式で流速 V を求められる。ただ，プロペラ全体を水中に入れる必要があるため，水深が非常に浅い所では使えない。式(11.5)中，定数 a，b は流速計によって異なり，正確な測定には検定した上で使用する。

$$V = aN + b \tag{11.5}$$

電磁流速計とは，水中に電磁式測定装置のある流速計で，人工的に発生させた磁界の中を水が動くときに生じる起電圧から流速を観測するものである。プロペラ流速計と違って可動部がないため，故障が少ないという利点がある。

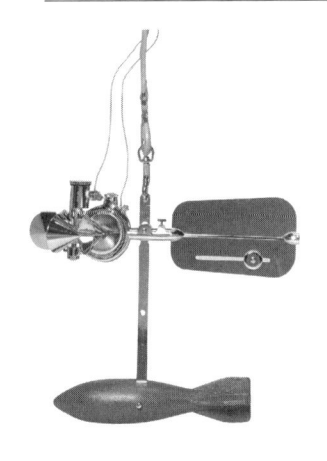

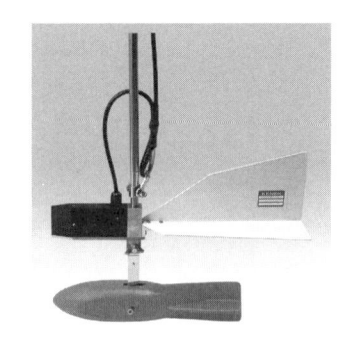

図 11.13 プロペラ流速計
（株式会社コノエ 提供）

図 11.14 電磁流速計
（KENEK 社 提供）

表 11.3 のように，対象とする河川の幅に応じて水深測線間隔と流速測線間隔が定められている（図 11.15）。また，水深，流速ともに 2 回観測する。

表 11.3 水深と流速の測定間隔

水面幅 B 〔m〕	水深測線間隔 M 〔m〕	流速測線間隔 N 〔m〕
10 以下	水面幅の 10〜15%	水面幅の 10〜15%
10〜20	1	2
20〜40	2	4
40〜60	3	6
60〜80	4	8
80〜100	5	10
100〜150	6	12
150〜200	10	20
200 以上	15	30

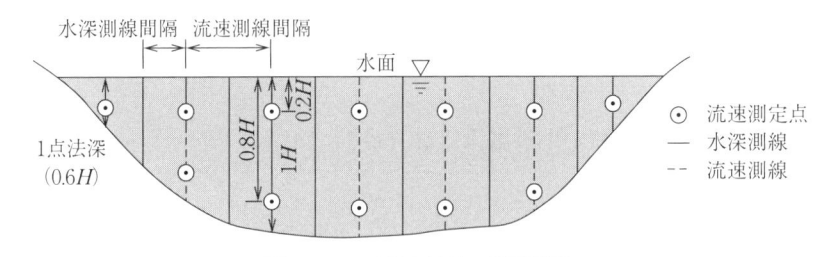

図 11.15 水深と流速の測線間隔

一般的に流速は，各流速側線に対して 2 地点で観測を行い，その平均値を流速とする。これを **2 点法** と呼ぶ。測定位置は，図 11.15 に示すように水深 H 〔m〕に対して水面から流速測線上鉛直方向に $0.2H$ 〔m〕および $0.8H$ 〔m〕とされている。なお，水深 0.5 m 未満の場合は，水深 $0.2H$ において流速計の測定部が水面上に出る可能性があるため，水深 $0.6H$ で流速を測定し，この値を平均値として採用する場合もあり，これを **1 点法** という。このほかに，水深が深いところでは，$0.2H$，$0.6H$，$0.8H$ で流速を測定し，3 点の重みづけ平均値を

平均流速とする場合もある (**3点法**)。

1点法　$V = V_{0.6H}$,　2点法　$V = \frac{1}{2}(V_{0.2H} + V_{0.8H})$

3点法　$V = \frac{1}{4}(V_{0.2H} + 2V_{0.6H} + V_{0.8H})$

図11.16のような河川断面では，水深測定間隔・流速測定間隔を参考に河川断面を小断面に分割し，おのおのの断面に対する流量を足し合わせて河川流量を算出する。

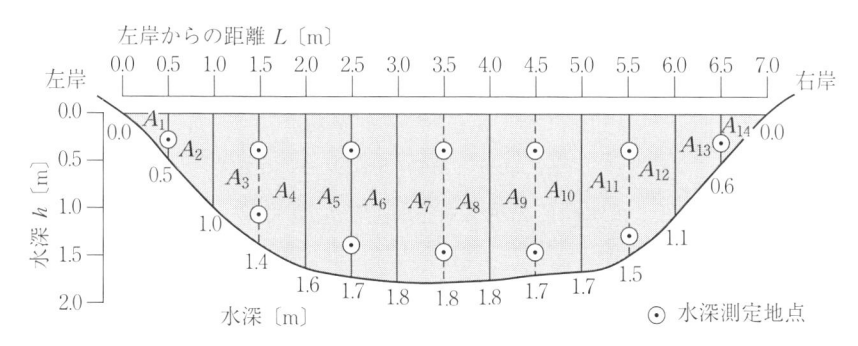

図11.16 流量計算の例

表11.4に計算例を示す。この場合，距離0.0～0.5 m区間からなる小断面と距離0.5～1.0 m区間からなる小断面の面積A_1とA_2を算出し，距離0.5 mの平均流速とを掛け合わせて距離0.0～1.0 m区間の小断面（分割断面）の流量を算出する。同様の手順ですべての小断面に対する流量をそれぞれ算出し，それから合計して流量が求まる。

渓流など不規則な流れの場合も同様に，その断面をおよそ10個分割した小断面のおのおのの流量を観測した後に，それらを合計して流量を求める。

表11.4 流量計算の例

左岸からの距離 [m]	0.0	0.5	1.0	1.5	2.0	2.5	3.0	3.5
水　深　H [m]	0.0	0.5	1.0	1.4	1.6	1.7	1.8	1.8
流速 [m/s]　$0.2H$で測定		1.2		1.6		1.6		1.9
$0.8H$で測定		1.1		1.4		1.5		1.5
平 均 流 速 [m/s]		1.2		1.5		1.6		…
平 均 水 深 [m]		0.3	0.8	1.2	1.5	1.7	1.8	1.8
区　間　幅 [m]		0.5	0.5	0.5	0.5	0.5	0.5	0.5
区 間 面 積 [m²]		0.1	0.4	0.6	0.8	0.8	0.9	0.9
合 計 面 積 [m²]			0.5		1.4		1.7	
流　　　量 [m³/s]			0.6		2.0		2.7	

11.7　河川水位と流量の表し方

河川の水位と流量はつねに変化しており，それらは下記のように流量と水位が定義されている。

1. **最大渇水位（最大渇水流量）**　これまでにわかっている最小の水位，

または流量。

2. **渇水位（渇水量）** 1年のうち，355日はこれよりも減少することのない水位，または流量。

3. **低水位（低水量）** 1年のうち，275日はこれよりも減少することのない水位，または流量。

4. **平水位（平水量）** 1年のうち，半分の日数はこれよりも水位（流量）が高く，もう半分の日数はこれよりも水位（流量）が低い条件で生じる水位，または流量。

5. **高水位（高水量）** 毎年必ず1回から2回は発生する，洪水時の水位，または流量。

6. **洪水位（洪水量）** 数年に1回程度，洪水時に発生する水位，または流量。

7. **最大洪水位（最大洪水量）** これまでに発生した最大の水位，または流量。

章 末 問 題

❶ 多摩川において，図11.6に示す水際杭の標高（T.P.）が12.323 mであった。水際杭からオートレベルの視準線までの高さ H_1 が1.569 m，水面から視準線までの高さ H_2 が2.532 mであるとき，水面の標高（H_A）を求めよ。また，表11.1を参考に，多摩川における基準面からの標高（H_B）を求めよ。

❷ 水深1.0 mの河川の上流と下流に200 mの河川距離で見通し線を設け，この区間に棒浮子を用いて流速測定を行ったところ1分20秒かかってこの区間を流下した。この棒の吃水はいくらが適切か答えよ。また，この河川を流れる水の流速〔m/s〕を求めよ。なお，浮子の校正係数は表11.2を参考にすること。

❸ 河川において流量測定を行ったところ，**表11.5**のデータを得た。この河川の流量〔m³/s〕を求めよ。

表 11.5

左岸からの距離〔m〕	0.0	0.75	1.50	2.25	3.0	3.75	4.50
水　　深〔m〕	0.0	0.45	1.00	1.40	0.95	0.53	0.00
流速〔m/s〕 0.2Hで測定		0.65		1.24		0.84	
0.8Hで測定		0.55		1.23		0.72	
平均流速〔m/s〕							
平均水深〔m〕							
区　　　　〔m〕							
区間面積〔m²〕							
合計面積〔m²〕							
流　　量〔m³/s〕							

章末問題略解

❶ $H_A = 11.360$ m, $H_B = 10.226$ m　　❷ 吃水：0.5 m, 流速：2.2 m/s

❸ 3.22 m³/s

12章 写真測量

空中写真測量[†1]は，航空機などから撮影された空中写真を用いて，土地の形状および地物などを計測し，数値地形図データを作成する作業である。空中写真測量は，地上では立入り困難な地域を測量でき，広域の数値地形図データを均一な精度で作成できる。作成される数値地形図データの地図情報レベルは，500，1000，2500，5000および10000と幅広い。

[†1] aerial photogrammetry

■ デジタルのことを日本語で数値ともいう。数値地形図とはデジタル地形図のことである。

12.1 共線条件と立体計測

空中写真測量の原理は，図12.1に示すように写真上の像点，対応する地上の点と投影中心点の3点は一直線上にあるという**共線条件**[†1]を利用している。

[†1] collinearity condition

地物の3次元座標を取得するため，図12.2のように空中の2点から対象範囲が約60％重複（オーバーラップ）するように撮影し，2枚の空中写真それぞれ共線条件を立て，直線群（光束）が交会する点を立体計測する。空中写真が撮影された位置（3次元座標）と傾き（X, Y, Z軸方向におけるカメラの回転角 ϖ, ϕ, κ）を基に地物の3次元座標を求める。

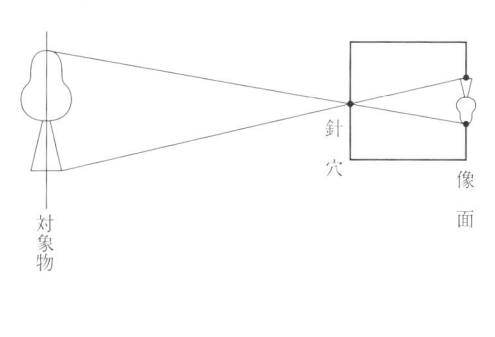

図12.1 共 線 条 件[2]　　図12.2 立 体 計 測[2]

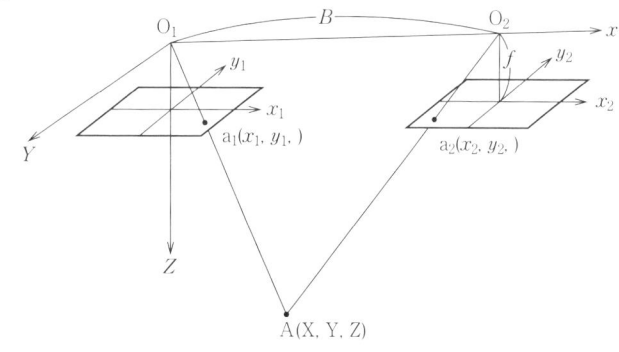

12.2 デジタル航空カメラ

航空カメラは，従来のフィルムを使用するアナログ航空カメラからディジタル技術の進展に伴って，デジタル航空カメラに変わった。**デジタル航空カメラ**[†1]

[†1] digital aerial camera
現在，公共測量作業規程の準則ではフレームセンサー型カメラ（Intergraph社のDMCとMicrosoft Vexcel社のUCD）のみを採用している。

は，構造的にフレームセンサー型とラインセンサー型の2種類がある。

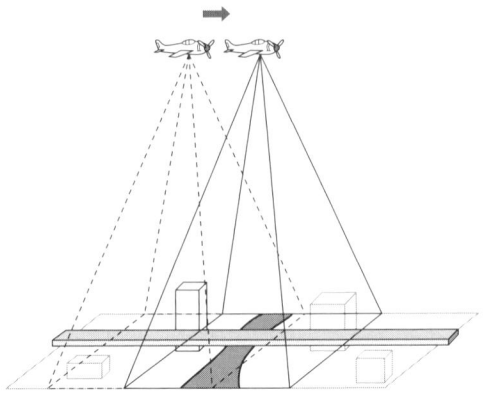

12.2.1 フレームセンサー型

フレームセンサー型は，**図12.3**に示すようにフィルム航空カメラと同様に一定間隔で面的に撮影が行われる。フレームセンサー型デジタル航空カメラは，白黒，赤，緑，青，近赤外の波長が別々のCCD（撮像素子[†2]）で撮影され，後処理によって一つの中心投影画像へ統合される。複数のレンズで同時に撮影することにより，幾何学的に安定させている。

GNSS/IMU[†3]によって，主点位置の座標が標定点として利用できること，概略の外部標定要素から共役点（パスポイントやタイポイント）の概略の位置を絞り込めることから，GNSS/IMU装置を装備している。しかし，外部標定要素で縦視差を十分には取り除けないことから補助的役割であって，GNSS/IMUに完全依存であるラインセンサー型デジタル航空カメラや航空レーザ測量とはシステム上，異なる。

[†2] charged-coupled device
[†3] 15.1節 参照

図12.3 フレームセンサー型

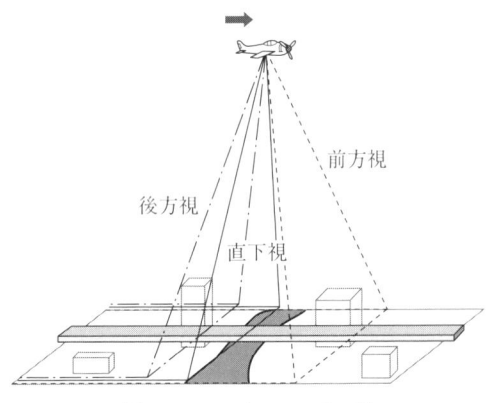

12.2.2 ラインセンサー型

ラインセンサー型は，**図12.4**に示すように前方視，直下視，後方視の3本のラインセンサーが取り付けられ，線状にスキャナーのように連続的に撮影する。地物を3本のラインセンサーから撮影することにより，高さや形状を計測できる。面的な撮影と異なりひずみや倒れ込みが少なく，写真地図の作成が容易である。GNSS/IMUを装備して連動したシステムである。

図12.4 ラインセンサー型

12.3　地上画素寸法と地図情報レベル

デジタル空中写真の地上画素寸法と地図情報レベルとの関連を**表12.1**に示す。基線高度比（B/H）を基準として地図情報レベルごとの地上画素寸法を

表12.1 地図情報レベルと地上画素寸法

地図情報レベル	地上画素寸法（式中のB：基線長，H：対地高度）
500	90 mm $\times 2 \times B$ [m] $\div H$ [m] 〜 120 mm $\times 2 \times B$ [m] $\div H$ [m]
1 000	180 mm $\times 2 \times B$ [m] $\div H$ [m] 〜 240 mm $\times 2 \times B$ [m] $\div H$ [m]
2 500	300 mm $\times 2 \times B$ [m] $\div H$ [m] 〜 375 mm $\times 2 \times B$ [m] $\div H$ [m]
5 000	600 mm $\times 2 \times B$ [m] $\div H$ [m] 〜 750 mm $\times 2 \times B$ [m] $\div H$ [m]
10 000	900 mm $\times 2 \times B$ [m] $\div H$ [m]

設定したもので，航空フィルム画素寸法 20 μm でデジタル化した条件とほぼ同等となっている。

12.4　デジタルステレオ図化機

デジタルステレオ図化機[†1]は，デジタル空中写真を用いて内部標定，相互標定，対地標定，空中三角測量などの計算を行って，偏光メガネを介した立体視により地物の3次元座標を計測し，数値地形図データを作成するシステムである。**図 12.5**にデジタルステレオ図化機を示す。空中三角測量を終え，右のモニターで立体視して3次元座標を計測すると，左のモニターに数値地形図データを作成できる。地物のステレオマッチング（左右の鉛直写真画像から立体画像上の対応点の探索を自動的に行う）により標高を自動的に抽出できる。DTM[†2]やTIN[†3]の作成が可能で，これらを基にした写真地図[†4]の作成も可能である。

[†1] digital stereoplotter
[†2] digital terrain model
数値地形モデルの略語名であり，DEMと同義語である。

図 12.5　デジタルステレオ図化機

12.5　対空標識と刺針

対空標識[†1]とは，空中写真上に基準点や水準点など既知点を認識できるよう基準点などに設置する一時標識のことである。**図 12.6**に基準点を囲んだA型の対空標識を示す。対空標識は，拡大された空中写真上で確認できるよう形状，寸法，色などを選定する。

刺針とは，対空標識が空中写真上において確認することができない場合に，現地において基準点などの位置を空中写真上の明瞭な地点に偏心を行って表示することである。

[†3] triangulated irregular network
不規則三角形網と訳す。不規則な三角形要素で構成され，地形の傾斜方向や角度を求める場合によく用いられる。
[†4] 12.6節 参照
[†1] target

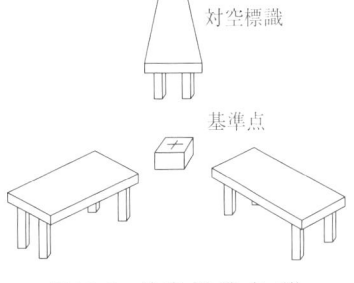

図 12.6　対空標識（A型）

12.6　写真地図

写真地図は，中心投影である空中写真を正射投影に加工し，位置情報が付与されて，GISで数値地形図データに重ね合わせることができる画像のことである。これは，デジタルステレオ図化機により，DTMやTINを用いて，**図 12.7**に示すように，空中写真を中心投影から正射投影へ変換して位置情報を付与して作成される。隣接する写真地図どうしの重複部分に対し，位置合せと色合せ

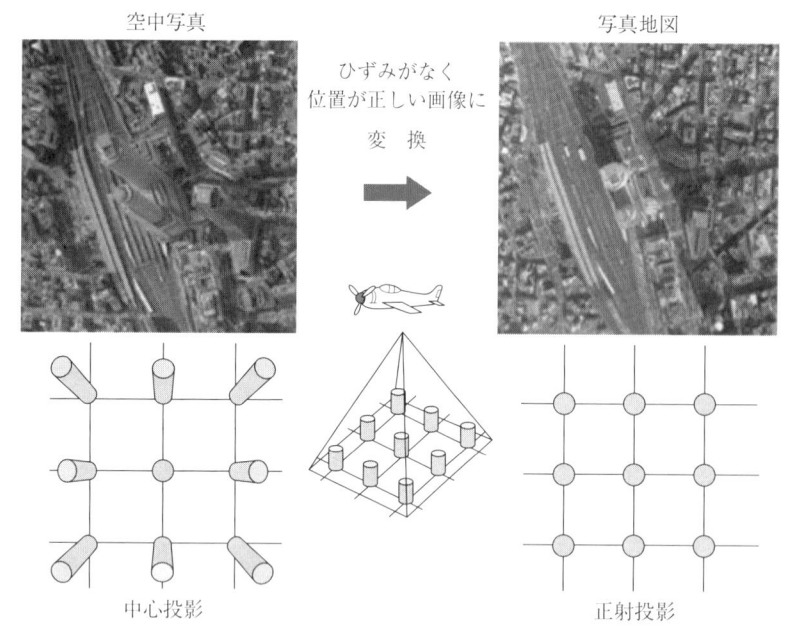

空中写真 　　　ひずみがなく　　　写真地図
　　　　　　　位置が正しい画像に
　　　　　　　　　変　換

中心投影　　　　　　　　　　　　　正射投影

図 12.7 写真地図の作成

を行い，1枚の写真地図に集成することを**モザイク**という。

12.7　空中写真における高低差の測定

　写真測量は撮影状態により，空中写真測量と地上写真測量[†1]に分けられる。前者は航空機からカメラ軸をほぼ真下[†2]に向けて撮影した写真を用いて行う作業であるのに対し，後者はカメラを地上においてカメラ軸を水平に保って撮影した写真を用いて行う作業である。

　前者は上空から地上に向けて広範囲に撮影できるため，写真測量といえば空中写真測量を一般的に意味する場合が多いが，後者は狭い地域や直接測定できない物体の測定などに精度が高いために利用される。

　その空中写真測量の技術は，従来は航空測量用フィルムカメラを用いて地形図作製などを行うことが主体であった。しかし，デジタル技術の進歩に呼応して，航空測量用デジタル航空カメラなどを導入し，撮影計画から最終的な写真地図作成までの一連作業がデジタルになった。例えば，国土地理院が2007年度から航空測量用デジタル航空カメラなどによる空中写真撮影を開始した[1]ように，デジタル航空カメラで撮影したデジタルデータの処理技術により写真地図などの成果を迅速に作成できるようになった。

　航空測量用フィルムカメラによる連続撮影で得た空中写真を基に，**実体鏡**[†3]を用いた**実体視**[†4]と**視差測定桿**[†5]を用いて高低差の測定を行うことを基本技術

[†1] terrestrial photogrammetry
[†2] カメラの光軸の傾きは5°以内
[†3] stereoscope
[†4] stereoscopy
[†5] parallax bar

としてきた。そして，図化機を駆使して等高線などを作成しながら地形図の作製作業を行ってきた。こうした空中写真の基本技術を理解した上で，地形図やデジタル情報などを利用するとき，その理解はいっそう深まる。その際のキーワードは，縮尺とひずみ，実体鏡，高低差，および，視差差である。

12.7.1 空中写真の縮尺とひずみ

図12.8に，地図と空中写真の投影画像の現れ方を示す。その左の図は平行光線による正射投影画像であるが，中央の図は空中写真のもので，レンズの中心を通して被写体の画像をとらえた中心投影の画像となる。その中心投影の場合，右の図にように画像にひずみ（ずれ）が生じるから，空中写真の画像は，正射投影される地図とは異なる現れとなる。

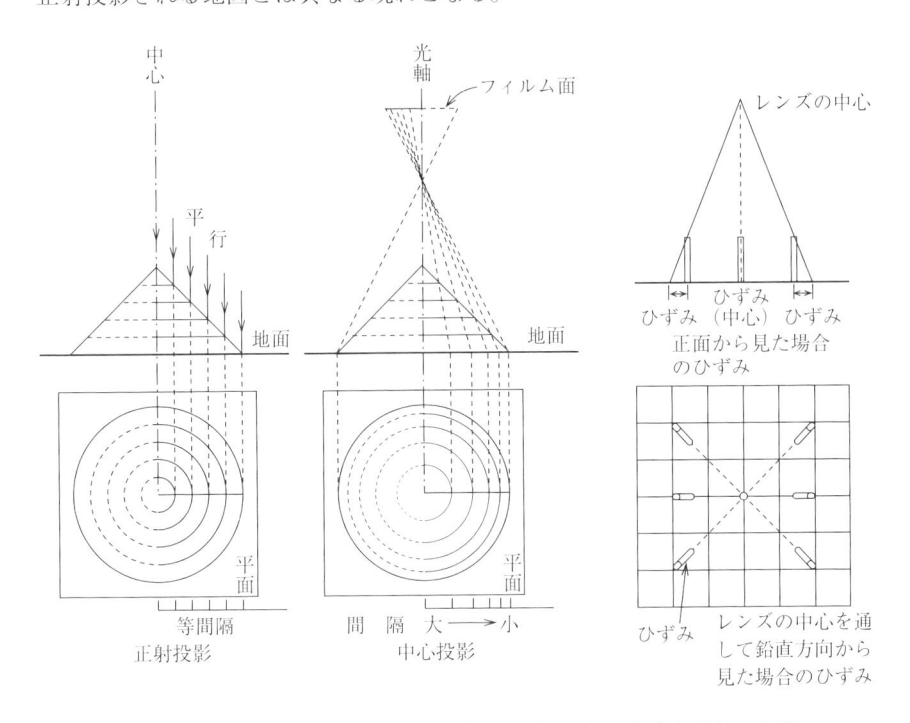

図12.8 正射投影（地図）・中心投影（空中写真）の違いと空中写真のひずみ

空中写真の縮尺は，**図12.9**から，撮影高度をH，レンズの焦点距離をf，写真の縮尺を$1/M$とすれば，鉛直写真の場合，$1/M = f/H = ab/AB$である。地表面に高低差がある場合は，高いところでは大きく，低いところでは小さく写る。

|例　題| 焦点距離$f = 15$ cm，海面からの飛行高度$H = 3\,000$ mであった。この場合，海上の写真縮尺はいくらか。また，標高$h_c = 600$ mの山頂Cの縮尺はいくらか。

〔ヒント〕　単位をそろえて計算する。

[解答] 海上の写真縮尺 $1/M = f/H = 0.15/3\,000 = 1/20\,000$，また，山頂Cでは $1/M = f/(H-h_c) = 0.15/(3\,000-600) = 1/16\,000$ となり，山頂Cを撮影した飛行機に近いだけに，写真縮尺は大きくなる（海上よりも大きく写っている）。

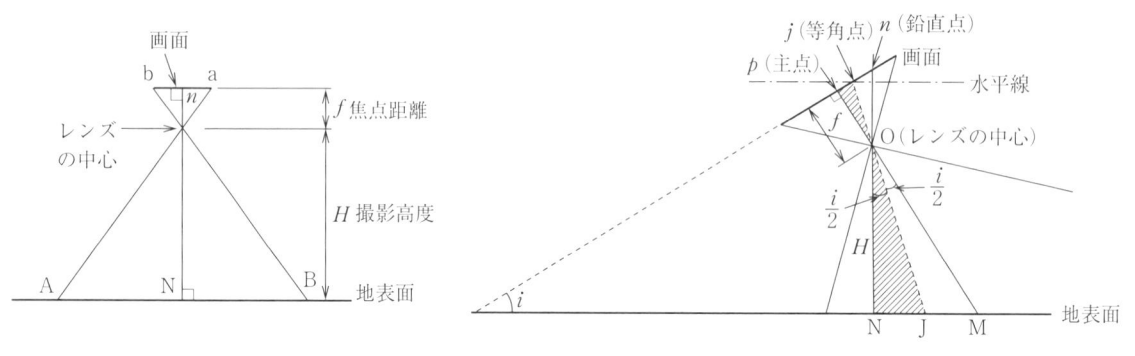

図12.9 鉛直写真の縮尺

図12.10 空中写真の特殊3点

空中写真には，**図12.10**に示す点 p を**主点**[†6]，点 n を**鉛直点**[†7]，点 j を**等角点**[†8]と呼ぶ**特殊3点**がある。主点は，レンズの中心からフィルム面に垂直線を引いた点である。写真上では**図12.11**のように写真の指標を利用して，その位置を求める。鉛直点は，レンズの中心を通る鉛直線とフィルム面との交点である。地上の高低差による写真像のずれの方向は，**図12.12**のようにすべて鉛直点で交わる。等角点は，主点とレンズの中心を通る光軸と，鉛直点とレンズの中心を通る鉛直線との交角を2等分する線が，フィルム面と交わる点である。図12.9のような鉛直写真上では，特殊3点は一致する。

[†6] principal point
[†7] nadir point
[†8] isocentre

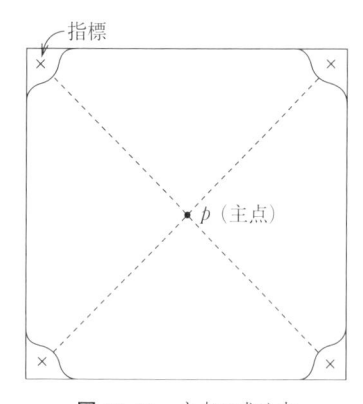

図12.11 主点の求め方

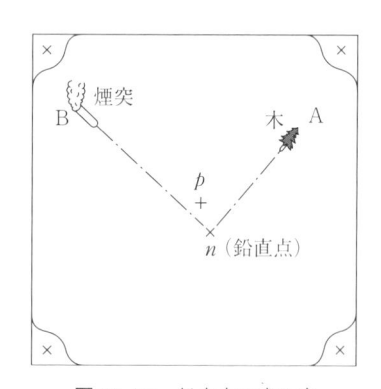

図12.12 鉛直点の求め方

空中写真のひずみのうち，フィルムや印画紙の伸縮によるものは微小であるから無視できる。また，カメラの傾きによるものも，鉛直写真への修正によって除去できる。地上の高低差による写真面上での像の偏位（ひずみ，ずれ）は，鉛直点から放射状に生じる。**図12.13**において，高さ h の山があるとき，山

頂Aの像は写真像ではaに写るが，平面上正しい位置はA'に対応してa'に写るべきである。そのときに生じたaa'は，写真像で主点よりaとa'との長さの差 ($pa-pa'$) であり，これが高低差による像のひずみ Δr である。

ひずみ Δr を求めるとき，図12.13より点aが主点pより r だけ離れた位置にあるので，つぎの式がなりたつ。

$$\frac{\Delta r}{f} = \frac{AA''}{H-h}, \quad \frac{r-\Delta r}{f} = \frac{AA''}{h} \quad (12.1)$$

上の二つの式の関係から

$$\Delta r(H-h) = h(r-\Delta r), \quad \Delta r H = hr \quad (12.2)$$

したがって，$\Delta r = hr/H$ である。

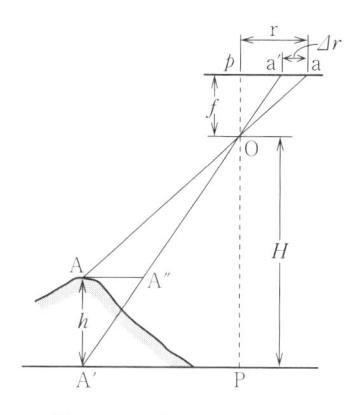

図 12.13 高低差による写真

高低差による写真像のひずみ Δr は，ある点の高さ h と，その点が写っている点aの主点からの距離 r によって変わり，h と r とが大きくなるほど，Δr も大きくなる。

例題　図12.14は，土地の高低差による地物の写真像のひずみの状態を表したものである。以下の設問に答えよ。

(1) 点Aの基準面上の高さが $h_1 = 200$ m で，その点が写真画面上では点aであるとして，主点pから $r_1 = 7.5$ cm に写っている。このときの高低差 h_1 によるひずみ aa' = Δr_1 を求めよ。ただし，撮影高度 H = 3 000 m とする。

(2) 鉄塔の先端Bが主点pから $r_2 = 9.0$ cm のところで，長さ bb' = Δr_2 = 3.0 mm に写っている。この塔の高さ h_2 を求めよ。ただし，撮影高度 $H = 3 000$ m とする。

解答

(1) $\Delta r_1 = \dfrac{h_1 r_1}{H} = \dfrac{200 \times 0.075}{3\,000} = 0.005$ [m] = 0.5 [cm]

したがって，点aの正しい正面位置a'は，主点pと点aを結ぶ放射線上で，主点pより，7.5 cm − 0.5 cm = 7.0 cm のところである。

(2) $h_2 = \dfrac{\Delta r_2 H}{r_2} = \dfrac{0.003 \times 3\,000}{0.09} = 100$ [m]

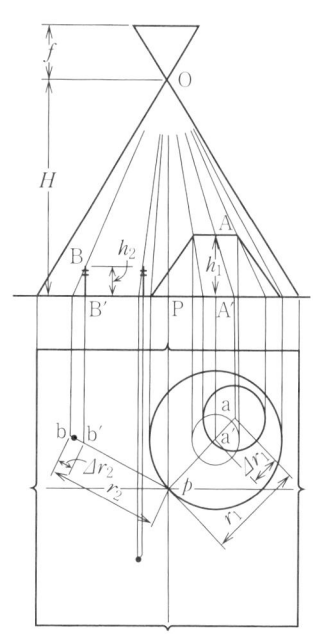

図 12.14 写真像のゆがみ

12.7.2　反射式実体鏡を用いた視差測定棹による視差差の測定

風景の遠近や物の奥行などを理解できるのは，二つの目で物を見ているからであり，遠近や奥行を理解する能力を**立体感**という。その場合，双眼鏡など光学機器を通して見れば，より明瞭に見える。空中写真を立体視する機器を実体鏡といい，**図12.15**に示す反射式実体鏡と視差測定棹を用いて高低差を測定する作業を行う。

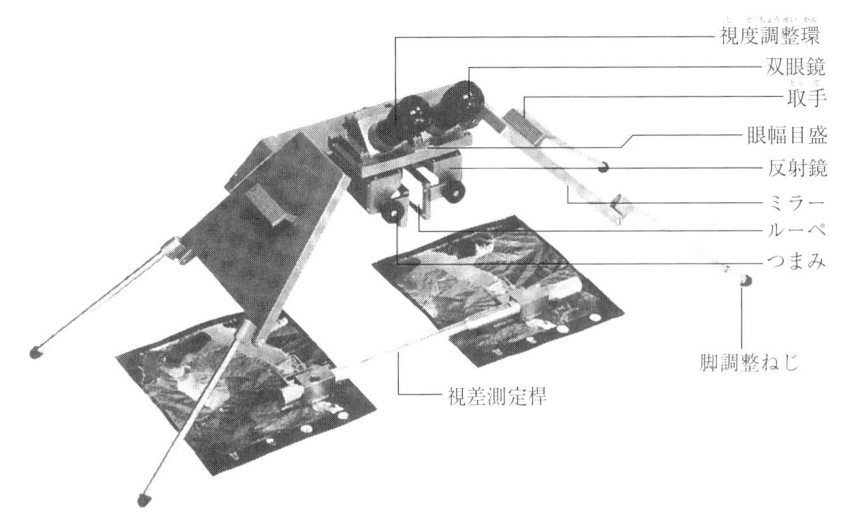

図12.15 反射式実体鏡と視差測定棒

隣り合う2枚の空中写真を実体視するには，**図12.16**に示す方法で行い，最終的に写真を**標定**[†9]する必要がある。　　　　　　　　　　　　　　　†9 orientation

つぎに，視差測定棹を用いて，高低差（比高）を測定したい2点（ここでは点Aと点B）を定めて，以下の手順で各点の視差[†10] P_A, P_B を読み取り，両者　　†10 parallax

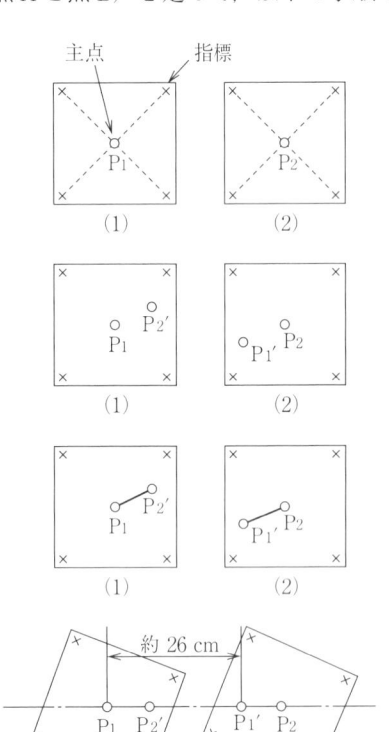

① 写真主点を決める
　　図のように四隅にある指標を結び，主点 P_1, P_2 を求める。測量針で軽く刺して鉛筆で丸くマークする。

② 主点を移写する
　　測量針で突いた主点の位置を，たがいに相手の写真上に求める。この P_1', P_2' を**移写点**という。

③ 主点基線を引く
　　各写真上に主点間を結ぶ線を薄く引く。この線 P_1P_2'，線 $P_1'P_2$ を**主点基線長**という。

④ 基線を一直線にそろえる
　　(1)，(2)の写真上の基線を一直線上にそろえる。この状態で実体鏡を載せて実体視できるように間隔を調整する。
　　(1)，(2)の写真を粘着テープで固定する。これらの作業を写真の標定という。

図12.16 反射式実体鏡による実体視の方法

の視差差[11] ΔP を求める。

[11] parallax difference

手 順

① 視差測定桿の左右のガラス板に三つの種類の測標(そくひょう)が付いている。この測標を，測定しようとする地点に両方あてがい，そのときのマイクロメーターの目盛を読むようになっている。測標は，写真面の状態により見やすいものを選ぶ。

② 目盛は右側のマイクロつまみ1回転で1mm移動する。マイクロつまみには20等分に目盛が刻まれているので1目盛0.05 mmまで読めるが，目測で0.01 mmまで読む。

③ 写真上のある二つの地点の視差差から比高を求めてみよう。比高を求めたい点A, B（例えば，校庭と煙突，道路と山頂など）を，**図12.17**のように，右側写真に赤鉛筆で小さくマークする。視差測定桿のマイクロつまみを回し，20 mmの位置に合わせておく。右方測標を右側写真の点A上に置く。

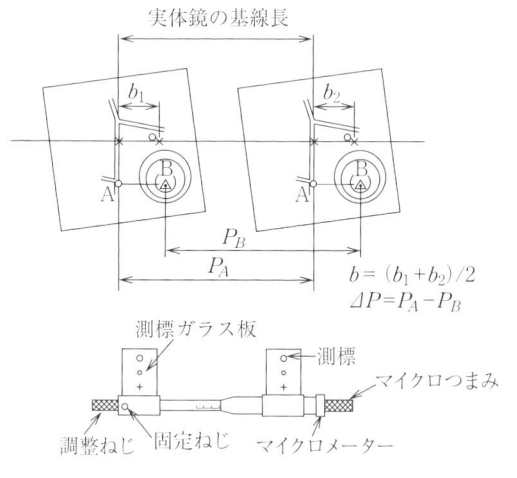

図12.17 視差測定桿による視差差の測定

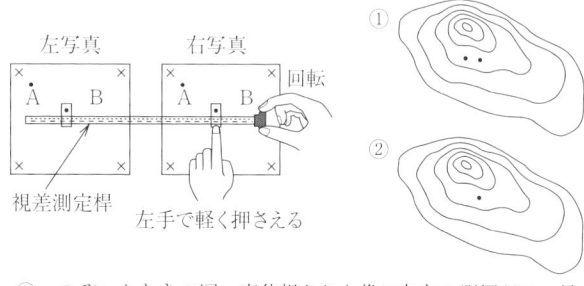

図12.18 視差測定桿の測標の合致

① のぞいたときの図．実体視された像に左右の測標が二つ見える．
② 右側のマイクロつまみを回すと片方の測標が左右に移動するので，立体モデル上で合致させる．

④ 実体鏡双眼鏡をのぞき，視差測定桿が真下に見えるように実体鏡を平行移動する。左側写真の点A上に左側測標を合わせる。この場合，左側の止めねじを緩め，左手の指で右側の目盛盤を押さえながら，右手の指で右側のマイクロつまみを回して測標を点A上に合致させ，止めねじを締め，（**図12.18**）そのときの目盛 P_A を読み取る。

⑤ つぎに，点Bに視差測定桿を移動し，双眼鏡で右方の測標を点B上に合わせ，目盛盤を押さえながら右側マイクロつまみを回して左方の測標を点B上に合わせて実体視する。そのときの目盛 P_B を読み取る。

⑥ $\Delta P = P_A - P_B$〔mm〕を計算し，主点基線長 b〔mm〕と撮影高度 H〔m〕

より，点 A, B 間の比高 ΔH 〔m〕を求める。

12.7.3 視差差と高低差の関係

図 12.19 には，撮影点 I と撮影点 II とで隣接して撮影された写真像（陽画面）と，撮影された地表上の状況が描かれている。山頂の点 A と点 B との高低差を**比高**[†12]と呼ぶ。2 点 A, B 間の比高 ΔH の求め方は，以下の式による。ここで，前項に示したように視差測定棒を用いて，点 A の視差 P_A，点 B の視差 P_B から視差差 ΔP ($= P_A - P_B$) が求まるので，この比高を計算できる。もし，点 B が標高既知点であれば，点 A の標高が求まることになる。このようにして，空中写真に撮影された地域の地形図が図化機などで作製される。

[†12] relative height

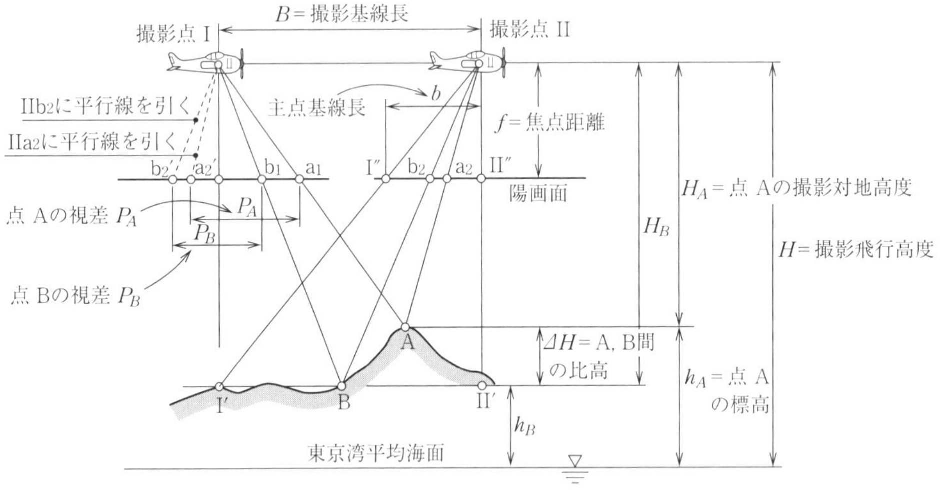

図 12.19 2 点 A, B 間の高低差（比高）ΔH の求め方

図において，△$a_1 a_2' I \infty$ △I II A より

$$\frac{P_A}{f} = \frac{B}{H_A} \text{ から } P_A = \frac{fB}{H_A}, \qquad \frac{P_B}{f} = \frac{B}{H_B} \text{ から } P_B = \frac{fB}{H_B}$$

$$\text{視差差 } \Delta P = P_A - P_B = \frac{fB}{H_A} - \frac{fB}{H_B} = \frac{fB(H_B - H_A)}{H_A H_B}$$

$H_A = H_B - \Delta H$ であるから

$$\Delta P = \frac{fB\Delta H}{H_B(H_B - \Delta H)} = \frac{fB\Delta H}{H_B^2(1 - \Delta H/H_B)}$$

ここで，$\Delta H \ll H_B$ より，$\Delta H/H_B \fallingdotseq 0$ であるから

$$\Delta P = \frac{fB\Delta H}{H_B^2} \qquad \therefore \quad \Delta H = \frac{H_B^2 \Delta P}{fB}$$

この場合，H_B は撮影高度であるから，これを H とすれば，$H/B = f/b$ であるので

$$\Delta H = \frac{H}{f} \cdot \frac{H}{B} \cdot \Delta P = \frac{H}{f} \cdot \frac{f}{b} \cdot \Delta P = \frac{H}{b} \cdot \Delta P$$

これによって視差差 ΔP と撮影高度 H，主点基線長 b がわかれば，比高 ΔH が求まる。

[例　題] 図12.19で，2点A，Bの主点基線長と視差を測定した結果，それぞれ $b_1 = 79$ mm，$b_2 = 81$ mm，$P_A = 182.57$ mm，$P_B = 181.35$ mm であった。撮影高度 $H = 6\,000$ m とするとき，2点A，B間の高低差 ΔH はいくらか。

[解　答] 主点基線長の平均は $b = (b_1 + b_2)/2 = (79 + 81)/2 = 80$ [mm] $= 0.08$ [m]，視差差 $\Delta P = P_A - P_B = 182.57 - 181.35 = 1.22$ [mm] $= 0.001\,22$ [m]，よって，高低差 $\Delta H = H \times \Delta P/b = 6\,000 \times 0.001\,22/0.080 = 91.5$ [m]

　空中写真は，隣り合う2枚で立体視ができ，かつ，主点がその2枚にたがいが含まれている必要がある。そこで，写真撮影の飛行コースでは，60%以上重複するように撮影計画を立てる。これを**オーバーラップ**[†13]という。特に起伏の多い地域では，重複度をさらに大きくし，隣り合う写真の主点が確実に写っているように撮影する。また1回で撮影できない広域な地域では，コースとコースの間に空白部が生じないように，約30%が重複するように計画する。これを，**サイドラップ**[†14]という（**図12.20**）。

[†13] overlap

[†14] side lap

(a) オーバーラップ　　　(b) サイドラップ

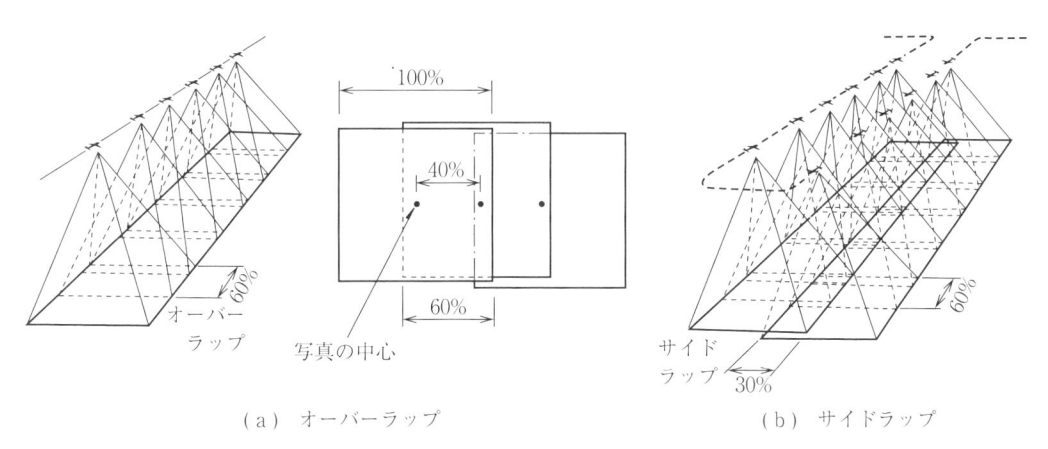

図12.20　撮影飛行コースの計画

　空中写真の撮影では，河川や道路，鉄道など帯状で細長い地物では，折れ線状に細長い地物に沿って飛行コースを変えながら撮影する必要はなく，**図12.21**に示すように，その形状を事前に検討し直線飛行と旋回してコースどりして直線飛行するなどして撮影する。これを，**コース撮影**という。また幅広い地域では，その地域全体を網羅するように撮影飛行コースを平行させて撮影する必要がある。これを**地域撮影**という。

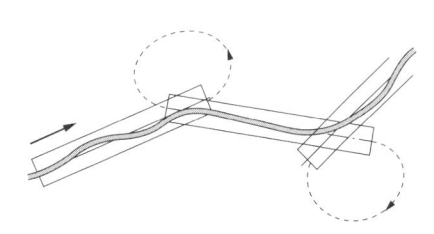

図12.21　狭くて細長い地域の撮影コース

198   12. 写真測量

12.8 空中写真の判読とその利用

12.8.1 空中写真の判読

写真上に写っている地形や地物を観察して，的確な判定をすることを空中写真（図 12.22）の**判読**という。この作業は，空中写真を利用する際にきわめて重要である。空中写真の判読では，つぎの事項をまず確認する。

(1) 撮影条件：撮影地域，撮影年月日，地上画素寸法，数値写真レベル，撮影高度，コース・写真番号
(2) 形状・陰影・色調　　(3) 実体視：実体視による立体的な形状
(4) 地理的特色

図 12.22　空中写真

12.8.2 空中写真における各種地物の特徴

空中写真の判読とは，写真上に写っているさまざまな要素がなんであるかを判定する作業であり，災害発生時の復旧計画などでは緊急な作業となる。その判読においては，撮影条件（撮影年月日・天候・高度・撮影器機など）や判読の三要素（形態，陰影および色調）が重要である。その形態とは写真縮尺に対応して写真中の地物の大きさや形状のことであり，陰影とは太陽によって地物に生じた写真上の影のことでこれを判読の手がかりとし，色調とは写真の白黒の濃淡（色調）のことで，いずれも空中写真判読の判断材料となる。

写真の判読にあたり，以下に示す各種地物の特徴が参考になる。

(1) 公園や家屋など
  ・公園や庭園などは，その配置や形状で比較的判読しやすい。
  ・学校や工場，社寺などは，一般家屋と異なるため判読しやすい。
  ・一般家屋では，屋根の色彩や構築資材などによって過大に判読したり判読もれが起こりうる。
  ・コンクリート塀・板塀・生垣などは判読しやすい。

(2) 鉄道や道路
  ・鉄道は直線やカーブの少ない曲線として現れ，少し暗く写る。
  ・道路はカーブが比較的多く，鉄道よりも明るく写る。コンクリート道路はセメント配合による舗装のため白色系で最も明るく写るが，アスファルト道路がこれに次いで明るい。
  ・鉄道や道路の切取り部（切土部）や盛土部では，実体鏡観察を併用すれば判読しやすい。

(3) 河川や湖沼，海
  ・水面は，太陽の位置によって明暗の度合いが異なる。静止している水面は一般に暗く，波立つ水面や浅瀬などでは明るく写る。
  ・河川における流水の方向は，その周辺地形や蛇行などの形状から判読できる。
  ・海では，荒磯・砂浜・塩田・護岸・港湾施設などがそれぞれ特有の明暗や形態を示すので比較的判読しやすい。

(4) 地類
  ・地類[†1]とは，地上における植生の種類・区分や土地利用形態のことである。例えば，広葉樹林・針葉樹林・果樹園・水田・畑などに区分し，土地利用の状況などを表記する。 †1 land classification
  ・地類は季節はもちろん植生の発育程度などによって変化するので，判読は一般に難しい。地類を的確に判読するためには，撮影の季節を把握することが重要である。
  ・針葉樹は，輪郭が明確で比較的黒く，種類によっては樹冠がとがっているので判読しやすい。ただ，針葉樹でも初夏の発芽期には灰白色で不規則な形で現れ，広葉樹と見まちがうことがある。
  ・広葉樹は，輪郭が比較的不明確で，樹冠は円形をしており，針葉樹よりも一般に薄い。常緑樹以外の広葉樹は，発芽前および落葉後は灰白色に見えて判読しやすい。

- 竹林は，広葉樹林よりもやや薄く，樹冠は点々ととがり，葉の反射によりときどき閃光性の灰色に見える場合がある．
- 水田は一般に低地にあり，畦によって細分され，その畦は湛水させる必要から等高線に沿っている．また，水田のそば，あるいはその延長上にある用水路や排水路は黒灰色の線として明確に見えるので，その境界の判読は容易である．
- 畑は，平地，山地を問わず見られるもので，水田の場合のような水路はない．畑の境界は作物の種類によって判読できるが，その種類の識別は容易ではない．

12.8.3 空中写真の利用

地図作成以外の空中写真の利用分野に，森林調査，災害調査，気象調査，土壌調査，環境調査，考古学の遺跡調査などが挙げられる．特にわが国では地震や火山噴火，水害，土砂崩れ，雪崩など大規模なものから小さいものまで多岐にわたる災害が発生しやすい．その災害に対する救助や復旧などの迅速な対応は一刻を争うことになり，それには空中写真が効果的に利用されている．

図 12.23（b）は，2011（平成 23）年東北地方太平洋沖地震による被災地（南三陸町周辺の被災前後）の空中写真である．これは，国土地理院がWebサイトに掲載したものであり，被災状況を把握する上で参考になっている．

（a） 被災前（昭和 52 年 10 月撮影）　　（b） 被災後（平成 23 年 3 月 12 月撮影）

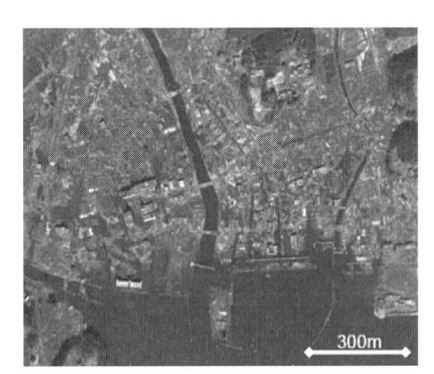

図 12.23　南三陸町周辺の被災状況（新旧画像対比）

章 末 問 題

❶ つぎの文(1)～(5)は，公共測量における空中写真測量や航空レーザ測量で使用されるGNSS/IMU装置について述べたものである。明らかにまちがっているものだけの組合せはどれか，選択肢a.～e.の中からその記号を選べ。
 (1) 空中写真撮影時の航空カメラについて，絶対位置をGNSS装置により取得し，傾きをIMU装置により取得する。
 (2) GNSS/IMU装置は，デジタル航空カメラ，フィルム航空カメラ，どちらでも使用することが可能である。
 (3) 一般的な航空レーザ計測は，GNSS/IMU装置がなければ行うことはできない。
 (4) GNSS/IMU装置を使用することにより，空中三角測量での調整計算に基準点を使用する必要がなくなる。
 (5) ボアサイトキャリブレーション（航空カメラとGNSS/IMU装置の取付位置の校正）は，直近の実施から6箇月以内であれば，航空カメラからIMU装置を取り外しても，再度行う必要はない。

 選択肢　　a．(1)，(2)　　b．(1)，(3)　　c．(2)，(5)　　d．(3)，(4)　　e．(4)，(5)

❷ つぎの文a.～e.は，デジタル写真測量について述べたものである。明らかにまちがっているものはどれか。
 a．デジタルステレオ図化機とは，コンピュータ，モニター装置およびそのコンピュータ上で動作するデジタル写真測量用のソフトウェアなどからなるシステムである。
 b．デジタルステレオ図化機で使用するデジタル空中写真の取得方法に，デジタル航空カメラを使用して直接取得する方法のほかに，写真測量用スキャナーを使用して空中写真フィルムをデジタル化する方法がある。
 c．空中三角測量を行うために使用する基準点，パスポイント，タイポイントの数は，解析図化機を使用する場合よりも減らすことができる。
 d．作業状態の保存が可能なため，標定の終わった任意のモデルの図化作業をいつでも実施，中断，再開することができる。
 e．一般に，デジタルステレオ図化機を用いることによりデジタル写真地図を作成することができる。

❸ つぎの図は，空中写真用スキャナーとデジタルステレオ図化機を使用して写真地図データを作成する標準的な作業工程を示したものである。ア～オに入る作業工程の組合せとして，最も適当なものはどれか，選択肢a.～e.の中からその記号を選べ。

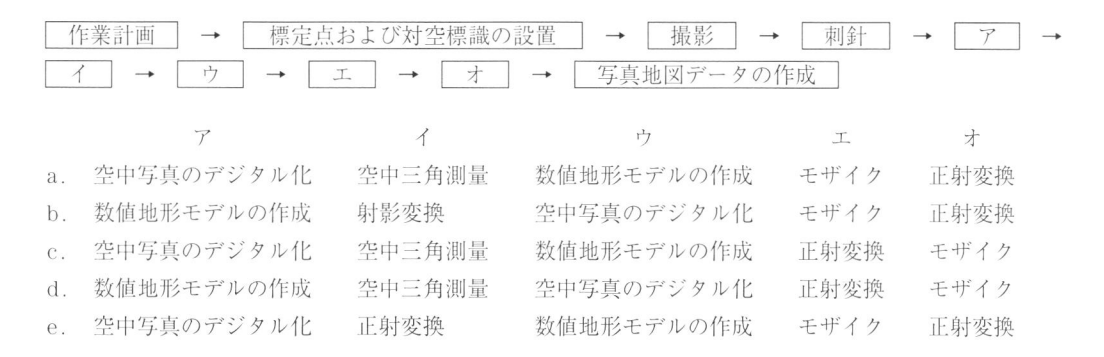

作業計画 → 標定点および対空標識の設置 → 撮影 → 刺針 → ア → イ → ウ → エ → オ → 写真地図データの作成

	ア	イ	ウ	エ	オ
a．	空中写真のデジタル化	空中三角測量	数値地形モデルの作成	モザイク	正射変換
b．	数値地形モデルの作成	射影変換	空中写真のデジタル化	モザイク	正射変換
c．	空中写真のデジタル化	空中三角測量	数値地形モデルの作成	正射変換	モザイク
d．	数値地形モデルの作成	空中三角測量	空中写真のデジタル化	正射変換	モザイク
e．	空中写真のデジタル化	正射変換	数値地形モデルの作成	モザイク	正射変換

❹ 焦点距離150 mmのカメラで，撮影高度6 000 mで撮影した鉛直写真がある。長さ250 mの橋はいくらの長さに写っているか。

❺ 図 12.24 は、写真の傾きを修正した写真から透写したもので、n は鉛直点である。塔の高さが 200 m のとき、煙突の高さはいくらか。

❻ 撮影高度 2 000 m の鉛直写真上で塔の長さ（ずれ）を測ったら、1.5 cm であった。また、塔の先端から鉛直点 n までの長さは 12.5 cm であった。塔の高さはいくらか。

❼ 2 点 A、B の主点基線長と視差を測定した結果、それぞれ $b_1 = 69$ mm、$b_2 = 71$ mm、$l_1 = 132.52$ mm、$l_2 = 131.15$ mm であった。撮影高度 $H = 6 300$ m とするとき、2 点 A、B 間の高低差はいくらか。

❽ 平坦地を焦点距離 210 mm のカメラで撮影した縮尺 1/20 000 の写真がある。主点基線長が 70 mm であるとき、この写真における高低差 50 m に対する視差差はいくらか。

〔ヒント〕 撮影高度 H をまず求め、つぎに高低差と視差差の関係式から視差差を求める。

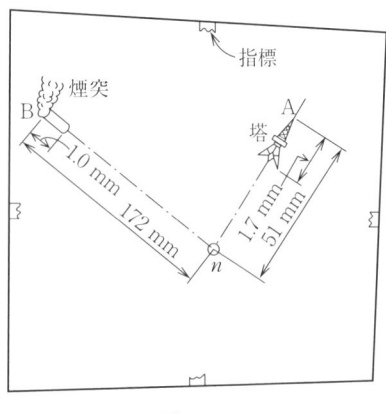

図 12.24

章末問題略解

❶ e． （平成 22 年　測量士試験）
❷ c． （平成 19 年　測量士試験）
❸ c．　❹ 6.25 mm　❺ 35 m　❻ 240 m
❼ 123.3 m　❽ 0.843 mm　（平成 19 年　測量士試験）

13章
リモートセンシング

　地球表面を上空から電磁波により観測する手法のことを，**リモートセンシング**[†1]という。12章で学んだ写真測量も，地球表面を上空から可視光という電磁波の一種により観測する手法であるので，リモートセンシングの範疇に入る。ここでは人工衛星画像を使った多様な地表面観測技術について解説する。

[†1] remote sensing

13.1　リモートセンシングの特徴

　地球温暖化の影響で北極海を覆う海氷は年々縮小している。ブラジルではアマゾン河流域の森林面積が，森林伐採により年々減少している。リモートセンシング技術を利用することにより，このような広範囲にわたる地球環境の変化を継続的にとらえることができる。また，2011年3月に発生した東日本大震災やそれに続く福島第1原子力発電所の爆発事故において，衛星リモートセンシングによる観測が被害状況の初期把握に大きく貢献した。

　このような現場への訪問が困難な場所における状況把握や地表面観測も，衛星リモートセンシングの得意とするところである。衛星リモートセンシングによる地表面観測の利点は，つぎに挙げるものがある。

(1) 遠　隔　性　　現地に行かなくても観測できる。
(2) 広　域　性　　一度に広い領域を観測できる。
(3) 回帰性・均一性　　同一地点を定期的に観測でき，精度がほぼ均一である。
(4) 多　様　性　　多種多様な波長や観測方法で観測できる。

　また，衛星画像はデジタル形式の**地理空間情報**[†1]である。これは，以下に示すデータ利用上の利点をもたらす。

[†1] geospatial information

(1) 複製や配布・保存・データベース化が容易。
(2) コンピュータによる処理が容易。
(3) GIS（地理情報システム）などの地理や地図に深く関係する各種デジタル空間情報との親和性が高い。
(4) 気象データや行政データなどの多様なデータとの組合せも可能。

13.2 リモートセンシングの原理

レントゲンに使われるX線や，肌の日焼けを引き起こす紫外線，日常生活で単に「光」と呼んでいる可視光線，暖房器具などに利用される赤外線，携帯電話などの通信に使われる電波など，これらはすべてそれぞれ波長の異なる「電磁波」である。表13.1に示すように，電磁波は波長が変われば性質が変化し，それとともに紫外線，可視光線，電波などと名称も変化する。このように日常生活において，各種の波長の電磁波をさまざまな場面で利用している。リモートセンシングでは，これら波長ごとに変わる電磁波の性質を地表面の観測に役立てている。

表13.1 電磁波の種類

波　長〔m〕	名　称	
$10^4 \sim$		
$10^3 \sim 10^4$	長　波	
$10^2 \sim 10^3$	中　波	
$10 \sim 10^2$	短　波	電
$1 \sim 10$	超短波	
$10^{-1} \sim 1$	極超短波	
$10^{-2} \sim 10^{-1}$	センチ波	マイクロ波　波
$10^{-3} \sim 10^{-2}$	ミリ波	
$10^{-4} \sim 10^{-3}$	サブミリ波	
$7.7 \times 10^{-7} \sim 10^{-4}$	赤外線	
$3.8 \times 10^{-7} \sim 7.7 \times 10^{-7}$	可視光線	
$10^{-8} \sim 3.8 \times 10^{-7}$	紫外線	
$10^{-12} \sim 10^{-8}$	X　線	
$\sim 10^{-10}$	ガンマ線	

地表面の被覆ごとの反射率の違いを図13.1に示す。この図で，電磁波の波長ごとの反射率を，**分光反射率**[†1]と呼ぶ。植物の葉は，人間の肉眼で見える範囲では緑色にあたる波長の光をよく反射する。植物の葉が緑色に見えるのは，葉の表面で反射された緑波長の光がわれわれの目に多く入るためである。ところが，われわれの肉眼で観察できる範囲から一歩外れた近赤外域までの反射率を調べてみると，植物の葉は近赤外波長の電磁波を非常に反射していることがわかる。近赤外波長の電磁波をよく反射するという植物の葉の特徴を利用すれば，植物の量や活性度を調べることができる。

[†1] spectral reflectance

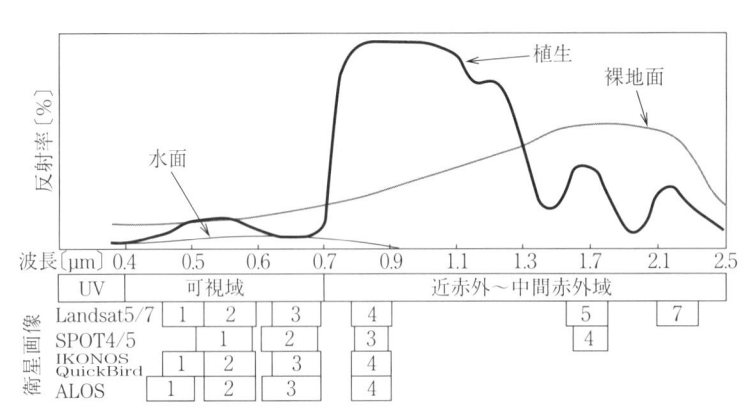

図13.1 地表面被覆の分光反射率特性および衛星画像のバンド配置

分光反射率は，植物の状態を知る以外にも便利な利用法がある。図13.1に示すように，地表面はその被覆の種類や状態により，それぞれ固有の分光反射特性をもつ。この地表面被覆による分光反射特性の差違を利用することにより，

衛星画像内の水面域の抽出や森林面積の把握，市街地面積の推移の解析等を行うことができる。

地球観測衛星は，可視域において三つの**波長帯**[†2]（バンド），さらに近赤外波長域で一つの波長帯によって地表面観測を行っているものが多い。可視域を「青・緑・赤」という光の三原色に対応する3領域に分けて観測し，それら三つの画像を重ね合わせることでカラー写真と同じような画像を得ることができる。また，可視域における観測と近赤外域での観測を組み合わせることで，植生の量や状態もわかる。

[†2] band

さらに，温度と深く関わる赤外域波長（熱赤外）を用いた観測によって，地表面の温度分布を把握でき，ヒートアイランド現象の把握や海流調査などに役立てることができる。マイクロ波領域による観測によって，地面の起伏状態や土壌水分がわかる。このように，リモートセンシングでは，観測手段である電磁波の波長ごとの特性をうまく利用して，地表面状態を多面的に観測している。

13.3 衛星画像を利用した環境解析

宇宙から地球を観測するための各種センサーを搭載し，大気や海洋，地表面などの詳細な観測を行うことを目的とした人工衛星を**地球観測衛星**[†1]と呼ぶ。地球環測衛星の例として，Landsat 8 衛星と，同衛星に搭載されたセンサを**図 13.2** に示す。地球観測衛星からの画像は，多分野で各種環境解析に利用されている。**表 13.2** に示すように，衛星画像データからは，海面温度分布や陸域の標高，植生分布などの地球表面の基礎情報を得られるのはもちろん，画像解析技術や外部データとの併用などにより赤潮発生状況や土地利用の経時変化，自然災害状況把握などの陸域や海域における自然環境および人間活動に関係する多様な情報を取得できる。地球観測衛星にはアメリカの Landsat，日本の

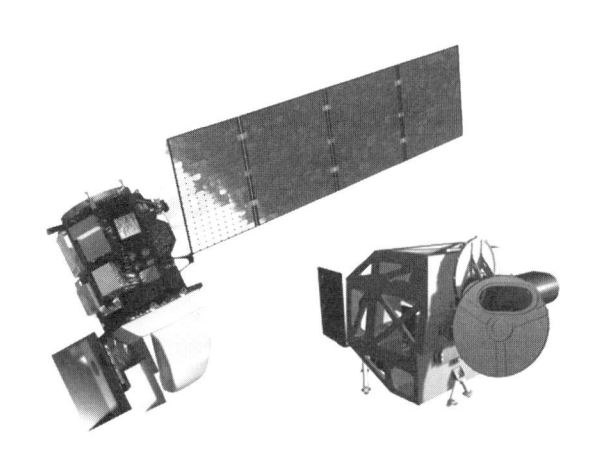

図 13.2 Landsat 8 衛星（左）と衛星搭載の Optional Land Imager（右）

[†1] earth observation satellite

表 13.2 衛星観測で得られた情報の具体例

圏	衛星観測で得られた情報
大気	オゾン層破壊，黄砂，台風・降水など気象状況
海洋	海面温度，海流，赤潮，海洋汚染
陸域	地震・火山噴火・山火事など自然災害，土地利用，植生分布，地表面温度，地形・標高
氷雪	積雪，海氷・流氷の状況

ALOS（だいち）などさまざまなものがある。

また，近年では一つの地球観測衛星に数種類の地球観測用センサーが搭載されていることも少なくない。**表13.3**に代表的な地球観測衛星搭載センサーの諸元を示す。この表に示すように，現在，さまざまな特徴（空間分解能・バンド数や観測波長域など）をもった各種地球観測衛星画像が多用な観測用途に利用されている。地球観測衛星の代表格であるLandsat衛星は1970年代前半に1号機が打ち上げられて以降，継続的に地球観測を続けており，2013年には8号機であるLandsat 8衛星の運用が開始されている。日本の地球観測衛星としては2006年から2011年前半まで運用されたALOSが有名で，運用中は東日本大震災の初期災害状況把握などに貢献し，今後後継機の開発運用が計画されている。

表13.3 代表的な地球観測衛星搭載センサーの諸元

衛星名	国名	軌道高度	センサ名	空間分解能	バンド数	波長域
Landsat 7	アメリカ	705 km	ETM+	30 m/60 m	8	可視・近赤外〜熱赤外
ALOS	日本	690 km	PRISM	2.5 m	1	可視・近赤外
			AVNIR2	10 m	4	可視・近赤外
Terra/Aqua	アメリカ	705 km	MODIS	250 m/500 m/1 000 m	36	可視・近赤外〜熱赤外
NOAA	アメリカ	830〜870 km	AVHRR	1 100 m	6	可視・近赤外〜熱赤外
Ikonos	アメリカ（民間）	681 km		0.8 m/4 m	5	可視・近赤外
Quickbird	アメリカ（民間）	450 km		0.61 m/2.4 m	5	可視・近赤外
GeoEye-1	アメリカ（民間）	681 km		0.41 m/1.65 m	5	可視・近赤外

13.3.1 植物の量や活性度とその時系列変化

植物の葉は，赤色波長をよく吸収し近赤外波長をよく反射する特徴をもつ。この特徴を利用して植物の量や活性度，またその時系列変化を調べることができる。この技術は，都市緑地や農地の分布状況の把握，また海外の森林伐採面積の見積りや砂漠化モニタリングなど，植生に関わる各種環境解析に利用されている。

植物の状態を調べる指標にはさまざまなものがあるが，代表的なものに**正規化差植生指数**[†2]（**NDVI**）がある。NDVIは，衛星画像の赤色波長域と近赤外波長域の反射率の差を利用して，植物の量や活性度を表す指標であり，以下の式(13.1)で定義される。

[†2] normalized differential vegetation index

$$\mathrm{NDVI} = \frac{NIR - R}{NIR + R} \tag{13.1}$$

ここで，NIR：近赤外波長域の反射率，R：赤色波長域の反射率，である。

NDVIは，理論的には-1から$+1$の範囲の数値をとるが，水面を除く一般的な地表面では通常，正の値をとり，NDVIの値が高いほど相対的に植生の量が多い，あるいは活性度が高いと判断される。

NDVI画像の利用用途は多岐にわたる。NDVIを用いた植生の経年変化解析は，都市計画や農村計画・環境保全の諸分野でも使われる。また，作物の乾物重量

推定や旱魃の影響評価など，食糧生産分野での利用も多い．植物の存在や状態は，水や二酸化炭素など，大気と土壌の物質循環にも大きく影響を与えるので，近年ではNDVIは全地球規模の気象モデルや熱・水・物質循環モデルなどの入力情報としても不可欠な情報となっている．図13.3は，ある特定時期における水稲のNDVIと収穫後のコメの玄米蛋白含有率の関係からコメの食味を予測した食味マップである．このように，NDVI画像は近年，高付加価値農産物の生産を目指す精密農業[†3]にも応用され始めている．

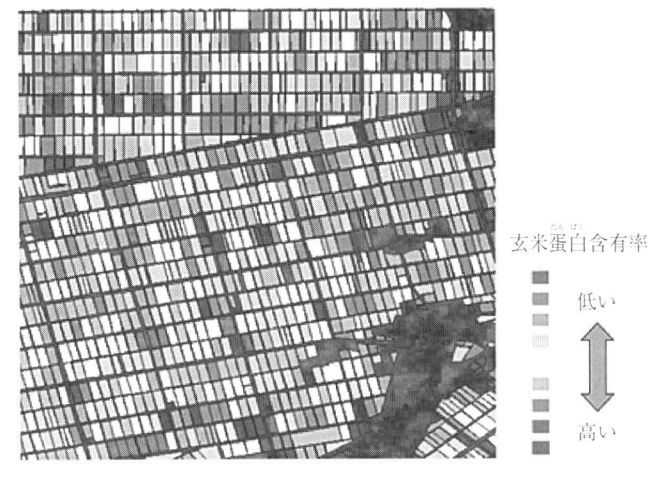

図 13.3 食味マップ（株式会社ビジョンテック 提供）

玄米蛋白含有率
低い
↕
高い

[†3] precision agriculture, precision farming

13.3.2 土地の被覆状況と利用状況

土地の被覆状況を表す地図を**土地被覆分類図**[†4]，また土地の利用状況を表す地図を**土地利用分類図**[†5]という．これら二つは厳密には別物である．例えば，小学校のグラウンドを考えるとき，土地被覆は「土」または「裸地」であるが，土地利用は「グラウンド」となる．また，鎮守の森に覆われた神社については，土地被覆は「林地または森林」であるが，土地利用は「神社」となる．このように，土地被覆が地表面の物理状態を表すのに対し，土地利用は人間によるその土地の利用用途を表す．

リモートセンシング分野では，土地被覆と土地利用を厳密に区分せず，**土地利用土地被覆図**[†6]（**LULC map**）として併せて取り扱う場合もある．図13.4に，宇宙航空研究開発機構（JAXA）が整備している衛星画像観測による日本全域の高解像度土地利用土地被覆図の例を示す．この例では地表面の土地利用・土地被覆を，水域・都市・水田・畑・草地・落葉樹・常緑樹・裸地に分類している．このような土地分類図の分類項目は，分類図の使用用途やその土地の特性，使用可能な衛星画像データや外部データの種類や量によって決定される．土地分類図は位置情報に加えて面積の情報をもつので，ある特定区画内の農地面積の把握や都市面積の

[†4] land cover map
[†5] land use map

[†6] land use / land cover map

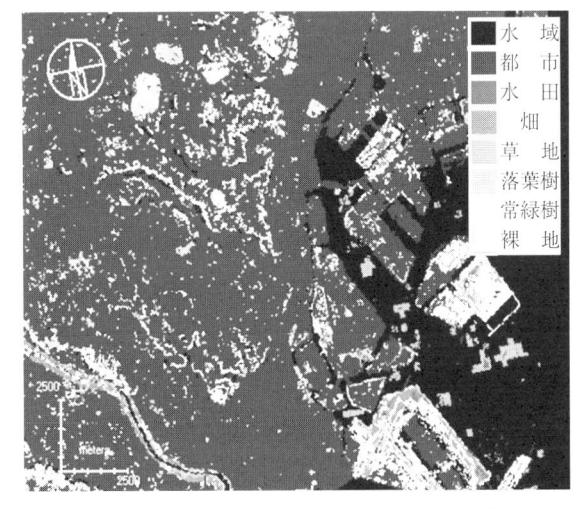

図 13.4. 高解像度土地利用土地被覆図（東京都）（JAXA 提供）

経年変化などの環境解析に利用できる。

13.3.3 地表面や海面の温度分布

熱赤外センサー[†7]を用いることで，地表面温度や海面温度を測定できる。**図 13.5** に，Landsat衛星による表面温度観測の例を示す。この図では表面温度の高い部分を明るく，低い部分を暗く示している。表面温度の高い部分は主に市街地に，表面温度の低い部分は主に海域に見られる。また，陸域でも山地や林地は表面温度が比較的低いこともわかる。このような表面温度情報は，ヒートアイランド現象の把握や山火事監視をはじめ，エルニーニョ現象の解析，地球の温度・水・物質循環に関するさまざまな情報収集など，多くの環境分野で利用されている。

[†7] thermal infrared sensor

図 13.5 Landsat7 による 2002/5/25 の九州南部における地表面および海面温度の分布画像

13.4 衛星画像に位置を付与する幾何補正

衛星画像や画像の解析結果を，ほかの画像または地理空間情報とともに利用するには，衛星画像に正確な位置を付与する作業が必要となる。衛星画像に地図座標を与える作業を**幾何補正**[†1]と呼ぶ。衛星により観測された画像データは一般的に幾何学的なゆがみを含んでおり，これが地図座標との正確な対応を困難にしている。この幾何学的なゆがみの原因は，内部ゆがみ（レンズの歪曲収差などセンサーに起因するゆがみ）と，外部ゆがみ（衛星の位置や姿勢変動，あるいは地球の自転や地面の起伏に由来するゆがみ）の2種類に分けられる。この幾何学的ゆがみを補正する方法として，システム補正・精密補正・オルソ補正[†2]の3種類がある。

システム補正は衛星の位置や姿勢，センサー構造などの幾何学的パラメーターを用いて，機械的にゆがみを補正する方法である。ユーザーが衛星画像を入手した時点で，すでにシステム補正されている場合が多い。近年ではこのシステム補正技術の向上により，衛星画像のユーザー側が衛星画像の位置合せを行う必要性が減少している。例え

[†1] geometric correction

[†2] 地形の標高差によるゆがみの補正。

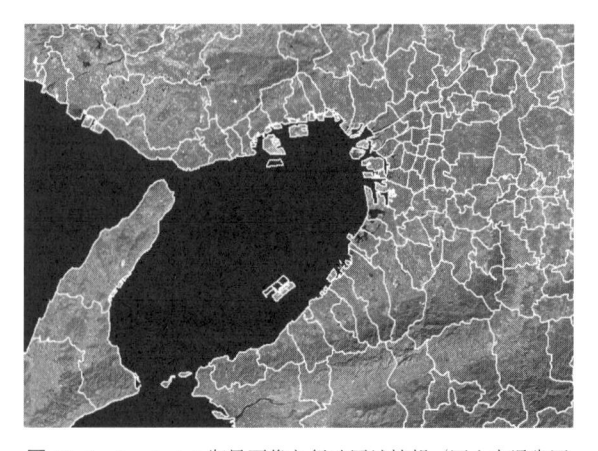

図 13.6 Landsat 7 衛星画像と行政区域情報（国土交通省国土数値）情報との重ね合せ

ば，日本の地球観測衛星 ALOS に搭載される PRISM というセンサーで撮影された衛星画像の場合，システム補正だけで直下視で 7.8 m の精度を達成している．さらにシビアな幾何学的精度が要求される場合，精密補正やオルソ補正が必要となる．**図 13.6** に Landsat 衛星画像と国土交通省による行政区域情報の重ね合せ画像を示す．この図のように画像の幾何補正が正確になされていると，画像の海岸線と行政区域情報との間にずれが生じない．なお，衛星画像の撮影には UTM 座標系が使われることが多い．

13.5 グランドトルースと土地被覆分類

地球観測衛星により観測された衛星画像は，地上約 700 km 上空から地表面を観測したデータである．現地に行かなくても観測できる「遠隔性」が衛星リモートセンシングの大きな利点の一つで，衛星画像のみからでもさまざまな地表面情報を得ることができるとともに，衛星画像の利用においては，現地調査が必要となることも多い．このような衛星画像解析に伴う現地調査は**グランドトルース**[†1]と呼ばれ，それによって得られたデータを**グランドトルースデータ**という．

[†1] ground truth

グランドトルースデータは，衛星画像解析などで得られた推定結果の検証に用いたり，**土地被覆分類**を行う場合の参照情報として用いる．例えば，衛星画像解析により土壌水分を推定する場合，その衛星画像の取得日時と同期する形で，実際に現地で土壌水分を測定し，推定結果の精度評価に利用する．あるいは，衛星画像による土地被覆分類図がどれだけの信頼性をもつものかを確認するために，実際に現地に赴き土地被覆状態を照査することも行われている．

一つの衛星画像内にはさまざまな土地被覆（例えば市街地・水面・農地・林地・裸地・岩場）が含まれる．画像を土地被覆タイプごとに分類する手法には，**教師付き分類**[†2]と**教師なし分類**[†3]の 2 種類がある．

[†2] supervised classification
[†3] unsupervised classification

(1) 教師付き分類　　グランドトルースなどにより土地被覆状態が明らかな特定領域をユーザー自身が決定し，その上で画像全体に空間統計処理を施して，そのほか大多数のピクセルがそれぞれどの土地被覆に近い分光反射特性をもっているのか解析する手法．

(2) 教師なし分類　　ユーザー自身はなにも決定しないまま，画像中のピクセルに空間統計処理を施し，分光反射特性の近いピクセルどうしをグループに分ける手法．

一般的には教師付き分類のほうが分類精度がよいことから，実務的に多用されている．

13.6 衛星画像の利用環境

13.6.1 衛星画像の種類と特徴

　地表面観測を行う衛星のセンサーには，大きく分けて太陽光の反射や地表面からの放射を観測する**光学センサー**と，マイクロ波の波長域を観測する**マイクロ波センサー**がある。光学センサーを使った観測からは，モノクロ空中写真のような見た目の**パンクロ画像**や，可視近赤外域を複数の波長帯に分けて観測した**マルチスペクトル画像**，また地表面温度分布を把握するための熱赤外画像が得られる。マイクロ波センサーを使った観測では，衛星自体が地表面に向けてマイクロ波を発射し，その反射を観測する能動型と，地表面から自然に放射されるマイクロ波を観測する受動型がある。

　ここでは Landsat 5 衛星画像を例に，衛星画像の種類と特徴について紹介する。Landsat 5 衛星はアメリカの代表的な地球観測衛星 Landsat シリーズの 5 号機である。現在は運用が終了しているものの，1984 年 3 月の打上げから 2013 年 1 月の最終観測まで 29 年近く運用が続けられた衛星で，運用期間中に蓄積された膨大な量の地球観測画像データが現在利用可能である。1 画像の価格や使用条件は入手経路によって異なり，無料から 10 万円程度である。

　Landsat 5 衛星は図 13.1 に示すように，可視～中間赤外域にかけて六つの波長帯（バンド）での観測を行っている。また図 13.1 には含まれていないが，Landsat 5 は 10.4～12.5 μm の波長帯での**熱赤外観測**も行っており，可視域～熱赤外域にかけて合計七つの波長帯での観測を行っている。観測バンドの数が多ければ多いほど，また観測できる波長域が広ければ広いほど，観測対象とする地表面の詳細な反射情報を取得できるので，地表面ごとの分光反射特性の小さな違いまで判別できるようになる。このような観測バンドの数と間隔を**波長分解能**[†1]と呼ぶ。観測バンド数の多いセンサーは波長分解能の高い（またはよい）センサーと呼ばれる。一つの目安として，Landsat 5 程度の波長分解能をもつ衛星画像を使用することで，図 13.4 に示す程度の土地分類項目に土地被覆または土地利用の分類を行うことが可能である。しかし樹種の詳細分類までは難しい。土地被覆や土地利用を詳細に分類したい場合は，波長分解能のより高い画像の利用が有利であり，数十～数百バンドで地表面観測を行うハイパースペクトル画像が使われることもある。

[†1] spectral resolution

　一般のデジタル写真などの「解像度」に当たる**空間分解能**[†2]は，Landsat 5 の場合，可視～中間赤外バンドで 30 m[†3]，熱赤外画像で 120 m である。1 ピクセル当りの面積が小さいほど，空間分解能の高いセンサーと呼ばれ，空間分

[†2] spatial resolution
[†3] すなわち，地表面上の 30 m × 30 m の範囲が 1 ピクセル

解能の高いセンサほど地物をより詳細に判別できる．空間分解能が 30 m 程度の衛星画像では，ため池の輪郭や比較的大きな農地の解析は可能であるが，家屋一つひとつの形状を知ることはできない．家屋一つひとつの形状まで把握したい場合には空間分解能のより高い QuickBird などの高空間分解能衛星画像を使用するか，空中写真を利用する必要がある．

　Landsat 5 の 1 画像がカバーする地表面の範囲（**刈り幅**）は 180 km で，観測頻度（**時間分解能**[†4]）は 16 日である．ただし，同一地点の地表面状態を 16 日ごとに必ず観測できるわけではなく，撮影日が曇天の場合は雲に遮られるため，宇宙からの地表面情報は得られない．Landsat 5 のような 16 日ごとに同一地表面を観測する衛星の場合，梅雨や台風で夏場の雲量の多い日本においては，夏場の地表面画像がほとんど取得できない場合もある．このような雲量の多い地域または時期の地表面観測においては，例えば MODIS のような，同一地表面に対して毎日 2 回の日中観測ができる衛星画像を使うと，梅雨期間中のわずかな晴天日にも地表面画像を取得できて便利である．また近年は，雲を突き抜けて地表面観測が行えるマイクロ波長帯への期待も高まっており，マイクロ波衛星に関する技術開発が進んでいる．

[†4] temporal resolution

　このように衛星画像の特徴として，波長分解能・空間分解能・時間分解能の三つの分解能が重要であり，すべての分解能が高いほど地表面観測に有利である．しかしこれら三つの分解能をすべて高めると情報量が膨大となり，実務上，現実的ではない．一般的には空間分解能が高くなればなるほど時間分解能が低くなるなど，これらの分解能はトレードオフの関係にある．したがって，衛星画像利用者はこれら三つの分解能特性に加えて衛星画像の価格なども考慮し，利用目的や用途に合った画像を選択することになる．

13.6.2　衛星画像の解析環境

　1990 年代前半までは，衛星画像解析は 1 台数千万円のワークステーションで行われることが普通であった．以降，パーソナルコンピュータの急速な普及と機能向上により，現在では汎用パーソナルコンピュータでも問題なく画像解析ができる．画像解析ソフトウェアは無料のものから専門家の使う 1 ライセンス数百万円程度の高額ソフトウェアまで，さまざまなものがある．また GIS ソフトウェアの中にもリモートセンシング解析を得意とするものもある．無料ソフトウェアとして代表的なものには，アメリカのパデュー大学が開発した MultiSpec，GIS ソフトウェアの GRASS などがある．専門家が用いる高額ソフトウェアには，ERDAS IMAGINE や ENVI，また GIS ソフトウェアの ArcGIS などが知られている．

章 末 問 題

❶ 文中の（ ）に当てはまる用語は何か。
「リモートセンシングとは，（ア）を（イ）から（ウ）により観測する手法のことである。」

❷ 植生の状態を表す NDVI の計算には，(1) 電磁波のどの波長域が使われるか，そして (2) なぜその波長域が使われるのか，答えよ。

❸ 衛星リモートセンシングによる地表面観測の利点を三つ挙げよ。

❹ 以下の(1)～(4)までの四つの衛星画像ピクセルの NDVI 値を計算せよ
(1) 赤色波長域の反射率が 0.10 で近赤外波長域の反射率が 0.70 のピクセル
(2) 赤色波長域の反射率が 0.10 で近赤外波長域の反射率が 0.15 のピクセル
(3) 赤色波長域の反射率が 0.15 で近赤外波長域の反射率が 0.50 のピクセル
(4) 赤色波長域の反射率が 0.10 で近赤外波長域の反射率が 0.05 のピクセル

❺ 問題❹において NDVI 値を計算した(1)～(4)までの衛星画像ピクセルは，それぞれどのような土地被覆状態だと考えられるか答えよ。

❻ 衛星画像を利用して都市部の一定区域内の都市緑地を調査する場合，どの程度の空間分解能の画像利用が適切か。また世界全体の陸域における植生分布状況を調査したい場合はどうか。

章 末 問 題 略 解

❶ ア．地球表面　　イ．上空　　ウ．電磁波

❷ (1) NDVI の計算には，赤色波長域と近赤外波長域の反射率が使われる。
(2) 植物の葉の表面は，赤色波長をよく吸収し近赤外波長をよく反射する特徴をもつので，分光反射特性の特徴的なこれら 2 波長域が使われる。

❸ 代表的な利点は以下の 4 項目。この中の 3 項目を挙げればよい。
・遠隔性……現地に行かなくても観測できる。
・広域性……一度に広い領域を観測できる。
・回帰性／均一性……同一地点を定期的に観測でき，精度がほぼ均一である。
・多様性……多種多様な波長や観測方法で観測できる。

❹ (1) 0.75　(2) 0.20　(3) 0.54　(4) －0.33

❺ (1) NDVI 値が高く，地表面が活性度の高い植生で覆われた状態である。
(2) NDVI 値が低く，地表面は裸地状態である可能性が高い。
(3) NDVI 値が(1)と(2)の間にある。活性度の低い植生で覆われた地表面，あるいは植生面と裸地面が混合したピクセルである可能性が高い。
(4) NDVI がマイナスになっており，水面である可能性が高い。

❻ 都市部では土地利用が細かいことが多く，数十 m 程度の空間分解能の衛星画像では都市緑地の詳細を把握できない可能性が高いため，1 m 未満から数 m 程度の空間分解能の画像，すなわち空間分解能の高い画像の利用が理想的である。逆に世界全体の陸域における植生分布状況を調査したい場合，対象範囲が非常に広大であるため，空間分解能の高い画像を利用するとデータ量が膨大になりすぎ，データ管理や解析が不可能となる。この場合は 1 km より粗い空間分解能の衛星画像がよく使われる。

14章

GIS

　GISは、位置をもったさまざまな情報を地図化して、事象を空間的かつ統合的に表現および分析し、意思決定を支援する技術である。基準点測量からリモートセンシングまでのあらゆる個々の測量成果は、GISにより統合した地図として表現および分析できる。正しい位置関係の地図が前提であり、座標系をはじめ測量技術が根底に存在する。

14.1 レイヤ構造

　GIS（地理情報システム[†1]）は、**レイヤ（階層）構造**をもち、複雑な事象を項目ごとのレイヤに分け、重ね合わせて表現できる。このレイヤ構造により、目的に応じてレイヤを表示と非表示に切り替えたり、主題図の因果関係を分析したりすることができる。レイヤには重ね合せの順序があり、**図14.1**のような

[†1] Geographic Information System

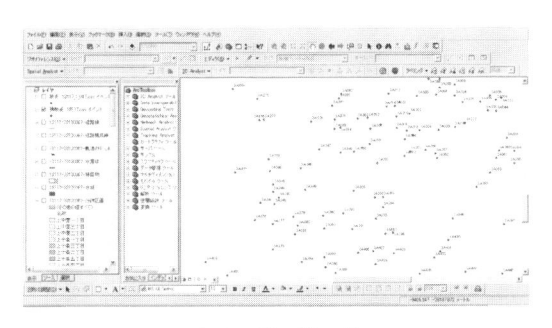

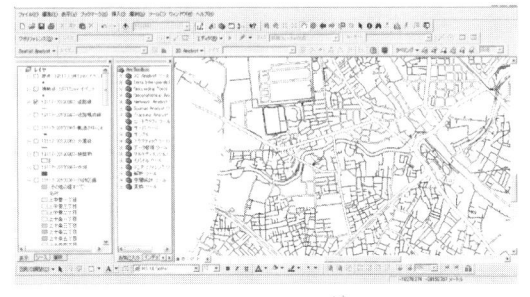

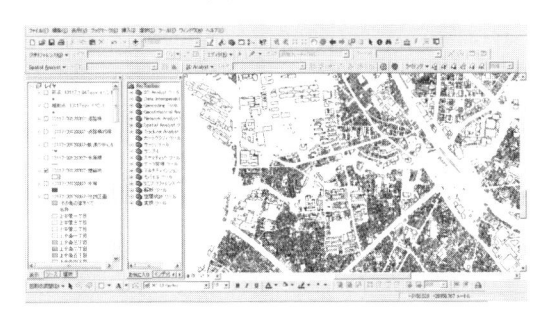

(a) 基準点　　(b) 道路縁

(c) 軌道の中心　　(d) 建築物

図14.1 GISにおけるレイヤ構造

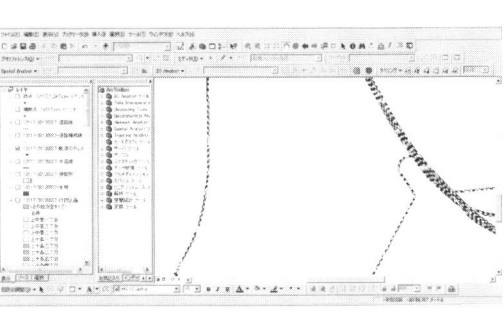

(e) 水　　域　　　　　　　　　　(f) 行　政　界

(g) 重 ね 合 せ

図 14.1　GIS におけるレイヤ構造（つづき）

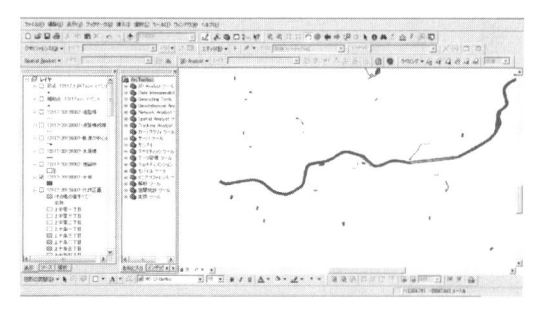

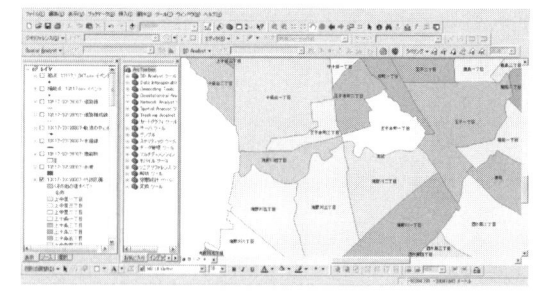

各レイヤを図(a)から図(f)の順に従って上から重ね合わせると図(g)となる。

14.2　GIS の利点——基準点測量，細部測量，空中写真測量の成果の重ね合せなど

紙地図は，紙面サイズの制約を受け，刻々と変化する情報の更新が困難であり，また複数の地図を必要とする分析に不適であった。地図をコンピュータ化することによってこれらの問題を解決し，紙地図では不可能であった作業も可能となった。GIS の利点を**表 14.1** に示す。

表 14.1　GIS の利点

分　類	項　目	分　類	項　目
基本操作（利用者）	拡大・縮小	測量管理（作成者）	空中写真測量成果の重ね合せ
	目的とする場所・住所を検索		衛星画像測量成果の重ね合せ
	着目した箇所を中心に印刷	3次元データ	都市の3D表現
	地図をネットワークで共用		コンターを容易に作成
基本管理（作成者）	図形，属性，色など，情報の更新が容易		傾斜方向を作成
	ソフトウェア間のデータの互換性がある。		陰影起伏を作成
測量操作（利用者）	座標（経緯度，平面直角座標）をあらゆる箇所で得られる。		断面図を瞬時に作成
	距離を瞬時に測れる。		体積を瞬時に大量に算出
	角度を瞬時に測れる。	応用操作	目的に応じた最適な立地やルートを解析
	面積を瞬時に大量に測れる。		河川氾濫，放射能などハザードマップ作成
測量管理（作成者）	基準点測量成果の重ね合せ		
	細部測量成果の重ね合せ		

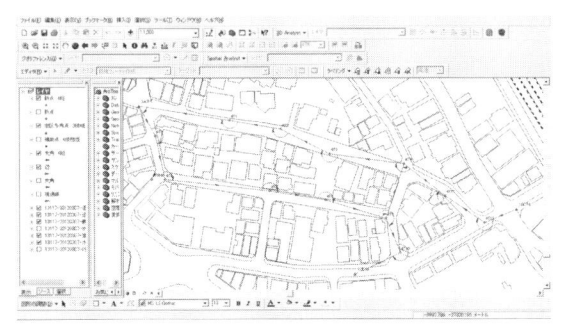

図 14.2 基準点測量における観測図

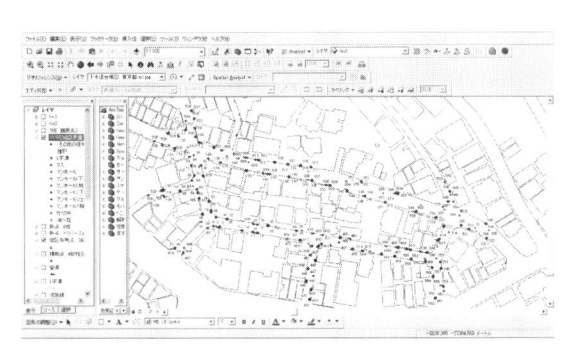

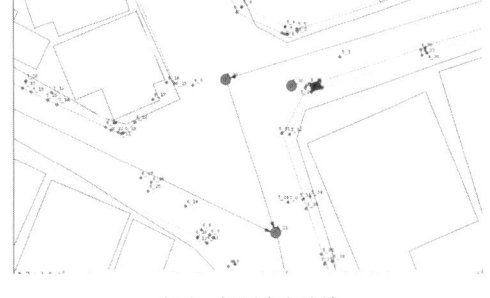

（a） 観測点のプロット　　　　　　　　　　　（b） 観測点を結線

図 14.3 細部測量成果の重ね合せ

図 14.2 に基準点測量における観測図の重ね合せを，**図 14.3** に細部測量成果の重ね合せを示す。成果が然るべき位置に展開されていることがわかる。

14.3　GIS の 歴 史

表 14.2 に GIS の年表を示す。GIS の歴史の始まりは，1950 年代からの地図のデジタル化であり，新しい分野として，コンピュータ技術とともに急速に発展してきている。交通，森林，施設管理などの地理や土木，情報分野から複合的に発展してきている。現在，GIS は膨大な機能を有し，あらゆる分野の幅広い層で用いられている。

14.4　JPGIS（地理情報標準プロファイル）

ソフトウェア間でデータを扱う場合，データ形式が異なるため，個々にデータ変換が必要となる。**図 14.4** にソフトウェア間のデータのやり取りを示す。図(a)のように，互換性がある場合，一方向の変換の場合，あるいは独立している場合があり，データの有効活用に障壁があった。この壁を取り除くために，

14. GIS

表 14.2 GIS の年表

	GIS のでき事		コンピュータのでき事
1950 年代	ワシントン大学が，交通分析のため，さまざまな地図を重ね合わせて評価，XY プロッタで自動描画，GIS 概念の誕生	1945 年	ノイマン型コンピュータ誕生
		1952 年	IBM が世界初の商用プログラム内蔵コンピュータ IBM 701 発売
1963 年	航測技術者トムリンソンとカナダ政府が，森林管理・分析のため，膨大な土地資源図の重ね合せをコンピュータ化した CGIS（Canada Geographic Information System）を開発	1956 年	世界初の高級プログラミング言語 FORTRAN 誕生
1965 年	ハーバード大学コンピュータ・グラフィックス空間分析研究所が，世界初の汎用の本格 GIS の ODYSSEY 開発	1969 年	インターネットの起源（UCLA，スタンフォード研究所など 4 機関間）
1970 年代	電力，ガス，水道などの施設管理 GIS が開発 GIS が日本に入ってきた。 東京ガスがガス管管理 **GIS** を開発		
1982 年	ESRI 社が，世界初の商用 GIS の ARC/INFO を発売	1989 年	東芝が世界初のノート PC Dyna Book 発売
1995 年	阪神・淡路大震災を機に，内閣が地理情報システム（GIS）関係省庁連絡会議を設置 防災，下水道管理 GIS が発達	1995 年	Windows95 発売
		1998 年	PC，インターネット普及
2005 年	JPGIS 公開 統合型，ネットワーク型，Web 型 GIS 普及	2005 年	Google Earth 開始
		2007 年	Google Map 開始，iPhone 発売
2010 年	モバイル型 GIS 普及	2010 年	3 D マップ普及，iPhone4 ジャイロ搭載，iPad 発売
2011 年	クラウド型 GIS 普及	2011 年	スマートフォン普及

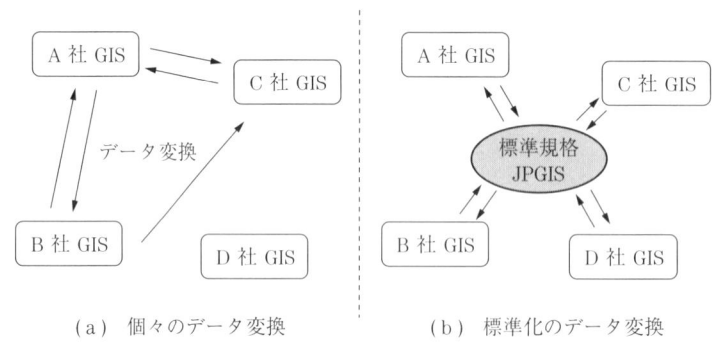

(a) 個々のデータ変換　　(b) 標準化のデータ変換

図 14.4 ソフトウェア間のデータ

図 (b) に示す JPGIS が登場した。**JPGIS（地理情報標準プロファイル**[†1]**）** は，システムの効率化および自由化を図ってデータ形式を標準化しただけでなく，データの設計，品質，仕様なども定めた規格である。実際のデータは，XML または GML で符号化[†2]されている。

[†1] Japan Profile for Geographic Information Standards

[†2] encode
データをある形式に置き換えて記録すること。

作成仕様

かつての測量成果は，作成（プロセス）仕様によるものであった。**作成仕様**とは，**計画機関（発注者）**が所定の成果を期待して，作業方法を規定したものである。**作業機関（受注者）**にとって現場経験が多少乏しくても機械的に作業を進められる利点はあるが，実際の作業現場の多くは自然を

製品仕様と製品仕様書

現在の測量成果は，製品（プロダクト）仕様によるものである。**製品仕様**とは，計画機関が成果の内容や品質などを規定して，作業方法を規定していないものである。作業機関は内容や品質を満足するよう，作業方法を自由に選択して成果を作成する。新技術を導入したり，作業効率化によりコスト削減や時間短縮できたりもするが，そのためには測量の知識や技術が従来以上に必要となる。

製品仕様書は，計画機関が得ようとする測量成果の種類，内容，構造，品質などを記述した書類であり，成果であるデータの供用推進のため，JPGISに準拠した仕様となっている。公共測量では基準点，水準測量など各種測量において，製品仕様書がそれぞれ存在する。

成果の仕様の時代に合わせた転換は，橋梁や道路など土木構造物分野でも進んでいる。すなわち，材料や工法など作業手順が定められた従来の設計方法から，供用時に所定の性能を満足していれば，材料や工法などを問わない**性能照査型設計**へ切り替わっている。

14.5 データ品質要素

JPGISにおける，データの品質を表す要素を**表14.3**に示す。この品質要素は，ISO/TC211（国際標準化機構の地理情報に関する専門委員会）内の**メタデータ**に関する内容を，国内向けに体系化したJMP[†1]に準拠したものである。公共測量の基準点，水準測量など各分野において適用している。メタデータとは，無数のデータの中で，目的のデータを検索したり参照したりするために，タイトル，内容，作成者，年月などを示したデータである。

[†1] Japan Metadata Profile

14.6 地図の骨格を形成する基盤地図情報

GISの初期設定で白地図はたいてい入っておらず，地図を取り入れることから始まる。**基盤地図情報**[†1]とは，位置情報の基準とし，全ての地図の骨格となるよう，測量の成果による地図である。図14.5に基盤地図情報を示す。基準点，道路縁，建築物，DEM[†2]などがある。基盤地図情報は，国土地理院がインターネット上に無償で提供されており，JPGIS形式で公開されている。

[†1] fundamental geospatial data
[†2] 14.9節 参照

表 14.3 データ品質要素

品質要素	品質副要素	検査の内容	エラーの例
完全性 (地物の存否,属性およびその関係について)	過剰	存在しない地物がデータに含まれていないか	写真撮影時点では取り壊されていたはずの民家がデータに含まれている場合
		取得基準を超えたデータが含まれていないか	10 m² 以下の建物（小屋など）は取得しない仕様にもかかわらず取得されている場合
	もれ	取得するべきデータが含まれているか	道路，建物，区域などが欠落している場合
論理一貫性 (データの構造,属性およびその関係に関する矛盾の程度について)	概念一貫性	定義された論議領域のスキーマとのずれはないか	—
	定義域一貫性	属性値に異常な値はないか	ポリゴン面積が0または0以下の値になっている場合
			属性の世帯主年齢が3と入力されている場合
	フォーマット一貫性	書式が誤っていないか	データが正しい XML 形式で記述されていない場合
	位相一貫性	面データは閉じているか	面図形が閉じていない場合
位置正確度 (地物の位置正確度について)	絶対または外部正確度	真とみなされる位置からの誤差	基準点データなど絶対的な位置座標が本来あるべき位置からずれている場合
	相対または内部正確度	地物間の位置関係に関する誤差	絶対位置を計測したデータを基に，計測した位置がずれている場合。例えば道路を基準に建物の位置正確度を測ったらずれていたような場合
	グリッドデータ位置正確度	ラスタデータの真とみなされる位置からの誤差	ラスタの TIC 座標が間違っている場合
時間正確度 (時間属性の正確度と地物の時間関係について)	時間測定正確度	記録された時間が正しいか	—
	時間一貫性	記録されている時間の順序が正しいか	—
		時間の相互関係が正しいか	—
主題正確度 (主題属性に関する分類や属性値の正確度について)	分類の正確度	地物の分類が正しいか	公共施設のレイヤに一般住宅が含まれている場合
	非定量的属性の正確度	地物名称，ID番号などは正しいか	属性中の名称が誤っている場合
	定量的属性の正確度	面積，幅などは正しいか	道路幅員が誤っている場合

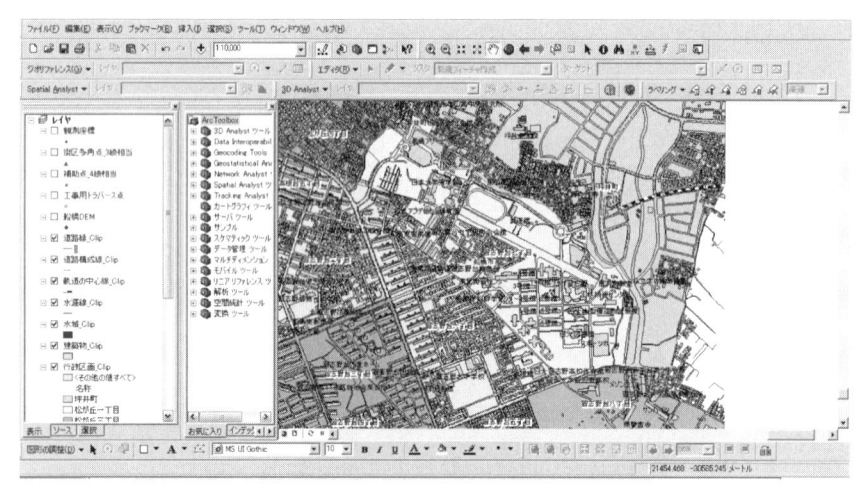

図 14.5 基盤地図情報（地図情報レベル 2500）

地理空間情報活用推進基本法第二条第三項の基盤地図情報に係る項目および基盤地図情報が満たすべき基準に関する省令　改正　平成二十年

第二条　法第二条第三項の国土交通省令で定める基準は，その位置情報が次のいずれにも該当するものであることとする。

一　次に掲げるいずれかの**測量の成果**であること。

　　イ　測量法第四条に規定する**基本測量**

　　ロ　測量法第五条に規定する**公共測量**（その成果について，同法第四十一条第二項の規定により国土地理院の長が充分な精度を有すると認めたものに限る。）

　　ハ　水路業務法（昭和二十五年法律第百二号）第九条第一項に規定する政令で定める測量の基準に従って行われた水路測量

二　次に掲げる**精度**を有する測量の成果であること。

　　イ　平面位置の誤差が，**都市計画区域**（都市計画法（昭和四十三年法律第百号）第四条第二項に規定する都市計画区域をいう。以下この号において同じ。）内にあっては**二・五メートル以内**，**都市計画区域外**にあっては**二十五メートル以内**であること。

　　ロ　高さの誤差が，都市計画区域内にあっては**一・〇メートル以内**，都市計画区域外にあっては**五・〇メートル以内**であること。

国土数値情報

国土数値情報（こくどすうちじょうほう）は，国土計画の策定や推進の支援のために，国土に関するさまざまな情報を整備，数値化したデータである。取得項目として，以下の 8 大項目内に小項目が存在する。基盤地図情報と比較して，基準点や標高点はないものの，項目が豊富である。国土交通省国土政策局が，インターネット上に無償で提供しており，JPGIS 形式で公開されている。

大項目	小項目
指定地域	三大都市圏計画区域，都市地域，農業地域，森林地域　など
沿岸域	漁港，潮汐・海洋施設，沿岸海域メッシュ　など
自　然	標高・傾斜度 3 次メッシュ，土地分類メッシュ，気候値メッシュ　など
土地関連	地価公示，都道府県地価調査，土地利用 3 次メッシュ　など

国土骨格	行政区域，海岸線，湖沼，河川，鉄道，空港，港湾 など
施　設	公共施設，発電所，文化財 など
産業統計	商業統計メッシュ，工業統計メッシュ，農業センサスメッシュ など
水　文	流域・非集水域メッシュ など

14.7 現実空間を GIS へ取り込むため単純化した データモデル

　複雑な現実空間をコンピュータで表現するには，簡単なモデルに置き換える必要がある．モデル化には大きく分けて，ベクタデータとラスタデータの2種類がある．**図 14.6** に現実空間を GIS へ取り込むため，単純化したデータモデルを示す．

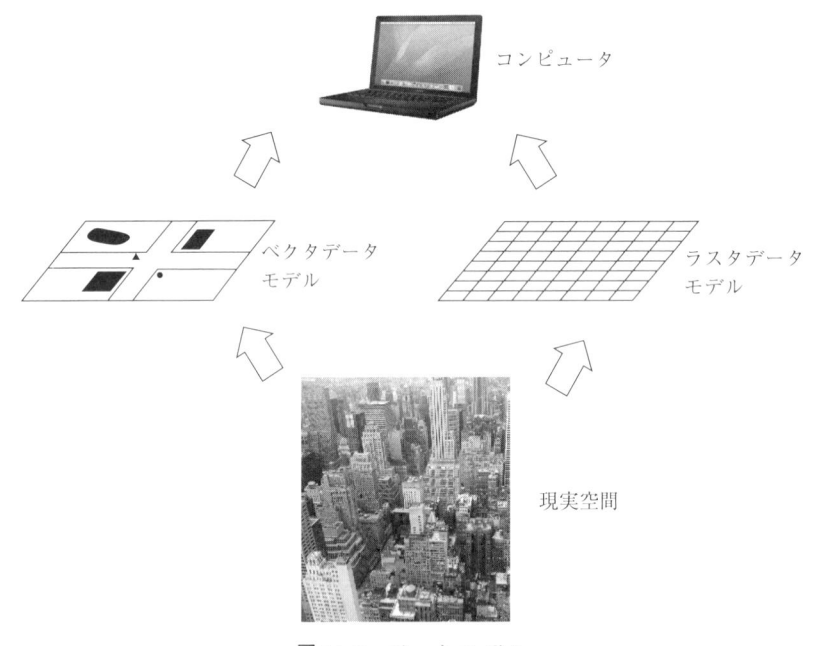

図 14.6 データモデル

14.7.1 ベクタデータ

　ベクタデータ[†1]は，点[†2]，線[†3]および面[†4]の**図形情報**と，ID，名称，数値などの**属性情報**により構成されている．**図 14.7** にベクタデータを示す．建物，道路，基準点など人工物は，ベクタデータに適している．**図 14.8** に属性情報の入力画面を示す．

[†1] vector data
[†2] point
[†3] line
[†4] polygon

14.7 現実空間をGISへ取り込むため単純化したデータモデル 221

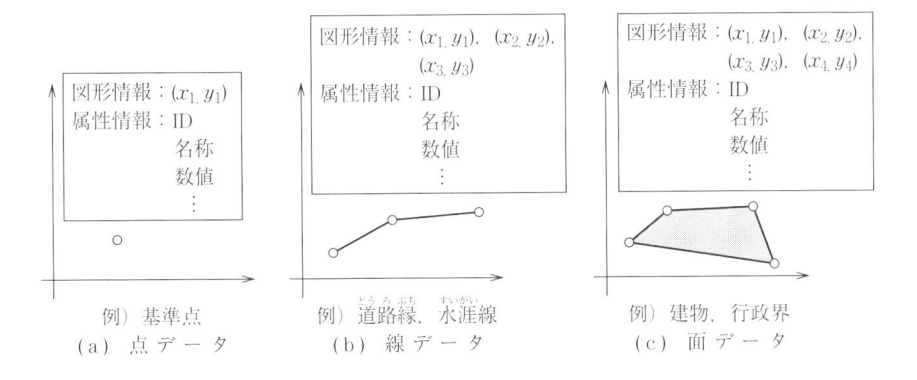

例）基準点
(a) 点データ

例）道路縁，水涯線
(b) 線データ

例）建物，行政界
(c) 面データ

図形情報：(x_1, y_1)
属性情報：ID
　　　　　名称
　　　　　数値

図形情報：(x_1, y_1), (x_2, y_2), (x_3, y_3)
属性情報：ID
　　　　　名称
　　　　　数値

図形情報：(x_1, y_1), (x_2, y_2), (x_3, y_3), (x_4, y_4)
属性情報：ID
　　　　　名称
　　　　　数値

図 14.7 ベクタデータ

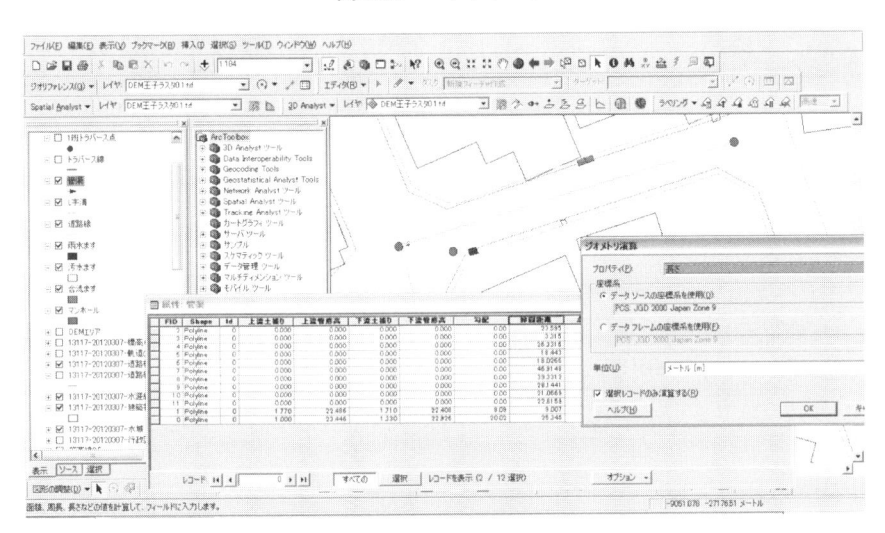

図 14.8 属性情報の入力

ベクタデータは，点，線，面の種類別によってレイヤ分けされ，さらに地物別にレイヤ分けされる。

〔1〕 マージとクリップ　　行政単位で区切られているベクタの基盤地図情報を展開して，着目する地域のみを切り出す手順をつぎに示す。

図 14.9 に北区の基盤地図情報を展開した。対象地域が足立区にもまたがっているので，足立区も追加する。図 14.10 に足立区を追加した。道路縁など

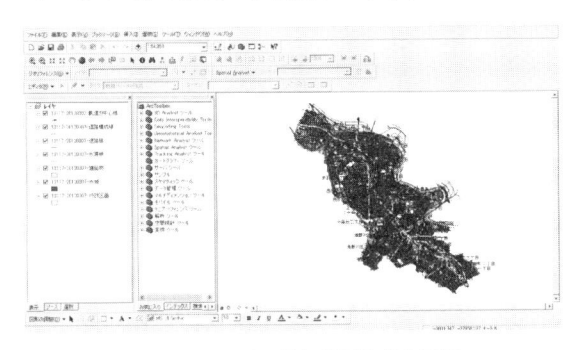

図 14.9　北区の基盤地図情報を展開

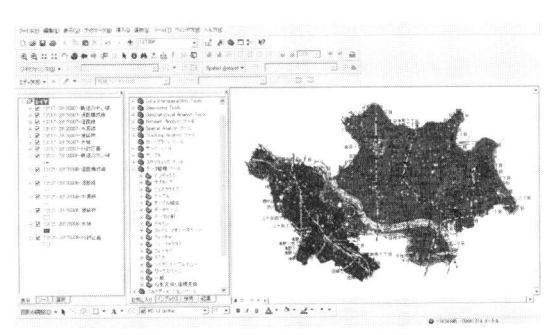

図 14.10　足立区の基盤地図情報を追加

各レイヤが北区と足立区で二つずつ存在している。

図 **14.11** に北区と足立区のマージを示す。**マージ**とは，レイヤを結合することである。マージにより，北区と足立区の道路縁など各レイヤが一つになった。図 **14.12** に対象地域を四角形で示す。対象地域外のデータを含むと動作が遅くなる。

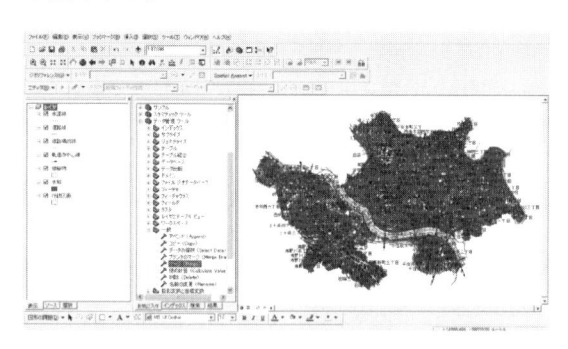

図 **14.11**　北区と足立区のマージ　　　　　図 **14.12**　対　象　地　域

図 **14.13** にクリップを示す。**クリップ**とは，対象地域だけ切り抜くことである。クリップにより動作が速くなる。

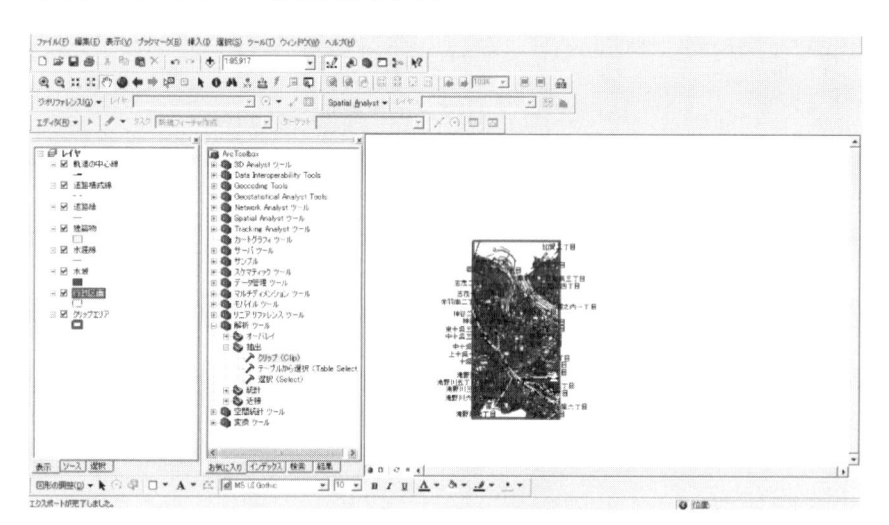

図 **14.13**　ク　リ　ッ　プ

〔2〕**スナップとバッファ**　細部測量で得られた観測点（座標）を結線すると線と面のベクタデータが得られる。

図 **14.14** に示すように，ある図形に接続することを**スナップ**という。例えば，観測点にスナップして道路縁（線）を作成したり，ある道路縁にスナップして別の道路縁をつなげたりする。ある図形から指定した距離に新たに図形をつくることを**バッファ**という。例えば，観測点を基にバッファを用いて円形のマンホール（面）を作成する。

〔3〕**トポロジー**　鉄塔と電線のように実際は結合している図形どうしに

14.7 現実空間をGISへ取り込むため単純化したデータモデル 223

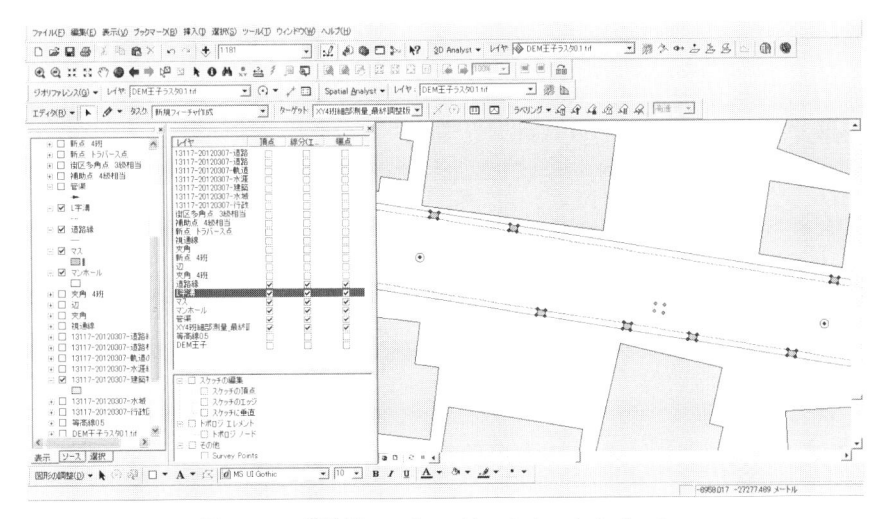

図 14.14 道路縁のスナップとマンホールのバッファ

おいて，レイヤ別であると，一方の形状変更は他方の形状変更に影響しない。この場合，**位相構造**をもたせることによって，一方の形状変更が他方の形状変更に影響し，図形関係を正しく構成できる。

位相[†5]とは，図形と図形の空間関係のことである。**図14.15**に隣接する図形の位相構造を示す。

†5 topology

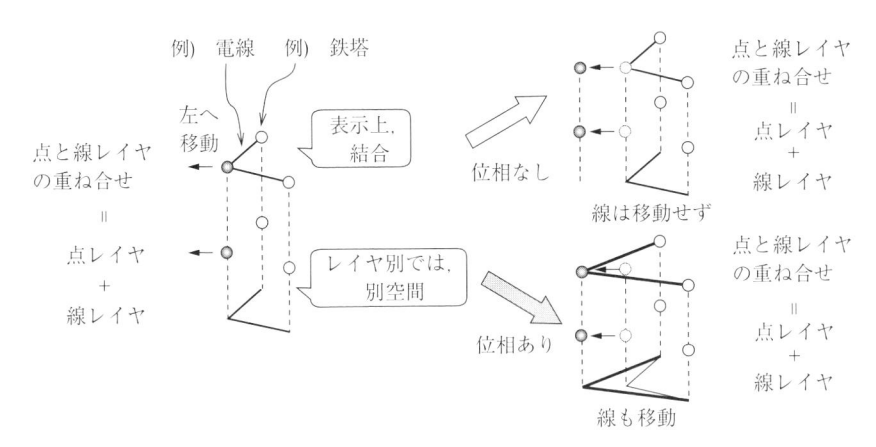

図 14.15 結合する図形の位相構造

14.7.2 ラスタデータ

ラスタデータ[†6]は，図14.16に示すような微小な正方形のドット（またはピクセル）の集合で構成され，位置情報と数値が付与された画像である。位置情報を付与することで地図上に所定位置に重ね合わせられ，数値を付与することで**主題図**[†7]となる。

†6 rastor data

†7 thematic map

衛星画像，空中写真，スキャン画像は，ラスタデータに分類される。気温，危険物質の汚染レベル，標高地形など，自然現象はラスタデータに適している。

データ形式は，.tif, .bmp, .jpg などいろいろあるが，圧縮すると形状が変化するため，形状変化の少ない .tif, .bmp が望ましい。

画像解像度は，dpi[†7]の単位で表される。dpi は，1 in の長さに並ぶドットの数を示す。1 in = 25.4 mm である。紙面の地形図の線の太さの最小単位は 0.1 mm であり，その線の太さを 1 dot 程度で表すとすると，300 dpi 程度が選定される。

[†7] dots per inch

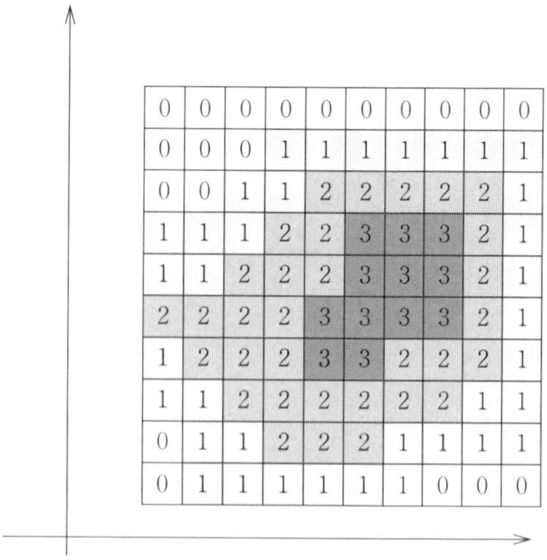

14.8 幾 何 補 正

位置情報をもっていないラスタデータを，地図上の正しい位置に重ね合わせるには，画像の大きさ，ゆがみなどを補正して位置情報を付与する必要がある。

図 14.16 ラスタデータ

幾何補正[†1]は，ラスタデータにひずみを除去して位置情報を付与するため，基準点の座標値などを用いて幾何学的にひずみのない座標系に変換することである。画像の変換を**図 14.17**に示す。変換式の未知パラメータを，いくつかの基準点の座標値から最小二乗法により解く。**ヘルマート変換**と**アフィン変換**では，変換前の直線は，変換後も直線という性質をもつ。

[†1] geometric correction

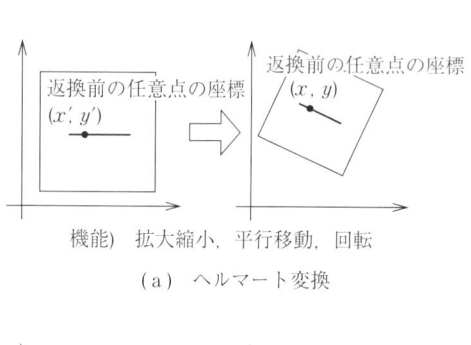

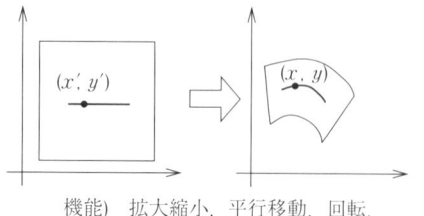

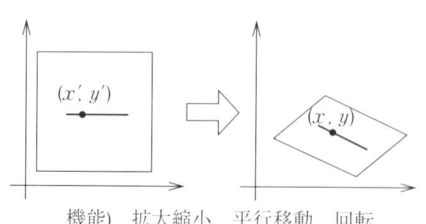

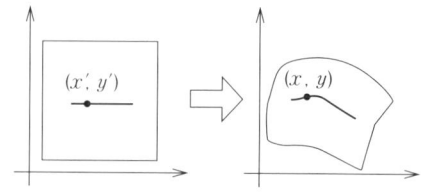

図 14.18に方眼用紙で作成した細部測量成果を幾何補正し，数値地形図データを作成した図を示す。

(a) ヘルマート変換
機能）拡大縮小，平行移動，回転

(b) アフィン変換
機能）拡大縮小，平行移動，回転，せん断ひずみ

(c) 2次多項変換
機能）拡大縮小，平行移動，回転，せん断ひずみ，放物ひずみ

(d) スプライン変換
機能）拡大縮小，平行移動，回転，せん断ひずみ，放物ひずみ

図 14.17 幾何補正の変換

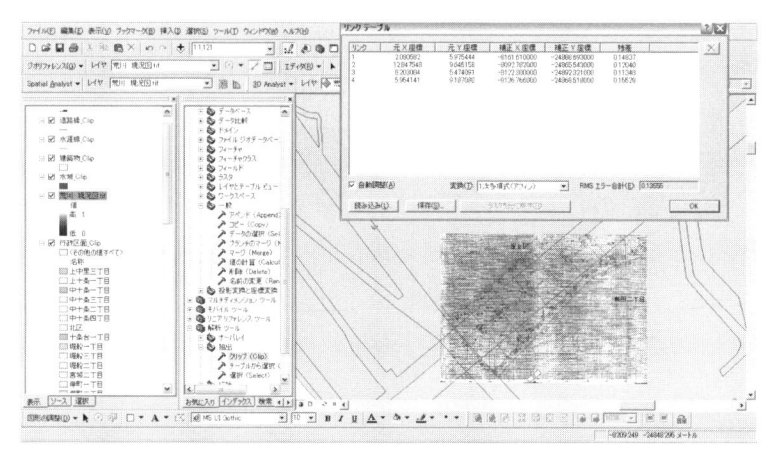

(a) 座標を入力して幾何補正

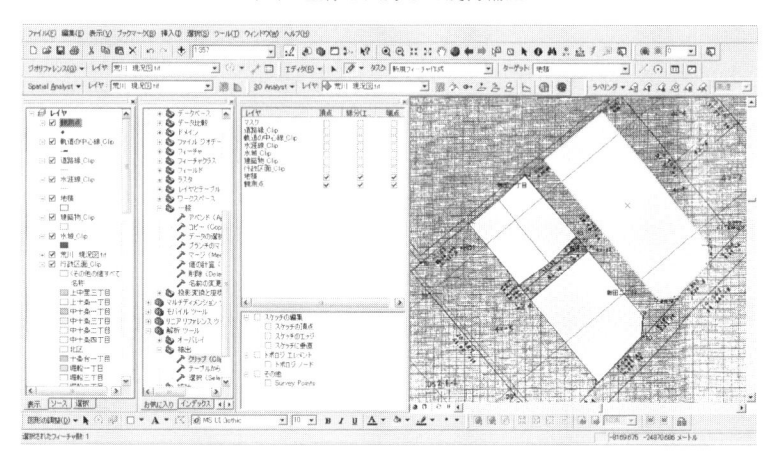

(b) 幾何補正後に数値地形図データを作成

図 14.18 方眼用紙で作成した細部測量成果の幾何補正

14.9 DEM

DEM（数値標高モデル）[†1]は，建物や植生などの高さを除いた地表の標高値のモデルである。高密度かつ高精度の3次元座標の集合で，GISを用いて3次元表現および解析ができる。基盤地図情報のDEMは，5mメッシュで無償提供されていて，**図 14.19**のようにDEMの点データ，ラスタデータ，**TIN**[†2]（**不規則三角形網**）を作成することができる。地形の断面図作成，等高線の作成，洪水ハザードマップなどに応用される。TINは，不規則な三角形要素で構成され，地形の傾斜方向や角度を求める場合によく用いられる。

[†1] digital elevation model

[†2] triangulated irregular network

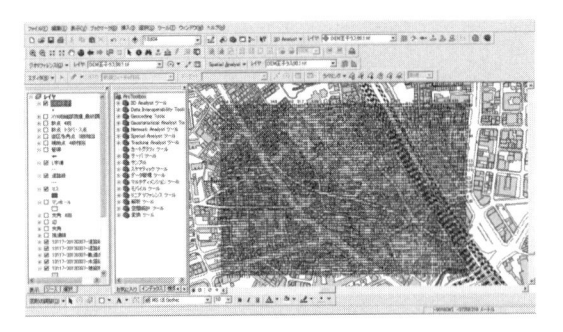

(a) 点 2D 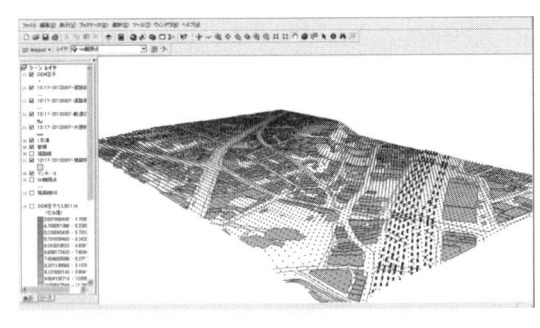 (b) 点 3D

(c) ラスタ 2D 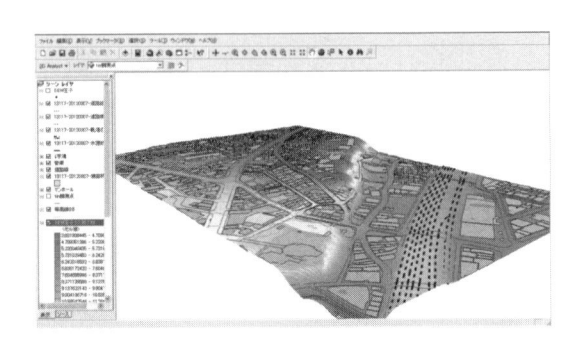 (d) ラスタ 3D

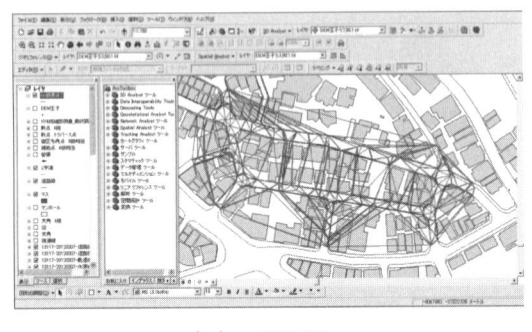

(e) TIN 2D 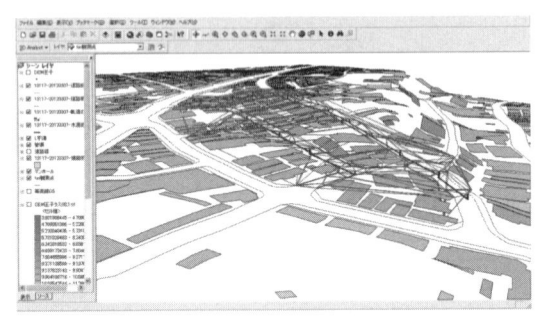 (f) TIN 3D

図 14.19　DEM

〔1〕 **DEMによる等高線**　DEMから等高線を作成することができる。図 14.20 に DEM とラスタの等高線を示す。

〔2〕 **DEMによるハザードマップ**　DEMを用いて，図14.21 のように標高が数 m 以下を色分け表示すると簡単な3D洪水ハザードマップができる。右端の二つの山形が堤防で，その内側が河川。浸水のおそれを色分け表示できる。

(a) 2D

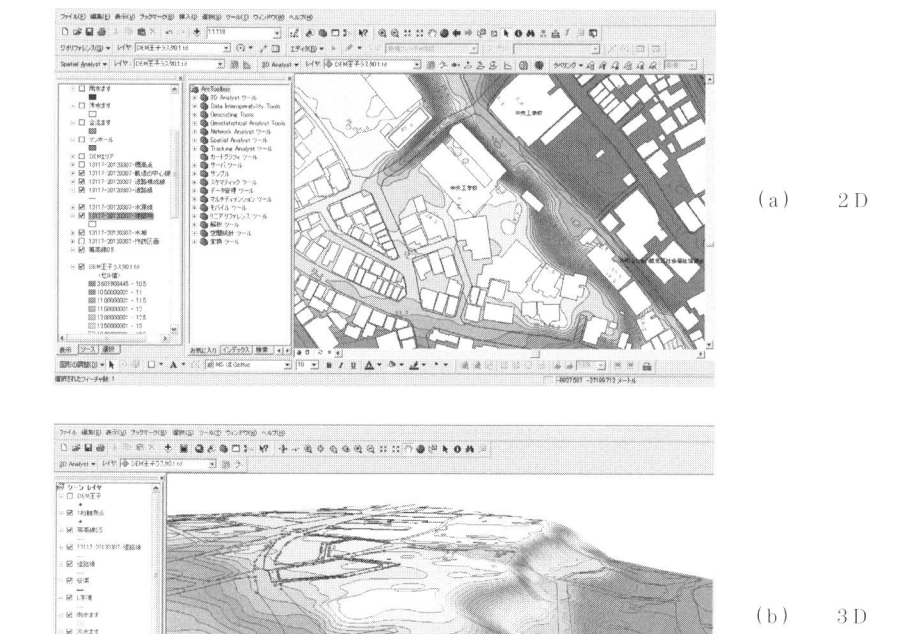

(b) 3D

図 14.20 DEM のラスタと等高線

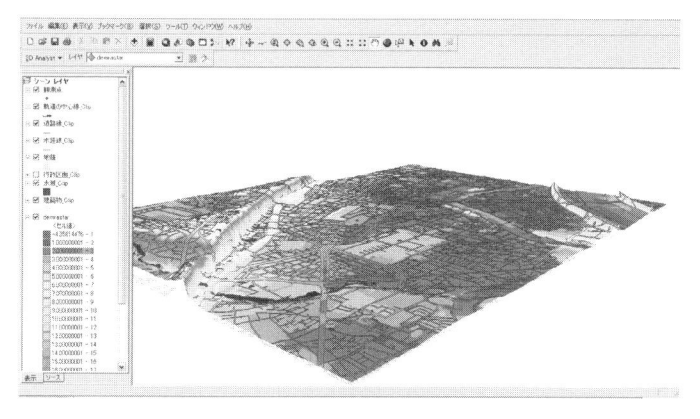

図 14.21 DEM を用いた 3D 洪水ハザードマップ

章 末 問 題

❶ つぎの文は，基盤地図情報について述べたものである。明らかに間違っているものはどれか。
 a．基盤地図情報の標高点として，1 m メッシュの DEM のデータが提供されている。
 b．基盤地図情報にかかわる項目には，道路縁，水涯線，建築物が含まれる。

c. 地理空間情報活用推進基本法（平成19年法律第63号）において，基盤地図情報は電子地図上における地理空間情報の位置を定めるための基準とされている。
d. 都市計画区域内の基盤地図情報の平面位置の誤差は 2.5 m 以内，高さの誤差は 1.0 m 以内である。
e. 国土地理院の基盤地図情報を使用して公共測量を行う場合は，インターネット上で使用承認の申請を行うことができる。

❷ ベクタとラスタについて書かれた以下の文 a.～e. で，明らかに間違っているものはどれか。
  a. スキャナーを使用して直接得られるデータはベクタデータである。
  b. ラスタデータをラスタ-ベクタ変換することによりベクタデータを作成することができる。
  c. ベクタデータは属性を付与して利用することが多い。
  d. ベクタデータはディスプレイ上で任意に拡大や縮小をしても線の太さを変えずに表示できる。
  e. ラスタデータは同一の対象について画素単位の大きさを小さくするとデータ量が増える。

❸ ベクタとラスタについて書かれた以下の文 a.～e. で，明らかに間違っているものはどれか。
  a. ラスタデータからベクタデータへ変換する場合，元のラスタデータ以上の位置精度は得られない。
  b. 衛星画像データやスキャナーを用いて取得したデータは，一般にラスタデータである。
  c. ネットワーク解析による最短経路検索には，一般にベクタデータよりラスタデータのほうが適している。
  d. ベクタデータには，属性をもたせることができる。
  e. ラスタデータは，背景画像として用いられることが多い。

❹ ベクタとラスタについて書かれた以下の文 a.～e. で，明らかに間違っているものはどれか。
  a. ラスタデータをベクタデータに変換し，既存のベクタデータと重ね合わせて表示することができる。
  b. ベクタデータは，一定間隔に区切られた小区間の属性値を順に並べたものである。
  c. 閉じた図形を表すベクタデータを用いて図形の面積を算出することができる。
  d. 鉄道線のベクタデータは，属性として路線名などを付与することができる。
  e. 道路中心線のベクタデータを用いて道路ネットワークを構築することによって，道路上の2点間の経路検索ができる。

❺ JPGIS について書かれた以下の文 a.～e. で，明らかに間違っているものはどれか。
  a. JPGIS は，地理情報に関する国際規格および日本工業規格の中から，地図の図式に関する部分を取り出して体系化したものである。
  b. JPGIS の基礎になっている，地理情報に関する国際規格は，国際標準化機構により定められている。
  c. JPGIS の基礎になっている，地理情報に関する日本工業規格は，国際標準化機構が定めた地理情報に関する国際規格と整合している。
  d. 平成20年3月に改正された「公共測量作業規程の準則」では，測量計画機関は，得ようとする測量成果の種類，内容，構造，品質などを示す JPGIS に準拠した製品仕様書を定めなければならないことが規定された。これは，地理情報である測量成果の国際化を推進させるものである。
  e. 地理空間情報活用推進基本法に定められた基盤地図情報を提供しようとする場合の適合すべき規格には，国際標準化機構が定めた地理情報に関する国際規格が含まれる。

章末問題略解

❶ a.（平成24年　測量士試験）　❷ a.（平成17年　測量士試験）　❸ c.（平成18年　測量士試験）
❹ b.（平成19年　測量士試験）　❺ a.（平成21年　測量士試験）

15章

最 新 測 量

近年，衛星測位システムやレーザ・レーダー計測技術，コンピュータによるデジタル画像処理技術は飛躍的な発展を遂げている。ここでは，これら最新技術を応用した最新測量技術について，航空および地上レーザ測量・干渉合成開口レーダなどを中心に解説する。

15.1. LIDAR

光を発射して，その反射光が戻るまでの時間を測定すれば，対象物までの距離がわかる。このように自ら発射した光の反射を計測することで対象物の情報を知るリモートセンシング技術を，**ライダー**（**LIDAR**）[†1]あるいは，**レーザレーダー**[†2]とも呼ばれる。

[†1] light detection and ranging
[†2] laser radar

15.1.1 航空レーザ測量―LIDAR技術を応用した航空測量

航空レーザ測量とは，航空機に搭載したLIDAR装置から地上に向けてレーザ光を照射し，その反射光が戻るまでの時間を計測することにより得られる航空機から地上までの距離と，GNSS測量機，**IMU**（**慣性計測装置**[†3]）から得られる航空機の位置情報より，地上の標高や地形の形状を広範囲で精密に調べる新しい測量方法である。**図15.1**に航空レーザ測量の概念図を示す。

[†3] inertial measurement unit
3軸方向の角度と加速度を検出する装置。

航空レーザ測量のレーザ光は，地表面だけでなく建物の屋上や樹木の樹冠でも反射する。このため，航空レーザ測量で直接得られる標高データは，地表面の標高に建物や樹木の高さが加味された表層データである。このような表層データを基に作成した表層地図は**DSM**（**数値表層モデル**[†4]）と呼ばれる。航空レーザ測量で直接得られた表層データから，建物や樹木の高さを取り除くフィルタリング処理を行うことで，地表面の標高が得られる。この標高データを基に作成した標高地図をDEM（数値標高モデル[†5]）と呼ぶ。DSMとDEMの違いを**図15.2**に示す。測量分野ではDSMではなくDEMが一般的に使われる。

[†4] digital surface model
[†5] 14.9節 参照
デムと読むこともある

DEMは長らく標高データを50m間隔にもつ数値地図50mメッシュ（標高）が標準であった。近年，国土地理院では，航空レーザ測量と写真測量を使用し

230　15. 最新測量

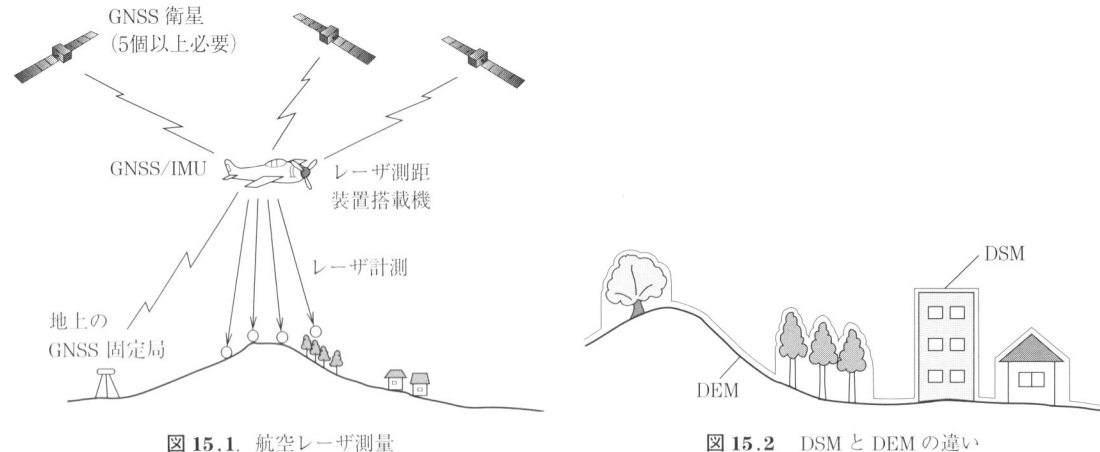

図 15.1. 航空レーザ測量

図 15.2 DSM と DEM の違い

た5m間隔の詳細なDEMである，「基盤地図情報（数値標高モデル）5mメッシュ（標高）」の整備を全国で進めている。**図 15.3**に，航空レーザ測量による宮崎市大淀川河口付近の詳細なDEM画像の例を示す。このような高空間分解能の詳細なDEMは，GISの基盤データとして微細な地形を表現できるほか，沿岸部における津波被害シミュレーションや傾斜地における地滑りをはじめ，特に防災分野での活用が期待されている。

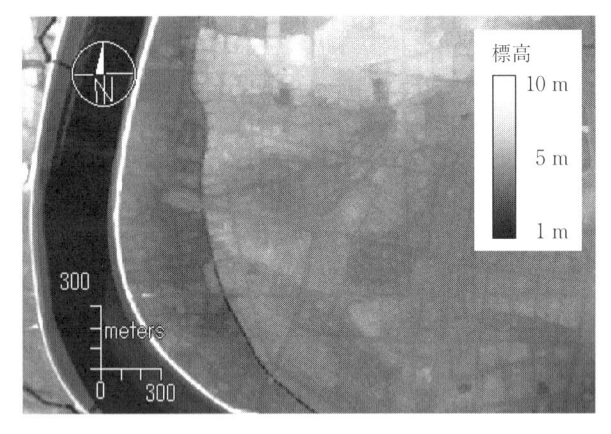

図 15.3 国土地理院5mメッシュDEM

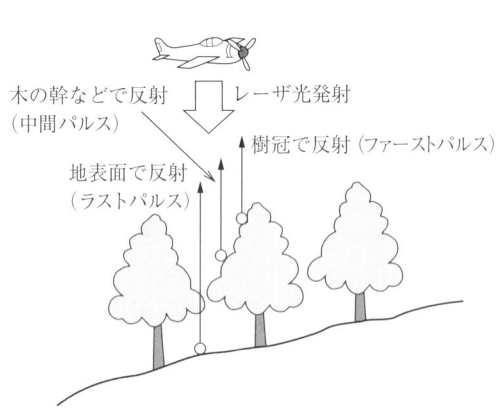

図 15.4 レーザ光の林地における反射

航空レーザ測量のその他の利用法として，森林の樹高調査などの環境モニタリングがある。**図 15.4**に示すように，林地では木の葉と葉の間に空間があれば，発射したレーザ光の一部は地表面にまで届く。実際のレーザ光の軌跡を追ってみると，発射したレーザ光の一部がまず樹冠で反射（ファーストパルス）し，樹冠を通り抜けた光の一部がさらに木の幹などで反射（中間パルス）した後，最終的に地表面にまで達した光が地表面で反射する（ラストパルス）。そこでレーザ光の反射が観測された時間とその強度を解析することで，木の樹冠の高さと地表面の高さを同時に観測することができ，樹高を算出できる。樹高を経

年調査すれば木の成長速度がわかり，場所ごとの木の成長速度は森林計画や森林管理に有用な情報となる。

15.1.2 3Dレーザスキャナー——LIDARを使った地上測量

LIDARのレーザ光を使った距離計測の原理は，地上での測量にも応用できる。地上での応用には，LIDARを車などに搭載して移動しながら測量を行う移動計測車両による測量と，LIDARを静置して測量を行う静的測量という二つのタイプがある。計測車両による測量を行う技術は，道路台帳や道路橋梁の3次元設計，法面崩壊など，道路に関わる災害把握などに活用されている。

LIDARを静置して行う静的測量には3Dレーザスキャナー（図15.5）が使用される。対象物にレーザ光線を照射し，レーザが返ってくるまでの時間を計測すると対象物までの距離がわかる。そのとき同時にレーザの照射角度を記録しておくことで，対象物の位置を3次元座標(x, y, z)上に表すことができる。3Dレーザスキャナーは本体が水平回転し，さらに反射鏡を垂直に回転するので，同様の計測を多方向に対して行うことで，スキャナー設置場所を中心とする広範囲の点群データ（膨大な計測点の集まり）を短時間で取得することが可能となる。また，スキャナーによる点群データにカメラによる画像データの色情報（RGB）を付加することで，点群データに色情報をもたせることもできる。このような測量技術は，一般的な道路・河川・砂防などの地形測量はもとより，人間が近づくことが困難な急傾斜地などの危険箇所を対象とした自然災害調査，航空レーザ測量の補完データ取得や精度検証用データ取得など，さまざまな用途がある。

図15.5 LIDARによる静的測量
（リーグルジャパン株式会社より提供）

15.2 干渉合成開口レーダー（InSAR）

マイクロ波長域を使用した地表面観測技術として**合成開口レーダー**[†1]（**SAR**）は，近年測量分野で多用される技術の一つである。この技術は地表面に向けて照射した電磁波の反射を計測するという点で，前節のLIDAR技術と似ているが，LIDARと異なり観測に波長の非常に長いマイクロ波長域を使用している。長い波長域を使うと人工衛星からの地表面観測の際に雲の影響を受けない全天候型の観測が可能となる一方で，地表面を詳細に観測することが難しくなる（すなわち空間分解能が低くなる）という欠点もある。この欠点は，センサーの口径（アンテナ径）を大きくすることで解決できる。そこでマイクロ波センサー

[†1] synthetic aperture radar

を人工衛星や航空機などの飛翔体に搭載し，移動しながら送受信した情報を合成することで，見かけ上，口径の大きなセンサーで観測したような画像を得る技術がSAR（**図 15.6**）と呼ばれる技術である．合成開口技術だけでは飛翔体の移動方向の分解能の向上効果しか得られない．実際にはパルス圧縮技術などを併用することで全体的な空間分解能の向上を達成している．

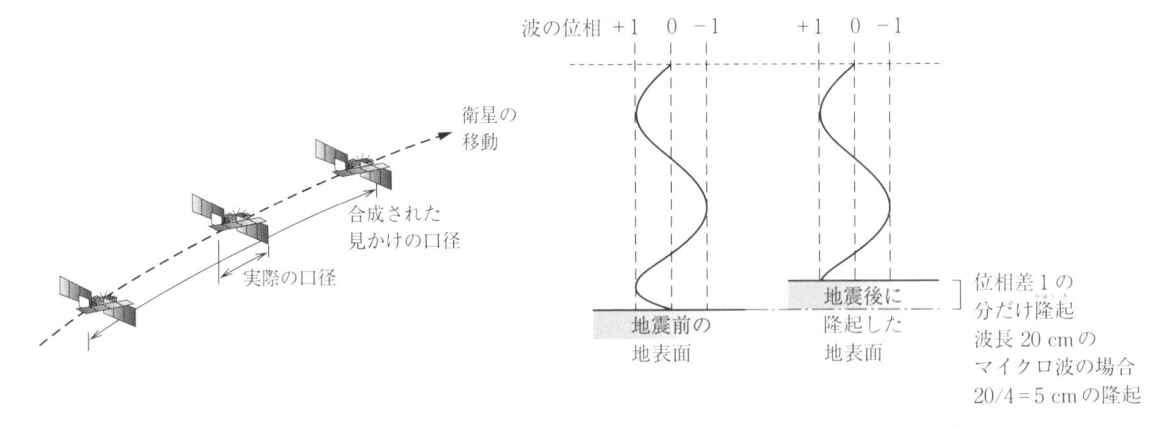

図 15.6 合成開口技術による口径の拡大

図 15.7 InSARによる地表面変動量観測の原理

干渉合成開口レーダー[†2]（**InSAR**）は，このSARの技術を応用した最新測量技術で，近年地震による地殻変動の解析などを中心に，災害把握・防災分野でよく利用される．このInSARの原理を**図 15.7**に示す．InSARでは同一地点について地殻変動前と後の2回のマイクロ波観測を行うことで，地表面の隆起をマイクロ波の位相差として観測することができる．図 15.7（左）のように，地震前の観測において位相ゼロ地点でマイクロ波が地表面に到達していたと仮定する．地震後に同地点において同様の観測を行い，位相＋1でマイクロ波が地表面に到達した場合，その地表面は位相差1の分だけ隆起したことがわかる．このマイクロ波センサーの波長が20cmだったとすると，位相差1は20 cm/4 = 5 cmの距離に相当するため，この地表面の変動量が5cmであると計算できる．このInSAR技術を利用して得られた東日本太平洋沖地震による地殻変動量画像を**図 15.8**に示す．

[†2] interferometric SAR

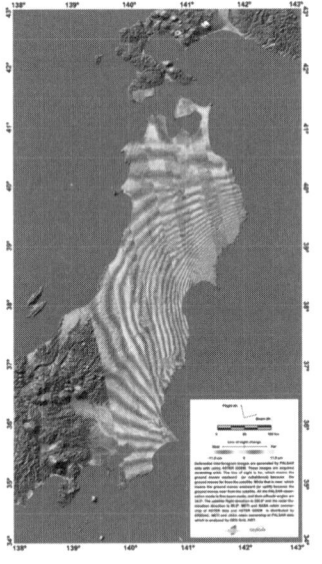

図 15.8 ALOS衛星搭載PALSAR画像を干渉処理して得られた東北地方太平洋沖地震による地殻変動量画像（産業技術総合研究所 提供，METI and NASA retain ownnership of ASTER data and ASTER GDEM is distributed by ERSDAC. METI and JAXA retain ownership of PALSAR data which is analyzed by GEO Grid, AIST.）

15.3 衛星画像を用いた写真測量

衛星画像を用いた写真測量は，空中写真の代わりに衛星画像を用いる写真測

量のことである．衛星画像は，高度 450～700 km の ALOS，GeoEye，QuickBird などといった地球観測衛星から撮影され，地上における撮影幅は 10～70 km と空中写真と比較してきわめて広域である．現在，地上分解能は 0.5 m 程度である．地図情報レベル 50 000 の数値地形図データ作成から始まり，近年では地図情報レベル 2 500 の数値地形図データ作成が進んでいる．**図 15.9** に衛星画像用のデジタルステレオ図化機を示す．偏光メガネをかけて衛星画像を立体視して地物の3次元座標を観測し，数値地形図データを作成する．

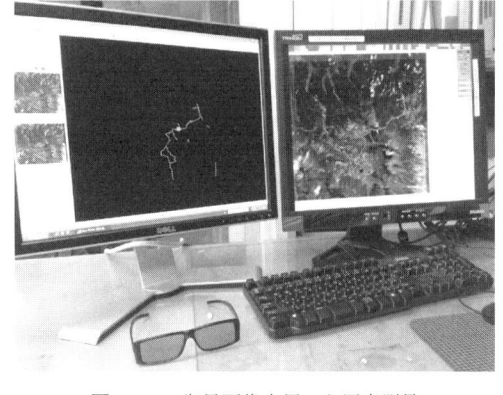

図 15.9 衛星画像を用いた写真測量

■ **UAV**（unmanned aerial vehicle，**無人航空機**）による**写真測量**
有人航空機に比べ低い高度から撮影し，写真地図（12.5節 参照）や3Dモデルを作成できる．

[†1] 15.7節 参照

15.4 3D モデル

3Dモデルは，建物や樹木など地物個々の3D位置情報を LIDAR，写真測量，MMS[†1] などから計測し，3D対応の GIS で展開したモデルである．**図 15.10** に3D樹木のモデルを示す．LIDAR による樹木の計測データを3D対応の GIS で展開していて，あらゆる視点で表示可能である．地物の色は，カメラから撮影された色情報（RGB）を付与している．3Dモデルは，景観，都市計画，カーナビゲーションシステムなどに期待されている．

図 15.10 樹木の3Dモデル（千葉大学園芸学研究科 加藤 顕 先生より提供）

15.5 情報化施工

情報化施工は，**情報通信技術**[†1]（**ITC**）を活用して，高効率かつ高精度の施工を実現する新しい施工手法である。

3D-MC[†2] は，高さや勾配など3次元設計データを重機の受信器に送り，ITCを利用して重機を遠隔自動制御し，重機位置を自動追尾式TSまたはGNSS受信機から取得することにより工事の出来形をリアルタイムで監視しながら施工できる。

国土交通省は，大規模工事では2010年度までに，中小規模工事では2012年度までに，直轄の道路，河川の各工事において，情報化施工を標準的な施工管理方法として位置づけた。

[†1] information and communication technology

[†2] 3 D-machine control

15.6 新しい TS

現在の新しいTS（トータルステーション）は，0.5″単位で測角が可能で，観測データをBluetoothにより無線でパーソナルコンピュータ（PC）や携帯電話に転送可能である。デジタルカメラ搭載で，カラー化されたモニターにスケッチ可能である。図15.11に新しいTSを示す。対回観測機能や座標観測機能など併せもち，自動的に観測でき，TS内部で計算処理を行い，瞬時に解が得られる。杭打ち観測や座標観測などといった座標入力が必要とされる場合，テンキーが装備されており座標入力が容易である。この場合，PCで作成した座標値データをUSBやBluetoothを介してTSへ入力することも可能である。

自動視準・自動追尾TS[†1]は，自動で目標を視準し，追尾するTSである。操作パネルを取り外し無線通信により目標側でTSの視準状況をリアルタイムに映し出してTSを操作し，1人で測量できる。

ジャイロ搭載TSは，ジャイロをTSの上部に搭載して，真北や方位角の観測ができる。トンネル内の中心線測量などで用いられる。

図15.11 新しいTS

[†1] 3.4節の測注を参照

15.7 移動計測車両による測量

近年，**移動計測車両**[†1]（**MMS**）による測量が活躍しており，公共測量作業規定の準則第17条[†2]により公共測量にも適用され始めている。MMSは，図15.12に示すように，車両にGNSS測量機，IMU，走行距離計（オドメーター），

[†1] mobile mapping system

[†2] **公共測量作業用規定の準則第17条**
計画機関は，必要な精度の確保及び作業能率の維持に支障がないと認められる場合には，この準則に定めのない機器及び作業方法を用いることができる。

図15.12 移動計測車両（アイサンテクノロジー株式会社 提供）

図15.13 MMSによる点画像データ（アイサンテクノロジー株式会社 提供）

レーザースキャナー・レーザー距離計とデジタルカメラを取り付けた測量計測システムであり，走行しながら周辺の地物や地形情報に関する3次元位置情報を迅速かつ効率的に収集することができる。そして，得られたデータから数値地形図データを製作する。

図15.13に，MMSで得られた測量結果の一例を示す。画像を構成する一つの点には，車両に搭載されたGNSS測量機とレーザー距離計によって取得した3次元の位置情報が付加されており，この点の集合体を**点群**と呼ぶ。特に車両に取り付けたレーザー距離計によって，300〜500 mの領域に存在する地物や地形の点郡データ（1秒間に5万点程度）の位置を測定する。

レーザー距離計の能力は年々向上しているが，走行速度が40 km/h程度で計測した場合，点群データの取得間隔は数cmであり，相対精度も3 cm程度と高い精度をもつ。そのため，点群データから地図情報レベル500の精度で数値地形図データを作製できる。また，点群データの各点にはデジタルカメラから色データを追加することができ，図15.13のような高解像度の現地データをPC上で見たり，専用のアプリケーションを使用することにより正確な計測を行うことができる。

MMSの原理は航空機レーザ測量と同じであるが，航空機測量よりも測定間隔が小さいため，高精度の数値地形図データを得ることができる。また，車両を走行させるだけで広域の地物や地形の測定ができるため，測量作業機関の大幅な短縮や労力の軽減が可能になる。

章 末 問 題

❶ つぎの文a.〜e.は，公共測量における航空レーザ測量について述べたものである。明らかにまちがっているものはどれか。

a. 航空レーザ測量は，レーザを利用して高さのデータを取得する。
b. 航空レーザ測量は，雲の影響を受けずにデータを取得できる。
c. 航空レーザ装置は，GNSS測量様，IMU，レーザー距離計などにより構成されている。
d. 航空レーザ測量で作成した数値地形モデル（DTM）から，等高線データを発生させることができる。
e. 航空レーザ測量は，フィルタリングおよび点検のための航空レーザ用数値写真を同時期に撮影する。

❷ つぎの文a.～e.は，数値標高モデル（DEM）の特徴について述べたものである。明らかにまちがっているものはどれか。ただし，ここでDEMとは，等間隔の格子の代表点（格子点）の標高を表したデータとする。
a. DEMの格子点間隔が大きくなるほど詳細な地形を表現できる。
b. DEMは等高線から作成することができる。
c. DEMから二つの格子点間の視通を判断することができる。
d. DEMから二つの格子点間の傾斜角を計算することができる。
e. DEMを用いて水害による浸水範囲のシミュレーションを行うことができる。

❸ つぎの文は，地球環測衛星の光学センサーについて述べたものである。 ア ～ ウ に入る数値の組合せとして最も適当なものはどれか。選択肢a.～e.の中から選べ。

映像画の画素寸法が $8.0\ \mu m$ の光学センサーを搭載する，軌道高度684 kmの地球環測衛星がある。この衛星から直下視した場合の画面中心の地上画素寸法は0.41 m，観測幅は15.2 kmである。

撮像画の画素寸法がそのまま地上画素寸法に反映されると，この光学センサーの画面距離は ア m である。また，このセンサーを仮に高度3 800 mからの直下視撮影に使用したとすると，観測幅は イ m となり，画面中心の地上画素寸法は ウ mmとなる。

	ア	イ	ウ
a.	36	84	8.4
b.	36	274	1.3
c.	36	274	2.3
d.	13	84	2.3
e.	13	274	8.4

❹ つぎの文(1)～(5)は，人工衛星からのリモートセンシングについて述べたものである。明らかに間違っているものだけの組合せはどれか。選択肢a.～e.の中から選べ。
(1) 実体視可能な画像が得られる地球環測衛星も実用化されており，この画像から標高データを作成することができる。
(2) 人工衛星に搭載された光学センサーを用いることにより，雲の影響を受けることなく地表面の画像を取得することができる。
(3) 現在，人工衛星に搭載された光学センサーには，地上画素寸法1 m以下の画像を取得できるものもある。
(4) 地上画素寸法の小さいグレースケール画像と地上画素寸法の大きいカラー画像を用いて，グレースケール画像と同程度の地上画素寸法で判読性の向上したカラー画像を生成することができる。
(5) 人工衛星に搭載された合成開口レーダー（SAR）は，航空レーザ測量システムに改良を加えたものである。

選択肢　a. (1), (4)　b. (1), (5)　c. (2), (3)　d. (2), (5)　e. (3), (4)

章末問題略解

❶ b.　❷ a.　❸ d.（平成21年　測量士試験）　❹ d.（平成24年　測量士試験）

付録　測量の基礎数学と測定値の処理方法

　ここには，各測量において得た値を計算処理する際の参考資料を掲載した。その内容は，測量の基礎数学として数値の丸め方，精度・有効数字・桁，四則演算方法，三角関数，弧度法を取り上げ，また，測定値の処理方法として測定値の誤差，標準偏差，最確値などについて解説している。

A.1　数値の丸め方

　ある数値を必要な桁に整理することを「数値を丸める」という。数値の丸め方には，**切捨て**，**切上げ**，**四捨五入**および**五捨五入**の四つの方法がある。

　切捨ては，必要とする位の一つ下の位以下の端数を捨てることである。例えば，12.345 の切捨ては，必要とする位が小数点以下第 2 位（以降，小数第 2 位などという）であれば 12.34，それが小数第 1 位であれば 12.3 となる。測量における精度や制限値は切捨てを用いる。また，土地登記などにおける土地面積は，不動産登記法により切捨てする。

　また，切上げとは，必要とする位の一つ下の位以下の端数を 1 として，その最後の位に加える方法である。例えば，12.345 の切上げは，必要とする位が小数第 1 位であれば 12.4，必要とする位が小数第 2 位であれば 12.35 となる。測量では必要な観測回数・観測日数の計算は切上げを用いる。

　つぎに，四捨五入は，必要とする位の一つ下の位の数が 4 以下であれば切り捨て，5 以上であれば切り上げることである。例えば，12.345 の四捨五入は，必要とする位が小数第 1 位であれば 12.3，必要とする位が小数第 2 位であれば 12.35 となる。測量では，切捨てや切上げ以外，四捨五入を用いる。

　さらに，五捨五入は，必要とする位の一つ下の位の数以下が 5 未満であれば切り捨て，5 を超えれば切り上げる。ただ，ちょうど 5 の場合は必要とする位の数が偶数（0 を含む）の場合 5 を切り捨て，奇数の場合は 5 を切り上げる。そこで**偶捨奇入**ともいう。例えば，必要とする位が小数第 2 位の場合，12.344 9 は 12.34，12.346 は 12.35，12.344 は 12.34，12.345 は偶捨奇入により 12.34 となる。この五捨五入は基準点測量と水準測量で昭和 61 年 3 月まで用いられていたが，同年 4 月以降，四捨五入に統一された。

A.2　精度，有効数字，および桁

　距離などの測量では，測定する数値をどこまで読み取り，その計算ではどの桁まで書いたらよいか迷う場合がある。また，電卓に表示された数値を，桁をたくさん書けば正確だろうと，意味もなくすべて書き写す人もいる。その多くは測定の誤差を含んだまま計算しているので，測定した数値の信頼性を考

えて計算しなければならない。その数値の信頼性のことを精度といい，その**精度**が保障される範囲の数字のことを**有効数字**という。

机の幅をメジャーで測り，A君は80 cm，B君は0.8 mと読み取った場合，これらは同じ寸法のことであろうか。実は，**図A.1**に示すように，80 cmの寸法は79.5 cmと80.5 cmの範囲にあって，0.1 cmの位の数値を四捨五入して80 cmに近似させたものである。一方，0.8 mは80 cmちょうどという意味ではなく，0.75 mから0.85 mの範囲にあって，1 cmの位の数値を四捨五入して0.8 mに近似させたものである。このように，メジャーの目盛を0.1 cmまで読むか1 cmまで読むか，あるいは，細かな目盛を刻んだメジャーを使用するかによって，机の幅の値は異なるのである。読み取る測定値の有効数字の表し方（数値の丸め方：JIS Z 8401）には，注意が必要である。

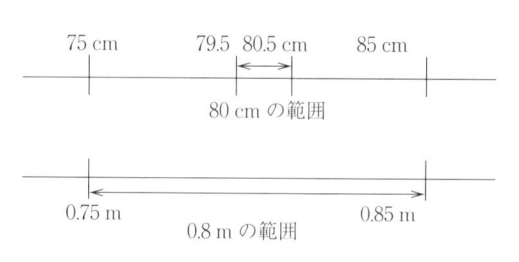

図A.1 測定値80 cmと0.8 mの違い

ある2点間の距離を精度の異なる三つのテープで測量してそれぞれ12 m，12.3 m，および12.34 mを得た場合，テープの種類によって測定値に差が生じたことになる。これらの測定値の有効数字は，順に2桁，3桁，および4桁であるという。ただ，120と表示された測定値では，その有効数字は一般に12の2桁であるが，最後の桁の0もきちんと測定した場合，120の3桁が有効数字となるから1.20×10^2と表示する。これは，「1.20かける10の2乗（あるいは二乗）」と読む。

SI単位では，有効数字を明確にするために，10の「べき乗」で示すことを推奨している。例えば，0.0<u>36</u>は0ではない数字からが有効数字で，下線の付いた3と6の二つが有効数字2桁である。0.003 <u>600</u>は末尾の00がきちんと測定された数値である場合，有効数字は3 600の4桁である。両者をべき乗で示すと，小数点の位置に注意して，それぞれ3.6×10^{-2}，3.600×10^{-3}となる。本書巻末付表に，べき乗の種類を示している。

A.2.1 加減算

データの有効数字の最終桁が最も大きなものを探し，すべてのデータをその桁の一つ下の桁にそろえ，加減算を行ってから最終桁を四捨五入する。例えば，次式の計算では，110.1の最終桁が小数第1位で最大であるから，すべてを小数第2位として計算したのち，小数第1位に丸める。

$$20.42 + 2.235 + 110.1 = 20.42 + 2.24 + \underline{110.1} = 132.76 \fallingdotseq 132.8$$

A.2.2 乗除算

乗除算では，そのまま計算するが，結果の桁数を，元のデータの有効数字の中で最も小さな桁数に合わせる。例えば，次式の計算では，最も小さな桁をもつ10.1の有効数字3桁に合わせる。

$$20.42 \times \frac{2.235}{10.1} = 4.519 \fallingdotseq 4.52$$

また，1.01（3桁）と0.99（2桁）に2.235を乗ずる場合，それぞれ$1.01 \times 2.235 = 2.257 \fallingdotseq 2.26$（3桁），$0.99 \times 2.235 = 2.213 \fallingdotseq 2.21$（3桁）$= 2.2$（2桁）となる。ただし，後者では，0.99が3桁に近い

とみなして，2桁でなく3桁にとどめる場合もある。

A.3 三 角 関 数

A.3.1 代表的な三角関数

測量では，角度とそれをはさむ辺の長さとの関係において，三角関数の代表的なサイン，コサインおよびタンジェントを用いることが多い。**図A.2**に示す角度 θ と各辺の長さとの関係から，$\sin\theta$（**正弦**），$\cos\theta$（**余弦**）および $\tan\theta$（**正接**）を求めることができる。代表的な角度である30°，60°，および45°における各辺の長さの関係と，$\sqrt{2}$ や $\sqrt{3}$ の値を知っておくと便利である。

このほか，$\sin\theta$，$\cos\theta$，および $\tan\theta$ の逆数として，順に，$1/\sin\theta = \mathrm{cosec}\,\theta$（**余割**），$1/\cos\theta = \sec\theta$（**正割**）および $1/\tan\theta = \cot\theta$（**余接**）がある。

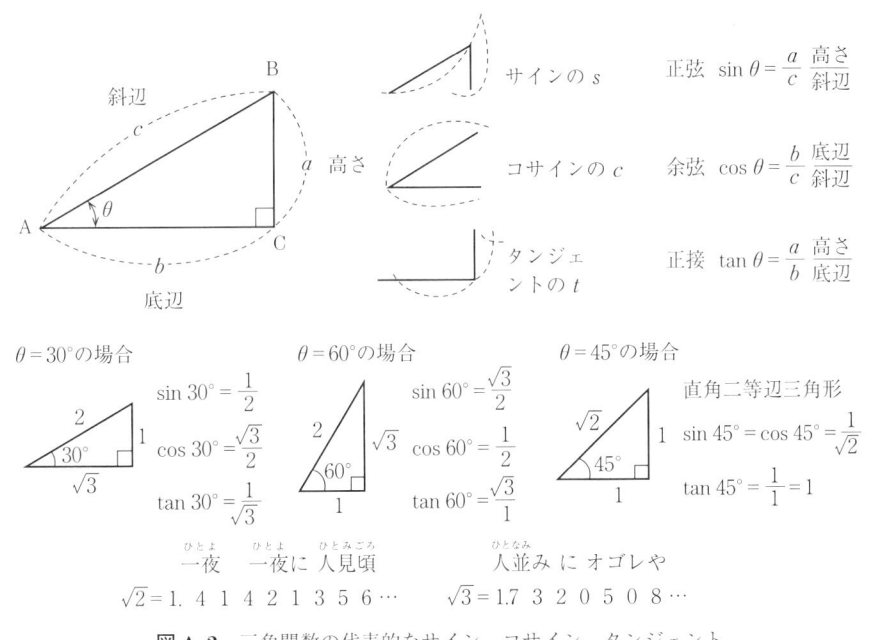

正弦 $\sin\theta = \dfrac{a}{c}$ 　高さ／斜辺

余弦 $\cos\theta = \dfrac{b}{c}$ 　底辺／斜辺

正接 $\tan\theta = \dfrac{a}{b}$ 　高さ／底辺

$\theta = 30°$の場合　　$\sin 30° = \dfrac{1}{2}$，$\cos 30° = \dfrac{\sqrt{3}}{2}$，$\tan 30° = \dfrac{1}{\sqrt{3}}$

$\theta = 60°$の場合　　$\sin 60° = \dfrac{\sqrt{3}}{2}$，$\cos 60° = \dfrac{1}{2}$，$\tan 60° = \dfrac{\sqrt{3}}{1}$

$\theta = 45°$の場合　直角二等辺三角形　$\sin 45° = \cos 45° = \dfrac{1}{\sqrt{2}}$，$\tan 45° = \dfrac{1}{1} = 1$

一夜　一夜に　人見頃
$\sqrt{2} = 1.41421356\cdots$

人並み に オゴレや
$\sqrt{3} = 1.7320508\cdots$

図A.2　三角関数の代表的なサイン，コサイン，タンジェント

A.3.2 三平方の定理

直角三角形において，**図A.3**のような辺の長さの関係があるとき，これを**三平方の定理**（**ピタゴラスの定理**）という。斜辺の長さを求める場合などに用いられる。

$a^2 + b^2 = c^2$

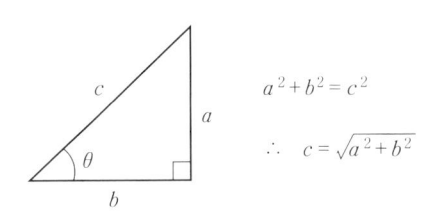

$\therefore\ c = \sqrt{a^2 + b^2}$

図A.3　三平方の定理

[例題]　**図A.4**における樹高 AB を求めよ。ただし，測定者の目の位置を点 D で D′，点 C で C′ とし，目の高さ（1.5 m）から樹木のてっぺん A までをクリノメーターで測定した ∠AD′H は点 D で30°，∠AC′H は点 C で45°であり，CD 間の距離はちょうど10.0 m であった。

[解答] AB = AH + HB = AH + 1.5，∠AC′H = 45°から AH = BC = HC′を得る。また，AH：HD′= AH：(10.0 + AH) = 1：$\sqrt{3}$ ∴ AH = 10/($\sqrt{3}$ − 1) = 13.66，よって，AB = 13.66 + 1.5 = 15.16 ≒ 15.2〔m〕

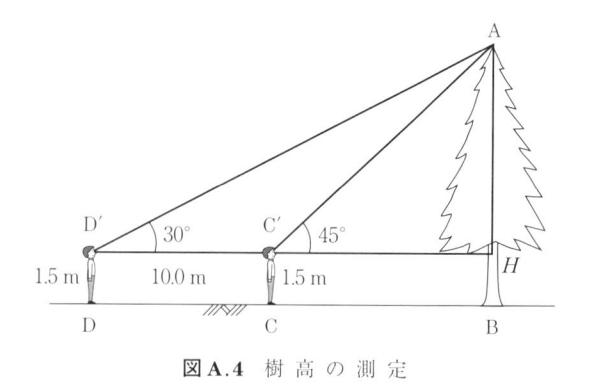

図A.4 樹高の測定

A.3.3 逆三角関数

逆三角関数は三角関数の逆関数のことである。例えば，$\sin x = k$ の逆関数は，∠x = $\sin^{-1} k$（$\sin^{-1} k$ は，アークサイン ケイと読む）となり，k が $-1 \leq k \leq 1$ の範囲にあるので，x は $-90° \leq x \leq 90°$ の範囲で示される。

$\sin x = 0.5$ となる∠x と $\tan z = 1.0$ となる∠z を関数電卓で求めるには，まず，DEG（角度）モードにし，シフトキー操作として[SIFT]を押し，[$\sin^{-1}$] 0.5 [=] あるいは [EXE]，また，[$\tan^{-1}$] 1.0 [=] あるいは [EXE] と順に押せば，それぞれ∠x = $\sin^{-1}$（アークサイン）0.5 = [30°]，∠z = $\tan^{-1}$（アークタンジェント）1.0 = [45°] となる。

[例題] 図A.5の直角三角形で，a = 3.0 m，b = 4.0 m のとき，∠θ はいくらか。

[解答] $\tan \theta = a/b = 3.0/4.0 = 0.75$，∠$\theta$ = $\tan^{-1}(0.75)$ = 36.869 9 ≒ 36.9° または，c = 5.0 m であるので $\cos \theta = b/c = 4.0/5.0 = 0.80$，∠$\theta$ = $\cos^{-1}(0.80)$ = 36.869 9 ≒ 36.9°

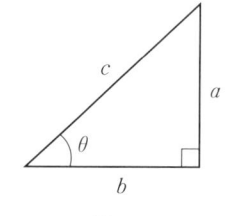

図A.5

A.3.4 測量でよく使用する正弦定理と余弦定理

図A.6(a)，(b)において，三角形ABCの各角をA, B, C, 各辺の長さをa, b, c, 外接円の半径をRとすれば

$$\frac{a}{\sin A} = \frac{b}{\sin B} = \frac{c}{\sin C} = 2R \quad \text{(正弦定理)}$$

$$\left. \begin{array}{l} a^2 = b^2 + c^2 - 2bc \cos A \\ b^2 = c^2 + a^2 - 2ca \cos B \\ c^2 = a^2 + b^2 - 2ab \cos C \end{array} \right\} \quad \text{(余弦定理)}$$

偏心補正計算を行う場合の**正弦定理**（low of sines）と**余弦定理**（low of cosines）を，図A.7を用いて以下に説明する。

三角形CEOにおいて，正弦定理から

$$\frac{e}{\sin x} = \frac{L}{\sin \alpha} \quad \text{よって} \quad \sin x = \frac{e}{L} \sin \alpha$$

xが小さい角度の場合，$\sin x = x$と近似できるので，上式は，$x = (e/L) \sin \alpha$〔rad〕となる。これを秒単位で表した補正量x〔″〕は，つぎの式のようになる。

$$x = \rho'' \frac{e}{L} \sin \alpha = 206\,265'' \frac{e}{L} \sin \alpha$$

(a)　　　　　　　　　(b)

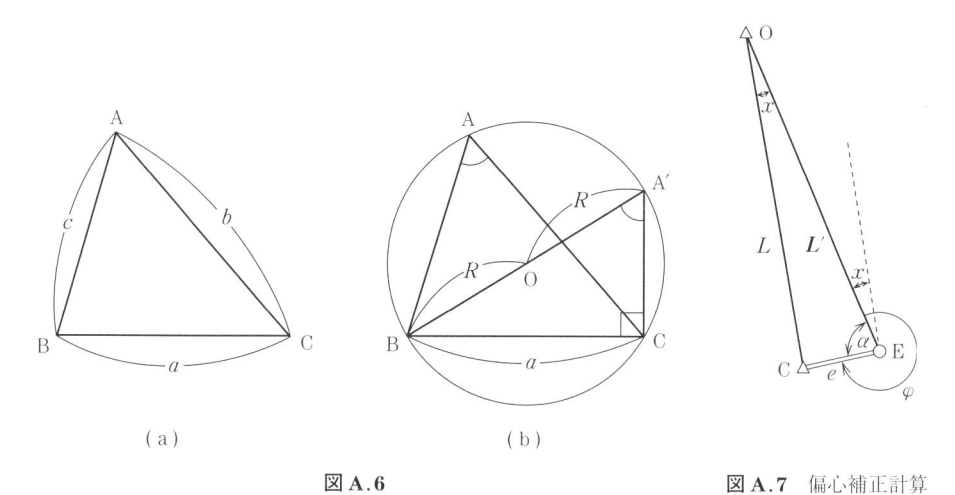

図 A.6　　　　　　　　　**図 A.7** 偏心補正計算

また，三角形 CEO において，OC 間の距離（球面距離）L を余弦定理により求める。

$$L^2 = L'^2 + e^2 - 2L'e\cos\alpha$$
$$L = \sqrt{L'^2 + e^2 - 2L'e\cos\alpha}$$

A.4　弧度法

角度の測定方法には，**度**〔°〕単位で測定する**度分法**（あるいは **60 分法**）と，**ラジアン**〔rad〕単位で測定する**弧度法**（**ラジアン法**）がある。度分法は，円の角度を 360 度とし，これを 4 等分した直角が 90 度となる。直角の 1/90 が 1 度，この 1 度の 1/60 が 1 分，さらに 1 分の 1/60 が 1 秒というように角度を表す。

一方，弧度法は，**図 A.8** から，半径 r と弧長 L が等しくなる中心角を 1 rad として表現するものである。**図 A.9** から，〔弧長 L = 中心角 θ × 半径 r〕，または〔中心角 θ = 弧長 L/ 半径 r〕であるから，$L = r$ のときの角度が 1 rad である。また，半径 r の円の円周 $2\pi r$ は，円の角度 360°に対応する。

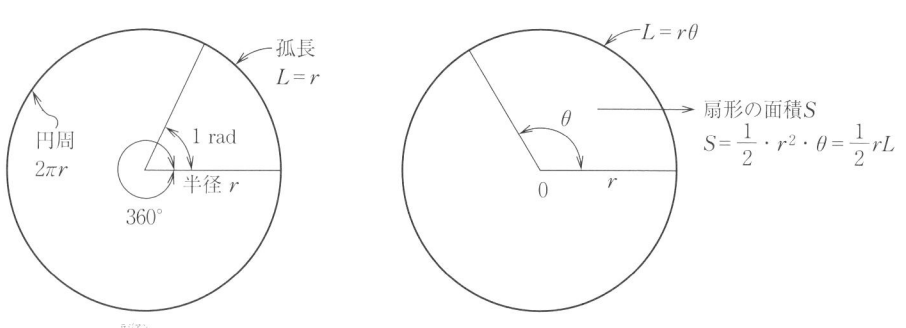

図 A.8　1 rad の意味（弧度法）　　　**図 A.9**　弧長 L と中心角 θ（弧度法）

度分法と弧度法の関係として，図 A.9 から，〔1 rad/360° = $r/2\pi r$ = $1/2\pi$〕より〔1 rad = 360°/2π〕。1 rad を，単位「**度**（degree）」，「**分**（minute）」および「**秒**（second）」で表すと，次式のようになる。

$$1\text{ rad} = 360°/2\pi = 180°/\pi = 57.295\,870° = 57°17.746\,77' \fallingdotseq 57°17'45''$$

$$1 \text{ rad} = 360 \times 60'/2\pi = 180 \times 60'/\pi = 3\,437.750' \fallingdotseq 3\,437'45''$$
$$1 \text{ rad} = 360 \times 60 \times 60''/2\pi = 180 \times 3\,600''/\pi \fallingdotseq 206\,265''$$

必要な単位に合わせて計算に用いればよい。ρはラジアンと角度秒の単位変換のための記号であり，$\rho'' = 206\,265''$ は測量ではよく用いられる数値で，ρ''は「ロー秒」と読む。ただ，桁数が多いので，測量士・士補試験では $\rho \fallingdotseq 2 \times 10^5$ と略す場合がある。

A.5 測定値の処理方法

A.5.1 誤差の種類とその扱い

測量において目標とする精度を得るには，距離や角度，高さなどを測定する際に生じる**誤差**（error）が決められた範囲内に収まるように測量しなければならない。測定値に含まれる誤差には，誤差の生ずる原因によるものと誤差の性質によるものがある。

〔1〕**誤差の生ずる原因による種類**　誤差の生ずる原因による種類には，**器械誤差**，**自然誤差**および**個人誤差**の三つがある。器械誤差は，測定に用いる器械の構造が完全でないために生じる誤差のことで，測定前に器械を十分に検査や調整をしたり，観測方法を工夫したりすることによって消去できる。自然誤差は，測定中の温度や湿度の変化や，光の屈折などの自然現象によって生じる誤差で，**物理誤差**ともいう。また，個人誤差は，測定者個人の視覚または聴覚の癖などによって生じる誤差で，例えば，目盛をつねに大きめに偏って読む癖によるもので，測定者を変えるなどの対処で補正できる。

〔2〕**誤差の性質による種類**　誤差の性質による種類として**定誤差**（constant error）と**不定誤差**（accidental error）がある。定誤差は，測量条件が同じであれば誤差の現れ方やその大きさなどが一定になるので，測定値が加算されるに伴い累積していく誤差であり，**累積誤差**ともいう。原因がはっきりしているので，外業でなるべくその原因を除き，内業で測定値を補正する。定誤差が1回の測定に対して α の誤差が生じるとすれば，n 回の測定では誤差の総和は $n \cdot \alpha$ となる。

また，不定誤差（**偶然誤差**，**消し合い誤差**ともいう）は，誤差の原因が不明であり，原因がわかっていてもその影響を除去できず複雑に生じてしまう誤差をいう。この不定誤差の特徴として，① 小さい誤差は大きい誤差よりも数多く現れる，② 正の誤差と負の誤差の現れる回数はほぼ同じである，③ 非常に大きい誤差はほとんど現れない，がある。例えば，測定回数を多くすれば正（＋）と負（－）の誤差が同程度に現れるので，測定回数の平方根に比例する。すなわち，不定誤差は，1回の測定において $\pm \alpha$ の誤差が生じるとすれば，n 回測定後の誤差の総和は $\pm \alpha \cdot \sqrt{n}$ となる。

このほか**過失**（mistake，**過誤**ともいう）がある。測定者の不注意や未熟により生じる誤り，目盛の読み違い，記帳の誤り，計算ミスなどが含まれるが，上述の誤差とは性質がまったく異なり，誤差として取り扱わない。測量においては，過失のないように，十分に注意して測定する必要がある。

A.5.2 誤差曲線（正規分布曲線）

図 A.10（a）は，小さな的に1日100本の矢を射る練習を10日間行い，計1 000本の矢の痕であると

A.5 測定値の処理方法

図A.10 的における1 000本の矢の痕の分布

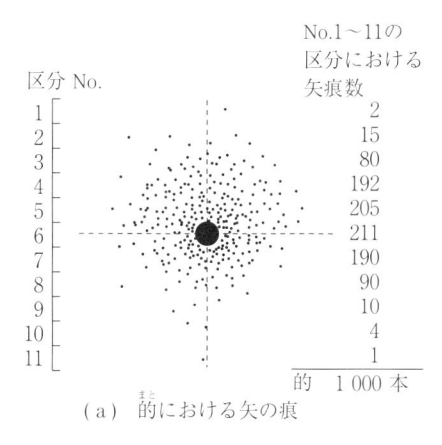

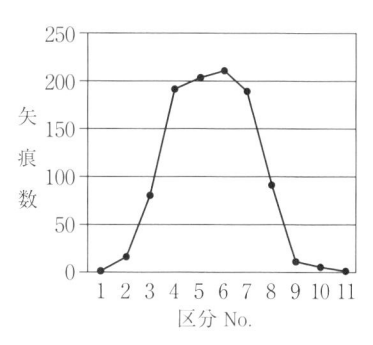

(a) 的における矢の痕
(b) 的に射られた計1 000本の矢の痕の分布

する。その分布を水平に11に区分して整理したものが図(b)となる。この矢の痕数の分布図において，一般に弓矢の上手な者は的からの外れ（誤差）が少なく，下手な者は外れが多いとみなされる。そこで，上手な者が矢を射た場合の矢痕の分布は図(a)のように，上に凸のほぼ左右対称な**誤差曲線**（error curve）となり，**正規分布**（normal distribution）をなしているという。

測定値をx，**真値**（true value）をXとすると，この誤差εは$[x-X]$となる。その誤差εの生じる確率をyとし，**標準偏差**をσ（standard deviation）として表したものが，**図A.11**(b)に示す**正規分布曲線**である。また，誤差の起こる確率yと標準偏差σの大きさとの関係は，つぎのとおりである。

(1) $X\pm\sigma$の範囲内に分布している数は，全体の68.3%
(2) $X\pm2\sigma$の範囲内に分布している数は，全体の95.4%
(3) $X\pm3\sigma$の範囲内に分布している数は，全体の99.7%

(a) 誤差曲線
(b) 正規分布曲線と標準偏差
(c) 精度

$$y=\frac{h}{\sqrt{\pi}}e^{-h^2x}$$

$$\sigma=\frac{0.707\ 1}{h}$$

上に凸が顕著で，かつ，左右の下がり方が急なため，σが小さく，精度の高い測定値の正規分布

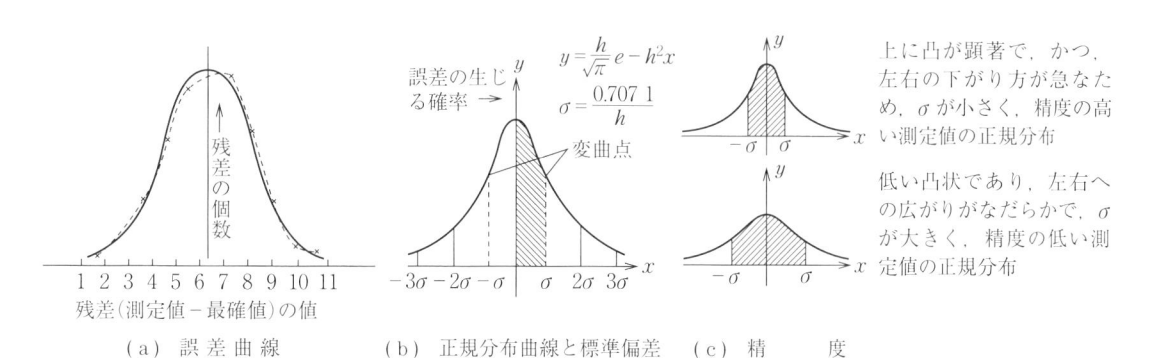

低い凸状であり，左右への広がりがなだらかで，σが大きく，精度の低い測定値の正規分布

図A.11 矢痕の誤差曲線，正規分布曲線と標準偏差σおよび精度との関係

図(c)から，精度のよい測定値ほどσの幅が小さく，正規分布曲線では上に凸が顕著で，かつ，左右の下がり方が急な分布を示す。このようにσの大小で測定値の精度を判断できることがわかる。例えば，測量では誤差が少なく正確な場合に図(c)の上の図のようになる。

A.5.3 測定条件が同じ場合の最確値と標準偏差の計算方法

測定値には誤差が必ず含まれるために，その真値を求めることができない。そこで，測定において過失をなくし，定誤差をできるだけ取り除き，不定誤差だけを含む同一条件で測定して，真値に最も近い値を求めるしかない。この値を**最確値**（most probable value）といい，真値に代わる値として平均値を用いる。すなわち，測定値が n 個の $x_1, x_2, \cdots, x_n$ である場合の最確値 M と，一群の測定値から求めた最確値の標準偏差 m_0 は次式で求められる。なお，**残差**は「測定値－最確値」である。

$$M = \frac{x_1 + x_2 + \cdots + x_n}{n}, \quad m_0 = \pm\sqrt{\frac{[v \cdot v]}{n(n-1)}}$$

$[x]$：測定値の総和，$[v \cdot v]$：残差 $(x_i - M)$ の平方（2乗）の総和

また，測定値の精度 P は，分子を1として表すので，最確値 M，標準偏差 m_0 を用いると

$$P = \frac{m_0}{M} = \frac{1}{M/m_0}$$

精度 P の式からわかるように，標準偏差が小さいほど分母が大きくなり，精度が高くなる。

例題 同一角度を同一条件で測定し，**表A.1** の測定値を得た。最確値 M と標準偏差 m_0 を求めよ。

解答 最確値 M は，測定条件が同じであるから測定値の平均値としてよい。

$$M = 46°25' + \frac{1}{3}(42'' + 46'' + 44'') = 46°25'44''$$

表A.1 のように計算し，標準偏差 $m_0 = \pm 1''$ よって，$46°25'44'' \pm 1''$

表A.1 測定値と最確値・標準偏差

測定値 x	最確値 M	残差 v	残差平方 $v \cdot v$	標準偏差 m_0
46°25'42''		-2	4	
46°25'46''	46°25'44''	2	4	$\pm\sqrt{\dfrac{[v \cdot v]}{n(n-1)}} = \pm\sqrt{\dfrac{8}{3(3-1)}} \pm\sqrt{\dfrac{8}{6}} \fallingdotseq \pm 1''$
46°25'44''		0	0	
$n = 3$, 残差＝測定値－最確値		総和 $[v \cdot v] = 8$		

A.5.4 測定条件が異なる場合の最確値の計算方法

測定値の信用の度合いを表わすものを，**重み**（weight），あるいは**重量**，**軽重率**という。測定条件が異なる測定値を用いて最確値を計算する場合，それぞれに対し重みを考える。重みを定めるには，場合によってつぎのように異なるので，注意が必要である。

（i）各測定値の測定回数が異なる場合

測定回数が多いものほど信用度は高いため，その重みは大きく測定回数に比例する。

例題 測定回数を距離測量し，**表A.2** の測定値を得た。その最確値などを求めよ。

表A.2

観測者	測定値 〔m〕	測定回数 n	重み p
A	54.355	4	2
B	54.358	8	4
C	54.354	6	3

解答 測定回数が異なるため，各測定値の重みを求めたあとに，**表A.3** のように最確値とその標準偏差を求め，精度を求める。

A.5 測定値の処理方法　245

表 A.3

測定値 x [m]	最確値 M [m]	残差 v [mm]	残差平方 $v \cdot v$	重み p	$p \cdot v \cdot v$
54.355		-1	1	2	2
54.358	54.356	2	4	4	16
54.354		-2	4	3	12
$M = 54.350 + \dfrac{0.005 \times 2 + 0.008 \times 4 + 0.004 \times 3}{9} = 54.356$				$[p] = 9$	$[p \cdot v \cdot v] = 30$

$$m_0 = \pm \sqrt{\frac{[p \cdot v \cdot v]}{[p](n-1)}} = \pm \sqrt{\frac{30}{9(3-1)}} \fallingdotseq \pm 1.3 \text{ mm} \fallingdotseq \pm 0.001 \text{ m}$$

よって，測定値の最確値 ± 標準偏差 = 54.346 ± 0.001 m となり，また，この測量の精度 P は，P = m_0/M = 1/543 56 ≒ 1/540 00 となる。

(ii) 各測定値の標準偏差が異なる場合

重みは標準偏差の2乗に反比例する。例えば，ある水平角を1班と2班が測定して**表A.4**となった場合，重みを求めてから最確値（平均値）を計算すると

$$\text{最確値} = 12°34'50'' + \frac{(6'' \times 1 + 2'' \times 4)}{(1+4)} = 12°34'52.8''$$

また，標準偏差は，残差（= 測定値 − 最確値）と重みを用いて計算し，**表 A.5** の欄外に示すようになる。よって，水平角の平均値は $12°34'52.8'' \pm 1.6''$ となる。

表 A.4

班	測定値	標準偏差	重み p
1	12°34′56″	±2″	1
2	12°34′52″	±1″	4

$p_1 : p_2 = \dfrac{1}{2^2} : \dfrac{1}{1^2} = \dfrac{1}{4} : 1 = 1 : 4$

表 A.5

測定値	残差 v	重み p	$p \cdot v \cdot v$
12°34′56″	3.2	1	10.24
12°34′52″	-0.8	4	2.56
最確値 $M = 12°34'52.8''$		$[p] = 5$	$[p \cdot v \cdot v] = 12.8$

$$m_0 = \pm \sqrt{\frac{[p \cdot v \cdot v]}{[p](n-1)}} = \pm \sqrt{\frac{12.8}{5 \times (2-1)}} \fallingdotseq \pm 1.6''$$

(iii) 各測定値の路線長が異なる場合

重みは路線長に反比例する。これは，路線長が長いほど測定誤差が累積するためである。

例えば，**図 A.12** のように，標高のわかっている B.M.1，B.M.2，および BM 3 から点 Z の標高を求める場合，既知標高 BM 1 〜未知標高点 Z の距離が 6 km，B.M.2〜点 Z が 2 km，B.M.3 から点 Z が 4

表 A.6

点 Z の標高 [m]	残差 v [mm]	重み p	$p \cdot v \cdot v$
8.243	10	2	200
8.228	-5	6	150
8.235	2	3	12
最確値 $M = 8.233$ m		$[p] = 11$	$[p \cdot v \cdot v] = 36$

$$m_0 = \pm \sqrt{\frac{[p \cdot v \cdot v]}{[p](n-1)}} = \pm \sqrt{\frac{362}{11 \times (3-1)}} \fallingdotseq \pm 4 \text{ mm} = \pm 0.004 \text{ m}$$

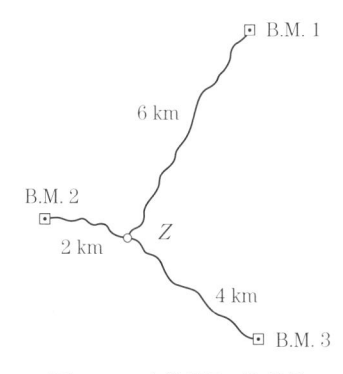

図 A.12　水準測量の路線長

km であるから，重みの比は，**表 A.6** から $p_1 : p_2 : p_3 = 1/6 : 1/2 : 1/4 = 2 : 6 : 3$ となる。

この水準測量による標高が，B.M.1 → 点 Z：8.243 m，B.M.2 → 点 Z：8.228 m，B.M.3 → 点 Z：8.235 m であるとき，この重みを用いて計算し，最確値 $M = 8.2 + (0.043 \times 2 + 0.028 \times 6 + 0.035 \times 3)/(2 + 6 + 3) = 8.233$〔m〕となる。また，標準偏差 m_0 は，この重みを用いて計算し，表の欄外のようになるので，点 Z の標高は 8.233 ± 0.004 m となる。

A.5.5　1 測線を数区間に分けて測量した場合の標準偏差の計算方法

測定する距離が長い場合は，その測線を数区間に分けて測量する。1 測線全長の最確値は，各区間の最確値の合計値である。また，その区間の標準偏差がわかっているとき，1 測線全長の標準偏差 m_0 は次式で求められる。

$$m_0 = \pm \sqrt{m_{01}^2 + m_{02}^2 + \cdots + m_{0n}^2} \quad (m_{01}, m_{02}, \cdots, m_{0n}：区間ごとの標準偏差)$$

[例　題]　ある測線長を 4 区間に分けて距離測量を行った結果，**表 A.7** を得た。測線全長の最確値とその標準偏差を求めよ。

表 A.7

区間	最確値 ± 標準偏差〔m〕
1	49.573 2 ± 0.000 2
2	47.856 3 ± 0.000 4
3	48.785 6 ± 0.000 3
4	46.678 1 ± 0.000 5
計	192.893 2 ±　m_0

[解　答]　最確値は，合計値であるので 192.893 2 m

$$\begin{aligned}
標準偏差\ m_0 &= \pm \sqrt{0.000\,2^2 + 0.000\,4^2 + 0.000\,3^2 + 0.000\,5^2} \\
&= \pm 0.000\,735\ \text{mm} \fallingdotseq \pm 0.000\,7\ \text{m}
\end{aligned}$$

よって，この全長は $192.893\,2 \pm 0.000\,7$ m

付表　接頭語とギリシャ文字

表1 接頭語（単位の 10^n 倍の接頭記号）

倍数	記号	名称		倍数	記号	名称	
10	da	deca	デカ	10^{-1}	d	deci	デシ
10^2	h	hecto	ヘクト	10^{-2}	c	centi	センチ
10^3	k	kilo	キロ	10^{-3}	m	milli	ミリ
10^6	M	mega	メガ	10^{-6}	μ	micro	マイクロ
10^9	G	giga	ギガ	10^{-9}	n	nano	ナノ
10^{12}	T	tera	テラ	10^{-12}	p	pico	ピコ
10^{15}	P	peta	ペタ	10^{-15}	f	femto	フェムト
10^{18}	E	exa	エクサ	10^{-18}	a	atto	アト
10^{21}	Z	zetta	ゼタ	10^{-21}	z	zepto	ゼプト
10^{24}	Y	yotta	ヨタ	10^{-24}	y	yocto	ヨクト

表2 ギリシャ文字

大文字	小文字	相当するローマ字		読み方
A	α	a	alpha	アルファ
B	β	b	beta	ベータ
Γ	γ	g	gamma	ガンマ
Δ	δ	d	delta	デルタ
E	ε	e	epsilon	イプシロン（エプシロン）
Z	ζ	z	zeta	ツェータ（ジータ，ゼータ）
H	η	ē	eta	イータ（エータ）
Θ	θ	th	theta	シータ
I	ι	i	iota	イオタ（イオータ）
K	κ	k	kappa	カッパ
Λ	λ	l	lambda	ラムダ
M	μ	m	mu	ミュー
N	ν	n	nu	ニュー
Ξ	ξ	x	xi	グザイ（クサイ）
O	o	o	omicron	オミクロン
Π	π	p	pi	パイ
P	ρ	r	rho	ロー
Σ	σ	s	sigma	シグマ
T	τ	t	tau	タウ
Y	υ	u, y	upsilon	ユープシロン
Φ	ϕ, φ	ph (f)	phi	ファイ（フィー）
X	χ	ch	chi, khi	カイ
Ψ	ψ, ψ	ps	psi	プサイ（プシー）
Ω	ω	ō	omega	オメガ

引用・参考文献

2章
1) 吉澤孝和：図解 測量学要論，(社)日本測量協会 (2005)
2) 長谷川昌弘，川端良和：改訂新版 基礎測量学，電気書院 (2010)
3) 小牧和雄：測量用語辞典，東洋書店 (2011)

5章
1) 日本測量協会測量技術センター：—公共測量— 作業規程の準則（平成23年3月31日改正版）解説と運用，日本測量協会 (2012)

6章
1) 浅野繁喜 ほか：基礎シリーズ 最新測量入門（新訂版），実教出版 (2008)

7章
1) 日本測量協会測量技術センター：—公共測量— 作業規程の準則（平成23年3月31日改正版）解説と運用，日本測量協会 (2012)

9章
1) 日本測量協会測量技術センター：—公共測量— 作業規程の準則（平成23年3月31日改正版）解説と運用，日本測量協会 (2012)
2) 浅野繁喜 ほか：基礎シリーズ 最新測量入門（新訂版），実教出版 (2008)
3) 丸安隆和：新版 測量学（上）（増補），標準土木学講座8，コロナ社 (1992)

10章
1) 村井俊治 ほか：新版 農業測量，路線測量，実教出版 (2003)
2) 浅野繁喜 ほか：基礎シリーズ 最新測量入門（新訂版），実教出版 (2008)
3) 全国建設研修センター：工事測量現場必携（第2版），森北出版 (1996)

11章
1) 日本測量協会測量技術センター：—公共測量— 作業規程の準則（平成23年3月31日改正版）解説と運用，日本測量協会 (2012)

12章
1) 吉高神 充, 田村竜哉：デジタル航空カメラ等による空中写真撮影，国土地理院時報，No.115：51〜59 (2008)
2) 日本測量協会測量技術センター：—公共測量— 作業規程の準則（平成23年3月31日改正版）解説と運用，日本測量協会 (2012)

13章
1) 日本リモートセンシング学会 編：基礎からわかるリモートセンシング，理工図書 (2011)
2) 日本リモートセンシング研究会 編：改訂版 図解リモートセンシング，日本測量協会 (2001)
3) 宇宙航空研究開発機構 地球観測研究センター (JAXA/EORC)：http://www.eorc.jaxa.jp/
4) リモート・センシング技術センター (RESTEC)：http://www.restec.or.jp/

15章
1) 国土地理院・航空レーザ測量：http://www1.gsi.go.jp/geowww/Laser_HP/
2) 国土地理院・干渉：http://vldb.gsi.go.jp/sokuchi?sar/index.html

索　　　引

【あ】

アフィン変換 …………………… 224
アリダード ………………………… 56
鞍　部 …………………………… 128

【い】

移器点 ……………………………… 81
緯　距 …………………………… 114
移写点 …………………………… 194
位　相 …………………………… 223
位相構造 ………………………… 223
板　杭 …………………………… 172
一般図 …………………………… 126
移　程 …………………………… 161
緯　度 ……………………………… 4
移動計測車両 …………………… 234
移動量 …………………………… 161
InSAR …………………………… 232
引照杭 …………………………… 172

【う】

ウェービング ……………………… 80
右　岸 …………………………… 177
浮　子 …………………………… 182
宇宙測地技術 ……………………… 2
雲　量 …………………………… 211

【え】

s/S ………………………………… 8
エスロンテープ …………………… 14
エポック ………………………… 61
鉛直角 …………………………… 21
鉛直距離 ………………………… 13
鉛直軸誤差 ……………………… 33
鉛直点 …………………………… 192

【お】

横　距 …………………………… 114
横　断 …………………………… 178
横断点法 ………………………… 134
横断面図 ………………………… 170
オートレベル …………………… 72
オーバーラップ ………………… 197
オドメーター …………………… 234
オフセット ……………………… 60
オフセット法 …………………… 115
重　み …………………………… 244
折りたたみ標尺 ………………… 73

【か】

外割長 …………………………… 154
外心誤差 ……………………… 33, 57
外接長 …………………………… 154
階層構造 ………………………… 213
改　測 …………………………… 179
回転レーザレベル ……………… 72
開放トラバース ………………… 40
ガウス・クリューゲル図法 …… 145
ガウス・クリューゲル等角投影法 … 5
角　杭 …………………………… 172
較　差 ………………………… 29, 78
拡　幅 …………………………… 162
過　誤 …………………………… 242
過　失 …………………………… 242
河川測量 ………………………… 177
画像解像度 ……………………… 224
仮想点方式 ……………………… 104
片勾配 …………………………… 161
渇水位 …………………………… 186
渇水量 …………………………… 186
仮定三次元網平均計算 ………… 107
加定数 ………………………… 75, 134
刈り幅 …………………………… 211
仮 B.M. ………………………… 152
簡易網平均計算 ………………… 42
簡易網平均計算（TSの）……… 96
元　期 …………………………… 108
干渉合成開口レーダー ………… 232
干渉測位方式 …………………… 98
慣性計測装置 …………………… 229
間接観測法 ……………………… 105
間接水準測量 …………………… 74
観測差 …………………………… 29
緩和曲線 ……………… 153, 160, 161
緩和区間 ………………………… 160

【き】

器械高 ………………………… 42, 81
器械誤差 ………………………… 242
器械手 …………………………… 71
器械定数 ………………………… 16
器械点 …………………………… 41
幾何補正 ……………………… 208, 224
器　高 …………………………… 81
気　差 …………………………… 42
基準点 ………………………… 55, 89
基準点測量 ……………………… 89
基準点法 ………………………… 135
基線解析 ………………………… 98
基線ベクトル …………………… 98
北 …………………………………… 8
既知点 ………………………… 58, 70
吃　水 …………………………… 182
基　点 …………………………… 177
キネマティック法 ……………… 103
基盤地図情報 …………………… 217
気泡管レベル …………………… 71
基本水準点 ……………………… 70
基本測量 ………………………… 70
逆三角関数 ……………………… 240
球　差 …………………………… 42
求　心 ………………………… 25, 57
求心器 …………………………… 57
求心誤差 ………………………… 58
球面距離 ……………………… 7, 12
境界確認 ………………………… 65
境界測量 ………………………… 66
境界点間測量 …………………… 68
夾　角 …………………………… 42
仰　角 …………………………… 22
教師付き分類 …………………… 209
教師なし分類 …………………… 209
共線条件 ………………………… 187
挟　長 ………………………… 75, 133
曲線始点 ………………………… 154
曲線終点 ………………………… 154
曲線設置 ………………………… 153
曲線長 …………………………… 154
局地測量 ………………………… 12
距　離 …………………………… 13
距離測量 ………………………… 12
距離標 …………………………… 177
距離標設置測量 ………………… 177
切上げ …………………………… 237
切捨て …………………………… 237
切取り高 ………………………… 118
切取り面積 ……………………… 118

【く】

空間分解能 210
偶捨奇入 237
偶然誤差 242
空中写真測量 187
グラード 22
グラード角 22
グランドトルース 209
グランドトルースデータ 209
クリップ 222
クロソイド曲線 161, 162
クロソイド曲線長 162
クロソイド要素 163

【け】

計画機関 216
計画高 118
経距 114
計曲線 130
傾斜変換線 128
軽重率 244
経度 4
消し合い誤差 242
結合多角方式 91
結合トラバース 40
弦長 155
厳密網平均計算 42
厳密網平均計算（TSの） 96

【こ】

交角 152
光学センサー 210
公共測量 70
航空カメラ 187
航空レーザ測量 229
交互水準測量 83
後視 75
工事測量 171
後視点 41
高水位 186
洪水位 186
高水量 186
洪水量 186
合成開口レーダー 231
高低角 22, 42
高低差 13
交点 152
高度角 22
勾配計 172
光波測距儀 14
鋼巻尺 14
コース撮影 197
国際地球基準座標系 3

国土数値情報 219
国土地理院 70
誤差 242
誤差曲線 243
五捨五入 237
個人誤差 242
弧度 22
弧度角 22
弧度法 241
今期 108
コンパス測量 33

【さ】

SAR 231
最確値 91, 244
最大渇水位 185
最大渇水流量 185
最大洪水位 186
最大洪水量 186
サイドラップ 197
細部測量 55, 128
左岸 177
座北 8
作業機関 216
作業計画 63
作成仕様 216
下げ振り 57
座標点法 134
座標法 68, 113
三角区分法 111
三角水準測量 42
三角スケール 111
三角点網 91
三脚 56
山級 129
残差 244
三軸誤差 33
三次元網平均計算 107
三斜法 111
三平方の定理 239
三辺法 112

【し】

ジオイド 1, 9
ジオイド高 10
時間分解能 211
支距 60
支距法 115
視差測定桿 190
四捨五入 237
視準 27
視準誤差 57
視準軸誤差 33
刺針 189

磁針箱 57
自然誤差 242
実測 151
実測図 126
実体鏡 190
実体視 190
自動視準・自動追尾 TS 234
自動レベル 72
地盤高 118
地盤沈下 178
シフト 161
磁北 9
ジャイロ搭載 TS 234
斜距離 13, 42
尺定数 14
尺定数補正量 14
写真地図 189
縦断 178
縦断曲線 153, 166
縦断勾配 167
縦断面図 170
重量 244
主曲線 130
縮尺係数 7
受信機間一重位相差 99
主題図 126, 223
受注者 216
主点 192
主点基線長 194
準拠線 59
準拠楕円体 1
準星 18
小縮尺 126
小地測量 12
情報化施工 234
情報通信技術 234
資料調査 65
深浅測量 180
真値 243, 244
新点 70
シンプソン法則 115
真北 8
真北方向角 8

【す】

水位標 179
垂球 57
水準儀 71
水準基標測量 178
水準測量 70
水準点 70
水準面 9
水準路線網 91
水平位置 40

水平角 … 21	走行距離計 … 234	柱状体公式 … 137
水平距離 … 13	相対測位 … 98	中心杭 … 152
水平軸誤差 … 33	総描 … 141	中心線 … 152
水平ぬき … 174	測位衛星 … 97	超長基線電波干渉法 … 18
数値地形図データ … 55, 124	測深錘 … 180	丁張 … 72, 171
数値地形測量 … 124	測深棒 … 180	長方形法 … 117
数値地形モデル … 169	属性情報 … 220	直接観測法 … 104
数値標高モデル … 225, 229	測線 … 59	直接水準測量 … 73
数値表層モデル … 229	測地成果 2000 … 3	地理空間情報 … 203
数値法 … 68	測地成果 2011 … 4	地理情報システム … 213
図解平板測量 … 124	測地測量 … 12	地理情報標準プロファイル … 216
図郭 … 55	測量針 … 57	チルチングレベル … 71
図形情報 … 220	測角 … 27, 41	
図式 … 140	測距 … 13, 41	【つ】
図上選定 … 150		対回 … 28
スタジア線 … 75	【た】	対回観測 … 28
スタジア測量 … 75, 133	第 1 離心率 … 4	
スタジア定数 … 75, 134	対空標識 … 189	【て】
スタティック法 … 102	台形法則 … 115	定位 … 57
スナップ … 222	大縮尺 … 126	定期横断測量 … 179
スラントルール … 172	楕円体高 … 4, 10	定期縦断測量 … 179
	多角測量 … 40	定型多角網 … 91
【せ】	多角網 … 91	定誤差 … 242
瀬 … 181	多重解 … 100	低水位 … 186
正位 … 28	谷 … 129	低水量 … 186
正割 … 239	谷線 … 128	堤防 … 177
成果表 … 89	単位クロソイド … 162	ティルティングレベル … 71
正規化差植生指数 … 206	単位クロソイド曲線長 … 163	データムライン … 170
正規分布 … 243	単位クロソイド半径 … 163	デジタル航空カメラ … 187
正規分布曲線 … 243	単心曲線 … 153	デジタルステレオ図化機 … 189
正弦 … 239	単測法 … 27, 28	デジタルレベル … 72
正弦定理 … 240	単独測位 … 98	転位 … 142
正視 … 42	単路線 … 40	点群 … 235
整準 … 25, 57	単路線方式 … 44, 93	点検計算 … 46, 96
整数値バイアス … 101		点検路線 … 95
正接 … 239	【ち】	点高法 … 120
精度 … 238	地域撮影 … 197	電子基準点 … 89
性能照査型設計 … 217	地域メッシュ … 146	電子プラニメーター … 117
製品仕様 … 217	地球観測衛星 … 205, 233	電子平板 … 60
製品仕様書 … 217	地球楕円体 … 1	電子平板測量 … 124
セオドライト … 22	地形 … 55	電磁流速計 … 183
世界測地系 … 2	地形図 … 124, 125	電子レベル … 72
セカント … 154	地形測量 … 124	天頂角 … 15
セッション … 105	致心 … 25	点の記 … 89
接線長 … 154	地心直交座標系 … 3	天文測量 … 2
セミ・ダイナミック補正 … 108	地図情報 … 125	
線維製巻尺 … 14	地図情報レベル … 125	【と】
前視 … 75	地図情報レベル 10 000～200 000 … 7	度 … 22, 241
全地球航法衛星システム … 97	地図情報レベル 250～10 000 … 6	等角点 … 192
選点 … 41, 94	地性線 … 128	東京湾平均海面 … 2, 179
選点図 … 94	地物 … 55	等高線 … 129
	中央縦距 … 155	等高線間隔 … 129
【そ】	中間点 … 81	等勾配線 … 137
双曲面群 … 100	中縮尺 … 126	踏査 … 41

トータルステーション …… 15, 22	発注者 …… 216	閉合秒 …… 45
渡海水準測量 …… 83	バッファ …… 222	平水位 …… 186
渡河水準測量 …… 83	反位 …… 28	平水量 …… 186
特殊3点 …… 192	パンクロ画像 …… 210	平板 …… 56
特殊補助曲線 …… 130	反向曲線 …… 153	平板測量 …… 56, 131
土地被覆分類 …… 209	反視 …… 42	平面曲線 …… 153
土地被覆分類図 …… 207	反射鏡 …… 16	平面距離 …… 7, 12
土地利用図 …… 125	反射鏡定数 …… 16	平面直角座標系 …… 5
土地利用土地被覆図 …… 207	反射プリズム …… 16	ペグ …… 172
土地利用分類図 …… 207	搬送波位相 …… 98	ベクタデータ …… 220
度分法 …… 241	バンド …… 205	ベッセル楕円体 …… 1
トラバース測量 …… 40	判読 …… 198	ヘルマート変換 …… 224
トランシット …… 22	【ひ】	ヘロンの公式 …… 112
取付点 …… 41, 92	控え杭 …… 172	偏角 …… 155
【な】	比較路線 …… 150	偏角測設法 …… 155
ナンバー杭 …… 152	光強度変調光 …… 15	編集図 …… 126
【に】	比高 …… 13, 196	偏心角 …… 51
二重位相差 …… 100	ピタゴラスの定理 …… 239	偏心距離 …… 51
日本経緯度原点 …… 2, 90	秒 …… 22, 241	偏心誤差 …… 33
日本水準原点 …… 70	標高 …… 10	偏心点 …… 51
日本測地系 …… 3	標尺 …… 72	偏心補正計算 …… 51, 240
日本測地系2000 …… 3	標尺手 …… 71	偏心要素 …… 51
日本測地系2011 …… 3	標尺台 …… 73	B.M. …… 70
任意多角網 …… 91	標準地域メッシュ …… 146	【ほ】
【ぬ】	標準偏差 …… 55, 243	方位角 …… 8
ぬき …… 172	標定 …… 58, 194	棒浮子 …… 182
【ね】	表面浮子 …… 182	方眼法 …… 117
熱赤外観測 …… 210	【ふ】	方向角 …… 8
熱赤外センサー …… 208	俯角 …… 22	方向観測法 …… 27, 30
ネットワーク型RTK法 …… 104	不規則三角形網 …… 225	方向法 …… 30
【の】	復元測量 …… 65	放射法 …… 58
法肩 …… 173	複心曲線 …… 153	卯酉線曲率半径 …… 4
法杭 …… 172	複歩 …… 13	ポール …… 56
法勾配 …… 173	淵 …… 181	補助曲線 …… 130
法先 …… 173	物理誤差 …… 242	歩測 …… 13
法定規 …… 172	不定誤差 …… 242	本点 …… 41
法尻 …… 173	プラス杭 …… 152	【ま】
法面 …… 177	プラニメーター …… 116	マージ …… 222
【は】	プリズム …… 16	マイクロ波センサー …… 210
バーコード標尺 …… 73	プリズモイド公式 …… 137	巻尺 …… 56
倍横距 …… 114	フレームセンサー型 …… 188	マルチスペクトル画像 …… 210
倍横距法 …… 114	プロペラ型流速計 …… 183	【み】
倍角 …… 29	分 …… 22, 241	みお筋 …… 181
倍角差 …… 29	分光反射率 …… 204	水糸 …… 172
倍角法 …… 27, 30	【へ】	水際杭 …… 179
倍定数 …… 75, 134	平均計画図 …… 93	水杭 …… 174
倍面積 …… 112	平均計算 …… 96	水ぬき …… 174
波長帯 …… 205	平均図 …… 94	水部 …… 179
波長分解能 …… 210	平均流速 …… 183	未知点 …… 70
	閉合差 …… 42	ミラー …… 16
	閉合トラバース …… 40	

【め】

メタデータ	217
目盛誤差	33
面積計	116
面積計算	69
面補正パラメータ方式	104

【も】

網	91
網平均	91
目標高	42
モザイク	190
もりかえ点	81
盛土高	118
盛土面積	118

【や】

野帳	72
屋根勾配	161
やり形	171

【ゆ】

有効数字	238
ユニバーサル横メルカトル図法	142

【よ】

用地測量	63
用地幅杭設置測量	171
葉面積計	117
余割	239
余弦	239
余弦定理	240
横メルカトル図法	145
余接	239

【ら】

ライダー	229
ラインセンサー型	188
ラジアン	22, 241
ラジアン角	22
ラジアン法	241
ラスタデータ	223

【り】

陸部	179
立体感	193
リモートセンシング	203
流下速度	183
流心線	177
流速計	183
流量	181
流量測定	181
両差	42
量水標	179
稜線	128
両端断面平均法	118

【る】

累積誤差	242

【れ】

レイヤ構造	213
レーザー距離計	235
レーザースキャナー	235
レーザレーダー	229
レッド	180
レベル	71
レムニスケート曲線	161

【ろ】

路線	91
路線選定	150
路線測量	150
ロッド	180

【B】

BA	118
BC	154
B.S.	75

【C】

CA	118
CL	154

【D, E】

DEM	225, 229
DMS 角	22
DSM	229
EC	154

【F】

FH	118
FIX 解	61
FKP 方式	104
F.S.	75

【G】

GH	118
GIS	213
GNSS	97
GNSS 測量機	97
GRS 80 楕円体	2

【I】

I.H.	81
IMU	229, 234
IP	152
I.P.	81
ITC	234
ITRF 94	3

【J, L】

JPGIS	216
LIDAR	229
LULC map	207

【M〜S】

MMS	234
NDVI	206
OTF 法	101
RTK 法	103
SL	154

【T】

TIN	225
TL	154
T.P.	81, 179
TS	15, 22

【U】

UTM 座標系	7
UTM 図法	142

【V】

VLBI	18
VRS 方式	104

【数字】

一〜三等水準点	70
1〜4 級水準点	70
1 台準同時観測	105
1 点法	184
2 台同時観測	105
2 点法	184
3D-MC	234
3 次放物線	161
3 点法	185
60 分法	241

―― 著者略歴 ――

岡澤　宏（おかざわ　ひろむ）
1998年　東京農業大学農学部農業工学科卒業
2000年　北海道大学大学院修士課程修了(環境資源学専攻)
2003年　北海道大学大学院博士課程修了(環境資源学専攻)
　　　　博士（農学）
2003年　日本学術振興会特別研究員（PD）
2004年　東京農業大学助手
2006年　東京農業大学講師
2010年　東京農業大学准教授
2016年　東京農業大学教授
　　　　現在に至る

久保寺　貴彦（くぼでら　たかひこ）
2001年　中央大学理工学部土木工学科卒業
2003年　中央大学大学院博士前期課程修了
　　　　（土木工学専攻）
2006年　中央大学大学院博士後期課程修了
　　　　（土木工学専攻）
　　　　博士（工学）
中央大学助手，東洋大学助教，大阪産業大学講師
などを経て東洋大学准教授
　　　　現在に至る

笹田　勝寛（ささだ　かつひろ）
1991年　日本大学獣医学部農業工学科卒業
1996年　日本大学大学院博士後期課程修了(農業工学専攻)
　　　　博士（農学）
1996年　株式会社 日本農業土木コンサルタンツ 勤務
1997年　日本大学藤沢高等学校非常勤講師
1998年　日本大学藤沢高等学校教諭
2001年　日本大学助手
2004年　日本大学専任講師
2010年　日本大学准教授
　　　　現在に至る

多炭　雅博（たすみ　まさひろ）
1996年　鳥取大学農学部農林総合科学科卒業
1997年　国際水管理研究所客員若手研究員（スリランカ
～98年　本部勤務）
1999年　鳥取大学大学院修士課程修了
　　　　（農林環境科学専攻）
2003年　アイダホ大学研究員
2003年　アイダホ大学博士課程修了（生物農業工学専攻）
　　　　Ph.D.（アイダホ大学）
2005年　アイダホ大学助教
2006年　宮崎大学助教授
2007年　宮崎大学准教授
2010年　技術士（農業部門）
2014年　宮崎大学教授
　　　　現在に至る

細川　吉晴（ほそかわ　よしはる）
1972年　岩手大学農学部農業土木学科卒業
1972年　Canada, Alberta州Lethbridge市で酪農・食品
～73年　加工工場に勤務
1975年　岩手大学大学院修士課程修了（農業工学専攻）
1975年　岩手県立花巻農業高等学校教諭
1980年　岩手県立岩谷堂農林高等学校教諭
1980年　測量士（建設省国土地理院）
1981年　北里大学専任講師
1989年　農学博士（東北大学）
1990年　北里大学助教授
2009年　宮崎大学教授
2015年　宮崎大学名誉教授
2017年　博士（工学）（八戸工業大学）

松尾　栄治（まつお　えいじ）
1991年　九州大学工学部土木工学科卒業
1993年　九州大学大学院修士課程修了（土木工学専攻）
1996年　九州大学大学院博士課程修了（土木工学専攻）
　　　　博士（工学）
1996年　山口大学助手
2003年　技術士（建設部門）
2007年　山口大学助教
2012年　九州産業大学准教授
2017年　九州産業大学教授
　　　　現在に至る

三原　真智人（みはら　まちと）
1988年　東京農業大学農学部農業工学科卒業
1993年　東京農工大学大学院博士後期課程修了
　　　　（生物生産学専攻）
　　　　博士（農学）
1993年　東京農業大学助手
1995年　東京農業大学講師
1998年　東京農業大学助教授
2004年　東京農業大学教授
　　　　現在に至る

あたらしい測量学 ―基礎から最新技術まで―
Newer Surveying ―Fundamentals and Applications with Newest Technology―
Ⓒ Okazawa, Kubodera, Sasada, Tasumi, Hosokawa, Matsuo, Mihara 2014

2014 年 4 月 25 日 初版第 1 刷発行
2021 年 11 月 20 日 初版第 6 刷発行

検印省略	著　者	岡　澤　　　宏
		久　保　寺　貴　彦
		笹　田　勝　寛
		多　炭　雅　博
		細　川　吉　晴
		松　尾　栄　治
		三　原　真　智　人
	発 行 者	株式会社　　コ ロ ナ 社
		代 表 者　牛来真也
	印 刷 所	三 美 印 刷 株 式 会 社
	製 本 所	有限会社　愛千製本所

112-0011　東京都文京区千石 4-46-10
発行所　株式会社　コ ロ ナ 社
CORONA PUBLISHING CO., LTD.
Tokyo Japan
振替 00140-8-14844・電話(03)3941-3131(代)
ホームページ　https://www.coronasha.co.jp

ISBN 978-4-339-05238-1　C3051　Printed in Japan　　　（金）

〈出版者著作権管理機構　委託出版物〉
本書の無断複製は著作権法上での例外を除き禁じられています。複製される場合は、そのつど事前に、出版者著作権管理機構（電話 03-5244-5088，FAX 03-5244-5089, e-mail: info@jcopy.or.jp）の許諾を得てください。

本書のコピー，スキャン，デジタル化等の無断複製・転載は著作権法上での例外を除き禁じられています。購入者以外の第三者による本書の電子データ化及び電子書籍化は、いかなる場合も認めていません。
落丁・乱丁はお取替えいたします。

環境・都市システム系教科書シリーズ

(各巻A5判，欠番は品切です)

- ■編集委員長　澤　孝平
- ■幹　　　事　角田　忍
- ■編集委員　荻野　弘・奥村充司・川合　茂
　　　　　　　嵯峨　晃・西澤辰男

配本順		著者	頁	本体
1. (16回)	シビルエンジニアリングの第一歩	澤 孝平・嵯峨 晃・川合 茂・角田 忍・荻野 弘・奥村充司・西澤辰男 共著	176	2300円
2. (1回)	コンクリート構造	角田 忍・竹村和夫 共著	186	2200円
3. (2回)	土質工学	赤木知之・吉村優治・上 俊二・小堀慈久・伊東 孝 共著	238	2800円
4. (3回)	構造力学Ⅰ	嵯峨 晃・武田八郎・原 隆・勇 秀憲 共著	244	3000円
5. (7回)	構造力学Ⅱ	嵯峨 晃・武田八郎・原 隆・勇 秀憲 共著	192	2300円
6. (4回)	河川工学	川合 茂・和田 清・神田佳一・鈴木正人 共著	208	2500円
7. (5回)	水理学	日下部重幸・檀 和秀・湯城豊勝 共著	200	2600円
8. (6回)	建設材料	中嶋清実・角田 忍・菅原 隆 共著	190	2300円
9. (8回)	海岸工学	平山秀夫・辻本剛三・島田富美男・本田尚正 共著	204	2500円
10. (24回)	施工管理学（改訂版）	友久誠司・竹下治之・江口忠臣 共著	240	2900円
11. (21回)	改訂 測量学Ⅰ	堤　隆 著	224	2800円
12. (22回)	改訂 測量学Ⅱ	岡林 巧・堤 隆・山田貴浩・田中龍児 共著	208	2600円
13. (11回)	景観デザイン ─総合的な空間のデザインをめざして─	市坪 誠・小川総一郎・谷平 考・砂本文彦・溝上裕二 共著	222	2900円
15. (14回)	鋼構造学	原 隆・山口隆司・北原武嗣・和多田康男 共著	224	2800円
16. (15回)	都市計画	平田登基男・亀野辰三・宮腰和弘・武井幸久・内田一平 共著	204	2500円
17. (17回)	環境衛生工学	奥村充司・大久保孝樹 共著	238	3000円
18. (18回)	交通システム工学	大橋健一・栁澤吉保・髙岸節夫・佐々木恵一・日野 智・折田仁典・宮腰和弘・西澤辰男 共著	224	2800円
19. (19回)	建設システム計画	大橋健一・荻野 弘・西澤辰男・栁澤吉保・鈴木正人・伊藤 雅・野田宏治・石内鉄平 共著	240	3000円
20. (20回)	防災工学	渕田邦彦・疋田 誠・檀 和秀・吉村優治・塩野計司 共著	240	3000円
21. (23回)	環境生態工学	宇野宏司・渡部守義 共著	230	2900円

定価は本体価格+税です。
定価は変更されることがありますのでご了承下さい。

図書目録進呈◆